해석학

조영수 · 강주호 · 박동완 지음

KM 경문사

머리말

이 책은 대학에서 미분적분학을 공부한 다음 고등미적분학과 해석학을 공부하려는 학생들을 주요 독자로 염두에 두고 저술하였다. 그러나 최근 대학의 졸업 이수학점이 줄어들고 교육과정이 축소되는 경향이 있어서 대학 1학년 과정에서 미분적분학을 충분히 경험하지 못하고 전공과정에 진입하여 고등미적분학의 학습에 어려움을 느끼는 대학생들이 많다. 더욱이 해석학 분야에 할당된 학점 수가 많지 않음에도 학생들은 측도론, 실해석학, 복소수해석학, 미분방정식론 등 관련 과목들을 고루 학습하는데 어려움을 겪고 있다. 그래서 이 책은 초급미분적분학, 고등미분적분학, 측도론과 적분론 등 해석학의 주요 내용을 빠르게 섭렵할 수 있도록 구성하였다.

이 책의 주요 내용은 다음과 같다. 먼저 제1장에서 실수계의 성질을 다루고, 제3장에서 함수의 극한과 연속성을 공부한다. 제2장과 제6장에서 실수의 열과 급수의 수렴성을, 제9장에서 함수의 열과 급수의 균등수렴성을 다룬다. 제4장과 제7장에서 실함수의 미분과 편미분을 다룬다. 제5장에서 Riemann 적분을 공부하고 리만-스틸체스 적분의 기초를 잠깐 맛보고, 제8장에서 중적분과 선적분, 면적분을 다룬다. 그리고 제10장에서는 장차 고급해석학을 공부할 때 주 무대가 될 거리공간을 공부하고, 제11장에서 Riemann 적분을 획기적으로 확장한 Lebesgue 측도와 Lebesgue 적분을 다룬다. 가능하면 짧게 전개하려고 노력하였으나 위에 언급한 내용이 적지 않아서 단시일에 학습하기에는 어려울 것이므로 두세 학기에 걸쳐서 학습할 계획을 세우면 좋을 것이다. 예제와 연습문제는 중등교원 임용고사에 출제된 문제를 포함하여 다양하게 제시하여 독자들이 본문을 이해하는데 도움이 되도록 하였다.

좋은 책을 만들기 위해 나름대로 애쓰기는 하였으나 많이 부족함을 느낀다. 독자들의 비판과 제안을 받아들여 차차 고쳐나가려 하니 의견을 많이 보내주기 바란다. 이 책의 편집과 교정을 위해 수고한 김기숙 박사께 감사의 뜻을 전하고, 이 책이 독자 여러분의 학습에 조금이나마 도움이 되기를 바란다.

2007년 1월
지은이

차 례

머리말 iii

제 1 장 집합과 실수계
1.1 집합과 함수 3
1.2 연산과 순서공리 10
1.3 완비성공리 17
1.4 가산집합 28

제 2 장 수 열
2.1 수열의 극한 39
2.2 단조수열과 e 51
2.3 Bolzano-Weierstrass 정리와 Cauchy 수열 60

제 3 장 함수의 극한과 연속성
3.1 함수의 극한 75
3.2 함수의 연속과 중간값 정리 87
3.3 균등연속함수 99

제 4 장 미 분
4.1 도함수 105
4.2 도함수의 성질 113
4.3 평균값 정리 120
4.4 미분의 응용 127

제 5 장 리만적분
5.1 정적분의 정의 139
5.2 적분의 성질 149
5.3 미적분학의 기본정리 159
5.4 적분의 계산과 응용 169
5.5 리만-스틸체스적분 174

제 6 장 급 수

6.1 무한급수 185
6.2 수렴판정 194
6.3 멱 급 수 217
6.4 Taylor 급수 222
6.5 멱급수의 미분과 적분 239

제 7 장 편미분

7.1 다변수함수 247
7.2 이변수함수의 극한과 연속성 253
7.3 편도함수 260
7.4 편미분의 응용 269

제 8 장 중적분과 선적분

8.1 이중적분 277
8.2 삼중적분 286
8.3 선적분 290
8.4 면적분 309

제 9 장 함수열과 함수급수

9.1 함수열의 점마다 수렴과 균등수렴 319
9.2 균등수렴의 중요성 328
9.3 함수급수의 점마다 수렴과 균등수렴 336

제 10 장 거리공간

10.1 거리공간 345
10.2 Cauchy-Schwarz 부등식 352
10.3 거리공간에서의 수열 357
10.4 열린 집합과 닫힌 집합 364
10.5 거리공간에서의 연속함수 373

제 11 장 Lebesgue 적분

11.1 확장된 실수 및 집합대수 383
11.2 Lebesgue 측도 391
11.3 가측함수 408
11.4 Lebesgue 적분 419

찾아보기 442

집합과 실수계

Sets and Real Number System

1.1 집합과 함수

1.2 연산과 순서공리

1.3 완비성공리

1.4 가산집합

자연과학이나 공학을 위시하여 학문 전반에서 사용하고 있는 미분적분학의 기본원리는 극한이다. 미분적분에서 나타나는 정리나 공식들은 극한 개념을 엄밀하게 정의하므로서 그 의미를 명확히 이해할 수 있다. 또한 극한의 개념과 성질을 연구하기 위해서는 실수의 성질을 아는 것이 필수적이다. 이 장에서는 실수의 집합에 관하여 공부한다. 먼저 이 교재에서 사용할 기호나 정의를 집합과 함수를 통하여 소개한다.

1.1 집합과 함수

직관적으로 진(true), 위(false)가 분명한 주어진 성질을 가지는 대상(object)의 모임을 **집합**(set)이라 하고, 그 대상들을 집합의 **원소**(element 혹은 point)라 한다. 만약 x가 집합 A의 원소이면 $x \in A$로 쓰고, x가 A의 원소가 아니면 $x \notin A$로 쓴다. 집합 A의 모든 원소가 집합 B의 원소일 때 A는 B의 **부분집합**(subset)이라 하고 $A \subset B$로 쓴다. 집합 A, B가 같은 원소를 가질 때 A와 B는 같다고 하고 $A = B$라고 쓴다. 그러면 다음이 만족함을 알 수 있다.

$$A = B \;\Leftrightarrow\; A \subset B \text{ 이고 } B \subset A\ .$$

여기서 $\Leftrightarrow$은 필요충분조건을 의미한다. $A \subset B$이고 $A \neq B$일 때 A는 B의 **진부분집합**(proper subset)이라 한다.

두 집합 A, B에 대하여 합집합(union), 교집합(intersection), 차집합(difference)을 $A \cup B$, $A \cap B$, $A \setminus B$로 표기하고 다음과 같이 정의한다.

$$A \bigcup B = \{\, x \mid x \in A \text{ 또는 } x \in B \,\}\ ,$$

$$A \bigcap B = \{\, x \mid x \in A \text{ 그리고 } x \in B \,\}\ ,$$

$$A\setminus B=\{\, x \mid x\in A \text{ 그리고 } x\notin B\,\}\ .$$

집합을 다루는 각 분야에서 먼저 집합을 하나 고정해 놓고 그 집합의 부분집합을 생각할 때가 많다. 그 고정된 집합을 **전체집합**(universal set)이라 하고 U로 적는다. 예를 들면 실수계에서 전체집합은 $\mathbb{R}$이고, 평면기하에서 전체집합은 평면상의 모든 점으로 구성된다. $A\subset U$일 때 $U\setminus A$를 A의 **여집합**(complement)이라 하고 A' 혹은 A^c로 쓴다.

집합연산에 관한 대수적 성질들은 다음과 같다. 다음정리의 증명은 생략한다.

정리 1.1

A, B, C를 집합이라 하자.

1. $A\cup B=B\cup A$, $A\cap B=B\cap A$
2. $A\cup(B\cup C)=(A\cup B)\cup C$
3. $A\cap(B\cap C)=(A\cap B)\cap C$
4. $A\cap(B\cup C)=(A\cap B)\cup(A\cap C)$
5. $A\cup(B\cap C)=(A\cup B)\cap(A\cup C)$
6. $A\setminus B=A\cap B'$
7. $(A\cup B)'=A'\cap B'$ (De Morgan의 법칙)
8. $(A\cap B)'=A'\cup B'$ (De Morgan의 법칙)

집합에 관한 합집합과 교집합의 정의를 확장할 수 있다. $\mathscr{A}$를 집합족(collection 혹은 family)이라 할 때 $\mathscr{A}$에 속하는 집합전체의 합집합과 교집합을 다음과 같이 정의한다.

$\bigcup\mathscr{A}=\{\, x \mid x$를 원소로 가지는 $\mathscr{A}$의 원소가 있다$\}$

$\bigcap\mathscr{A}=\{\, x \mid x$는 $\mathscr{A}$의 모든 원소에 속한다$\}$

$\mathscr{A}'=\{\, A' \mid A\in\mathscr{A}\,\}$

De Morgan의 법칙은 임의의 집합족에 대해서도 성립한다.

정리 1.2

$\mathscr{A}$를 전체집합 U의 부분집합의 집합족이라 하면 다음이 성립한다.

$$(\bigcup\mathscr{A})'=\bigcap\mathscr{A}',\quad (\bigcap\mathscr{A})'=\bigcup\mathscr{A}'$$

두 집합 A, B에 대하여 $A\times B$를 A와 B의 **카테시안 곱**(cartesian product)이라 하고 다음과 같이 정의한다.

$$A\times B=\{(a, b)\mid a\in A,\ b\in B\}.$$

두 집합 X, Y에 대하여, $X\times Y$의 부분집합 f가 다음 두 조건을 만족할 때 f를 X에서 Y로의 **함수**(function)이라 한다.

(i) 임의의 $x\in X$에 대해서 $(x, y)\in f$되는 $y\in Y$가 존재한다.

(ii) $(x, y)\in f$, $(x, y')\in f$이면 $y=y'$이다.

즉, X의 각 원소 x에 대해서 Y의 한 원소 y가 유일하게 대응한다.

f가 X에서 Y로의 함수일 때 $f: X\to Y$로 적고, $(x, y)\in f$이면 $f(x)=y$로 적는다. 이 때 X는 f의 **정의역**(domain), Y는 f의 **공변역**(codomain)이라 하고 $f(x)$는 함수 f에 대한 x의 **상**(image)이라 한다.

정의 1.3

$f: X\to Y$, $A\subset X$, $B\subset Y$일 때

i) $f(A)=\{f(x)\mid x\in A\}$는 함수 f에 대한 A의 **상**(image)이라고 한다.

ii) $f^{-1}(B)=\{x\mid f(x)\in B\}$는 함수 f에 대한 B의 **역상**(inverse image)이라 한다.

iii) $f(X)=\{ f(x) \mid x\in X\}$는 f의 **치역**(range)이라 한다.

iv) 만약 X의 서로 다른 원소 x, x'에 대해서 $f(x)$와 $f(x')$이 다르면, f를 **단사**(one-to-one, injective)라 한다. 즉,

$$x, x'\in X, \quad x\neq x' \ \Rightarrow \ f(x)\neq f(x'), \quad \text{또는}$$

$$x, x'\in X, \quad f(x) = f(x') \ \Rightarrow \ x = x'$$

v) 만약 $f(X)=Y$이면 f를 **전사**(surjective, onto))라 한다.

vi) f가 단사이고 전사이면 f를 **전단사**(bijective)라 한다.

두 함수 $f, g: X \to Y$가 **같다**(equal)는 것은 $f=g$로 적고 다음과 같이 정의한다.

$$x\in X, \quad f(x) = g(x) .$$

집합과 함수에 관한 몇 가지 성질을 소개한다.

정리 1.4

$f: X\to Y$는 함수이고 $\mathcal{A}$는 X의 부분집합족이고 $\mathcal{B}$는 Y의 부분집합족이라 하면 다음이 성립한다.

1. $f(\bigcup\mathcal{A}) = \bigcup\{ f(A) \mid A\in\mathcal{A}\}$
2. $f(\bigcap\mathcal{A}) \subset \bigcap\{ f(A) \mid A\in\mathcal{A}\}$

만약 f가 단사함수이면 $f(\bigcap\mathcal{A})=\bigcap\{f(A) \mid A\in\mathcal{A}\}$이다.

3. $f^{-1}(\bigcup\mathcal{B}) = \bigcup\{ f^{-1}(B) \mid B\in\mathcal{B}\}$
4. $f^{-1}(\bigcap\mathcal{B}) = \bigcap\{ f^{-1}(B) \mid B\in\mathcal{B}\}$

두 함수 $f: X \to Y$, $g: Y \to Z$ 에 대해서 **합성함수**(composite function) $g\circ f: X \to Z$ 는 다음과 같이 정의된다.

$$x \in X , \quad g \circ f(x) = g(f(x))$$

함수 $f: X \to Y$ 가 전단사이면 Y에 속하는 임의의 원소 y에 대해서 $y=f(x)$를 만족하는 X의 원소 x가 오직 하나 존재한다. 이 때 x를 y의 상으로 하는 f의 **역함수**(inverse function) $f^{-1}: Y \to X$를 정의할 수 있다.

$$f^{-1}: Y \to X \ ; \ f^{-1}(y)=x \Leftrightarrow f(x)=y$$

함수 $f: X \to Y$가 전단사이면 역함수 $f^{-1}: Y \to X$가 존재하고 f 와 f^{-1}의 합성함수는 각각 **항등함수**(identity function)가 되어진다.

$$f^{-1} \circ f = I_X , \quad f \circ f^{-1} = I_Y$$

항등함수 $I_X : X \to X$는 모든 $x \in X$에 대해서 $I_X(x)=x$로 정의한다.

실수 c와 두 함수 $f, g : X \to \mathbb{R}$의 연산은 다음과 같이 정의한다. 여기서 $\mathbb{R}$은 실수체를 나타내며 실수체 $\mathbb{R}$에 관한 정의는 2절에서 상세히 다룬다.

$$(cf)(x) = cf(x)$$

$$(f+g)(x) = f(x)+g(x)$$

$$(fg)(x) = f(x)g(x)$$

$$\left(\frac{f}{g}\right)(x) = \frac{f(x)}{g(x)} , \quad \text{여기서 } g(x) \neq 0$$

$$|f|(x) = |f(x)|$$

$h = \max\{f, g\}$라 두면, $h(x) = \max \{f(x) , g(x)\}$

$k = \min\{f, g\}$라 두면, $k(x) = \min \{f(x) , g(x)\}$

위의 연산을 **점마다 연산** 또는 **점별연산**(pointwise operation)이라 한다.

연습문제 1.1

1. 정리 1.1과 정리 1.2를 증명하라.

2. 정리 1.4를 증명하라.

3. $(A \setminus B) \cap B = \varnothing$ 임을 증명하라.

4. $A \cap B = \varnothing$ 이면 $B \cap A' = B$ 임을 보여라.

5. $A \subset B$이면 $A \cup (B \setminus A) = B$임을 증명하라.

6. $A \not\subset B$되기 위한 필요충분조건은 $A \cap B' \neq \varnothing$ 임을 증명하라.

7. 함수 $f: X \to Y$와 X의 부분집합 A, B에 대해서 다음을 증명하라.
$$f(A) \setminus f(B) \subset f(A \setminus B)$$

8. $f: X \to Y$, $A \subset X$, $B \subset Y$ 일 때 다음을 증명하라.
   1) $A \subset f^{-1}(f(A))$
   2) $f(f^{-1}(B)) \subset B$
   3) f 가 단사일 필요충분조건은
      모든 X의 부분집합 A에 대해서 $A = f^{-1}(f(A))$이다.
   4) f가 전사일 필요충분조건은
      모든 Y의 부분집합 B에 대해서 $B = f(f^{-1}(B))$이다.
   5) f가 X의 모든 부분집합 A에 대하여 $f(A^c) = (f(A))^c$일 때, 그때에 한하여 f가 전단사함수임을 증명하라.

9. 전체집합 U의 부분집합 A에 대해서 U에서 $\{0, 1\}$로의 **특성함수**(characteristic function)는 다음과 같이 정의한다.
$$\chi_A(x) = \begin{cases} 1 & (x \in A) \\ 0 & (x \in A') \end{cases}$$
   특성함수에 관하여 다음을 증명하라.
   1) $\chi_{\varnothing} = 0$
   2) $\chi_U = 1$
   3) $\chi_{A'} = 1 - \chi_A$
   4) $\chi_{A \cup B} = \max\{\chi_A, \chi_B\}$

5) $\chi_{A\cap B} = \min\{\chi_A, \chi_B\}$

6) $\chi_{A\setminus B} = \chi_A - \chi_B$ (단 $B\subset A$)

10. 두 함수 $f, g : X \to \mathbb{R}^*$에 대하여 다음이 성립함을 증명하라.

$$\max\{f, g\} = \frac{|f+g| + |f-g|}{2}, \quad \min\{f, g\} = \frac{|f+g| - |f-g|}{2}$$

11. 함수 $f : X \to Y$에 대하여 다음을 증명하라.

1) $g\circ f = I_X$를 만족하는 함수 $g : Y \to X$가 존재하면 f는 단사이다.

2) $f\circ g = I_Y$를 만족하는 함수 $g : Y \to X$가 존재하면 f는 전사이다.

연습문제 풀이 및 해답

3. 두 가지로 증명하겠다.

(i) $(A\setminus B)\cap B \neq \emptyset$ 이라 하면 $x\in(A\setminus B)\cap B$되는 원소 x가 있다. 그러면 $x\in A\setminus B$ 그리고 $x\in B$이므로 모순이다.

(ii) 정리 1.1 또는 정리 1.2에 의하여 $A\setminus B = A\cap B'$ 이므로 $(A\setminus B)\cap B = (A\cap B')\cap B = A\cap(B'\cap B) = A\cap\emptyset = \emptyset$ 이다.

4. $B\cap A'\subset B$ 임은 분명하고 $B\subset B\cap A'$ 임을 보이자. $x\in B$이면 $A\cap B = \emptyset$ 이므로 $x\notin A$이다. 그러므로 $x\in B\cap A'$ 이다.

6. $A\not\subset B$ 이면 에는 속하고 B에 속하지 않은 원소 x가 존재한다. 그러므로 $x\in A\cap B' \neq \emptyset$ 이다. 역으로, 만일 $A\cap B' \neq \emptyset$ 이면 $x\in A$이고 $x\notin B$인 x가 존재한다. 그러므로 $A\not\subset B$이다.

7. $y\in f(A)\setminus f(B)$이면 $y\in f(A)$이고 $y\notin f(B)$이다. 그러면 $x\in A\setminus B$가 존재해서 $y=f(x)$이다. 즉 $y\in f(A\setminus B)$이다.

8. 3) f가 단사라고 가정하자. $x\in f^{-1}(f(A))$이면 $f(x)\in f(A)$이다. 그러면 $x'\in A$가 존재해서 $f(x')=f(x)$이다. f가 단사이므로 $x=x'$이고 $x\in A$이다. 1)번 사실에 의해서 $A=f^{-1}(f(A))$이다. 역으로, $A=f^{-1}(f(A))$라고 가정하고 $f(x)=f(x')$이라 하자. $A=\{x\}$라 두면 $x'\in f^{-1}(f(A))$이고 $f^{-1}(f(A))=A$이므로 $x=x'$이다.

9. 3) $x\in A$이면 $\chi_{A'}(x)=0$이고 $\chi_A(x)=1$이다.

$x\notin A$이면 $\chi_{A'}(x)=1$이며 $\chi_A(x)=0$이다.

6) $x\in A\setminus B$이면 $\chi_{A\setminus B}(x)=1$이고 $\chi_A(x)-\chi_B(x)=1-0=1$이다.

$x\notin A\setminus B$이면 $\chi_{A\setminus B}(x)=0$. 한편, $\chi_A(x)-\chi_B(x)=0$이다. 왜냐하면 $x\notin A\setminus B$이면 $x\notin A$ 또는 $x\in B$이므로 $\chi_A(x)-\chi_B(x)=0-0=0$ 또는 $\chi_A(x)-\chi_B(x)=1-1=0$이다.

실수의 중요성은 실수들이 직선상의 점과 일대일대응 관계를 가지고, 정의역과 치역을 실수의 집합으로 가지는 실변수함수의 연구와 극한이론의 연구에 기본이 되기 때문이다. 본 장에서는 실수의 집합을 정의하고 그 성질을 다룬다.

실수의 집합과 그 성질을 **실수계**(Real Number System)라 부르며 실수계를 구성하는 방법은 두 가지이다. 한 가지는 데데킨트(R. Dedekind)의 절단(cut)을 이용하여 무리수를 정의하여 유리수와 무리수를 실수라고 정의하는 방법이고, 다른 한 가지는 실수계를 공리적 방법(Axiomatic method)으로 정의하는 것이다. 이 책에서는 공리적 방법에 의하여 실수체를 정의한다.

1.2 연산과 순서공리

정의 1.5

주어진 집합 X에 대하여 $X\times X$에서 X로의 함수를 X 위의 **이항연산**(binary operation)이라 한다.

정의 1.6

실수계 $\mathbb{R}$은 다음 공리 1 ~ 공리 13을 만족하는 대상의 집합으로 정의하고, $\mathbb{R}$의 원소를 **실수**(real number)라 한다.

공리 1. $\mathbb{R}$ 위의 이항연산 "+"가 있어서 $\mathbb{R}$의 원소 x, y에 대해 $x+y$도 $\mathbb{R}$의 원소이다. 이항연산 "+"를 **덧셈**(addition)이라 한다.

공리 2. 모든 실수 x, y, z에 대하여 다음이 성립한다.

$$x+(y+z)=(x+y)+z\ . \qquad \text{(결합법칙)}$$

공리 3. 모든 실수 x, y에 대하여 다음이 성립한다.

$$x+y=y+x\ .\qquad\text{(교환법칙)}$$

공리 4. 실수 0이 존재하여서 모든 실수 x에 대해 다음 식을 만족한다.

$$x+0=0+x=x\ .$$

이 때 0을 덧셈에 관한 **항등원**(Identity element)이라 하고 영(zero)라 부른다.

공리 5. 각 $x\in\mathbb{R}$에 대해서 다음을 만족하는 실수 y가 존재한다.

$$x+y=y+x=0\ .$$

y를 x의 덧셈에 관한 **역원**(inverse element)이라 하고 $-x$로 쓴다. 또한 $x-z=x+(-z)$로 쓴다.

공리 6. $\mathbb{R}$ 위의 이항연산 " · "가 있어서 $\mathbb{R}$의 원소 x, y에 대하여 $x\cdot y$도 $\mathbb{R}$의 원소이다. 이항연산 " · "를 **곱셈**(multiplication)이라 한다. 곱셈기호 " · "는 생략할 때가 많다.

공리 7. 모든 실수 x, y, z에 대하여 다음이 성립한다.

$$x\cdot(y\cdot z)=(x\cdot y)\cdot z\qquad\text{(결합법칙)}$$

공리 8. 모든 실수 x, y에 대하여 다음이 성립한다.

$$x\cdot y=y\cdot x\qquad\text{(교환법칙)}$$

공리 9. 0이 아닌 실수 1이 존재하여 다음을 만족한다.

$$x\in\mathbb{R}\ ,\ \ x\cdot 1=1\cdot x=x\ .$$

1을 곱셈에 관한 **항등원**(Identity element)이라 한다.

공리 10. 0이 아닌 실수 x에 대해서 한 실수 y가 존재해서 다음을 만족한다.

$$x\cdot y=y\cdot x=1\ .$$

이 때 y를 곱셈에 관한 x의 **역원**(inverse element)이라 하고 y를 x^{-1} 혹은 $\frac{1}{x}$로 쓴다.

공리 11. 모든 실수 x, y, z에 대하여 다음이 성립한다.

$$x(y+z)\ =xy+xz$$
$$(x+y)z\ =xz+yz\qquad\text{(분배법칙)}$$

공리 1에서 공리 5까지의 다섯 가지 공리를 만족하는 집합을 **가환군**(Commutative group, Abelian group)이라 하고, 공리 1에서 공리 11까지의 성질을 모두 만족하는 집합을 **체**(field)라 한다. 실수의 집합 $\mathbb{R}$은 체이므로 **실수체**라고도 한다.

공리 2와 공리 3, 공리 7, 공리 8에 의하여 유한개의 실수 $x_1, x_2, \cdots, x_n$에 대한 더하기와 곱하기의 연산에서 순서가 필요 없다.

정리 1.7

모든 실수 x에 대해서 $x \cdot 0 = 0$이다.

증명 공리 4에 의해 $0+0=0$이고 공리 11을 사용하면 다음이 성립한다.

$$x \cdot 0 = x \cdot (0+0) = x \cdot 0 + x \cdot 0$$

위 사실과 공리 2, 공리 4, 공리 5를 사용하면 다음을 얻을 수 있다.

$$\begin{aligned} 0 &= x \cdot 0 + [-(x \cdot 0)] \\ &= (x \cdot 0 + x \cdot 0) + [-(x \cdot 0)] \\ &= x \cdot 0 + [x \cdot 0 + (-(x \cdot 0))] \\ &= x \cdot 0 + 0 = x \cdot 0 \end{aligned}$$ ■

정리 1.8

실수 x, y, z에 대해서 다음이 성립한다.

1. $-(-x) = x$
2. $(-1)x = -x$
3. $x+y = x+z \Rightarrow y = z$
4. $-(xy) = x(-y) = (-x)y$

증명 1. $x+(-x)=0$이므로 x는 $-x$의 역원이다. 그러므로 $x=-(-x)$이다.

2. $x+(-1)x = 1 \cdot x + (-1)x = [1+(-1)]x = 0 \cdot x = 0$

그러므로 $(-1)x$는 x의 역원이고, $(-1)x = -x$이다.

3. $x+y=x+z$이면 $(x+y)+(-x)=(x+z)+(-x)$이고 공리 2와 공리 3에 의하여 $[x+(-x)]+y=[x+(-x)]+z$이다. 그러므로 $y=z$이다.

4. 정리 1.7에 의하여 $xy+x(-y)=x[(y+(-y)]=x\cdot 0=0$이므로 $x(-y)=-xy$이다. 마찬가지로 $(-x)y=-xy$이다. ■

실수체가 만족해야 하는 다음의 공리를 **순서공리**(order axiom)라 한다.

공리 12. [순서공리]

실수체는 다음 두 조건을 만족하는 집합 P를 가진다.

i) $x, y\in P$이면 $x+y\in P$, $x\cdot y\in P$이다.

ii) 임의의 실수 x는 다음 세 가지 경우 중 꼭 하나만 만족한다.

$$x\in P \text{ 혹은 } x=0 \text{ 혹은 } -x\in P .$$

공리 12를 만족하는 체를 **순서체**(ordered field)라 하고, P의 원소를 **양의 실수**(Positive real number)라 하며, $-x\in P$일 때 x를 **음의 실수**(Negative real number)라 한다.

정의 1.9

두 실수 x, y에 대해서 $x-y\in P$이면 $x>y$로 정의하고, $x>y$ 혹은 $x=y$이면 $x\geq y$로 정의한다. $y<x$는 $x>y$와 같다.

위의 정의에 의하면 다음이 성립한다.

$$x\in P \iff x>0 \iff -x<0 .$$

공리 12 (ii)에 의하면 두 실수 x, y에 대하여 $x>y$ 혹은 $x=y$ 혹은 $x<y$ 중 꼭 한 가지만 성립함을 알 수 있다.

정리 1.10

$x, y, z \in \mathbb{R}$에 대해서 다음이 성립한다.

1. $x<y \Rightarrow x+z<y+z$
2. $x<y,\ z>0 \Rightarrow xz<yz$
3. $x<y,\ z<0 \Rightarrow xz>yz$

증명 1. $(y+z)-(x+z)=(y+z)+(-x)+(-z)$

$$=[y+(-x)]+[z+(-z)]$$

$$=y+(-x)+0$$

$$=y-x>0$$

그러므로 $y+z>x+z$이다.

2. $x<y$이고 $z>0$이면 $y-x\in P$이고 $z\in P$이다. 공리 12 (i)에 의하여 $yz-xz=(y-x)z\in P$이다. 그러므로 $yz>xz$이다. ■

정의 1.11

모든 실수 x에 대하여 x의 **절대값**(absolute value) $|x|$는 다음과 같이 정의한다.

$$|x|=\begin{cases} x & (x\geq 0) \\ -x & (x<0) \end{cases}$$

모든 실수 x에 대하여 x의 절대값 정의로부터 $x\leq|x|$는 분명하다.

절대값에 관한 성질은 일어날 수 있는 모든 경우를 따져 봄으로써 증명할 수 있다.

정리 1.12

임의의 실수 x, y에 대하여 다음이 성립한다.

1. $|x|\geq 0$, $|x|=0 \Leftrightarrow x=0$

2. $|x+y| \le |x|+|y|$ (삼각부등식)
3. $|xy| = |x||y|$
4. $\varepsilon>0$에 대하여 다음이 성립한다.

$$|x| \le \varepsilon \Leftrightarrow -\varepsilon \le x \le \varepsilon$$

5. $||x|-|y|| \le |x-y|$

증명 1. 만약 $x \ge 0$이면 $|x| = x \ge 0$이다. 만약 $x<0$이면 $-x \in P$이므로 $|x| = -x > 0$이다. 그러므로 $|x| \ge 0$이다. 절대값의 정의로부터 $|x|=0 \Leftrightarrow x=0$은 분명하다.

2. $x+y \ge 0$이면 $|x+y| = x+y \le |x|+|y|$이고,

$x+y<0$이면 $|x+y| = -(x+y) = (-x)+(-y) \le |x|+|y|$이므로

$|x+y| \le |x|+|y|$이다.

4. 만약 $x \ge 0$이면, $x = |x| \le \varepsilon$이므로 $-\varepsilon \le 0 \le x \le \varepsilon$이다.
만약 $x<0$이면, $-x = |x| \le \varepsilon$이므로 정리 1.10의 3에 의하여
$x = -(-x) = (-1)(-x) \ge (-1)\varepsilon = -\varepsilon$이다. 그러므로 $-\varepsilon \le x \le \varepsilon$이다.
역으로 $0 \le x \le \varepsilon$이면 $|x| = x \le \varepsilon$, $-\varepsilon \le x \le 0$이면 $|x| = -x \le \varepsilon$이다.

5. $|x| = |x-y+y| \le |x-y|+|y|$이므로 $|x|-|y| \le |x-y|$. 마찬가지로 $|y|-|x| \le |y-x|$이므로 $-(|x|-|y|) \le |x-y|$이고 $-|x-y| \le |x|-|y|$이다. 그러므로 4번에 의하여 $||x|-|y|| \le |x-y|$이다. ■

정리 1.13

임의의 $\varepsilon>0$에 대하여 $x \le y+\varepsilon$이면 $x \le y$이다.

증명 결론을 부정하면 $x>y$이다. $\varepsilon = \frac{1}{2}(x-y) > 0$라 두면, 가정에 의해서 $x \le y+\varepsilon = \frac{1}{2}(x+y)$이다. 그러므로 $\varepsilon = \frac{1}{2}(x-y) = x-\frac{1}{2}(x+y) \le 0$이므로 모순이다.

연습문제 1.2

실수 x, y, z에 대하여 다음을 증명하라.

1. $-(x+y)=-x-y$
2. $x\neq 0 \Rightarrow (x^{-1})^{-1}=x$
3. $x\neq 0$, $xy=xz \Rightarrow y=z$
4. $xy=0 \Leftrightarrow x=0$ 혹은 $y=0$
5. $x<y$, $y<z \Rightarrow x<z$
6. $1>0$
7. $x\neq 0 \Rightarrow x^2>0$
8. $xy>0 \Rightarrow (x>0,\ y>0)$이거나 $(x<0,\ y<0)$
9. $0<x<y \Rightarrow 0<\frac{1}{y}<\frac{1}{x}$
10. $x, y>0$이라 하자. $x^2<y^2 \Leftrightarrow x<y$
11. $x\cdot x=x$이면 $x=0$ 혹은 $x=1$이다.
12. $|x+y|=|x|+|y|$가 될 필요충분조건은 $xy=0$이다.

연습문제 풀이 및 해답

1. $x+y+(-x-y)=[x+(-x)]+[y+(-y)]=0+0=0$
3. $x\neq 0$이면 $xx^{-1}=x^{-1}x=1$이므로 $x^{-1}xy=x^{-1}xz$이고 $y=z$이다.
6. 1은 실수이므로 $1\in P$, $1=0$ 혹은 $-1\in P$ 중의 하나이다. $1=0$이면 모든 x에 대해서 $x1=0$이므로 모순이다. $-1\in P$이면 $(-1)(-1)\in P$이고 $(-1)(-1)=-(-1)=1$이므로 $1\in P$가 성립하여 모순이다. 그러므로 $1\in P$ 즉 $1>0$이다.
7. $x\neq 0$이면 공리 11에 의하여 $x>0$이거나 $x<0$이다. $x>0$이면 공리 11의 i)에 의해 $x^2>0$이다. $x<0$이면 $-x>0$이므로 $0<(-x)(-x)=-(x(-x))=-(-x^2)=x^2$이다.
8. $xy>0$이고 $x>0$이면 공리 10과 정리 1.10에 의하여 $\frac{1}{x}>0$이고, 따라서 $y>0$이다.같은 방법으로 $x<0$이면 $y<0$이다.
9. $0<x<y$이면 $y-x>0$이고 $xy>0$이므로 $\frac{1}{xy}$이 존재한다. 또한 $\frac{1}{xy}>0$이므로 $\frac{1}{xy}(y-x)>0$이고

$$\frac{1}{xy}(y-x) = \frac{1}{x}\frac{1}{y}y-\frac{1}{x}\frac{1}{y}x = \frac{1}{x}\left(\frac{1}{y}\cdot y\right)-\left(\frac{1}{x}\cdot x\right)\frac{1}{y} = \frac{1}{x}-\frac{1}{y}>0$$

그러므로 $\frac{1}{x}>\frac{1}{y}$이다.

10. $x^2<y^2$이면 $0<y^2-x^2=(y-x)(y+x)$이다. 8번에 의해서 $(y-x>0,\ y+x>0)$이거나 $(y-x<0,\ y+x<0)$이다. $x, y>0$이므로 $y+x>0$이다. 그러므로 $y-x>0$이다. 즉 $x<y$이다. 역으로 $x<y$이면 가정에서 $x, y>0$이므로 $x^2<xy<y^2$이다.

1.3 완비성공리

실수계를 규명하는 마지막 공리는 **완비성 공리**(Completeness axiom)이다. 완비성공리를 소개하기 위하여 먼저 몇 가지 정의를 기술한다.

정의 1.14

실수체 $\mathbb{R}$의 부분집합 $X(\neq\varnothing)$가 있다. 한 실수 $a\in\mathbb{R}$가 존재하여 모든 $x\in X$에 대해서 $x\leq a$를 만족 할 때 X는 **위로 유계**(upper bounded 혹은 bounded above)라 하고, a를 X의 **상계**(upper bound)라 한다. 쌍대 개념으로 실수 $b\in\mathbb{R}$가 있어서 모든 $x\in X$에 대해서 $b\leq x$일 때 X는 **아래로 유계**(lower bounded 혹은 bounded below)라 하고 b를 X의 **하계**(lower bound)라 한다. 집합 X가 상계와 하계를 가질 때 **유계**(bounded)라 한다.

정의 1.15

실수체 $\mathbb{R}$의 부분 집합 X가 공집합이 아니라고 하자. 실수 $a\in\mathbb{R}$가 X의 상계 중 가장 작은 것일 때 X의 **상한**(least upper bound, supremum)이라 하고 $a=\text{lub}X$ 혹은 $a=\sup X$로 적는다.

상한의 정의를 다시 적으면 다음과 같다.

$$a=\sup X \quad \Leftrightarrow \quad \text{i) } x\in X, \quad x\leq a$$

$$\text{ii) } x\in X, \quad x\leq c \quad \Rightarrow \quad a\leq c$$

ii)번의 성질은 다음과 같이 표현된다.

ii)′ $\varepsilon>0$에 대하여 다음을 만족하는 X의 원소 x가 있다.

$$a+\varepsilon < x \leq a$$

같은 방법으로 X의 **하한**(greatest lower bound, infimum)은 X의 하계 중 가장 큰 것으로 정의하고 glb$X$ 또는 inf$X$로 적는다.

$$b=\inf X \quad \Leftrightarrow \quad \text{i) } x \in X, \quad b \leq x$$

$$\text{ii) } x \in X, \quad d \leq x \quad \Rightarrow \quad d \leq b$$

아래의 ii)′는 ii)와 동치인 성질이다.

ii)′ $\varepsilon > 0$에 대하여 다음을 만족하는 X의 원소 x가 있다.

$$b \leq x < b+\varepsilon$$

예제 3.1

$X=[-1, 1]$의 상한과 하한을 구하라.

풀이 $X=[-1, 1]$는 유계이다. 상계의 집합이 $[1, \infty)$이므로, lub$X=1$이다. 하계를 모두 모은 집합은 $(-\infty, -1]$이므로 glb$X=-1$이 된다.

공리 13. [상한 공리]

공집합이 아닌 실수체 $\mathbb{R}$의 부분집합이 위로 유계이면 상한을 갖는다.

완비성공리는 쌍대적 개념으로 다음의 하한공리와 동치이다.

정리 1.16

공집합이 아닌 실수체 $\mathbb{R}$의 부분집합이 아래로 유계이면 하한을 가진다.

증명 공집합 아닌 실수의 부분집합 X가 아래로 유계라 하자. 그러면 X의 하계의 모임 Y는 공집합이 아니다. y를 Y의 원소라 하면, $x \in X$, $y \leq x$ 이다. 그러므로 Y는 위로 유계이다. 완비성공리에 의해 Y는 상한을 갖는다. Y의 상한을 a라 하자. 즉 $a=\sup Y$.

x를 X의 원소라 하면, $y \in Y$, $y \leq x$이다. x는 Y의 상계가 되고, $a = \sup Y$이므로 $a \leq x$이다. 그러므로 a는 X의 하계이다. b를 X의 임의의 하계라 하면 $b \in Y$이다. a는 Y의 상한이므로 $b \leq a$이고 a는 X의 가장 큰 하계가 된다. 즉 $a = \text{glb} X$이다. ■

직선상의 한 점을 0으로 나타내고, 그 오른쪽에 한 점을 선택하여 1을 나타내자. 그러면 직선상의 점들과 실수들을 짝지을 수 있는 자연스러운 방법이 있다. 즉 직선상의 각 점은 오직 하나의 실수를 나타내고 각 실수는 직선상의 단 한 점에 의해서 표현된다. 이런 직선을 **수직선**(real line)이라 한다.

그림 1-1

공리 13은 실수에 대한 **완비성 공리**(Completeness Axiom)라 불리어 진다. 이 공리는 실수가 수직선 위에 있는 모든 점들과 일대일 대응이 되고 구멍이 없음을 의미한다. 만약 수직선 위에 구멍이 있다면 그것의 오른쪽에 있는 점들을 모은 집합은 하한을 갖지 못하므로 완비성 공리를 만족할 수 없다.

다음은 실수체의 부분집합들로서 자연수의 집합 $\mathbb{N}$, 정수의 집합 $\mathbb{Z}$, 유리수의 집합 $\mathbb{Q}$의 성질들에 관하여 기술하고자 한다.

정의 1.17

다음 두 성질을 만족하는 실수의 집합 X를 **바로 뒤의 원소집합**(successor set)이라 한다.

i) $1 \in X$

ii) $n \in X \Rightarrow n+1 \in X$

정리 1.18

공집합이 아닌 바로 뒤의 원소집합의 교집합은 바로 뒤의 원소집합이다.

증명 $\mathscr{A}$를 바로 뒤의 원소집합의 모임이라 하자. $\mathscr{A}$의 모든 원소가 바로 뒤의 원소집합이므로 $\mathscr{A}$의 모든 원소는 1을 포함한다. 즉, $1 \in \bigcap \mathscr{A}$이다. $n \in \bigcap \mathscr{A}$이라 하면 n은 $\mathscr{A}$의 모든 원소에 속하고, 모든 원소가 바로 뒤의 원소집합이므로 $n+1$은 $\mathscr{A}$의 모든 원소에 속한다. 그러므로 $n+1 \in \bigcap \mathscr{A}$이다. 따라서 $\bigcap \mathscr{A}$는 바로 뒤의 원소집합이다. ■

실수체 $\mathbb{R}$이 바로 뒤의 원소집합이므로 모든 바로 뒤의 원소집합의 모임 $\mathscr{S}$는 공집합이 아니다. 정리 1.18에 의하면 $\bigcap \mathscr{S}$는 바로 뒤의 원소집합이며 바로 뒤의 원소집합 중 가장 작은 집합이다.

정의 1.19

모든 바로 뒤의 원소집합의 모임 $\mathscr{S}$의 교집합 $\bigcap \mathscr{S}$를 **자연수**(natural number)의 집합이라 정의하고 $\mathbb{N}$으로 적는다. 즉 자연수의 집합 $\mathbb{N}$은 가장 작은 바로 뒤의 원소집합이다.

정의 1.17과 정의 1.19로부터 자연수의 집합 $\mathbb{N}$은 1을 포함한다. 그리고 $1+1=2$, $2+1=3$, …등으로 적으면 $\mathbb{N}=\{1, 2, 3, 4, \cdots\}$이다.

자연수의 성질을 이용하면 수학적 귀납법을 증명할 수 있다.

정리 1.20 **수학적 귀납법(Mathematical induction)**

각 자연수 $k \in \mathrm{N}$에 대하여 명제 $s(k)$가 주어져 있고 다음 두 사실이 성립한다고 하자.

i) $s(1)$이 성립한다.

ii) $k \in \mathrm{N}$에 대하여, $s(k)$가 성립하면 $s(k+1)$이 성립한다.

그러면 모든 $n \in \mathrm{N}$에 대해서 $s(n)$이 성립한다.

증명 $X = \{ t \in \mathrm{N} \mid s(t)$이 성립한다$\}$이면 $X \subset \mathrm{N}$이다. 가정 i)에 의하여 $1 \in X$이다. $t \in X$이면 $s(t)$이 성립하고, 가정 ii)에 의하여 $s(t+1)$이 성립하므로 $t+1 \in X$이다. 그러므로 X는 바로 뒤의 원소 집합이고 자연수의 정의에 의해서 $\mathrm{N} \subset X$이다. 그러므로 $\mathrm{N} = X$이고 모든 $n \in \mathrm{N}$에 대해서 $s(n)$이 성립한다. ■

정의 1.21

$\mathbb{R}$의 부분집합 $X(X \neq \varnothing)$의 원소 a가 다음의 조건을 만족할 때 a를 X의 **최소원소**(least element)라 한다.

$$x \in X, \quad a \le x .$$

또한, $b \in X$가 다음의 조건을 만족할 때 b를 X의 **최대원소**(greatest element)라 부른다.

$$x \in X, \quad x \le b .$$

$X \subset \mathbb{R}(X \neq \varnothing)$라 하자. X의 공집합이 아닌 임의의 부분집합이 최소원소를 가질 때 X를 **정렬집합**(well ordered set)이라 한다.

정리 1.22 **정렬정리(Well-ordered Theorem)**

공집합 아닌 자연수의 부분집합은 최소원소를 가진다. 즉, $X \subset \mathrm{N}$이고 $X \neq \varnothing$이면 다음 성질을 만족하는 X의 원소 m이 있다.

$$x \in X, \quad m \leq x .$$

증명 $X \neq \varnothing$ 이므로 X는 원소를 가진다. 이것을 x라 하고 집합 A를 다음과 같이 두자.

$$A = \{ n \in X \mid n \leq x \} .$$

A는 유한집합(정의 1.29를 보라)이므로 최소원소를 가진다. m을 A의 최소원소라 하면 $m \in A \subset X$이므로 $m \in X$이다. X의 임의의 원소 $y(\neq m)$를 잡자. 순서공리에 의하여 $y \leq x$ 혹은 $y > x$이다. $y \leq x$이면 $y \in A$이다. $y \neq m$이고 m은 A의 최소원소이므로 $m < y$이다. $x < y$이면 $m \in A$이므로 $m \leq x < y$이다. 즉

$$y \in X, \quad m < y .$$

그러므로 X는 최소원소 m을 가진다. ■

다음은 완비성 공리로부터 실수의 중요한 성질을 소개하는 정리이다.

정리 1.23

자연수의 집합 N은 위로 유계가 아니다.

증명 N을 위로 유계라 하면, 완비성 공리에 의해서 상한을 가진다. $a = \sup \mathrm{N}$이라 하자. 그러면 $a-1$은 N의 상계가 아니므로 $a-1 < n \leq a$를 만족하는 자연수 $n \in \mathrm{N}$이 존재한다. 그러면 $a < n+1$이고 $n+1 \in \mathrm{N}$이므로 a가 N의 상계란 사실에 모순이 된다. ■

위의 정리는 임의의 실수가 N의 상계가 될 수 없음을 의미한다. 이로부터 **아르키메데스 성질**(Archimedean property)을 얻을 수 있다.

따름정리 1.24 **아르키메데스 성질(Archimedean property)**
임의의 양의 실수 a, b에 대하여 $a<nb$를 만족하는 자연수 n이 있다. 이 성질을 다시 표현하면 다음과 같다.

$$x\in\mathbb{R}, \quad x<n\text{인 자연수 } n\text{이 있다.}$$

같은 의미로 아르키메데스 성질을 다음과 같이 말할 수 있다.

$$\varepsilon>0, \quad 0<\frac{1}{n}<\varepsilon\text{인 자연수 } n\text{이 있다.}$$

정수의 집합 Z는 $\mathrm{N}\cup\{0\}\cup(-\mathrm{N})$으로 정의한다. 여기서 $-\mathrm{N}$은 각 자연수의 덧셈에 관한 역원의 집합이다. 즉 $-\mathrm{N}=\{-n \mid n\in\mathrm{N}\}$이다. **유리수의 집합** $\mathbb{Q}$는

$$\left\{\frac{p}{q} \mid p,\ q\in\mathrm{Z},\ q\neq 0\right\}$$

로 정의한다. 유리수의 집합 $\mathbb{Q}$는 다음 성질(정리 1.25)을 만족한다. 이 성질을 "**$\mathbb{Q}$는 $\mathbb{R}$ 안에서 조밀하다**"라고 말한다.

정리 1.25 **유리수의 조밀성(Density of rational numbers)**
서로 다른 두 실수 사이에는 유리수가 반드시 존재한다.

증명 서로 다른 두 실수 x, y에 대하여 $x<y$라 하자. 만약 $x=0$이면 아르키메데스 성질에 의해서 $0<\frac{1}{n}<y$인 자연수 n가 있다. $\frac{1}{n}$은 유리수이다. $x>0$이라면 $y-x>0$이므로 다시 아르키메데스 성질에 의해서 $0<\frac{1}{n}<y-x$를 만족하는 자연수 $n\in\mathrm{N}$을 잡을 수 있다. 집합 $\{l\in\mathrm{N} \mid l>nx\}$는 아르키메데스 성질에 의해서 공집합이 아니고 자연수의 부분집합이므로 정렬정리에 의하여 최소 원소 m을 가진다. 그러면 $m\in\mathrm{N}$, $nx<m$이므로, 다음 부등식이 성립한다.

$$x < \frac{m}{n} = \frac{m-1}{n} + \frac{1}{n} \le x + \frac{1}{n} < x + (y-x) = y$$

즉 $\frac{m}{n} \in \mathbb{Q}$이고 $x < \frac{m}{n} < y$이다.

$x<0$이면 $-x>0$이고 $-x<n$되는 자연수 $n\in\mathbb{N}$을 잡는다. 그러면 $0<x+n<y+n$이고 $x+n<r<y+n$되는 유리수 $r\in\mathbb{Q}$을 잡을 수 있다. 그러면 $r-n\in\mathbb{Q}$이고 $x<r-n<y$이다. ■

정리 1.26

$r^2=2$를 만족하는 유리수 r은 존재하지 않는다.

증명 $r^2=2$를 만족하는 유리수 $r=\frac{p}{q}$가 존재한다고 하자. 이때 p와 q는 서로소(p와 q의 최대공약수가 1)라고 가정한다. 그러면 $p^2=2q^2$이므로 p^2은 짝수이다. 그러므로 p도 짝수이다. $p=2n$이라 두면 $4n^2=2q^2$이므로 $2n^2=q^2$이다. q^2이 짝수가 되므로 q도 짝수가 되어 p와 q가 서로소라는 사실에 모순이다. ■

정리 1.27

$x^2=2$ 되는 양의 실수가 존재한다.

증명 $X=\{x\in\mathbb{R} \mid 0<x,\ x^2<2\}$라 두면 $1\in X$이므로 X는 공집합이 아니고 위로 유계이다. 공리 13(완비성공리)에 의해서 X는 상한 s를 가진다.

이제 $s^2=2$임을 밝히자.

경우 1 : $s^2<2$라고 가정하면 $2-s^2>0$이므로 아르키메데스 성질에 의하여 다음을 만족하는 자연수 n을 잡을 수 있다.

$$\frac{2s+1}{2-s^2} < n$$

그러면 다음이 성립한다.

$$\left(s+\frac{1}{n}\right)^2 = s^2+2s\frac{1}{n}+\frac{1}{n^2} \le s^2+(2s+1)\frac{1}{n} < s^2+(2s+1)\frac{2-s^2}{2s+1} = 2$$

따라서 $s+\frac{1}{n} \in X$이다. 이는 s가 X의 상계라는 사실에 모순이다.

경우 2 : $s^2>2$라고 가정하면 $s^2-2>0$이므로 아르키메데스 성질에 의하여 다음을 만족하는 자연수 n을 잡을 수 있다.

$$\frac{2s}{s^2-2} < n$$

그러면 모든 X의 원소 x에 대하여 다음이 성립한다.

$$\left(s-\frac{1}{n}\right)^2 = s^2-2s\frac{1}{n}+\frac{1}{n^2} > s^2-\frac{2s}{n} > s^2-(s^2-2)=2 > x^2$$

$s-\frac{1}{n} > x$이므로 $s-\frac{1}{n}$은 X의 상계이다. 이것은 s가 X의 상한이라는 사실에 모순이다. ■

위의 정리를 만족하는 x를 $\sqrt{2}$로 적는다.

정리 1.26에서 $r^2=2$를 만족하는 유리수는 존재하지 않음을 보였으나 우리는 정리 1.27에서 $x^2=2$를 만족하는 양의 실수가 존재함을 증명하였다. 이것은 유리수의 집합 $\mathbb{Q}$는 실수의 집합 $\mathbb{R}$의 진부분집합임을 의미한다. 실수로서 유리수가 아닌 원소를 **무리수**(irrational number)라 정의한다. 즉 $\mathbb{R}\setminus\mathbb{Q}$는 무리수의 집합이다.

연습문제 1.3

1. $X(X \neq \emptyset)$가 아래로 유계인 실수 집합일 때 다음을 증명하라.

$$\inf X = -\sup(-X)$$

여기서 $-X = \{-x \mid x \in X\}$이다.

2. X, Y가 $\mathbb{R}$의 부분집합이다 ($X \neq \emptyset$, $Y \neq \emptyset$). X, Y가 유계일 때 다음을 증명하라.

1) $X \subset Y$이면 $\inf Y \leq \inf X \leq \sup X \leq \sup Y$이다.

2) $a \in \mathbb{R}$, $a \geq 0$이면 $a \sup X = \sup(aX)$, $a \inf X = \inf(aX)$,
$a < 0$이면 $a \inf X = \sup(aX)$, $a \sup X = \inf(aX)$, 여기서 $aX = \{ax \mid x \in X\}$이다.

3) $\sup(X+Y) = \sup X + \sup Y$, 여기서 $X+Y = \{x+y \mid x \in X, y \in Y\}$이다.

3. X는 공집합이 아니고 두 함수 $f, g: X \to \mathbb{R}$의 치역이 유계이면 다음이 만족된다.

1) $\sup\{f(x)+g(x) \mid x \in X\} \leq \sup\{f(x) \mid x \in X\} + \sup\{g(x) \mid x \in X\}$

2) $\inf\{f(x)+g(x) \mid x \in X\} \geq \inf\{f(x) \mid x \in X\} + \inf\{g(x) \mid x \in X\}$

3) 1), 2)에서 등식이 성립하지 않는 예를 들어라.

4. 실수 집합에 대한 상한은 일의적임을 증명하라.

5. $r^2 = 3$를 만족하는 유리수 r은 존재하지 않음을 증명하라.

6. 수학적 귀납법을 이용하여 이항정리를 증명하라.
임의의 실수 a, b와 모든 자연수 $n \in \mathbb{N}$에 대하여 다음을 만족한다.

$$(a+b)^n = \binom{n}{0}a^n + \binom{n}{1}a^{n-1}b + \cdots + \binom{n}{n-1}ab^{n-1} + \binom{n}{n}b^n$$

여기서 $\binom{n}{k} = \dfrac{n!}{k!(n-k)!}$, $\binom{n}{0}$는 1로 정의한다.

7. 서로 다른 두 실수 사이에는 무리수가 존재함을 증명하라.

연습문제 풀이 및 해답

1. $\inf X = a$라 하면 모든 $x \in X$에 대해서 $a \le x$이므로 $-x \le -a$이고, $-a$는 $-X$의 상계이다. $\inf X = a$이므로 임의의 $\varepsilon > 0$에 대해 $x < a + \varepsilon$을 만족하는 $x \in X$가 존재한다. 그러면 $-a - \varepsilon < -x$이고 $-x \in -X$이다. 그러므로 $-a = \sup(-X)$이고 $\inf X = a = -\sup(-X)$이다.

2. 1) $\inf Y = u$, $\inf X = v$라고 두자. $X \subset Y$이므로 X의 모든 원소 x에 대해서 $u \le x$이다. u는 X의 하계가 되고 $\inf X = v$이므로 $u \le v$이다. 그러므로 $\inf Y \le \inf X$.

   2) **$a > 0$인 경우 :**
   $\sup X = s$라 두면 X의 모든 원소 x에 대해서 $x \le s$이다. $ax \le as$이므로 as는 aX의 상계이다. c가 aX의 임의의 상계라 하면 $ax \le c$이다. $x \le \frac{1}{a}c$이므로 $\frac{1}{a}c$는 X의 상계이고 $s \le \frac{1}{a}c$이다. $as \le c$이므로 $as = \sup(aX)$이다.
   그러므로 $a \sup X = \sup(aX)$이다.
   $a < 0$인 경우 :
   $\inf X = v$라 두면 X의 모든 원소 x에 대해서 $v \le x$이다. $av \ge ax$이므로 av는 aX의 상계이다. c가 aX의 임의의 상계라 하면 $ax \le c$이다. $x \ge \frac{1}{a}c$이므로 $\frac{1}{a}c$는 X의 하계이고 $\frac{1}{a}c \le v$이다. $av \le c$이므로 $av = \sup(aX)$이다. 그러므로 $a \inf X = \sup(aX)$이다.
   $a = 0$인 경우 : $a \sup X = 0 = \sup(aX)$이다.

   3) $\sup X = s$, $\sup Y = t$라 하자. $x \in X$, $y \in Y$이면 $x \le s$, $y \le t$이므로 $x + y \le s + t$이다. 그러므로 $s + t$는 $X + Y$의 상계이다. $c < s + t$이면 $c - t < s$이므로 $c - t$는 X의 상계가 아니다. 그러므로 $c - t < x$인 $x \in X$가 있다. $c - x < t$이므로 $c - x$는 Y의 상계가 아니다. 그러므로 $c - x < y$되는 $y \in Y$가 있다. 그러면 $c < x + y$이고 $x + y \in X + Y$이므로 c는 $X + Y$의 상계가 아니다. 이것은 $s + t$가 $X + Y$의 상계임을 의미한다.

3. 1) $\sup\{ f(x) \mid x \in X\} = s$, $\sup\{ g(x) \mid x \in X \} = t$라 하면 모든 $x \in X$에 대해서 $f(x) \le s$, $g(x) \le t$이므로 $f(x) + g(x) \le s + t$. 그러므로 $s + t$는 $\{f(x) + g(x) \mid x \in X\}$의 상계가 되고 $\sup\{ f(x) + g(x) \mid x \in X \} \le s + t$이다.

   3) $X = [0, 1]$, $f(x) = x$, $g(x) = 1 - x$이면 $\{f(x) + g(x) \mid x \in X\} = \{1\}$이다.
   $f(X) = X$, $g(X) = X$이므로
   $\sup\{ f(x) + g(x) \mid x \in X \} = 1$, $\sup\{ f(x) \mid x \in X \} = 1$, $\sup\{ g(x) \mid x \in X \} = 1$이다.

7. $x, y \in \mathbb{R}$이고 $x < y$라 하면 $x - \sqrt{2} < y - \sqrt{2}$이고 유리수의 조밀성에 의해서 $x - \sqrt{2} < r < y - \sqrt{2}$를 만족하는 유리수 r이 존재한다. $x < r + \sqrt{2} < y$되고 $r + \sqrt{2}$는 무리수이다.

1.4 가산집합

두 집합의 크기를 비교할 때 그 원소를 헤아려서 알 수 있지만 그것은 유한집합일 경우에 한한다. 무한집합의 경우 집합의 크기를 비교하는 방법으로 전단사 함수를 사용한다.

정의 1.28

두 집합 X, Y에 대해서 전단사 함수 $f: X \to Y$가 존재할 때 X와 Y는 **동치**(equivalent)라 하고 $X \sim Y$로 표시한다.

정의 1.29

집합 X가 공집합이거나 어떤 자연수 n에 대해서 집합 $\{1, 2, 3, \cdots, n\}$과 동치일 때 X를 **유한집합**(finite set)이라 한다. 유한집합이 아닌 집합을 **무한집합**(infinite set)이라 한다. X가 유한집합이거나 자연수집합 N과 동치일 때 X를 **가산집합**(countable set)이라 하고, 가산 집합이 아닐 때 **비가산집합**(uncountable set)이라 한다.

X가 가산집합이면 전단사 함수 $f: \mathrm{N} \to X$가 존재한다. 그러면 $X = \{f(1), f(2), f(3), \cdots\}$이고 X의 원소들은 헤아릴 수 있으며 번호를 붙일 수 있다. 그러므로 X는 $\{x_1, x_2, x_3, \cdots\}$로 표현할 수 있다.

예제 4.1

모든 정수의 집합 Z는 가산집합이다.

풀이 자연수의 집합 N에서 정수의 집합 Z로의 함수 f를 다음과 같이 정의하자.

$$f: \mathrm{N} \to \mathrm{Z}, \quad n \in \mathrm{N}, \quad f(n) = \begin{cases} \dfrac{n-1}{2} & (n\text{은 홀수}) \\ -\dfrac{n}{2} & (n\text{은 짝수}) \end{cases}$$

그러면 f는 전단사이다.

먼저, f가 단사임을 보이겠다.

$n, m \in \mathrm{N}$, n, m이 짝수이고 $f(n) = f(m)$이면 $-\frac{n}{2} = -\frac{m}{2}$ 이므로 $n = m$이다. n, m이 홀수이고 $f(n) = f(m)$이면 $\frac{n-1}{2} = \frac{m-1}{2}$ 이므로 $n = m$이다. n이 짝수, m이 홀수, $f(n) = f(m)$이면 $-\frac{n}{2} = \frac{m-1}{2}$ 이다. 따라서 $-n = m-1$이다. 즉 $n = -m+1$이다. $m = 1$이면 $n = 0$, $m \geq 3$이면 n은 음수이므로 이 사실은 모순이다. 따라서 $f(n) \neq f(m)$이다.

다음으로 f가 전사임을 보이겠다.

l을 정수라 하자. $l \geq 0$ 이면 $f(2l+1) = \frac{2l+1-1}{2} = l$이다. $l < 0$ 이면 $f(-2l) = -\frac{-2l}{2} = l$이다. 따라서 f는 전사이다.

위의 예제 4.1은 집합 중에는 집합 자신의 진부분집합과 동치되는 집합이 있음을 보여준다. 이는 유한집합에서는 성립하지 않는 성질로서 무한집합의 한 특성을 말하고 있다. 1882년에 데데킨트(Dedekind)는 무한집합의 정의로 이 사실을 처음 사용하였다.

만약 두 집합 X, Y가 가산집합이면 $X = \{x_1, x_2, x_3, \cdots\}$, $Y = \{y_1, y_2, y_3, \cdots\}$로 나타낼 수 있고, $X \cup Y$는 x_i와 y_i의 모임으로서 $x_1, y_1, x_2, y_2, \cdots$ 등의 방법으로 순서를 줄 수가 있다. 이

것은 $X \cup Y$도 가산집합임을 의미한다. 이 사실은 가산개의 집합에도 적용될 수 있다.

정리 1.30

가산집합의 가산개의 합집합은 가산집합이다.

증명 자연수 $n \in \mathrm{N}$에 대하여 $X_n = \{x_{n1}, x_{n2}, \cdots\}$이라 하고 $X = \bigcup_{n=1}^{\infty} X_n$이라 하자. x_{nk}는 X_n의 k번째 원소이고 $n+k$를 x_{nk}의 높이라 하면 x_{11}의 높이는 2가 된다. 높이가 m인 원소는 $m-1$개 있다. X의 원소들을 높이 순서로 다음과 같이 나열할 수 있다.

$$x_{11}, x_{21}, x_{12}, x_{13}, x_{22}, x_{31}, x_{41}, x_{32}, x_{23}, x_{14}, \cdots$$

X의 원소를 위와 같이 나열하고 아래와 같이 화살표 방향으로 헤아리면, 자연수 집합에서 X로 가는 전단사 함수를 정의 할 수 있다.

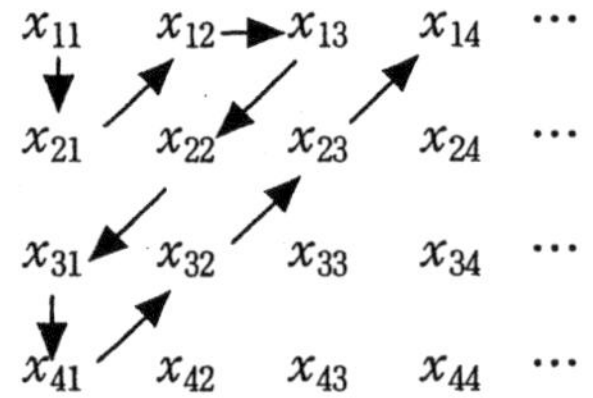

이 사실은 X가 가산집합임을 말한다. ■

위의 정리로부터 유리수집합 $\mathbb{Q}$는 가산집합임을 알 수 있다.

정리 1.31

유리수의 집합 $\mathbb{Q}$는 가산집합이다.

증명 $n = 1, 2, \cdots$에 대해, $X_n = \left\{\frac{0}{n}, \frac{-1}{n}, \frac{1}{n}, \frac{-2}{n}, \frac{2}{n}, \frac{-3}{n}, \frac{3}{n}, \cdots\right\}$

이라 두면 X_n은 가산집합이다. $\mathbb{Q}=\bigcup_{n=1}^{\infty} X_n$이므로 정리 1.30에 의하여 유리수 집합 $\mathbb{Q}$는 가산집합이다. ■

정리 1.32

가산집합의 무한부분집합은 가산집합이다.

증명 $X=\{x_1, x_2, x_3, \cdots\}$는 가산집합이고 A를 X의 무한 부분집합이라 하자. A의 모든 원소는 x_n들로서 나타난다. A의 원소들 중 첨수가 가장 작은 원소의 첨수를 n_1이라 하자(정렬정리). 다음은 $A\setminus\{x_{n_1}\}$의 원소들 중 첨수가 가장 작은 원소의 첨수를 n_2라 한다. 이와 같은 방법으로 A의 원소들을 택하여 나열하면 $A=\{x_{n_1}, x_{n_2}, x_{n_3}, \cdots\}$이다. 그러므로 A는 가산집합이다. ■

실수집합 $\mathbb{R}$이 비가산집합임은 Cantor(1845-1918)가 증명하였다. 이 사실을 보여주기 위하여 십진법에 관한 내용을 잠시 언급한다.

모든 실수 $x\in\mathbb{R}$는 십진법으로 다음과 같이 표현할 수 있다.

$$\begin{aligned} x &= a.x_1x_2x_3\cdots \\ &= a+\frac{x_1}{10}+\frac{x_2}{10^2}+\frac{x_3}{10^3}+\cdots \end{aligned}$$

여기서 a는 정수이고 x_n들은 $\{0, 1, 2, \cdots, 9\}$에 속한다. 실수의 십진법표현에서 다음과 같은 경우를 제외하면 그 표현은 일의적이다. 예를 들면

$$\frac{1}{2}=0.5000\cdots,\ \ \frac{1}{2}=0.4999\cdots$$

만약 십진법 표현을 무한급수(제6장 참조)의 표현을 따르기로 가

정한다면 모든 실수는 일의적으로 나타낼 수 있다. 한편 $x \in [0,1]$은 다음과 같이 표현된다.

$$x = 0.x_1x_2x_3\cdots$$

여기서 $0 \leq x_n \leq 9$이다.

정리 1.33

[0, 1]은 비가산집합이다.

증명 만약 [0, 1]을 가산집합이라고 하면 다음과 같이 나열할 수 있다.

$$[0, 1] = \{x_1, x_2, , x_3, \cdots\}$$

여기서 x_n들은 [0, 1]의 원소이므로 십진법의 표현을 사용하여 다음과 같이 일의 적으로 쓸 수 있다.

$$\begin{aligned} x_1 &= 0.\ x_{11}\ x_{12}\ x_{13}\ \cdots \\ x_2 &= 0.\ x_{21}\ x_{22}\ x_{23}\ \cdots \\ &\vdots \\ x_n &= 0.\ x_{n1}\ x_{n2}\ x_{n3}\ \cdots \\ &\vdots \end{aligned}$$

y_1은 1 부터 9사이에서 x_{11}과 다른 자연수를 잡는다.

y_2은 1 부터 9사이에서 x_{22}와 다른 자연수를 잡는다.

같은 방법으로 y_n은 1부터 9사이에서 x_{nn}과 다른 자연수를 잡는다. $y = 0.y_1\,y_2\,y_3\cdots$이라 두면 모든 n에 대해서 $y_n \neq x_{nn}$이다.

한편 모든 y_n은 1부터 9사이의 수이므로 y의 표현은 일의적이다. 그러므로 y는 어떤 x_n과도 같을 수 없다. 그러나 $y \in [0, 1]$이므로 [0, 1]의 모든 원소가 x_n 중 한 원소라는 사실에 모순이다. ■

정리 1.33의 증명방법을 Cantor 대각선 방법(Cantor diagonal process)이라 한다.

정리 1.34

실수집합 $\mathbb{R}$은 비가산집합이다.

증명 만일 $\mathbb{R}$이 가산집합이라면, $[0, 1] \subset \mathbb{R}$은 정리 1.32에 의해서 가산집합이 되어야 하므로 정리 1.33 에 모순이다. 그러므로 $\mathbb{R}$은 비가산집합이다. ■

정리 1.26과 정리 1.27에서 실수집합 $\mathbb{R}$은 유리수와 무리수들로서 구성됨을 보았다. 유리수의 집합 $\mathbb{Q}$가 가산집합이므로 무리수의 집합 $\mathbb{R} \setminus \mathbb{Q}$는 비가산집합임을 알 수 있다.

정리 1.35

무리수의 집합 $\mathbb{R} \setminus \mathbb{Q}$은 비가산집합이다.

증명 $\mathbb{R} \setminus \mathbb{Q}$가 가산집합이라면 $\mathbb{R} = \mathbb{Q} \cup (\mathbb{R} \setminus \mathbb{Q})$이므로 $\mathbb{R}$은 가산집합이 되어 정리 1.34에 모순이다. ■

연습문제 1.4

1. 두 집합 X, Y가 동치이면 $X \sim Y$로 적었다. 이 때 $\sim$는 동치관계(equivalent relation)임을 증명하라.

2. 비가산집합 X의 가산부분집합 Y에 대해서 $X \setminus Y$는 비가산집합이다.

3. 두 실수 $a < b$에 대해서 $[a, b]$는 비가산집합임을 증명하라.

4. X, Y가 가산집합이면 $X \times Y$도 가산집합임을 증명하라.

5. 집합 X 위의 모든 특성함수의 집합 2^X은 집합 X의 모든 부분집합의 집합 $P(X)$와 동치임을 증명하라.

6. 집합 X와 $P(X)$는 동치가 아님을 증명하라.

7. $X \subset Y$이고 X가 비가산집합이면 Y도 비가산집합임을 증명하라.

8. 유한집합의 가산족의 합집합이 유한이 아닌 예를 들어보라.

9. X와 Y가 동치일 때, X가 비가산집합이면 Y도 비가산집합임을 증명하라.

연습문제 풀이 및 해답

2. Y가 가산집합이고 만약 $X \setminus Y$가 가산집합이라 하면 $X = Y \cup (X \setminus Y)$이므로 정리 1.30에 의하여 X가 가산집합이다. 이 사실은 X가 비가산집합이라는 가정에 모순이다.

3. 함수 $F : [0, 1] \to [a, b]$, $f(x) = (b-a)x + a$는 전단사 함수이므로

$[0, 1] \sim [a, b]$이다.

4. X, Y가 가산집합이면 X, Y가 X의 개수 $= n =$ Y의 개수, 즉 X, Y가 유한집합이거나 $X \sim \mathrm{N}$, $Y \sim \mathrm{N}$이다. 유한집합인 경우는 분명하므로 $X \sim \mathrm{N}$, $Y \sim \mathrm{N}$인 경우를 보이자. 만약 X, Y가 $X \sim \mathrm{N}$, $Y \sim \mathrm{N}$이면 $X \times Y \sim \mathrm{N} \times \mathrm{N}$이다. 한편 다음과 같이 정의된 함수 f는 $\mathrm{N} \times \mathrm{N}$에서 N로의 단사함수이다.

$$f(n, m) = 2^n 3^m$$

이것은 $\mathrm{N} \times \mathrm{N}$이 N의 부분집합과 동치임을 의미한다.

5. $P(X)$에서 2^X로의 함수 F를 다음과 같이 정의하면 F는 전단사함수이다.

$$A \in P(X), \quad F(A) = \chi_A$$

6. $X = \varnothing$이면 $P(X) = \{\varnothing\}$이므로 $X \nsim P(X)$이다. $X \neq \varnothing$이고 $X \sim P(X)$라고 가정하자. 그러면 X에서 $P(X)$로의 전단사함수 f가 존재한다.
$Y = \{x \in X \mid x \notin f(x)\}$로 두면 $Y \subset X$이므로 $Y \in P(X)$이다. 그러면 $f(y) = Y$되는 원소 $y \in X$가 존재하고 $y \in Y$이거나 $y \notin Y$이다. $y \in Y$이면 $y \notin f(y) = Y$, $y \notin Y$이면 $y \in f(y) = Y$이므로 모순이다.

수 열

Sequences

2.1 수열의 극한

2.2 단조수열과 e

2.3 Bolzano-Weierstrass 정리와 Cauchy 수열

2.1 수열의 극한

이 장에서 자연수 전체의 집합을 N, 실수 전체의 집합을 ℝ 이라 하자. n을 어떤 자연수라 할 때 함수 $A:\{1, 2, \cdots, n\} \to \mathbb{R}$ 을 **유한수열**이라 하고, $A(i)$를 a_i로 나타내고 A의 i번째 항이라고 한다. 유한수열 A를 $a_1, a_2, \cdots, a_n$ 또는 $\{a_1, a_2, \cdots, a_n\}$으로 나타낸다. 우리는 유한수열에는 익숙해져 있으므로, 이 개념을 확장한 무한수열을 생각해 보자.

정의 2.1

$X(X \neq \varnothing)$를 집합이라 하자. 함수 $A: \mathrm{N} \to X$을 X의 원소의 **수열**이라 하고, $A(n)$을 a_n으로 나타내며 A의 **n번째 항**이라 부른다. 또 수열 A를

$$a_1, a_2, \cdots, a_n, \cdots \text{ 또는}$$

$$A = \{a_1, a_2, \cdots, a_n, \cdots\} = \{a_n\}_{n=1}^{\infty} = (a_n)$$

등으로 나타낸다. X가 ℝ 일 때 수열을 **실수열**이라 한다. 제2장에서는 실수열을 취급한다. 또 실수열을 수열이라 부르겠다.

예제 1.1

다음 수열의 n번째 항을 구하라.

(1) $\left\{1, \frac{1}{2}, \frac{1}{4}, \frac{1}{8}, \cdots\right\}$

(2) $\left\{1, \frac{1}{2}, 1, \frac{1}{4}, 1, \frac{1}{8}, \cdots\right\}$

풀이 (1) $a_n = \frac{1}{2^{n-1}}$ (2) $b_{2n-1} = 1$, $b_{2n} = \frac{1}{2^n}$

정의 2.2

$\{a_n\}$을 수열, a를 실수라 하자. 임의로 주어진 $\varepsilon>0$에 대하여 자연수 N이 존재하여 모든 $n\geq N$에 대하여 $|a_n-a|<\varepsilon$ 을 만족하면 수열 $\{a_n\}$은 a에 **수렴한다**(converge)고 말한다.
이 때 a를 수열 $\{a_n\}$의 **극한**(limit), 또는 수열 $\{a_n\}$은 **극한** a**를 갖는다**고 말하고, $a_n \to a(n\to\infty)$, $\lim_{n\to\infty} a_n = a$ 등으로 나타낸다.
수열 $\{a_n\}$이 수렴하지 않을 때 **발산한다**(diverge)고 말한다.

예제 1.2

(1) $\lim_{n\to\infty}\frac{1}{n}=0$ 임을 보여라.

(2) 수열 $\left\{1, \frac{1}{2}, \frac{1}{4}, \frac{1}{8}, \cdots\right\}$이 0에 수렴함을 보여라.

풀이 (1) $a_n=\frac{1}{n}$ $(n=1, 2, 3, \cdots)$라 하고, $\varepsilon>0$이 주어졌다고 하자. 따름정리 1.24(아르키메데스 성질)에 의하여 $\frac{1}{N}<\varepsilon$을 만족하는 자연수 N이 존재한다. $n>N$이면 $\frac{1}{n}<\frac{1}{N}$이므로 모든 $n\geq N$에 대하여 다음 식이 성립한다.

$$|a_n-0|=\left|\frac{1}{n}-0\right|=\frac{1}{n}<\frac{1}{N}<\varepsilon$$

정의 2.2에 의하여 $\lim_{n\to\infty}\frac{1}{n}=0$이다.

(b) 수열 $\left\{1, \frac{1}{2}, \frac{1}{4}, \frac{1}{8}, \cdots\right\}$의 n째 항을 a_n라 두면 $a_n=\frac{1}{2^{n-1}}$이다. 자연수 n에 대하여 $a_n\leq\frac{1}{n}$이므로 (1)의 증명과 같이 $\lim_{n\to\infty} a_n=0$이다.

정리 2.3

$\{a_n\}$을 수열이라 하자. $\lim_{n\to\infty} a_n = a$, $\lim_{n\to\infty} a_n = b$ 이면 $a = b$이다.

증명 $a \neq b$라 하자. $\varepsilon = |a-b|$라 두면 $\lim_{n\to\infty} a_n = a$이므로 자연수 N_1이 존재하여 모든 $n \geq N_1$에 대하여 다음 조건을 만족한다.

$$|a_n - a| < \frac{\varepsilon}{2} .$$

$\lim_{n\to\infty} a_n = b$이므로 자연수 N_2가 존재하여 모든 $n \geq N_2$에 대하여 다음조건을 만족한다.

$$|a_n - b| < \frac{\varepsilon}{2} .$$

$N = \max\{N_1 , N_2\}$라 하면, 모든 $n \geq N$에 대하여

$$|a_n - a| < \frac{\varepsilon}{2},\ |a_n - b| < \frac{\varepsilon}{2} .$$

이때 $n \geq N$에 대하여 아래 식이 성립한다.

$$|a-b| = |(a-a_n)+(a_n-b)| < \frac{\varepsilon}{2} + \frac{\varepsilon}{2} = \varepsilon .$$

이것은 $|a-b| = \varepsilon$이라는 사실에 모순이다. 따라서 $a = b$이다. ■

예제 1.3

자연수 n에 대하여 $a_n = (-1)^n$일 때 수열 $\{a_n\}$은 발산함을 보여라.

풀이 $\lim_{n\to\infty} a_n = a$라 가정하자. $\varepsilon = \frac{1}{2}$라 하자. 자연수 N이 존재하여 모든 $n \geq N$에 대하여 $|a_n - a| < \varepsilon = \frac{1}{2}$을 만족한다.

위 부등식을 두 가지로 나누어 생각하자.

(i) n가 짝수이고 $n \geq N$인 경우

$$|a_n - a| = |1-a| < \frac{1}{2}$$

(ii) n가 홀수이고 $n \geq N$인 경우

$$|a_n - a| = |-1-a|| = |1+a| < \frac{1}{2}$$

(i), (ii)로부터 아래의 부등식을 얻을 수 있다.

$$\begin{aligned} 2 &= |1+1| = |(1+a)+(1-a)| \\ &\leq |1+a| + |1-a| \\ &< \frac{1}{2} + \frac{1}{2} = 1 \end{aligned}$$

이것은 모순이다. 따라서 수열 $\{a_n\}$은 발산한다.

정의 2.4

$\{a_n\}$을 수열이라 하고 $S = \{ a_n | n = 1, 2, \cdots \}$이라 하자.

(1) 집합 S가 위로 유계(bounded above) 일 때 , 수열 $\{a_n\}$을 **위로 유계**라 한다.

(2) 집합 S가 아래로 유계(bounded below)일 때 , 수열 $\{a_n\}$을 **아래로 유계**라 한다.

(3) 집합 S가 위와 아래로 유계일 때 수열 $\{a_n\}$을 **유계**(bounded)라 한다.

정리 2.5

수열 $\{a_n\}$이 수렴하면 $\{a_n\}$은 유계이다.

증명 $\lim_{n\to\infty} a_n = a$라 하자. $\varepsilon = 1$라 하면 모든 $n \geq N$에 대하여 다음 부등식을 만족시키는 자연수 N가 있다.

$$|a_n - a| < \varepsilon = 1 .$$

따라서 모든 $n \geq N$에 대하여 아래 부등식이 성립한다.

$$|a_n| = |a_n - a + a| \leq |a_n - a| + |a| < 1 + |a| .$$

$M = \max\{|a_1|, |a_2|, \cdots, |a_{N-1}|, |a|+1\}$라 두면, $n \geq 1$에 대하여 다음

부등식이 성립한다.

$$|a_n| \le M .$$

따라서 수열 $\{a_n\}$은 유계이다. ■

정리 2.6

수열 $\{a_n\}$이 a에, 수열 $\{b_n\}$이 b에 수렴하고 c를 상수라 할 때 다음이 성립한다.

(1) $\lim_{n\to\infty} c = c$

(2) $\lim_{n\to\infty} ca_n = ca$

(3) $\lim_{n\to\infty}(a_n + b_n) = a + b$

(4) $\lim_{n\to\infty}(a_n - b_n) = a - b$

(5) $\lim_{n\to\infty} a_n^2 = a^2$

(6) $\lim_{n\to\infty}(a_n b_n) = ab$

(7) $\lim_{n\to\infty}(\frac{1}{b_n}) = \frac{1}{b}(b_n \ne 0 ,\ b \ne 0,\ n = 1, 2, \cdots)$

(8) $\lim_{n\to\infty}(\frac{a_n}{b_n}) = \frac{a}{b}(b_n \ne 0 ,\ b \ne 0,\ n = 1, 2, \cdots)$

(9) $\lim_{n\to\infty}|a_n| = |a|$

증명 다른 증명은 간단하므로 여기서는 (5), (6), (7)만 증명하겠다.

(5) 수열 $\{a_n\}$이 수렴하므로 정리 2.5에 의하여 유계이다. 따라서 적당한 실수 m에 대하여 $|a_n| \le m(n = 1, 2, \cdots)$이다. $m \ne 0$이라고 가정하자. 이 때 다음 식이 성립한다.

$$|a_n + a| \le |a_n| + |a| \le m + |a|(n = 1, 2, \cdots) .$$

$\varepsilon > 0$이 주어졌다고 하자. 수열 $\{a_n\}$이 a에 수렴하므로 모든 $n \ge N$에 대하여 아래 부등식을 만족하는 자연수 N가 있다.

$$|a_n - a| < \frac{\varepsilon}{m + |a|} .$$

그러므로 모든 $n \ge N$에 대하여 다음이 성립한다.

$$|a_n^2 - a^2| = |a_n - a||a_n + a| < \frac{\varepsilon}{m+|a|}(m+|a|) = \varepsilon$$

따라서 극한의 정의에 의하여 $\lim_{n\to\infty} a_n^2 = a^2$이다.

(6) 이것을 증명하기 위하여 실수 c와 d에 대하여 $cd = \frac{1}{4}[(c+d)^2 - (c-d)^2]$임을 이용하겠다. (3)에 의하여 $a_n + b_n \to a+b\,(n\to\infty)$, (4)에 의하여 $a_n - b_n \to a-b\,(n\to\infty)$, 그리고 (5)에 의하여 아래 식이 성립한다.

$$(a_n+b_n)^2 \to (a+b)^2\,(n\to\infty),\ (a_n-b_n)^2 \to (a-b)^2\,(n\to\infty).$$

따라서 다음이 성립한다.

$$(a_n+b_n)^2 - (a_n-b_n)^2 \to (a+b)^2 - (a-b)^2 = 4ab\,(n\to\infty).$$

$$a_nb_n = \frac{1}{4}[(a_n+b_n)^2 - (a_n-b_n)^2] \to \frac{1}{4}(4ab) = ab\,(n\to\infty).$$

(7) $b>0$인 경우를 증명하겠다. $b<0$인 경우는 수열 $\{-b_n\}$에 앞의 경우를 응용하라. $\varepsilon>0$이 주어졌다 하자. $b_n \to b$이므로 모든 $n \ge N_1$에 대하여 다음 부등식이 성립하는 자연수 N_1이 있다.

$$|b_n - b| < \frac{b}{2},\ \text{즉}\ b_n > \frac{b}{2}.$$

모든 $n \ge N_2$에 대하여 아래 부등식이 성립하는 N_2가 있다.

$$|b_n - b| < b^2\frac{\varepsilon}{2}.$$

$N = \max\{N_1, N_2\}$라 하면 모든 $n \ge N$에 대하여 다음 부등식이 성립한다.

$$\left|\frac{1}{b_n} - \frac{1}{b}\right| = \left|\frac{b_n - b}{b_nb}\right| = \frac{1}{|b_nb|}|b_n - b| < \left(\frac{2}{b^2}\right)(b^2\varepsilon/2) = \varepsilon$$

따라서 $\lim_{n\to\infty}(\frac{1}{b_n}) = \frac{1}{b}$이다. ■

정의 2.7

$\{a_n\}$을 수열이라 하고, $\{n_k\}_{k=1}^{\infty}$는 아래의 부등식을 만족하는 자연

수의 수열이라 하자.

$$1 \le n_1 < n_2 < \cdots < n_k < \cdots$$

이 때 $\{a_{n_k}\}_{k=1}^{\infty}$를 주어진 수열 $\{a_n\}$의 **부분수열**(subsequence)이라 부른다.

정리 2.8

수열 $\{a_n\}$의 극한이 a이면, $\{a_n\}$의 모든 부분수열도 수렴하고 극한이 a이다.

증명 $\{a_{n_k}\}$를 $\{a_n\}$의 부분수열이라 하자. $\varepsilon > 0$에 대하여 $\lim_{n\to\infty} a_n = a$이므로 모든 $n \ge N$에 대하여 아래 부등식을 만족하는 자연수 N가 있다.

$$|a_n - a| < \varepsilon$$

$k = 1, 2, \cdots$에 대하여 $k \le n_k$이므로 아래 부등식이 성립한다.

$$k \ge N, \quad |a_{n_k} - a| < \varepsilon$$

따라서 $\lim_{k\to\infty} a_{n_k} = a$이다. ■

예제 1.4

다음 수열의 극한을 구하라.

(1) $\left\{\dfrac{1}{2^n}\right\}$ (2) $\left\{\dfrac{1}{n!}\right\}$

풀이 수열 $\left\{\dfrac{1}{2^n}\right\}$, $\left\{\dfrac{1}{n!}\right\}$은 수열 $\left\{\dfrac{1}{n}\right\}$의 부분수열이고 $\lim_{n\to\infty} \dfrac{1}{n} = 0$이므로 정리 2.8에 의하여 $\lim_{n\to\infty} \dfrac{1}{2^n} = 0$, $\lim_{n\to\infty} \dfrac{1}{n!} = 0$이다.

예제 1.5

다음 수열이 수렴하는지 발산하는지 말하고 수렴하면 극한을 구하라.

(1) $\left\{\dfrac{n}{2n+1}\right\}$ (2) $\left\{(-1)^{n+1}\dfrac{n}{2n+1}\right\}$

(3) $\left\{(-1)^{n+1}\dfrac{1}{n}\right\}$ (4) $\{8-2n\}$

풀이 (1) $a_n=\dfrac{n}{2n+1}$ $(n=1, 2, \cdots)$라 두고 분모와 분자를 n으로 나누면 $a_n=\dfrac{1}{2+\dfrac{1}{n}}$이다. $\lim\limits_{n\to\infty}1=1$, $\lim\limits_{n\to\infty}(2+\dfrac{1}{n})=2$이므로 정리 2.6에 의하여 $\lim\limits_{n\to\infty}a_n=\dfrac{1}{2}$이다.

(2) $a_n=(-1)^{n+1}\dfrac{n}{2n+1}$ $(n=1, 2, \cdots)$라 두자.

$a_{2n-1}=\dfrac{2n-1}{4n-1}$, $a_{2n}=-\dfrac{2n}{4n+1}$ $(n=1, 2, \cdots)$이다. $\{a_{2n-1}\}$, $\{a_{2n}\}$은 $\{a_n\}$의 부분수열이고

$$\lim_{n\to\infty}a_{2n-1}=\frac{2}{4}=\frac{1}{2}, \quad \lim_{n\to\infty}a_{2n}=-\frac{2}{4}=-\frac{1}{2}$$

이므로 정리 2.8에 의하여 수열 $\{a_n\}$은 발산한다.

(3) $a_n=(-1)^{n+1}\dfrac{1}{n}$ $(n=1, 2, \cdots)$라 두자.

$|a_n|=\left|(-1)^{n+1}\dfrac{1}{n}\right|=\dfrac{1}{n}$ $(n=1, 2, \cdots)$이므로 $\lim\limits_{n\to\infty}a_n=0$이다.

(4) $a_n=8-2n$ $(n=1, 2, \cdots)$라 두고 $\lim\limits_{n\to\infty}a_n=a$라 가정하자. 주어진 $\varepsilon>0$에 대하여 $n\geq N$이면 $|a_n-a|=|8-2n-a|<\varepsilon$을 만족하는 자연수 N이 있다. 즉 $n\geq N$이면 $-\varepsilon<8-2n-a<\varepsilon$이므로 $n<\dfrac{8-a+\varepsilon}{2}$, 이것은 정리 1.23에 모순이다. 그러므로 수열 $\{a_n\}$은 발산한다.

예제 1.6

$\{a_n\}$, $\{b_n\}$을 수열이라 하자.

$\{a_n\}$가 유계이고 $\lim\limits_{n\to\infty}b_n=0$이면 $\lim\limits_{n\to\infty}a_nb_n=0$이다.

풀이 $\{a_n\}$가 유계이므로 다음 부등식을 만족하는 양수 M이 있다.

$$n=1, 2, \cdots, \quad |a_n|\leq M$$

$\varepsilon > 0$이 주어졌다 하자. $\lim_{n\to\infty} b_n = 0$이므로 모든 $n \ge N$에 대하여 다음 부등식이 성립하는 자연수 N가 있다.

$$|b_n| \le \frac{\varepsilon}{M}$$

따라서 모든 $n \ge N$에 대하여 다음 부등식이 성립한다.

$$|a_n b_n| = |a_n||b_n| < M\frac{\varepsilon}{M} = \varepsilon$$

그러므로 $\lim_{n\to\infty} a_n b_n = 0$이다.

정리 2.9 **조임정리(squeeze theorem)**

수열 $\{a_n\}$, $\{b_n\}$, $\{c_n\}$에 대해 $a_n \le b_n \le c_n\,(n=1, 2, \cdots)$이라 하자. $\lim_{n\to\infty} a_n = \lim_{n\to\infty} c_n = l$이면 $\lim_{n\to\infty} b_n = l$이다.

증명 $\varepsilon > 0$이 주어졌다고 하자. $\lim_{n\to\infty} a_n = l$이므로 모든 $n \ge N_1$에 대하여 다음 부등식을 만족시키는 자연수 N_1이 있다.

$$|a_n - l| < \varepsilon \text{ 즉 } l - \varepsilon < a_n < l + \varepsilon$$

$\lim_{n\to\infty} c_n = l$이므로 모든 $n \ge N_2$에 대하여 아래 부등식을 만족시키는 자연수 N_2이 있다.

$$|c_n - l| < \varepsilon \text{ 즉 } l - \varepsilon < c_n < l + \varepsilon$$

$N = \max\{N_1, N_2\}$라 두면 모든 $n \ge N$에 대하여 다음 부등식이 성립한다.

$$l - \varepsilon < a_n \le b_n \le c_n < l + \varepsilon$$

즉 모든 $n \ge N$에 대하여 $l - \varepsilon < b_n < l + \varepsilon$이다. 따라서 $\lim_{n\to\infty} b_n = l$이다. ■

보조정리 2.10

수열 $\{a_n\}$에 대하여 $a_n \ge 0\,(n=1, 2, \cdots)$이고 $\lim_{n\to\infty} a_n = a$ 이면

$a \geq 0$ 이다.

증명 $a<0$ 이면 $n=1, 2, \cdots$에 대하여 $a_n - a > 0$ 이다. $\varepsilon = -a > 0$으로 두면 $a_n - a > \varepsilon$ 이다. 따라서 $\lim_{n\to\infty} a_n = a$ 에 모순이므로 $a \geq 0$ 이다. ■

정리 2.11 **비교정리(comparison theorem)**

수열 $\{a_n\}$, $\{b_n\}$에 대하여 $a_n \leq b_n (n=1, 2, \cdots)$이라 하자.
$\lim_{n\to\infty} a_n = a$, $\lim_{n\to\infty} b_n = b$이면 $a \leq b$이다.

증명 $n=1, 2, \cdots$ 에 대하여 $a_n \leq b_n$이므로 $0 \leq b_n - a_n$이다. 정리 2.6에 의하여 $0 \leq \lim_{n\to\infty}(b_n - a_n) = b - a$이다. 따라서 $a \leq b$이다. ■

정의 2.12

$\{a_n\}$을 수열이라 하자.

(1) 임의의 양의 실수 M에 대하여 $n \geq N$이면 $a_n > M$인 자연수 N이 존재할 때 수열 $\{a_n\}$은 **무한대로 발산한다**(diverges to infinity)고 하고 다음과 같이 나타낸다.

$$\lim_{n\to\infty} a_n = \infty \quad \text{또는} \quad a_n \to \infty \ (n \to \infty)$$

(2) 임의의 음의 실수 M에 대하여 $n \geq N$이면 $a_n < M$인 자연수 N이 존재할 때 수열 $\{a_n\}$은 **음의 무한대로 발산한다**(diverges to minus infinity)고 하고 다음과 같이 나타낸다.

$$\lim_{n\to\infty} a_n = -\infty \quad \text{또는} \quad a_n \to -\infty \ (n \to \infty)$$

∞를 때때로 $+\infty$로 쓴다.

예제 1.7

(1) $\lim_{n\to\infty} n^2 = \infty$

(2) $\lim_{n\to\infty}(8-2n) = -\infty$

풀이 (1) $a_n = n^2$ 이라 두자. M을 양의 실수라 하면, 따름정리 1.24에 의하여 $M<N$인 자연수 N이 있다. $n \geq N$이면 $a_n = n^2 \geq n \geq N > M$이다. 따라서 정의 2.12 (1)에 의하여 $\lim_{n\to\infty} n^2 = \infty$이다.

(2) M을 음의 실수라 하면, 따름정리 1.24에 의하여 $\frac{8-M}{2} < N$, 즉 $8-2N < M$인 자연수 N이 있다. $n \geq N$이면 $-n \leq -N$이고 $8-2n < 8-2N$이므로 $8-2N < M$이다. 따라서 정의 2.12 (2)에 의하여 $\lim_{n\to\infty}(8-2n) = -\infty$이다.

연습문제 2.1

1. 다음 수열의 수렴 발산을 말하라.

(1) $\left\{\dfrac{n}{n+2}\right\}$ (2) $\left\{\dfrac{n^2}{2n+1}\right\}$

(3) $\{2\}$ (4) $\{1+(-1)^n\}$

(5) $\left\{\dfrac{(n+1)(n+2)}{2n^2}\right\}$ (6) $\left\{(-1)^{n+1}\dfrac{2n^3}{n^3+1}\right\}$

(7) $\left\{\dfrac{(-1)^{n+1}}{n^2}\right\}$

2. (1) $\lim_{n\to\infty} a_n=\infty=\lim_{n\to\infty} b_n$이면 $\lim_{n\to\infty}(a_n+b_n)=\infty$임을 보여라.

(2) $\lim_{n\to\infty} a_n=\infty=\lim_{n\to\infty} b_n$이면 $\lim_{n\to\infty} a_n b_n=\infty$임을 보여라.

(3) $\lim_{n\to\infty} a_n=\infty$이면 수열 $\{a_n\}$의 모든 부분수열도 ∞로 발산함을 보여라.

3. $\lim_{n\to\infty} a_{2n+1}=\lim_{n\to\infty} a_{2n}=a$이면 $\lim_{n\to\infty} a_n=a$임을 보여라.

4. 두 수열 $\{a_n\}$, $\{b_n\}$에 대하여, $\{a_n\}$이 수렴하고 $\{a_n b_n\}$이 수렴하면 $\{b_n\}$이 수렴함을 보여라.

5. $\lim_{n\to\infty} a_n=\infty$이고 $\{a_n b_n\}$이 수렴하면 $\lim_{n\to\infty} b_n=0$임을 보여라.

연습문제 풀이 및 해답

1. (1) $\lim_{n\to\infty}\dfrac{n}{n+2}=1$ (2) $\lim_{n\to\infty}\dfrac{n^2}{2n+1}=\infty$

(3) $\lim_{n\to\infty} 2=2$ (4) 발산(정리2.8을보라)

(5) $\lim_{n\to\infty}\dfrac{(n+1)(n+2)}{2n^2}=\dfrac{1}{2}$ (6) 발산

(7) $\lim_{n\to\infty}\dfrac{(-1)^{n+1}}{n^2}=0$

2.2 단조수열과 e

때때로 수열에 대해서 수렴 값은 모르더라도 수렴여부를 아는 것은 중요할 때가 있다. 이 절에서는 수열의 수렴여부를 공부하는 데 사용되는 결과들을 공부하기로 하자.

정의 2.13

수열 $\{a_n\}$이 주어져있다 하자.

$a_1 \le a_2 \le \cdots \le a_n \le \cdots$일 때 $\{a_n\}$를 **증가수열**(increasing sequence) 또는 **단조증가수열**(monotone increasing sequence), $a_1 < a_2 < \cdots < a_n < \cdots$일 때 $\{a_n\}$를 **순증가수열**(strictly increasing sequence), $a_1 \ge a_2 \ge \cdots \ge a_n \ge \cdots$일 때 $\{a_n\}$를 **감소수열**(decreasing sequence) 또는 **단조감소수열**(monotone decreasing sequence), 그리고 $a_1 > a_2 > \cdots > a_n > \cdots$일 때 $\{a_n\}$를 **순감소수열**(strictly decreasing sequence), 이라 부른다. 수열이 단조증가이거나 단조감소일 때 **단조수열**이라고 부른다.

예제 2.1

다음 수열을 증가수열, 감소수열, 순증가수열, 순감소수열로 구분하라.

(1) $\left\{\frac{n}{n+1}\right\}$ (2) $\left\{\frac{1}{n}\right\}$

(3) $\{1, 1, 2, 2, 3, 3, \cdots\}$ (4) $\left\{1, 1, \frac{1}{2}, \frac{1}{2}, \frac{1}{3}, \frac{1}{3}, \cdots\right\}$

풀이 (1) 순증가수열 (2) 순감소수열 (3) 단조증가수열 (4) 단조감소수열

예제 2.2

수열 $\left\{\frac{n}{n+1}\right\}$이 직관적으로 증가수열임이 분명하나 구체적으로 증명하라.

풀이 $a_n=\frac{n}{n+1}$ $(n=1, 2, 3, \cdots)$라 두면

$$a_n-a_{n+1}=\frac{n}{n+1}-\frac{n+1}{n+2}=\frac{n^2+2n-n^2-2n-1}{(n+1)(n+2)}$$
$$=-\frac{1}{(n+1)(n+2)}<0$$

이므로 주어진 수열은 증가수열이다.

수열 $\{a_n\}$이 양항으로 이루어졌다고 하자$(a_n>0, n=1, 2, 3, \cdots)$. 만약 $\frac{a_{n+1}}{a_n}>1 (n=1, 2, 3, \cdots)$이면 주어진 수열은 순증가수열이고, 만약 $\frac{a_{n+1}}{a_n}<1 (n=1, 2, 3, \cdots)$이면 주어진 수열은 순감소수열이다.

예제 2.3

$a_n=\frac{n}{(n+1)!} (n=1, 2, 3, \cdots)$일 때 수열 $\{a_n\}$이 순감소수열임을 보여라.

풀이 $a_{n+1}=\frac{n+1}{[(n+1)+1]!}=\frac{n+1}{(n+2)!}$

$\frac{a_{n+1}}{a_n}=\frac{n+1/[(n+1)+1]!}{n/(n+1)!}=\frac{n+1}{n(n+2)}<1 (n=1, 2, \cdots)$이므로

$\{a_n\}$은 순감소수열이다.

단조수열의 수렴여부를 결정하는데 사용되는 실수에 관한 공리를 하나 소개하겠다. 이 공리는 제1장에서 공리 13으로 소개되어 있다.

공리 13 **완비성 공리**

S를 $\mathbb{R}$의 부분집합이라 하자($S \neq \varnothing$). 만약 S가 상계를 가지면 최소상계를 가진다.

정리 2.14

수열 $\{a_n\}$이 단조증가수열일 때 다음이 성립한다.

(1) 수열 $\{a_n\}$이 위로 유계이면 $\{a_n\}$은 수렴한다.

(2) 수열 $\{a_n\}$이 위로 유계가 아니면 $\lim_{n\to\infty} a_n = \infty$이다.

증명 (1) $n=1, 2, \cdots$에 대하여 $a_n \leq b$라 하자. b가 집합 $S=\{a_1, a_2, \cdots\}$의 상계가 되므로 공리 13에 의해서 S는 최소상계를 가진다. 이 최소상계를 a라 하자. $a_n \to a\,(n \to \infty)$임을 보이고자 한다. $\varepsilon > 0$이 주어졌다고 하자. a가 S의 최소상계이므로 $a-\varepsilon$은 S의 상계가 아니다. 따라서 다음 조건을 만족시키는 자연수 N이 있다.

$$a-\varepsilon < a_N$$

수열 $\{a_n\}$이 단조증가수열이므로 모든 $n \geq N$에 대하여 $a_n \geq a_N > a-\varepsilon$이다. a가 수열 $\{a_n\}$의 상한이므로 모든 $n \geq N$에 대하여 $a_n \leq a$이다. 따라서 모든 $n \geq N$에 대하여 다음 식이 성립한다.

$$a-\varepsilon < a_n < a+\varepsilon$$

따라서 $a_n \to a\,(n \to \infty)$이다.

(2) 수열 $\{a_n\}$이 위로 유계가 아니라고 하자. 양의 실수 M에 대하여 다음을 만족하는 자연수 N이 있다.

$$M < a_N$$

수열 $\{a_n\}$가 단조증가수열이므로 모든 $n \geq N$에 대하여

$$a_n \geq a_N > M$$

따라서 $a_n \to +\infty\ (n \to \infty)$이다. ■

예제 2.4

$a_n = \dfrac{n}{n+1}\ (n=1, 2, \cdots)$일 때 정리 2.13을 이용하여 수열 $\{a_n\}$의 수렴 여부를 말하라.

풀이 수열 $\{a_n\}$가 단조증가수열임을 알고 있고

$a_n = \dfrac{n}{n+1} \le 1\ (n=1, 2, \cdots)$이므로 정리 2.13에 의해서 수열 $\{a_n\}$은 수렴한다. 집합 $\{a_1, a_2, \cdots\}$의 최소상계가 1이므로 $\lim_{n\to\infty} a_n = 1$임을 알 수 있다.

정리 2.14와 같은 방법으로 증명할 수 있는 정리를 소개하겠다.

정리 2.15

수열 $\{a_n\}$을 단조감소수열일 때 다음이 성립한다.

(1) 수열 $\{a_n\}$이 아래로 유계이면 $\{a_n\}$은 수렴한다.

(2) 수열 $\{a_n\}$이 아래로 유계가 아니면 $\lim_{n\to\infty} a_n = -\infty$

예제 2.5 **(2003. 임용고사)**

아래와 같이 정의된 수열 $\{x_n\}$은 유계인 증가수열임을 보이고, $\lim_{n\to\infty} x_n$의 값을 구하시오. (단, x_n은 실수이고 $x_n{}^k = (x_n)^k$이다.)

$$\begin{cases} x_1 = 3 \\ x_{n+1}{}^3 = 6\,x_n{}^2 - 8x_n \end{cases}$$

풀이 정리 4.16을 이용하여 풀겠다. $f(x) = \sqrt[3]{6x^2 - 8x}$라 두자. $f'(x) = \dfrac{1}{3}\dfrac{12x-8}{\sqrt[3]{(6x^2-8x)^2}}$이다. 따라서 함수 f는 $\left(\dfrac{2}{3}, \infty\right)$에서 증

가이다. 그러므로 주어진 수열은 증가수열이다. 즉,

$x_{n+1}{}^3 - x_n{}^3 = 6x_n{}^2 - 8x_n - x_n{}^3 = -x_n(x_n-2)(x_n-4) \geq 0$이므로 $x_n \leq 4$이다. $x = \lim_{n\to\infty} x_n$ 으로 두면 정리 2.6에 의해 $x^3 = 6x^2 - 8x$이다. $x=2$ 또는 $x=4$ 인데 수열 $\{x_n\}$은 초항이 3이고 증가수열이므로 $\lim_{n\to\infty} x_n = 4$이다.

예제 2.6

수열 $\left\{\frac{5^n}{n!}\right\}$이 수렴함을 보여라.

풀이 $a_n = \frac{5^n}{n!}$ $(n=1,2,\cdots)$라 두면 $a_{n+1} = \frac{5^{n+1}}{(n+1)!}$이므로 다음 식이 성립한다.

$$\frac{a_{n+1}}{a_n} = \frac{5^{n+1}/(n+1)!}{5^n/n!} = \frac{5^{n+1}}{5^n} \cdot \frac{n!}{(n+1)!} = \frac{5}{n+1}$$

따라서 다음 관계를 알 수 있다.

$$a_1 < a_2 < a_3 < a_4, \quad a_4 = a_5, \quad a_5 > a_6 > a_7 > a_8 > \cdots, \quad a_n \geq 0\ (n=1,2,\cdots)$$

수열의 극한값을 구할 때 유한개의 항은 영향을 미치지 못하고 $n=1,2,\cdots$ 에 대하여 $a_n \geq 0$ 이므로 정리 2.14에 의해서 주어진 수열은 수렴한다.

예제 2.7

$n=1,2,\cdots$ 에 대하여 $a_n = \left(1+\frac{1}{n}\right)^n$일 때 $\{a_n\}$은 수렴한다.

풀이 이항정리에 의해서 다음을 알 수 있다.

$$
\begin{aligned}
a_n &= 1+n\frac{1}{n}+\frac{n(n-1)}{2!}\frac{1}{n^2}+\cdots+\frac{n(n-1)\cdots 2\cdot 1}{n!}\frac{1}{n^n} \\
&= 1+1+\frac{1}{2!}(1-\frac{1}{n})+\cdots+\frac{1}{n!}(1-\frac{1}{n})\cdots(1-\frac{n-1}{n}) \\
a_{n+1} &= 1+1+\frac{1}{2!}(1-\frac{1}{n+1})+\cdots+\frac{1}{n!}(1-\frac{1}{n+1})\cdots(1-\frac{n-1}{n+1}) \\
&\quad +\frac{1}{(n+1)!}(1-\frac{1}{n+1})\cdots(1-\frac{n}{n+1})
\end{aligned}
$$

따라서 $n=1,2,\cdots$에 대하여 $a_n<a_{n+1}$이다. 즉, $\{a_n\}$은 증가수열이다. 또,

$$a_n < 1+\frac{1}{1!}+\frac{1}{2!}+\cdots+\frac{1}{n!} < 1+1+\frac{1}{2}+\cdots\frac{1}{2^{n-1}} < 3$$

이므로 $\{a_n\}$은 유계이다. 따라서 $\{a_n\}$은 수렴한다

$\lim\limits_{n\to\infty}\left(1+\frac{1}{n}\right)^n=e$라고 두면, $e\leq 3$이다. e를 자연대수의 밑(base)이라 한다.

예제 2.8

$|a|<1$이면 $\lim\limits_{n\to\infty} a^n=0$이다.

풀이 $a=0$, $0<a<1$, $-1<a<0$인 경우로 나누어 생각하겠다.

(i) $a=0$이면 정리 2.6(1)에 의하여 $\lim\limits_{n\to\infty} a^n=0$이다.

(ii) $0<a<1$이라 하자.

$$a>a^2>a^3>\cdots\geq 0$$

이므로 정리 2.14(1)에 의하여 수열 $\{a^n\}$은 수렴한다. $\lim\limits_{n\to\infty} a^n=l$이라고 하면 다음 식이 성립한다.

$$l=\lim_{n\to\infty} a^n=\lim_{n\to\infty} a^{n+1}=\lim_{n\to\infty} aa^n=a\lim_{n\to\infty} a^n=al$$

$l\neq 0$이면 $a=1$이므로 이 사실은 가정에 모순이다. 따라서 $\lim\limits_{n\to\infty} a^n=0$이다.

(iii) $-1<a<0$이라 하자.

이 때 $0<-a<1$이므로 (ii)에 의하여 $\lim_{n\to\infty}(-a)^n=0$이다. 예제 1.6에 의하여 다음이 성립한다.

$$\lim_{n\to\infty} a^n = \lim_{n\to\infty}(-1)^n(-a)^n = 0$$

예제 2.9

a가 양의 실수이면 $\lim_{n\to\infty} a^{\frac{1}{n}}=1$이다.

풀이 $0<a<1$, $1\le a$인 경우로 나누어 생각하겠다.

(i) $1\le a$인 경우

$\left\{a^{\frac{1}{n}}\right\}$은 단조감소수열이고 자연수 n에 대하여 $a^{\frac{1}{n}}\ge 1$이다. 따라서 정리 2.14에 의하여 수열 $\left\{a^{\frac{1}{n}}\right\}$은 수렴한다. $\lim_{n\to\infty} a^{\frac{1}{n}}=l$이라 하자. $a^{\frac{1}{n}}\ge 1$이므로 정리 2.10에 의하여 $l\ge 1$이다. 정리 2.6(5)에 의하여 다음이 성립한다.

$$\lim_{n\to\infty} a^{\frac{2}{n}} = l^2$$

$\left\{a^{\frac{2}{2n}}\right\}$은 수열 $\left\{a^{\frac{2}{n}}\right\}$의 부분수열이므로 $\lim_{n\to\infty} a^{\frac{2}{2n}}=l^2$이다.

$a^{\frac{2}{2n}}=a^{\frac{1}{n}}$이므로 $l^2=l$이다. 따라서 $l=1$이다.

(ii) $0<a<1$인 경우

$1<\frac{1}{a}$이므로 (i)에 의하여 다음이 성립한다.

$$\lim_{n\to\infty}\left(\frac{1}{a}\right)^{\frac{1}{n}} = \lim_{n\to\infty}\frac{1}{a^{\frac{1}{n}}}=1$$

따라서 $\lim_{n\to\infty} a^{\frac{1}{n}} = \lim_{n\to\infty}\frac{1}{\left(\frac{1}{a}\right)^{\frac{1}{n}}}=1$이다.

예제 2.10

다음을 보여라.

$$\lim_{n\to\infty} n^{\frac{1}{n}} = 1$$

풀이 $n=3, 4, \cdots$ 에 대하여 $a_n = n^{\frac{1}{n}}$ 이라 두자. 다음 부등식은 모두 동치이다.

$$\left(1+\frac{1}{n}\right)^n \le n \ , \qquad \frac{(n+1)^n}{n^n} \le n$$

$$(n+1)^n \le n^{n+1} \ , \qquad (n+1)^{\frac{1}{n+1}} \le n^{\frac{1}{n}}$$

예제 2.7에 의하여 $n \ge 3$에 대하여 $\left(1+\frac{1}{n}\right)^n \le n$이므로 다음이 성립한다.

$$a_3 \ge a_4 \ge a_5 \ge \cdots \ge 1$$

정리 2.14에 의하여 수열 $\{a_n\}$은 수렴한다. $\lim_{n\to\infty} a_n = l$이라 두면, $l \ge 1$이다. 예제 2.9에서와 같이 $l=1$임을 증명할 수 있다.

연습문제 2.2

1. 다음의 수열이 단조수열임을 보여라.

(1) $\left\{\dfrac{n}{2n+1}\right\}$ (2) $\left\{3-\dfrac{1}{n}\right\}$

(3) $\left\{\dfrac{1}{n+\ln n}\right\}$ (4) $\left\{\dfrac{\ln(n+2)}{n+2}\right\}$

2. $a_{n+1}/a_n(n\geq 1)$을 계산해서 다음의 수열 $\{a_n\}$의 순증가, 순감소, 단조증가 혹은 단조 감소를 말하라.

(1) $\left\{\dfrac{n}{2n+1}\right\}$ (2) $\left\{\dfrac{2^n}{n!}\right\}$ (3) $\left\{\dfrac{n}{2^n}\right\}$

(4) $\left\{\dfrac{2^n}{1+2^n}\right\}$ (5) $\left\{\dfrac{10^n}{2^{n^2}}\right\}$ (6) $\left\{\dfrac{n^n}{n!}\right\}$

3. 다음의 수열이 단조수열임을 보이고 정리 2.13와 정리 2.14을 이용하여 수렴 여부를 말하라.

(1) $\left\{2+\dfrac{1}{n}\right\}$ (2) $\left\{4-\dfrac{2}{n}\right\}$ (3) $\left\{n-\dfrac{1}{n}\right\}$

(4) $\left\{\dfrac{4n-1}{5n+2}\right\}$ (5) $\left\{\dfrac{n}{5^n}\right\}$ (6) $\left\{\cos\dfrac{\pi}{2n}\right\}$

4. (1) 수열 $\left\{\dfrac{3^n}{1+3^{2n}}\right\}$이 이 감소수열임을 보여라.

(2) 수열 $\left\{\dfrac{1\cdot 3\cdot 5\cdots\cdots(2n-1)}{n!}\right\}$이 증가수열임을 보여라.

(3) 수열 $\{a_n\}$이 단조감소수열이면 수열 $\{-a_n\}$는 단조증가수열임을 보여라.

5. 정리 2.14를 증명하라.

연습문제 풀이 및 해답

1. (1) $a_n=\dfrac{n}{2n+1}$이라 두면 다음이 성립하므로 단조증가수열이다.

$$\frac{a_{n+1}}{a_n}=\frac{\dfrac{n+1}{2(n+1)+1}}{\dfrac{n}{2n+1}}=\frac{2n^2+3n+1}{2n^2+3n}>1$$

(2) $a_n=3-\dfrac{1}{n}$라 두면 $a_{n+1}>a_n$이다. 그러므로 단조증가수열이다.

2. (1) 순증가 (2) 순감소 (3) 순감소

(4) 순증가 (5) 단조감소 (6) 순증가

2.3 Bolzano-Weierstrass 정리와 Cauchy 수열

수렴하는 수열은 유계임을 보였다. 그러나 그 역은 참이 아님을 알고 있다. 수열 $\{(-1)^n\}$는 유계이고 발산한다. 그러나 수열 $\{(-1)^n\}$는 수렴하는 부분수열 $\{(-1)^{2n}\}$을 갖는다. Bolzano-Weierstrass 정리는 모든 유계인 수열은 수렴하는 부분수열을 갖는 것을 말한다. 이 정리의 증명의 과정을 이해하는데 도움이 되는 두 가지 정리를 소개한다.

정리 2.16 축소구간 정리(Nested interval theorem)

$n=1, 2, \cdots$에 대하여 폐구간 $[a_n, b_n]\ (a_n < b_n)$이 주어져 있다 하자.

$$[a_1, b_1] \supset [a_2, b_2] \supset \cdots \supset [a_n, b_n] \supset \cdots$$

이면 $\bigcap_{n=1}^{\infty}[a_n, b_n] \neq \emptyset$이다.

증명 실수 a_i, b_i 들을 수직선 위에 표시하면 다음과 같다.

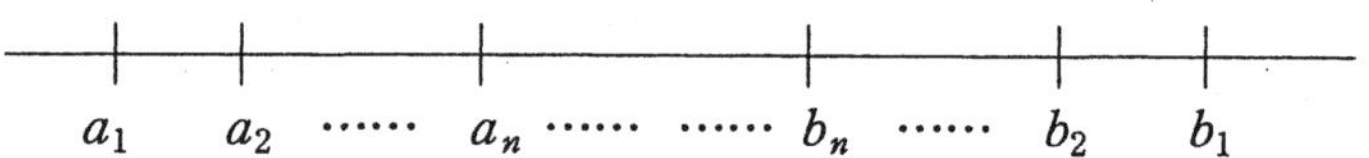

즉 수열 $\{a_n\}$은 위로 유계인 증가수열이고 수열 $\{b_n\}$은 아래로 유계인 감소수열이다. 정리 2.14에 의하여 수열 $\{a_n\}$은 수렴한다. $\lim_{n\to\infty} a_n = a$라 하자. 정리 2.15에 의하여 수열 $\{b_n\}$은 수렴한다. $\lim_{n\to\infty} b_n = b$라 하자. $n=1, 2, \cdots$에 대하여 $a_n < b_n$이므로 정리 2.10에 의하여 $a \leq b$이다. 따라서 $[a, b] \subset \bigcap_{n=1}^{\infty}[a_n, b_n]$이다. ■

조임정리(정리 2.9)와 축소구간정리(정리 2.16)에 의하여 다음 정리를 증명할 수 있으므로 증명은 생략하겠다.

정리 2.17

$n=1,2,\cdots$에 대하여 $I_n=[a_n, b_n]\ (a_n<b_n)$을 폐구간이라 하자. 다음 두 조건은 동치이다.

(1) $I_1 \supset I_2 \supset \cdots \supset I_n \supset \cdots$이고 $\bigcap_{n=1}^{\infty} I_n$이 오직 한 원소만 가진다.

(2) $\lim_{n\to\infty}(b_n-a_n)=0$.

정리 2.18 **Bolzano-Weierstrass 정리**

$\{a_n\}$을 수열이라 하자.
수열 $\{a_n\}$가 유계이면 수렴하는 부분수열을 가진다.

증명 수열 $\{a_n\}$가 유계이므로 다음이 성립하는 폐구간 $[c, d]$가 있다.

$$n\geq 1, \quad a_n \in [c, d]$$

$[c, d]$을 이등분한 다음 두 폐구간을 생각하자.

$$\left[c, \frac{c+d}{2}\right], \left[\frac{c+d}{2}, d\right]$$

위 폐구간 중 적어도 하나는 수열 $\{a_n\}$의 항을 무한히 많이 포함한다. 그것을 $[c_1, d_1]$이라고 하자. 폐구간 $[c_1, d_1]$을 이 등분한 두 폐구간 $\left[c_1, \frac{c_1+d_1}{2}\right], \left[\frac{c_1+d_1}{2}, d_1\right]$ 중 하나는 수열 $\{a_n\}$의 항을 무한히 많이 포함한다. 그것을 $[c_2, d_2]$라 하자. 이 과정을 계속하면 수열 $\{a_n\}$의 항을 무한히 많이 포함하고 다음을 만족하는 폐구간 $[c_k, d_k]$들을 얻을 수 있다.

$$[c_1, d_1] \supset [c_2, d_2] \supset [c_3, d_3] \supset \cdots$$

$$d_k - c_k = \frac{d-c}{2^k}$$

$[c_1, d_1]$에 포함된 $\{a_n\}$의 항 중에서 임의로 하나 택하여 a_{n_1}이라 하자.

$[c_2, d_2]$에 포함된 $\{a_n\}$의 항 중에서 n_1 번째 이후의 항을 임의로 하나 택하여 a_{n_2}라 하자.

이 과정을 계속하면 각 폐구간 $[c_k, d_k]$가 $\{a_n\}$의 항을 무한히 많이 포함하므로 $\{a_n\}$의 부분수열 $\{a_{n_k}\}$을 얻을 수 있다. 즉

$$n_1 < n_2 < n_3 < \cdots, \quad a_{n_k} \in [c_k, d_k]$$

수열 $\{c_k\}$, $\{d_k\}$는 유계인 단조수열이므로 정리 2.14에 의하여 수렴한다. $\lim_{k\to\infty} c_k = l$, $\lim_{k\to\infty} d_k = m$이라 하면 다음 식이 성립한다.

$$\begin{aligned} m - l &= \lim_{k\to\infty} d_k - \lim_{k\to\infty} c_k \\ &= \lim_{k\to\infty} (d_k - c_k) = \lim_{k\to\infty} \frac{d-c}{2^k} = 0 \end{aligned}$$

따라서 $m = l$이고 모든 k에 대하여 $c_k \le a_{n_k} \le d_k$이므로 조임정리에 의하여 $\lim_{n\to\infty} a_{n_k} = l = m$이다. ■

1821년 Cauchy(1789~1857)는 엄밀하고 형식적인 극한개념을 소개했다. 그는 극한의 존재성을 밝히는 문제의 중요성을 인식하고 새로운 개념의 수열을 도입했다. 그것이 다음의 정의인 Cauchy 수열이다. Cauchy는 실수의 수열이 Cauchy 수열이면 수렴함을 밝혔다.

Cauchy 수열을 정의하기 위하여 수렴하는 수열의 특별한 성질을 하나 소개하겠다.

정리 2.19

$\{a_n\}$을 수렴하는 수열이라 하자.
$\varepsilon>0$에 대하여 자연수 N가 존재해서 모든 $m, n \geq N$에 대하여 다음 부등식을 만족한다.

$$|a_m - a_n| < \varepsilon.$$

증명 $\lim_{n\to\infty} a_n = a$이라 하자. $\varepsilon>0$에 대하여 자연수 N가 존재해서 모든 $n \geq N$에 대하여 다음 부등식을 만족한다.

$$|a_n - a| < \frac{\varepsilon}{2}.$$

따라서 모든 $m, n \geq N$에 대하여 다음 부등식이 성립한다.

$$\begin{aligned} |a_m - a_n| &= |a_m - a + a - a_n| \\ &\leq |a_m - a| + |a - a_n| \\ &< \frac{\varepsilon}{2} + \frac{\varepsilon}{2} = \varepsilon \end{aligned}$$ ■

정의 2.20

$\varepsilon>0$에 대하여 자연수 N가 존재해서 모든 $m, n \geq N$에 대하여 $|a_m - a_n| < \varepsilon$ 을 만족할 때 수열 $\{a_n\}$을 **Cauchy 수열**(Cauchy sequence)이라고 한다.

정리 2.19는 수렴하는 수열은 Cauchy 수열임을 말한다. 다음 정리는 정리 2.18의 역이 성립함을 보인다.
정의 2.19의 조건을 **Cauchy 조건**(Cauchy condition)이라고 부른다. Cauchy 조건은 극한과 아무런 상관이 없다. 따라서 앞으로 극한값이 주어져 있지 않은 수열에 대한 수렴성을 밝히는데

Cauchy 조건이 사용된다.

예제 3.1

수열 $\left\{\frac{n+1}{n}\right\}$이 Cauchy 수열임을 보여라.

풀이 $n=1, 2, \cdots,\ a_n=\frac{n+1}{n}$라 두고 $\varepsilon>0$ 이 주어졌다 하자. N를 $\frac{2}{\varepsilon}<N\left(\frac{1}{N}<\frac{\varepsilon}{2}\right)$인 자연수라 하면 모든 $m, n \geq N$에 대하여 다음 부등식이 성립한다.

$$\begin{aligned}|a_n-a_m| &= \left|\frac{n+1}{n}-\frac{m+1}{m}\right| \\ &=\left|\frac{1}{n}-\frac{1}{m}\right| \leq \frac{1}{n}+\frac{1}{m} \\ &\leq \frac{1}{N}+\frac{1}{N} < \frac{\varepsilon}{2}+\frac{\varepsilon}{2}=\varepsilon\end{aligned}$$

따라서 $\left\{\frac{n+1}{n}\right\}$은 Cauchy 수열이다.

정리 2.21

수열 $\{a_n\}$이 Cauchy 수열이면 유계수열이다.

증명 $\{a_n\}$이 Cauchy 수열이므로 $\varepsilon=1>0$에 대하여 자연수 N가 있어서 모든 $m, n \geq N$에 대하여 다음 부등식을 만족한다.

$$|a_m-a_n|<1.$$

따라서 모든 $n \geq N$에 대하여 다음 부등식이 성립한다.

$$|a_n| \leq |a_n-a_N|+|a_N|<1+|a_N|$$

$M=\max\{|a_1|, |a_2|, \cdots, |a_{N-1}|, 1+|a_N|\}$라 두면

$$n=1, 2, \cdots,\ |a_n| \leq M$$

이므로 $\{a_n\}$는 유계이다. ■

정리 2.22 Cauchy 수렴 판정법(Cauchy convergence criterion)

$\{a_n\}$을 실수열이라 하자.
수열 $\{a_n\}$이 수렴할 필요충분조건은 $\{a_n\}$가 Cauchy 수열이다.

증명 정리 2.18에 의하여 수열 $\{a_n\}$이 Cauchy 수열이면 수렴함을 밝히면 된다.
$\{a_n\}$을 Cauchy 수열이라 하자. 정리 2.20에 의하여 수열 $\{a_n\}$는 유계수열이다. 정리 2.17에 의하여 수열 $\{a_n\}$는 수렴하는 부분수열 $\{a_{n_k}\}$을 갖는다. $\lim_{k\to\infty} a_{n_k} = l$라 하자. $\varepsilon > 0$이 주어졌다고 하자.
$\{a_n\}$가 Cauchy 수열이므로 모든 $m, n \geq N_1$에 대하여 다음 부등식이 성립하는 자연수 N_1가 있다.

$$|a_m - a_n| < \frac{\varepsilon}{2}$$

$\lim_{k\to\infty} a_{n_k} = l$이므로, 모든 $n \geq N_2$에 대하여 다음 부등식을 만족하는 자연수 N_2가 있다.

$$|a_{n_k} - l| < \frac{\varepsilon}{2}$$

$N_0 = \max\{N_1, N_2\}$라 하자.
이 때 $k \geq N_0$이면 $k \geq N_1$, $k \geq N_2$이다. $n_k \geq k \geq N_0 \geq N_1$에 대하여

$$\begin{aligned} |a_k - l| &\leq |a_k - a_{n_k}| + |a_{n_k} - l| \\ &< \frac{\varepsilon}{2} + \frac{\varepsilon}{2} = \varepsilon \end{aligned}$$

따라서 $\lim_{n\to\infty} a_n = l$이다. ■

주어진 수열이 Cauchy 수열인지 아닌지 판정하기가 어렵다. 판정하는 방법을 하나 소개하겠다.

정의 2.23

$\{a_n\}$을 수열이라 하자.

다음 부등식이 성립하는 0과 1 사이의 실수 k, 즉 $0<k<1$가 있을 때 수열 $\{a_n\}$을 **축약수열**(contractive sequence)이라고 한다.

$$n=1,2,\cdots,\quad |x_{n+2}-x_{n+1}| \le k|x_{n+1}-x_n|$$

예제 3.2

수열 $\left\{\frac{1}{2^n}\right\}$이 축약수열임을 보여라.

풀이 $n=1,2,\cdots$에 대하여 $a_n=\frac{1}{2^n}$이라 두면

$$|a_{n+2}-a_{n+1}| = a_{n+2} \le \frac{1}{2}a_{n+1} = \frac{1}{2}|a_{n+1}-a_n|$$

이므로 $\left\{\frac{1}{2^n}\right\}$이 축약수열이다.

정리 2.24

모든 축약수열은 Cauchy 수열이다.

증명 $\{a_n\}$을 축약수열이라 하면 다음 부등식을 만족하는 0과 1 사이의 실수 k가 있다.

$$n=1,2,\cdots,\quad |a_{n+2}-a_{n+1}| \le k|a_{n+1}-a_n|$$

m, n을 자연수라 하자. $m>n$이면 다음 부등식이 성립한다.

$$\begin{aligned}|a_m-a_n| &\le |a_m-a_{m-1}|+|a_{m-1}-a_{m-2}|+\cdots+|a_{n+1}-a_n| \\ &\le (k^{m-2}+k^{m-3}+\cdots+k^{n-1})|a_2-a_1| \le \frac{k^{n-1}}{1-k}\cdot|a_2-a_1|\end{aligned}$$

$0<k<1$이므로 $\lim_{n\to\infty} k^n = 0$이다.

따라서 $\{a_n\}$는 Cauchy 수열이다. ■

이탈리아의 수학자 피보나치(Fibonacci, 1180~1228)는 이른바 '토끼문제'와 관련하여 다음과 같은 수를 제시하였다.

정의 2.25

다음과 같이 귀납적으로 정의된 정수 f_n을 **피보나치 수**(Fibonacci number)라고 한다.

$$f_1 = 1, \quad f_2 = 1,$$

$$f_{n+2} = f_n + f_{n+1} \quad (n \geq 1)$$

그리고 Fibonacci 수들로 이루어진 아래의 수열을 **Fibonacci 수열**(Fibonacci sequence)이라고 한다.

1, 1, 2, 3, 5, 8, 13, 21, 34, 55, 89, 144, 233, 377, ⋯

정리 2.26

피보나치 수열 $f_1, f_2, \cdots, f_n, \cdots$에 대하여 다음이 성립한다.

(1) $\sum_{i=1}^{n} f_i = f_1 + f_2 + \cdots + f_n = f_{n+2} - 1 \quad (n \geq 1)$

(2) $\sum_{i=1}^{n} f_{2i} = f_2 + f_4 + \cdots + f_{2n} = f_{2n+1} - 1 \quad (n \geq 1)$

(3) $\sum_{i=1}^{n} f_i^2 = f_1^2 + f_2^2 + \cdots + f_n^2 = f_n f_{n+1} \quad (n \geq 1)$

(4) $\sum_{i=1}^{2n-1} f_i f_{i+1} = f_1 f_2 + f_2 f_3 + \cdots + f_{2n-1} f_{2n} = f_{2n}^2 \quad (n \geq 1)$

(5) $\begin{pmatrix} f_{n+1} & f_n \\ f_n & f_{n-1} \end{pmatrix} = \begin{pmatrix} 1 & 1 \\ 1 & 0 \end{pmatrix}^n \quad (n \geq 2)$

(6) $f_{n+1} f_{n-1} - f_n^2 = (-1)^n \quad (n \geq 2)$

(7) $f_{n+2}f_{n-1} - f_n f_{n+1} = (-1)^n$ $(n \geq 2)$

증명 여기서는 (1), (5), (6), (7)만을 증명하겠다.

(1) 먼저 $n=1$일 때,

$$(\text{좌변}) = f_1 = 1, \quad (\text{우변}) = f_3 - 1 = 1$$

이므로 등식 (1)은 성립한다.

이제 $n=k\geq 1$일 때 (1)이 성립한다고 하자. 이 때 $\sum_{i=1}^{k} f_i = f_{k+2} - 1$이므로 다음 식이 성립한다.

$$\sum_{i=1}^{k+1} f_i = \sum_{i=1}^{k} f_i + f_{k+1} = f_{k+2} + f_{k+1} - 1 = f_{k+3} - 1$$

따라서 $n=k+1$일 때 등식 (1)이 성립한다.

따라서 모든 양의 정수 n에 대해서 등식이 성립한다.

(5) 먼저 $n=2$일 때,

$$(\text{좌변}) = \begin{pmatrix} f_3 & f_2 \\ f_2 & f_1 \end{pmatrix} = \begin{pmatrix} 2 & 1 \\ 1 & 1 \end{pmatrix}, \quad (\text{우변}) = \begin{pmatrix} 1 & 1 \\ 1 & 0 \end{pmatrix}\begin{pmatrix} 1 & 1 \\ 1 & 0 \end{pmatrix} = \begin{pmatrix} 2 & 1 \\ 1 & 1 \end{pmatrix}$$

이므로 $n=2$일 때 등식이 성립한다.

이제 $n=k\geq 2$일 때 등식이 성립한다고 가정하자. 즉

$$\begin{pmatrix} f_{k+1} & f_k \\ f_k & f_{k-1} \end{pmatrix} = \begin{pmatrix} 1 & 1 \\ 1 & 0 \end{pmatrix}^k$$

따라서 다음이 성립한다.

$$\begin{aligned}\begin{pmatrix} f_{k+2} & f_{k+1} \\ f_{k+1} & f_k \end{pmatrix} &= \begin{pmatrix} f_{k+1}+f_k & f_{k+1} \\ f_k+f_{k-1} & f_k \end{pmatrix} = \begin{pmatrix} f_{k+1} & f_k \\ f_k & f_{k_1} \end{pmatrix}\begin{pmatrix} 1 & 1 \\ 1 & 0 \end{pmatrix} \\ &= \begin{pmatrix} 1 & 1 \\ 1 & 0 \end{pmatrix}^k\begin{pmatrix} 1 & 1 \\ 1 & 0 \end{pmatrix} = \begin{pmatrix} 1 & 1 \\ 1 & 0 \end{pmatrix}^{k+1}\end{aligned}$$

그러므로 $n=k+1$일 때 등식이 성립한다. 따라서 모든 정수 $n(n\geq 2)$에 대해서 등식이 성립한다.

(6), (7) 앞의 (5)에서 얻은 등식

$$\begin{pmatrix} f_{n+1} & f_n \\ f_n & f_{n-1} \end{pmatrix} = \begin{pmatrix} 1 & 1 \\ 1 & 0 \end{pmatrix}^n \quad (n \geq 2)$$

에서 양변의 행렬식의 값을 생각하면 다음 등식을 얻는다.

$$f_{n+1}f_{n-1} - f_n^2 = (0-1)^n = (-1)^n \quad (n \geq 2)$$

그리고 위의 등식에 의하여, $n \geq 2$일 때 다음이 성립한다.

$$\begin{aligned} f_{n+2}f_{n-1} - f_nf_{n+1} &= (f_n + f_{n+1})f_{n-1} - f_n(f_{n-1} + f_n) \\ &= f_nf_{n-1} + f_{n+1}f_{n-1} - f_nf_{n-1} - f_n^2 \\ &= f_{n+1}f_{n-1} - f_n^2 \\ &= (-1)^n \quad \blacksquare \end{aligned}$$

피보나치(Fibonacci, 1180~1228)는 이탈리아의 상업 중심지인 Pisa에서 태어나 Pisa의 Leonardo라고도 알려져 있다. 그는 주동 지방을 광범위하게 여행하던 상인이었으며, 여행 중에 아라비아 세계의 많은 수학 저작물을 접하게 되었다. 그의 저서 'Liber Abaci'를 통하여 그는 아라비아의 숫자에 관한 기호 체계와 산술에서의 계산 알고리즘을 서부 유럽에 전하였다. 이 책에 있는 다음과 같은 토끼에 관한 문제는 유명하다.

'어떤 사람이 벽으로 둘러싸인 방안에 토끼 한 쌍을 넣어 두었다. 이 토끼 한 쌍이 한 달 후부터 매달 한 쌍씩을 낳고 또 새로 태어난 새끼 한 쌍은 자라서 그 다음 달부터 매달 새끼 한 쌍씩을 낳는다면, 1년 후에는 토끼 몇 쌍이 이 방안에 있게 되겠는가?'

피보나치는 이 문제를 통하여 다음과 같은 점화식으로 결정되는 Fibonacci 수열을 정의하였고 이 수열에 대한 여러 가지 성질을 연구하였다.

$$f_1 = f_2 = 1\,, \quad f_{n+2} = f_n + f_{n+1}\ (n \geq 1)$$

그는 기하학과 삼각법에 관한 책인 'Prsctica geometriae'와 부정방정식에 관한 책인 'Liber quadratorum'을 저술하였다. 오늘날 피보나치수는 식물학, 전산학, 지리학, 물리학 등 여러 분야에 응용되며 이 수에 관한 연구 결과를 발표하는 논문지 'The

Fibonacci Quarterly'가 출간되고 있다.

피보나치는 그의 저서에서 분수를 단위분수로 나타내는 방법을 소개하여 연분수의 일종인 분수를 정의하였다. 예를 들면,

$$\frac{1+\frac{1+\frac{1}{5}}{4}}{3} = \frac{1}{3} + \frac{1}{3\cdot 4} + \frac{1}{3\cdot 4\cdot 5}$$

를 기호로 $\frac{1\,1\,1}{3\,4\,5}$ 로 나타내었다.

Fibonacci 이후에 연분수 이론에 대하여 연구한 학자는 르네상스 시대 이탈리아의 마지막 위대한 수학자인 봄벨리(Rafel Bombelli)라고 말할 수 있다. 그는 저서 'L'Algebra Opera, 1572'에서 양의 정수의 제곱근을 무한단순연분수로 나타내었고, 영국의 수학자 Lord William Brouncker(1620~1684)는 연분수의 성질과 그 이론을 연구하였다.

예제 3.3 **(1997. 임용고사)**

피보나치 수열 $\{f_n\}$은 다음과 같이 정의된다.

$$f_1 = f_2 = 1\,,\quad f_{n+2} = f_n + f_{n+1}\ (\,n \geq 1)$$

피보나치 수열의 유래를 간단히 쓰고, 다음 등식이 성립함을 보여라.

$$f_{n+1}f_{n-1} = f_n^{\,2} + (-1)^n\ (\,n \geq 2\,)$$

풀이 정리 2.25에 의해서 성립한다.

연습문제 2.3

1. 다음 중 Cauchy 수열과 Cauchy 수열이 아닌 것을 골라라.

(1) $\left\{\frac{1}{3^n}\right\}$ (2) $\{\log_e n\}$

(3) $\left\{\frac{2}{5^n}\right\}$ (4) $n=1,2,\cdots$, $a_n=1+\frac{1}{2}+\cdots\frac{1}{n}$ 일 때 $\{a_n\}$

2. $n=1,2,\cdots$, $a_1=1$, $a_{n+1}=a_n+\frac{1}{3^n}$이라 두면 $\{a_n\}$이 Cauchy 수열임을 보여라.

3. $\{a_n\}$, $\{b_n\}$이 Cauchy 수열이라 하고 c를 실수라 하자. 다음 수열이 Cauchy 수열임을 보여라.

(1) $\{a_n+b_n\}$ (2) $\{a_n-b_n\}$

(3) $\{ca_n\}$ (4) $\{a_n b_n\}$

4. 정리 2.16을 증명하라.

연습문제 풀이 및 해답

1. (1), (3)은 Cauchy 수열이고 (2), (4)는 Cauchy 수열이 아니다.

함수의 극한과 연속성

Limits and Continuity of Functions

3.1 함수의 극한

3.2 함수의 연속과 중간값 정리

3.3 균등연속함수

제3장에서는 실수를 함수 값으로 가지는 실변수 함수의 극한을 정의하고 그 성질들에 관하여 다룬다. 제2장에서 다룬 수열에 관한 극한의 성질들이 함수에서 일반화됨을 보게 될 것이다. 또한 함수의 연속을 정의하고 Heine-Borel 정리를 사용하여 유계인 폐구간 상에서 연속함수는 최대값과 최소값을 가짐을 증명한다.

3.1 함수의 극한

함수의 극한을 정의하기 전에 실수의 집합 $X(\neq\varnothing)$의 집적점(accumulation point)을 먼저 소개한다.

정의 3.1

$X(X\neq\varnothing)$는 실수의 부분집합이고 a는 실수라 하자. 임의의 $\delta>0$에 대해서 $0<|x-a|<\delta$ 되는 $x\in X$가 존재 할 때 a를 집합 X의 **집적점**(accumulation point)이라 한다.

예제 1.1

다음과 같이 주어진 집합에 대하여 집적점을 구하라.

(1) $X=[0,1)$ (2) 자연수 집합 $\mathbb{N}$

(3) $A=\left\{1, \frac{1}{2}, \frac{1}{3}, \frac{1}{4}, \cdots\right\}$ (4) 실수집합 $\mathbb{R}$

풀이 (1) $X=[0,1)$의 집적점의 집합은 $[0,1]$이다.

(2) $\mathbb{N}$은 집적점을 가지지 않는다.

(3) $A=\left\{1, \frac{1}{2}, \frac{1}{3}, \frac{1}{4}, \cdots\right\}$의 집적점은 0밖에 없다.

(4) $\mathbb{R}$의 집적점의 집합은 $\mathbb{R}$이다.

예제에서 볼 수 있듯이 집적점을 갖지 않을 수도 있고 한

개만 가질 수도 있다.

정리 3.2

a를 실수, $X(\neq\varnothing)$를 $\mathbb{R}$의 부분집합이라 하자.
a가 X의 집적점이 될 필요충분조건은 a와 다른 X의 원소의 수열 $\{x_n\}$이 존재해서 $\lim_{n\to\infty} x_n = a$되는 것이다.

증명 a를 X의 집적점이라 하면 임의의 자연수 n에 대해서 $0<|x_n-a|<\frac{1}{n}$을 만족하는 $x_n\in X$를 잡을 수 있다. 그러면 $\{x_n\}$은 X의 원소의 수열이고 $\lim_{n\to\infty} x_n = a$이다.

역으로 X의 원소의 수열 $\{x_n\}$이 존재하여 $\lim_{n\to\infty} x_n = a$라 하고 $(n=1, 2, \cdots,\ x_n\neq a)$ $\delta>0$가 주어졌다고 하자. $\lim_{n\to\infty} x_n = a$이므로 다음 부등식을 만족하는 자연수 N이 있다.

$$n\geq N,\quad |x_n-a|<\delta$$

$x_n\neq a$이므로 $n\geq N$, $0<|x_n-a|<\delta$이다. 따라서 a는 X의 집적점이다. ■

정의 3.3

$X, Y\subset\mathbb{R}$이고 a는 X의 집적점이며 f는 X에서 Y로의 함수라 하자. L이 실수일 때 임의로 주어진 $\varepsilon>0$에 대해서 $\delta>0$가 존재하여 다음을 만족한다고 하자.

$$x\in X,\ 0<|x-a|<\delta \Rightarrow |f(x)-L|<\varepsilon .$$

이때 "x가 a에 가까이 갈 때 f의 **극한**(limit)은 L이다"라고 하고 아래와 같이 표기한다.

$$\lim_{x\to a} f(x) = L \quad \text{혹은} \quad f(x)\to L\ (x\to a) .$$

---

a가 X의 집적점이므로 X 안에 $0<|x-a|<\delta$를 만족하는 x가 있음을 보장하고 δ는 ε과 a에 의해서 결정되어 짐도 알 수 있다.

정의역을 실수의 부분집합으로 가지는 함수에 대해서는 함수를 표현할 때마다 그 함수의 정의역을 표시하는 것은 여러 가지 면에서 효율적이지 못하다. 따라서 정의역을 표시하지 않고 함수값만 나타내는 경우가 있는데, 이 때의 정의역은 그 함수가 정의될 수 있는 최대의 실수집합을 의미한다.

예제 1.2

$f(x)=2x$라 하자. $\lim_{x\to 1} 2x = 2$임을 증명하라.

풀이 1이 $\mathbb{R}$의 집적점임을 쉽게 알 수 있다. $\varepsilon>0$ 이 주어져 있다고 하자. $0<|x-1|<\delta$일 때 $|2x-2|<\varepsilon$을 만족하는 δ를 잡을 수 있음을 보여야 한다. $|2x-2|=2|x-1|$이므로 $\delta=\frac{\varepsilon}{2}$이라 두면 다음 식이 성립한다.

$$0<|x-1|<\delta \quad \Rightarrow \quad |2x-2|=2|x-1|<2\delta = 2\cdot\frac{\varepsilon}{2}=\varepsilon$$

예제 1.3

$f(x)=x^2+1$ 일 때 $\lim_{x\to 1} f(x)=2$, $\lim_{x\to 3} f(x)=10$을 증명하라.

풀이 1)(1이 $\mathbb{R}$의 집적점임을 안다) $\varepsilon>0$ 이 주어져 있다. $0<|x-1|<\delta$ 일 때

$$|x^2+1-2|=|x^2-1|=|x-1||x+1|<\varepsilon$$

을 만족하는 δ를 찾아보자. δ를 1보다 작은 수로 잡기로 하자. $|x-1|<1$이면 $0<x<2$이므로 $1<x+1<3$이다. $\delta=\min\left\{\frac{\varepsilon}{3}, 1\right\}$이라 두면 다음이 성립한다.

$$|x-1|<\delta \quad \Rightarrow \quad |x-1||x+1|<\delta\cdot 3\le\frac{\varepsilon}{3}\cdot 3=\varepsilon$$

따라서 $\lim_{x\to 1}(x^2+1)=2$이다.

2) 3이 $\mathbb{R}$의 집적점임을 쉽게 알 수 있다. 임의의 $\varepsilon>0$에 대해서 $0<|x-3|<\delta$ 일 때

$$|x^2+1-10|=|x^2-9|=|x-3||x+3|<\varepsilon$$

을 만족하는 δ를 찾아야 한다. $|x-3|<1$이면 $2<x<4$이고 $5<x+3<7$이다. $\delta=\min\left\{\frac{\varepsilon}{7}, 1\right\}$이라 두면 다음이 성립한다.

$$0<|x-3|<\delta \quad \Rightarrow \quad |x-3||x+3|<\delta\cdot 7\le \frac{\varepsilon}{7}\cdot 7=\varepsilon$$

따라서 $\lim_{x\to 3}(x^2+1)=10$임이 증명되었다.

위의 두 예제로부터 δ는 ε과 x가 접근하는 점에 의해 결정되어 짐을 알 수 있다.

다음은 함수의 극한을 수열의 극한으로 바꾸어 생각할 수 있는 정리이다.

정리 3.4

$X\subset\mathbb{R}$이고 X의 집적점 a와 함수 $f: X\to\mathbb{R}$에 대해서 다음은 동치이다.

i) $\lim_{x\to a} f(x)=L$

ii) $\lim_{n\to\infty} x_n=a$ 되는 X의 원소의 모든 수열 $\{x_n\}$에 대해서 $\lim_{n\to\infty} f(x_n)=L$이다.

증명 i) $\Rightarrow$ ii) $\lim_{n\to\infty} x_n=a$이라 가정하자. 모든 자연수 n에 대해서 $x_n\ne a$라 하고 $\varepsilon>0$이 주어졌다고 하자. $\lim_{x\to a} f(x)=L$이므로 $\delta>0$가 존재해서 다음을 만족한다.

$$x\in X,\quad 0<|x-a|<\delta \quad\Rightarrow\quad |f(x)-L|<\varepsilon$$

$\lim_{n\to\infty} x_n = a$이므로, 존재하는 δ에 대해서, 적당한 자연수 N이 있어서 N보다 큰 모든 자연수 n에 대해서 $0 < |x_n - a| < \delta$이다. $n \geq N$이면 $0 < |x_n - a| < \delta$이므로 $|f(x_n) - L| < \varepsilon$이다.

ii) ⇒ i) ii)번을 가정하고 i)번이 성립하지 않는다고 하자. 그러면 한 $\varepsilon > 0$이 존재해서 모든 $\delta > 0$에 대해서 $0 < |x - a| < \delta$이지만 $|f(x) - L| \geq \varepsilon$ 되는 $x \in X$가 존재한다. 모든 자연수 n에 대해서, $\delta = \frac{1}{n}$이라고 두면, $0 < |x_n - a| < \frac{1}{n}$이지만 $|f(x_n) - L| \geq \varepsilon$되는 $x_n \in X$이 존재한다. $\{x_n\}$은 X의 원소의 수열이고 $\lim_{n\to\infty} x_n = a$이지만 $\lim_{x\to a} f(x_n) \neq L$이다. ■

예제 1.4

x가 0으로 가까이 갈 때 $\sin\frac{1}{x}$의 극한이 존재하지 않음을 증명하라.

풀이 $\lim_{x\to 0} \sin\frac{1}{x}$이 존재한다고 가정하자. $x_n = \frac{1}{n\pi}$이면 $\lim_{n\to\infty} x_n = 0$이고 다음이 성립한다.

$$\lim_{n\to\infty} \sin\frac{1}{x_n} = \lim_{n\to\infty} \sin n\pi = 0$$

$y_n = \frac{1}{\frac{\pi}{2} + 2n\pi}$이면 $\lim_{n\to\infty} y_n = 0$이고 다음이 성립한다.

$$\lim_{n\to\infty} \sin\frac{1}{y_n} = \lim_{n\to\infty} \sin\left(\frac{\pi}{2} + 2n\pi\right) = 1$$

그러므로 정리 3.4에 의하여 $0 = 1$이 되어야 하므로 모순이다.

다음은 1장에서 정의하였지만 여기서 한 번 더 언급한다.

정의 3.5

두 함수 $f,\ g : X \to \mathbb{R}$의 연산은 다음과 같이 정의한다.

$$x \in X, \quad (cf)(x) = cf(x)$$

$$(f+g)(x) = f(x) + g(x)$$

$$(fg)(x) = f(x)g(x)$$

$$\left(\frac{f}{g}\right)(x) = \frac{f(x)}{g(x)} \quad \text{여기서 } g(x) \neq 0$$

$$|f|(x) = |f(x)|$$

위의 연산을 **점마다 연산** 또는 **점별연산**(pointwise operation)이라 한다.

정리 3.6과 정리 3.7의 증명은 정리 2.6, 정리 2.9, 정리 3.4를 이용하면 쉽게 증명되므로 생략하겠다.

정리 3.6

두 함수 $f,\ g: X \to \mathbb{R}$와 X의 집적점 a에 대해 $\lim_{x\to a} f(x) = L$, $\lim_{x\to a} g(x) = M$이라 하면, 다음 사실들이 성립한다.

i) $\lim_{x\to a} cf(x) = c \lim_{x\to a} f(x)$ 여기서 $c \in \mathbb{R}$이다.

ii) $\lim_{x\to a}(f(x) + g(x)) = \lim_{x\to a} f(x) + \lim_{x\to a} g(x)$

iii) $\lim_{x\to a} f(x) \cdot g(x) = \lim_{x\to a} f(x) \lim_{x\to a} g(x)$

iv) $\lim_{x\to a} \dfrac{f(x)}{g(x)} = \dfrac{\lim_{x\to a} f(x)}{\lim_{x\to a} g(x)}$ 여기서 $g(x) \neq 0$, $\lim_{x\to a} g(x) \neq 0$이다.

정리 3.7 **조임정리(Squeeze Theorem)**

I를 실수 a를 포함하는 개구간이라 하고 함수 $f,\ g,\ h$의 정의

역이 I를 포함한다고 하자. $x \in I$, $f(x) \le g(x) \le h(x)$이고 $\lim_{x \to a} f(x) = l = \lim_{x \to a} h(x)$이면 $\lim_{x \to a} g(x) = l$이다.

예제 1.5

다음을 보여라.

(i) $\lim_{x \to 0} \cos x = 1$, $\lim_{x \to 0} \sin x = 0$

(ii) $\lim_{x \to 0} \frac{\sin x}{x} = 1$, $\lim_{x \to 0} \frac{1 - \cos x}{x} = 0$

여기서 각의 단위는 radian이다.

풀이 (i) 실수 x에 대해서 $0 \le |\sin x| \le |x|$이므로 정리 3.7에 의해서 $\lim_{x \to 0} \sin x = 0$이다. 또한 $\cos^2 x = 1 - \sin^2 x$이므로 정리 3.6의 ii)와 iii)에 의해서 $\lim_{x \to 0} \cos x = 1$이다.

(ii) $0 < x < \frac{\pi}{2}$라 하고, 반경 1인 원의 중심에서 각 x(radian)를 이루는 두 개의 반경 OA, $OB(=1)$를 그어서 A에서의 접선과 OB의 연장선의 교점을 C라 하면 다음이 성립한다.

$$\triangle OAB\text{의 넓이} < \text{부채꼴}AOB\text{의 넓이} < \triangle AOC\text{의 넓이}$$

따라서 $\frac{1}{2} \sin x < \frac{1}{2} x < \frac{1}{2} \tan x$이다.

$\sin x \neq 0$이므로 다음이 성립한다.

$$1 < \frac{x}{\sin x} < \frac{1}{\cos x}.$$

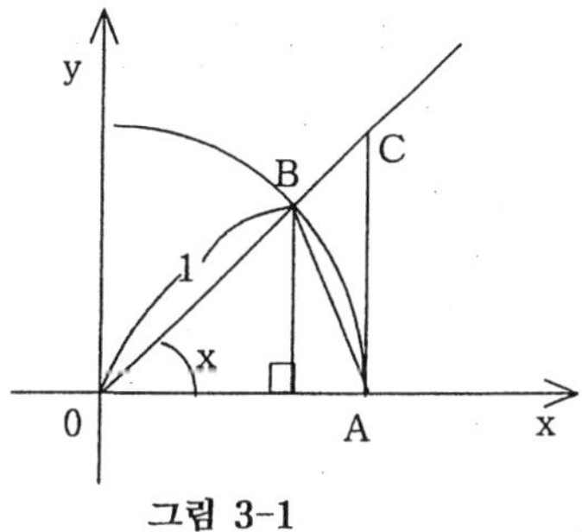

그림 3-1

그러므로 $1 > \frac{\sin x}{x} > \cos x$이다. 정리 3.7과 (i)에 의해서 $\lim_{x \to 0} \frac{\sin x}{x} = 1$

이다. $-\frac{\pi}{2} < x < 0$이면 $x = -y\ (y > 0)$이라 두자.

$$\lim_{x \to 0} \frac{\sin x}{x} = \lim_{y \to 0} \frac{-\sin y}{-y} = \lim_{y \to 0} \frac{\sin y}{y} = 1$$

$$\lim_{x\to 0}\frac{1-\cos x}{x} = \lim_{x\to 0}\frac{(1-\cos x)(1+\cos x)}{x(1+\cos x)}$$
$$= \lim_{x\to 0}\frac{\sin x}{x}\cdot\frac{\sin x}{1+\cos x} = 1\cdot 0 = 0$$

다음은 함수의 극한이 한쪽으로만 존재할 경우를 생각한다.

정의 3.8

$X\subset\mathbb{R}\,(X\neq\varnothing)$, a를 X의 집적점이라 하고, f를 X에서 $\mathbb{R}$로의 함수라 하자. 임의의 $\varepsilon>0$에 대해서 $\delta>0$가 존재하여 아래 식을 만족한다고 하자.

$$x\in X,\quad 0<a-x<\delta \quad\Rightarrow\quad |f(x)-L|<\varepsilon\ .$$

이 때 "L을 a에서 f의 **좌극한**(left-hand limit)"이라 하고 $\lim_{x\to a-} f(x) = L$이라 적는다.

또한 임의의 $\varepsilon>0$에 대해서 δ가 존재하여 아래 식을 만족한다고 하자.

$$x\in X,\quad 0<x-a<\delta \quad\Rightarrow\quad |f(x)-L|<\varepsilon\ .$$

이 때 "L을 a에서 f의 **우극한**(right-hand limit)"이라 하고 $\lim_{x\to a+} f(x) = L$이라 표시한다.

예제 1.6

$f:\mathbb{R}\to\mathbb{R}$을 다음과 같이 정의된 함수라 하자.

$$x\in\mathbb{R},\quad f(x) = \begin{cases} \dfrac{|x|}{x}, & (x\neq 0) \\ 0, & (x=0)\end{cases}$$

$\lim_{x\to 0-} f(x) = -1$, $\lim_{x\to 0+} f(x) = 1$ 임을 보여라.

풀이 임의로 주어진 $\varepsilon>0$에 대해서

$x<0$이면 $|f(x)+1| = \left|\dfrac{|x|}{x}+1\right| = |-1+1| = 0<\varepsilon$

$x>0$이면 $|f(x)-1| = \left|\dfrac{|x|}{x}-1\right| = |1-1| = 0<\varepsilon$ 이다.

그러므로 $\lim_{x \to 0-} f(x) = -1$, $\lim_{x \to 0+} f(x) = 1$이다.

극한의 정의로부터 우리는 다음 사실을 쉽게 얻을 수 있다.

정리 3.9

$X \subset \mathbb{R}(X \neq \varnothing)$, a를 X의 집적점이라 하고, f를 X에서 $\mathbb{R}$로의 함수라 하자. 다음 식이 성립한다.

$$\lim_{x \to a} f(x) = L \iff \lim_{x \to a-} f(x) = L = \lim_{x \to a+} f(x)$$

증명 ($\Rightarrow$) $\lim_{x \to a} f(x) = L$이라 하면, 임의의 $\varepsilon > 0$에 대해서, $\delta > 0$가 존재해서 $0 < |x-a| < \delta$이면 $|f(x)-L| < \varepsilon$이다.
$0 < x-a < \delta$이면 $0 < |x-a| < \delta$이므로 $|f(x)-L| < \varepsilon$이다. 따라서 $\lim_{x \to a+} f(x) = L$이다. 같은 방법으로 $\lim_{x \to a-} f(x) = L$이다.
($\Leftarrow$) 임의의 $\varepsilon > 0$이 주어졌다고 하자. $\lim_{x \to a-} f(x) = L$이므로 $\delta_1 > 0$이 존재해서 다음이 성립한다.

$$x \in X, \quad 0 < a-x < \delta_1 \Rightarrow |f(x)-L| < \varepsilon$$

$\lim_{x \to a+} f(x) = L$이므로 $\delta_2 > 0$가 존재해서 다음이 성립한다.

$$x \in X, \quad 0 < x-a < \delta_2 \Rightarrow |f(x)-L| < \varepsilon$$

$\delta = \min\{\delta_1, \delta_2\}$라 두면, $0 < |x-a| < \delta$일 때 $0 < a-x < \delta \leq \delta_1$이고 $0 < x-a < \delta \leq \delta_2$이므로 $|f(x)-L| < \varepsilon$이다. 그러므로 $\lim_{x \to a} f(x) = L$이다. ■

이제 함수의 무한 극한에 대해서 생각해 보자.

정의 3.10

$X \subset \mathbb{R}(X \neq \varnothing)$이고 $f: X \to \mathbb{R}$은 함수라 하자.

i) 임의의 $\varepsilon > 0$에 대해서 실수 $M > 0$이 존재해서

$$x > M\,(x < -M) \;\Rightarrow\; |f(x) - L| < \varepsilon$$

이면 x가 $\infty(-\infty)$로 갈 때 f의 극한이 L임을 의미하고 $\lim_{x\to\infty} f(x) = L$ ($\lim_{x\to-\infty} f(x) = L$)로 적는다.

ii) 임의로 주어진 실수 $M>0$에 대해서 실수 $\delta>0$가 존재해서

$$0 < |x-a| < \delta \;\Rightarrow\; f(x) > M\;(f(x) < -M)$$

이면 x가 a에 접근할 때 $f(x)$는 $\infty(-\infty)$로 접근함을 의미하고

$$\lim_{x\to a} f(x) = \infty\;(\lim_{x\to a} f(x) = -\infty)$$

로 표기한다.

예제 1.7

$\lim_{x\to\infty}\frac{1}{x} = 0$ 임을 보여라.

풀이 $\varepsilon>0$이 주어졌다고 하면 $\frac{1}{\varepsilon} < N$ 되는 자연수 N이 있다. 이 때 다음 부등식이 성립한다.

$$x > N,\quad \left|\frac{1}{x} - 0\right| = \left|\frac{1}{x}\right| = \frac{1}{x} < \frac{1}{N} < \varepsilon$$

그러므로 $\lim_{x\to\infty}\frac{1}{x} = 0$이다.

예제 1.8

다음을 증명하라.

$\lim_{x\to 0+}\frac{1}{x} = \infty,\quad \lim_{x\to 0-}\frac{1}{x} = -\infty$

풀이 임의로 주어진 $M>0$에 대해서 $0<\delta<\frac{1}{M}$ 되는 실수 δ를 잡으면 다음 식이 성립한다.

$$0 < x < \delta \;\Rightarrow\; \frac{1}{x} > \frac{1}{\delta} > M$$

$$-\delta < x < 0 \;\Rightarrow\; \frac{1}{x} < -\frac{1}{\delta} < -M$$

따라서 $\lim_{x\to 0+}\frac{1}{x} = \infty,\ \lim_{x\to 0-}\frac{1}{x} = -\infty$이다.

연습문제 3.1

1. $0<\delta<1$에 대하여 다음을 증명하라.

1) $|x-2|<\delta \Rightarrow |x^2-4|<5\delta$

2) $|x-3|<\delta \Rightarrow |x^2-x-6|<6\delta$

3) $|x+1|<\delta \Rightarrow |x^3+1|<7\delta$

2. 극한에 대한 $\varepsilon-\delta$ 판정법을 이용하여 다음을 증명하라.

1) $\lim_{x\to 2} x^2 = 4$　　2) $\lim_{x\to 3} (x^2-x) = 6$

3) $\lim_{x\to -1} x^3 = -1$　　4) $\lim_{x\to a} \frac{1}{x} = \frac{1}{a}\ (a\neq 0)$

3. 다음을 증명하라.

1) $\lim_{x\to a} \sqrt{x} = \sqrt{a}\,(a>0)$

2) $\lim_{x\to a} \frac{1}{x} = \frac{1}{a}\ (a\neq 0)$

3) 실수 x에 대하여 $[x]$는 x를 넘지 않는 최대 정수라 하자.
n이 자연수이면 $\lim_{x\to n-} [x] = n-1$, $\lim_{x\to n+} [x] = n$이다.

4) 함수 $f:[0,1]\to\mathbb{R}$은 다음과 같이 정의되었다.

$$f(x) = \begin{cases} x & (x\text{는 유리수}) \\ 0 & (x\text{는 무리수}) \end{cases}$$

$\lim_{x\to 0} f(x)=0$임을 증명하고 0이 아닌 다른 모든 점에서는 극한을 갖지 않음을 증명하라.

4. 다음 극한값을 구하라. n, m은 자연수이다.

1) $\lim_{x\to 0} \frac{\sin 2x}{x}$　2) $\lim_{x\to 0} \frac{1-\cos x}{x^2}$　3) $\lim_{x\to 0} \frac{\tan x}{x}$　4) $\lim_{x\to 0} \frac{\sin nx}{\sin mx}$

5. a는 X의 집적점이고 두 함수 $f, g: X\to\mathbb{R}$가 모든 $x\in X$ 에 대해서 $f(x)\le g(x)$이라 하자. $\lim_{x\to a} f(x)$와 $\lim_{x\to a} g(x)$가 존재하면 $\lim_{x\to a} f(x)\le \lim_{x\to a} g(x)$이다.

6. 함수 f와 g가 a에서는 극한값을 갖지않으나 $f+g$, fg는 a에서 극한값을 갖는 f와 g를 구하라.

연습문제 풀이 및 해답

1. 1) $|x-2|<\delta \Leftrightarrow 2-\delta<x<2+\delta \Leftrightarrow 4-\delta<x+2<4+\delta<5$이므로
$0<|x^2-4| = |x+2||x-2|<5\delta$

2) $|x-3|<\delta \Leftrightarrow 3-\delta<x<3+\delta \Leftrightarrow 5-\delta<x+2<5+\delta<6$이므로
$0<|x^2-x-6| = |x+2||x-3|<6\delta$

3) $|x+1|<\delta \Leftrightarrow -1-\delta<x<-1+\delta$이므로 $|x|<1+\delta<2$이고 $|x-1|<2+\delta<3$
$0<|x^3+1| = |x+1|(|x||x-1|+1)<7\delta$

3. 1) $\varepsilon>0$이 주어져 있다고 하자. $\delta=\sqrt{a}\varepsilon$으로 잡으면 $0<|x-a|<\delta$일 때

$|\sqrt{x}-\sqrt{a}| = \left|\dfrac{x-a}{\sqrt{x}+\sqrt{a}}\right| < \dfrac{|x-a|}{\sqrt{a}} < \varepsilon$이므로 $\lim\limits_{n\to a}\sqrt{x} = \sqrt{a}$이다.

2) 주어진 $\varepsilon>0$에 대해서 δ를 다음과 같이 두자.

$$\delta = \min\left\{\frac{|a|}{2}, \frac{|a|^2\varepsilon}{2}\right\}$$

$0<|x-a|<\delta$이면 $0<|x-a|<\dfrac{|a|}{2}$ 이므로 $|x|>\dfrac{|a|}{2}$ 이다. 그러므로 다음 식이 성립한다.

$$\left|\frac{1}{x}-\frac{1}{a}\right| = \frac{|x-a|}{|x||a|} < \frac{2}{|a|^2}\frac{|a|^2\varepsilon}{2} = \varepsilon$$

따라서 $\lim\limits_{n\to a}\dfrac{1}{x} = \dfrac{1}{a}$ 이다.

4) $a=0$이면 임의의 $\varepsilon>0$에 대해서 $\delta=\varepsilon$으로 잡자. $0<|x|<\delta$일 때

$$|f(x)| = |x| < \delta = \varepsilon \quad (x\text{는 유리수})$$

$$|f(x)| = 0 < \varepsilon \quad (x\text{는 무리수})$$

이므로 $\lim\limits_{x\to 0}f(x) = 0$이다.

$a\in(0, 1]$인 경우, $\lim\limits_{x\to a}f(x)$가 존재한다고 가정하면 모든 $n\in\mathrm{N}$에 대해서 $a-\dfrac{a}{2^n} < x_n < a$되는 유리수 x_n과 $a-\dfrac{a}{2^n} < y_n < a$되는 무리수 y_n을 잡을 수 있다. 수열 $\{x_n\}$은 $\lim\limits_{n\to\infty}x_n = a$이며 $\lim\limits_{n\to\infty}f(x_n) = a$이고 수열 $\{y_n\}$은 $\lim\limits_{n\to\infty}y_n = a$, $\lim\limits_{n\to\infty}f(y_n) = 0$이므로 $a=0$이어야 한다. 이는 $a\neq 0$에 모순이다.

4. 1) $2x=t$라 두면 $x\to 0$일 때 $t\to 0$이다.

$$\lim_{x\to 0}\frac{\sin 2x}{x} = \lim_{t\to 0}\frac{\sin t}{\frac{t}{2}} = \lim_{t\to 0}2\cdot\frac{\sin t}{t} = 2$$

2) 분자와 분모에 $1+\cos x$를 곱하면

$$\begin{aligned}\lim_{x\to 0}\frac{1-\cos x}{x^2} &= \lim_{x\to 0}\frac{1-\cos^2 x}{x^2(1+\cos x)} \\ &= \lim_{x\to 0}\frac{\sin^2 x}{x^2(1+\cos x)} = \lim_{x\to 0}\left(\frac{\sin x}{x}\right)^2\frac{1}{1+\cos x} = 1\cdot\frac{1}{2} = \frac{1}{2}\end{aligned}$$

3) $\lim\limits_{x\to 0}\dfrac{\tan x}{x} = \lim\limits_{x\to 0}\dfrac{\sin x}{x}\cdot\dfrac{1}{\cos x} = 1$

4) $\lim\limits_{x\to 0}\dfrac{\sin nx}{\sin mx} = \lim\limits_{x\to 0}\dfrac{\dfrac{\sin nx}{nx}\cdot nx}{\dfrac{\sin mx}{mx}\cdot mx} = \lim\limits_{x\to 0}\dfrac{\dfrac{\sin nx}{nx}}{\dfrac{\sin mx}{mx}}\cdot\dfrac{n}{m}$

$x\to 0$이면 $mx\to 0$, $nx\to 0$이므로 $\lim\limits_{x\to 0}\dfrac{\sin nx}{nx} = 1$, $\lim\limits_{x\to 0}\dfrac{\sin mx}{mx} = 1$이다. 그러므로

$\lim\limits_{x\to 0}\dfrac{\sin nx}{\sin mx} = \dfrac{n}{m}$.

5. 정리 2.6, 정리 2.9와 정리 3.4를 이용하라.

3.2 함수의 연속과 중간값 정리

이 절에서는 함수의 연속에 대해서 연구한다.

정의 3.11

$X \subset \mathbb{R}\,(X \neq \varnothing)$이고 $f: X \to \mathbb{R}$은 함수이며 $a \in X$는 X의 집적점이라 하자. 임의의 $\varepsilon > 0$에 대해서 실수 $\delta > 0$가 존재해서

$$x \in X,\quad |x-a| < \delta \;\Rightarrow\; |f(x)-f(a)| < \varepsilon$$

을 만족할 때 f는 a에서 **연속**(continuous)이라고 한다. 함수 f가 a에서 연속이 아니면 f는 a에서 **불연속**(discontinuous)이라고 한다.

정의로부터 f가 a에서 연속일 필요충분조건은 다음과 같다.

i) f가 a에서의 함수 값 $f(a)$가 정의되고

ii) $\lim\limits_{x \to a} f(x)$가 존재하여

iii) $\lim\limits_{x \to a} f(x) = f(a)$이다.

정의 3.12

함수 $f: X \to \mathbb{R}$이 X의 모든 점에서 연속일 때 f는 X에서 연속(continuous on X)이라 한다.

정리 3.4에 의하면 함수의 연속성을 수열로 나타낼 수 있다.

정리 3.13

함수 $f: X \to \mathbb{R}$와 점 $a \in X$에 대해서 다음은 동치이다.

i) f가 a에서 연속이다.

ii) X의 원소의 수열 $\{x_n\}$이 a에 수렴하면 $\{f(x_n)\}$은 $f(a)$에 수렴한다.

예제 2.1 **(1999. 임용고사)**

연속함수 $f : [a, b] \to \mathbb{R}$에 대하여

$$L-\frac{1}{n} < f(x_n) < L+\frac{1}{n^2} \quad (n=1, 2, \cdots)$$

을 만족하는 수열 $\{x_n\}$이 있다. 이때 $\lim_{n\to\infty} x_n = c$라고 하면 $f(c)=L$임을 보이시오.

풀이 f가 연속이고 $\lim_{n\to\infty} x_n = c$이면 정리 3.13에 의하여 $\lim_{n\to\infty} f(x_n) = f(c)$.

$L-\frac{1}{n} < f(x_n) < L+\frac{1}{n^2}$ $(n=1, 2, \cdots)$, $\lim_{n\to\infty}\frac{1}{n} = 0 = \lim_{n\to\infty}\frac{1}{n^2}$이므로, 조임정리(정리 2.9)에 의하여 다음이 성립한다.

$$L = \lim_{n\to\infty}\left(L-\frac{1}{n}\right) \le \lim_{n\to\infty} f(x_n) \le \lim_{n\to\infty}\left(L+\frac{1}{n^2}\right) = L$$

따라서 $\lim_{n\to\infty} f(x_n) = L$ 이고, 정리 2.3에 의하여 $f(c)=L$ 이다.

예제 2.2

i) 모든 상수함수는 연속이다.

ii) $f(x)=x$ 는 $\mathbb{R}$ 위에서 연속이다.

풀이 i) $f(x)=c$라 하자. 임의의 $\varepsilon>0$에 대해서

$|f(x)-f(a)| = |c-c| < \varepsilon$이므로 $\lim_{x\to a} f(x) = c = f(a)$이다.

ii) 임의의 $\varepsilon>0$에 대해서 $\delta=\varepsilon$으로 두면

$$|x-a|<\delta \Rightarrow |f(x)-f(a)| = |x-a| < \delta = \varepsilon$$

이므로 $\lim_{x\to a} f(x) = f(a)$이다.

예제 2.3 **(Dirichlet 함수)**

$f : \mathbb{R} \to \mathbb{R}$는 다음과 같이 정의된 함수이다.

$$f(x) = \begin{cases} 1 & (x\text{는 유리수}) \\ 0 & (x\text{는 무리수}) \end{cases}$$

이 함수는 모든 점에서 불연속임을 증명하라.

풀이 $\varepsilon=\frac{1}{2}$로 잡고 $\delta>0$를 임의의 실수라 하자. a가 유리수이면 $a-\delta<x<a+\delta$ 되는 무리수 x가 있고 다음이 성립한다.

$$|f(x)-f(a)|=|0-1|=1>\frac{1}{2}\ .$$

a가 무리수이면 $a-\delta<x<a+\delta$되는 유리수 x가 있고 다음이 성립한다.

$$|f(x)-f(a)|=|1-0|=1>\frac{1}{2}\ .$$

따라서 $\lim_{x\to a}f(x)$가 존재하지 않는다. 그러므로 f는 모든 점에서 불연속이다.

함수가 정의역에서 연속이 되려면 정의역의 모든 점에서 함수 값이 존재하고 그 값이 극한과 같아야 한다. 다음의 예제는 함수 값이 존재하지 않는 경우를 보여주고 있다.

예제 2.4

함수 f와 g가 다음과 같이 정의되었다고 하자.

$$f:\ \mathbb{R}\setminus\{0\}\to\mathbb{R}\ ,\quad f(x)=\frac{\sin x}{x}$$

$$g:\ \mathbb{R}\to\mathbb{R}\ ,\quad g(x)=\begin{cases}\dfrac{\sin x}{x} & (x\neq 0)\\ 1 & (x=0)\end{cases}$$

i) f는 0에서 불연속이고 f는 $x=a(a\neq 0)$에서 연속임을 보여라.

ii) g는 $\mathbb{R}$ 위에서 연속임을 보여라.

풀이 i) $f(x)=\frac{\sin x}{x}$는 $x\neq 0$인 모든 실수 위에서 정의된다. $\lim_{x\to 0}f(x)=\lim_{x\to 0}\frac{\sin x}{x}=1$(예제 1.5)이지만 $f(0)$가 정의되어지지 않으므로 f는 $x=0$에서 불연속이다. a를 0 아닌 실수라 하자. $\lim_{x\to a}\sin x=\sin a$(연습문제 3.2, 2번), $\lim_{x\to a}x=a$이므로 정리 3.6에 의하여 $\lim_{x\to a}f(x)=f(a)$이다. 따라서 f는 a에서 연속이다.

ii) 함수 g에 대해 예제 1.5에 의해서 $\lim_{x\to 0}\frac{\sin x}{x}=1=g(0)$이므로 g는 0에서 연속이다. i)에 의하여, g는 $\mathbb{R}$ 위에서 연속이다.

예제 2.5

함수 $f:[0,1]\to\mathbb{R}$은 다음과 같이 정의한다.

$$f(x)=\begin{cases}0, & x\text{는 무리수}\\ \frac{1}{q}, & x\text{는 유리수이고 } x=\frac{p}{q}(\text{기약분수})\\ 0, & x=0\end{cases}$$

f는 $[0,1]$의 모든 무리수에서는 연속이고 유리수에서는 불연속이다.

풀이 f는 유리수 $x=\frac{p}{q}$에서 $f(x)=\frac{1}{q}>0$이고, x의 임의의 구간 $(x-\delta, x+\delta)$에 있는 무리수 y에 대해서는 $|f(x)-f(y)|=\frac{1}{q}$이다. 그러므로 f는 모든 유리수에서는 불연속이다. 그러나 무리수에서는 연속임을 증명할 수 있다. $a\in[0,1]$인 무리수라 할 때 $\lim_{x\to a}f(x)=0$임을 증명하면 된다. 함수의 치역 $f([0,1])=\left\{0,1,\frac{1}{2},\frac{1}{3},\cdots\right\}$이고 각 자연수 n에 대하여 $f^{-1}\left(\left\{\frac{1}{n}\right\}\right)$은 기껏해야 유한개의 원소를 갖는다. 임의의 $\varepsilon>0$에 대해서 $\frac{1}{\varepsilon}<n_0$ 되는 자연수 n_0을 잡아오면 $X=\bigcup_{n\le n_0}f^{-1}\left(\left\{\frac{1}{n}\right\}\right)$는 유한집합이다. $\delta=\min\{|x-a| \mid x\in X\}>0$라 두자. $|x-a|<\delta$이면 $x\notin X$이고, x가 유리수이면 $f(x)<\frac{1}{n_0}<\varepsilon$이다. 그러므로 $\lim_{x\to a}f(x)=0$이다.

정리 3.6에 의하면 함수의 연산은 연속성을 그대로 보존함을 알 수 있다.

정리 3.14

두 함수 $f, g: X\to\mathbb{R}$가 연속이면 $cf, f+g, fg, |f|$가 연속이고 $\frac{f}{g}$가 정의되면 연속이다. 여기서 c는 실수이다.

$\lim_{x\to a}x=a$이므로 위의 정리에 의하여 다항식

$p(x) = a_0 + a_1 x + a_2 x^2 + \cdots + a_n x^n$에 대하여

$$\lim_{x \to a} p(x) = a_0 + a_1 a + a_2 a^2 + \cdots + a_n a^n = p(a)$$

이므로 모든 다항식은 $\mathbb{R}$에서 연속이다. 유리함수 $r(x) = \dfrac{p(x)}{q(x)}\,(q(x) \neq 0)$도 $\displaystyle\lim_{x \to a} r(x) = \lim_{x \to a} \frac{p(x)}{q(x)} = \frac{p(a)}{q(a)} = r(a)$이므로 $\mathbb{R} \setminus \{x \mid q(x) \neq 0\}$에서 연속이다.

다음은 연속함수의 합성함수가 연속임을 보인다.

정리 3.15

$X, Y \subset \mathbb{R}\,(X, Y \neq \varnothing)$이고 $f : Y \to \mathbb{R}$, $g : X \to Y$인 함수라 하자. 함수 g가 a에서 연속이고 f가 $g(a)$에서 연속이면 $f \circ g$는 a에서 연속이다.

증명 $\varepsilon > 0$이 주어져 있다. $g(a)$에서 f가 연속이므로 $\delta_1 > 0$이 존재해서 다음 식을 만족한다.

$$y \in Y, \quad |y - g(a)| < \delta_1 \ \Rightarrow\ |f(y) - f(g(a))| < \varepsilon$$

g가 a에서 연속이므로 잡혀진 $\delta_1 > 0$에 대해서 $\delta > 0$가 존재해서 다음 식을 만족한다.

$$x \in X, \quad |x - a| < \delta \ \Rightarrow\ |g(x) - g(a)| < \delta_1$$

그러므로 다음 식이 성립한다.

$$x \in X, \quad |x - a| < \delta \ \Rightarrow\ |f(g(x)) - f(g(a))| < \varepsilon$$

따라서 $f \circ g$는 a에서 연속이다. ■

예제 2.6

$f(x) = \sin x$, $g(x) = |x|$이면 f, g는 $\mathbb{R}$ 위의 모든 점에서 연속이므로 $f \circ g(x) = \sin|x|$와 $g \circ f(x) = |\sin x|$는 $\mathbb{R}$ 위에서 연속이다.

예제 2.7 (1992. 임용고사)

0을 포함하는 개구간에서 연속인 함수 $f(x)$에 대하여 등식 $\lim_{x\to0} g(f(x)) = g(\lim_{x\to0} f(x))$를 만족시킬 수 없는 것은?

① $g(x) = x|x|$ ② $g(x) = \begin{cases} 0 & (x: \text{유리수}) \\ 1 & (x: \text{무리수}) \end{cases}$

③ $g(x) = e^x$ ④ $g(x) = \begin{cases} x^2 \sin\frac{1}{x} & (x \neq 0) \\ 0 & (x = 0) \end{cases}$

풀이 f가 $x=0$에서 연속이므로 $\lim_{x\to0} f(x) = f(0)$이고 g가 $f(0)$에서 연속이라면 $g\circ f$는 $x=0$에서 연속이므로

$$\lim_{x\to0} g(f(x)) = \lim_{x\to0} g\circ f(x) = g\circ f(0) = g(f(0)) = g(\lim_{x\to0} f(x))$$

이다. 그러므로 위의 조건을 만족하지 않는다는 것은 g가 $f(0)$에서 연속이 아니라는 것이다. $g(x) = \begin{cases} 0 & (x: \text{유리수}) \\ 1 & (x: \text{무리수}) \end{cases}$은 $f(0)$에서 연속이 아니다.

예제 2.8 (1996. 임용고사)

실수 전체의 집합을 $\mathbb{R}$이라 할 때 $f: \mathbb{R} \to \mathbb{R}$는 연속이고, 가산 개의 점을 제외한 거의 모든 점에서 $f=0$이다. 이때 f가 항등적으로 0 임을 보이시오.

풀이 만약 $f\neq0$이라고 가정하면 적당한 $a\in\mathbb{R}$가 존재해서 $f(a)\neq0$이다. $f(a) > 0$이면 $x=a$에서 연속이므로 다음을 만족하는 $\delta>0$가 존재한다.

$$|x-a|<\delta \Rightarrow |f(x)-f(a)| < \frac{f(a)}{2}$$

따라서 $f(x)\in\left(f(a)-\frac{f(a)}{2}, f(a)+\frac{f(a)}{2}\right)=\left(\frac{f(a)}{2}, \frac{3}{2}f(a)\right)$이다. 그러므로 비가산집합 $(a-\delta, a+\delta)$ 위에서 $f(x) > 0$이다. 이것은 가정에 모순이다. $f(a)<0$인 경우도 같은 모순을 얻을 수 있다.

수열에서 유계인 경우와 마찬가지로 함수의 유계에 관하여 다음과 같이 정의한다.

정의 3.16

함수 $f: X \to \mathbb{R}$가 X 위에서 **유계**(bounded)라 함은 양의 실수 M이 존재하여 모든 $x \in X$에 대하여 $|f(x)| \leq M$을 만족하는 것이다. 만약 모든 $x \in X$에 대하여 $f(x) \leq M$이면 f는 **위로 유계**(bounded above)라 한다. 같은 방법으로 **아래로 유계**(bounded below)를 정의할 수 있다.

예제 2.9

$f(x) = \sin x$는 모든 실수 x에 대하여 $|f(x)| = |\sin x| \leq 1$이므로 실수 위에서 유계이다. $g(x) = \dfrac{1}{x}$은 $[1, \infty)$ 위에서는 유계이지만 $(0, \infty)$ 위에서는 유계가 아니다. $h(x) = x^2$은 모든 구간 $(a, b)(a < b)$위에서는 유계이지만 실수 위에서는 유계가 아니다.

정리 3.17

함수 f가 a를 포함하는 개구간 I에서 정의되어 있고 a에서 연속이면 $(a-\delta, a+\delta)$ 위에서 f가 유계되는 δ가 존재한다.

증명 f가 a에서 연속이면

$$x \in I, \quad |x-a| < \delta \Rightarrow |f(x)-f(a)| < 1$$

되는 $\delta > 0$를 잡을 수 있다. $x \in (a-\delta, a+\delta) \subset I$라 하자.

$$|f(x)| = |f(x)-f(a)+f(a)| \leq |f(x)-f(a)| + |f(a)| < 1 + |f(a)|$$

이므로 f는 $(a-\delta, a+\delta)$ 위에서 유계이다. ■

정의 3.18

$X \subset \mathbb{R}(X \neq \varnothing)$이라 하자. $X \subset \bigcup \mathcal{U}$를 만족하는 개구간의 집합족 $\mathcal{U}$를 X의 **열린덮개**(open cover)라 한다. $\mathcal{U}$의 부분집합족 $\mathcal{V}$가

$X \subset \bigcup \mathcal{V}$를 만족하면 $\mathcal{V}$를 $\mathcal{U}$의 **부분덮개**(subcover)라 한다. $\mathcal{V}$의 원소의 개수가 유한일 때 $\mathcal{V}$를 **유한 부분덮개**(finite subcover)라 한다.

정리 3.19 **Heine-Borel 정리**
유계인 폐구간 $[a, b]\,(a<b)$의 임의의 개구간의 덮개는 유한 부분덮개를 가진다.

증명 $\mathcal{U}$를 $[a, b]$의 개구간의 덮개라 하고 X는 $[a, x]$를 $\mathcal{U}$의 유한 부분덮개로 덮을 수 있는 $(a, b]$ 내의 점 x의 집합이라 하자. 즉 $X=\{x\in(a, b] \mid [a, x]\subset \bigcup_{i=1}^{n} I_i,\ I_i\in\mathcal{U}\}$.

$a\in\bigcup\mathcal{U}$ 이므로, a를 포함하는 한 개구간 $I\in\mathcal{U}$가 있다. $I=(a_0, b_0)$라 두자. $a<x_0<b_0$이고 $x_0\le b$인 x_0를 택하면 $[a, x_0]\subset I$이므로 $x_0\in X$이다. X는 공집합 아닌 실수의 부분집합으로 상계 b를 가지므로 상한을 가진다. $\sup X=c$라 하자. $x\in X$에 대하여 $x\le b$이므로 $a<x_0\le c\le b$이므로 $a<c\le b$이다. 덮개 $\mathcal{U}$에서 c를 포함하는 개구간 (a_1, b_1)을 잡으면 $a_1<c<b_1$이므로 a_1은 X의 상계가 아니다. 그러면 $a_1<x\le c$되는 $x\in X$가 존재하고, $\mathcal{U}$에 속하는 유한 개구간 $I_1, I_2, \cdots, I_n$을 가져와서 $[a, x]$를 덮을 수 있다. 그러므로

$$[a, x]\subset \bigcup_{i=1}^{n} I_i \text{ 이고 } [a, c]\subset\left(\bigcup_{i=1}^{n} I_i\right)\cup(a_1, b_1)$$

이다. 그래서 $c\in X$이다. 마지막으로 $c=b$임을 증명하자.
$c<b$라고 가정하면, $c\in X$이므로 유한개의 $\mathcal{U}$의 원소 $I_1, I_2, \cdots, I_m$에 대해서 $[a, c]\subset\bigcup_{i=1}^{m} I_i$이다. $I_1, I_2, \cdots, I_m$ 가운데 c를 포함하는 구간을 (a_2, b_2)라 하자. $c<x<b_2$이며 $x<b$되는 점 x를 택하면 $[a, x]\subset\bigcup_{i=1}^{m} I_i$이고 $x\in(a, b]$이므로 $x\in X$이다. 이것은 $c=\operatorname{lub} X$에 모순이다. ■

Heine-Borel 정리를 사용하면 $[a, b]$ $(a < b)$에서 $\mathbb{R}$로의 연속함수는 유계이고 최대값과 최소값을 가짐을 증명할 수 있다.

정리 3.20

a, b를 $a < b$인 실수라 하자. $[a, b]$ 위에서 연속인 함수 f는 유계이다.

증명 정리 3.17에 의하여 $[a, b]$ 위의 모든 점 x에 대하여 f가 유계인 개구간 또는 반개구간 I_x(a 또는 b에서 반개구간)를 잡자. 그러면

$$[a, b] \subset \bigcup \{ I_x \mid x \in [a, b] \}$$

Heine-Borel 정리에 의하여 다음이 성립하는 유한개의 부분구간 $I_{x_1}, I_{x_2}, \cdots, I_{x_n}$을 잡을 수 있다.

$$[a, b] \subset \bigcup_{i=1}^{n} I_{x_i}$$

f는 각 I_{x_i} 위에서 유계이므로 $\bigcup_{i=1}^{n} I_{x_i}$ 위에서 유계이다. 그러므로 f는 $[a, b]$ 위에서 유계이다. ■

정리 3.21 **최대 · 최소값 정리(Maximum · minimum Theorem)**

유계인 폐구간 위에서 연속함수는 최대값과 최소값을 가진다.

증명 a, b를 $a < b$인 실수라 하자. $f : [a, b] \to \mathbb{R}$가 연속함수이면 정리 3.20에 의해서 f는 유계이므로 $\{ f(x) \mid x \in [a, b] \}$는 유계이다. 완비성공리에 의해서 $\{ f(x) \mid x \in [a, b] \}$의 상한이 존재한다. 이 상한을 M이라 하자. 즉

$$M = \text{lub} \{ f(x) \mid x \in [a, b] \}$$

이제 $[a, b]$의 한 점 c가 있어서 $f(c) = M$ 임을 보이겠다.
만약 위의 사실이 성립하지 않는다면 $[a, b]$의 모든 점에 대해

서 $f(x)<M$이 된다. 함수 $h:[a,b]\to\mathbb{R}$를 $h(x)=\dfrac{1}{M-f(x)}$으로 정의하자. 그러면 h는 $[a,b]$ 위에서 연속이고, 정리 3.20에 의해서 h는 $[a,b]$ 위에서 유계이다. 그러면 K가 존재하여서 모든 $x\in[a,b]$에 대해서 $\dfrac{1}{M-f(x)}\le K$이다. 그러므로 $[a,b]$의 모든 x에 대해서 $f(x)\le M-\dfrac{1}{K}$이다. $M-\dfrac{1}{K}$은 상한 M보다 작은 상계이므로 M이 상한이라는 사실에 모순이다. 그러므로 $f(c)=M$인 $c\in[a,b]$가 있다. 최소값의 존재에서 대해서도 같은 방법으로 증명할 수 있다. ■

정리 3.22 중간값 정리(Intermediate value theorem)
a, b를 $a<b$인 실수라 하자. $f:[a,b]\to\mathbb{R}$가 연속함수이며 $f(a)<f(b)$를 만족한다고 하자. $f(a)<k<f(b)$인 k에 대하여 $f(c)=k$되는 $c\in(a,b)$가 존재한다.

증명 $A=\{x\in[a,b]\mid f(x)\le k\}$이면 $a\in A$이므로 $A\neq\varnothing$이고 A는 b에 의해서 위로 유계이다. 그러므로 A의 상한이 존재한다. $\sup A=c$라 하자. b는 A의 상계이므로 $c\le b$이다. 모든 자연수 n에 대해서 $x_n\in A$이 존재해서 다음을 만족한다.

$$c-\frac{1}{n}<x_n\le c$$

그러면 $\lim\limits_{n\to\infty}x_n=c$이며 f가 c에서 연속이므로

$$f(c)=\lim_{n\to\infty}f(x_n)\le k$$

이다. 만약 $f(c)<k$라 하면, f가 c에서 연속이므로

$$\varepsilon=\frac{1}{2}(k-f(c))>0$$

에 대해서 $\delta>0$가 존재해서 다음을 만족한다.

$$x\in[a,b],\ |x-c|<\delta \Rightarrow |f(x)-f(c)|<\varepsilon$$

즉 $f(c)-\varepsilon<f(x)<f(c)+\varepsilon$이다.

$f(c)<k$이고 $c\neq b$이므로 $(c,c+\delta)\cap(c,b]\neq\varnothing$이다.

$x \in (c, c+\delta) \cap (c, b]$이면

$$f(x) < f(c)+\varepsilon = f(c)+\frac{1}{2}k-\frac{1}{2}f(c) = \frac{1}{2}k+\frac{1}{2}f(c)$$

$$\leq \frac{1}{2}k+\frac{1}{2}k = k$$

그러므로 $x \in A$이고 $x > c = \sup A$ 이다. 이것은 모순이다. 그러므로 $f(c) = k$이다. ■

예제 2.10

n이 짝수일 때 n차 함수 $f(x)$가 다음과 같이 주어졌다고 하자.

$$f(x) = a_n x^n + a_{n-1}x^{n-1} + \cdots + a_1 x + a_0$$

만약 $a_n a_0 < 0$이면 방정식 $f(x)=0$은 적어도 두 개의 실근을 가짐을 증명하라.

풀이 먼저 $a_n > 0$, $a_0 < 0$인 경우를 증명한다. $a_n > 0$이므로 $\lim_{x\to\infty} f(x) = \infty$ 이다. 따라서 $f(b) > 0$인 $b > 0$가 존재한다. $f(0) = a_0$이므로 $f(0) < 0$ 이다. 즉 $f(0) < 0 < f(b)$이므로 정리 3.22에 의해서 $f(c_1) = 0$되는 $c_1 \in (0, b)$가 존재한다. 한편 $\lim_{x\to-\infty} f(x) = \infty$이므로 $f(d) > 0$인 $d < 0$가 존재한다. 즉 $f(0) < 0 < f(d)$이므로 정리 3.22에 의해서 $f(c_2) = 0$되는 $c_2 \in (d, 0)$가 존재한다. $a_n < 0$, $a_0 > 0$이면 방정식 $-f(x) = 0$에 대하여 위의 과정을 반복하면 된다.

연습문제 3.2

1. 함수 $f(x)=x^2-3x+2$가 정의에 의하여 $x=4$에서 연속임을 증명하라.

2. 함수 $f(x)=\sin x$가 정의에 의하여 $\mathbb{R}$ 위에서 연속임을 증명하라.

3. 함수 $f(x)=x-|x|$는 $x=0$에서 연속임을 증명하라.

4. 함수 $f(x)=\sqrt{x}$는 $[0,\infty)$ 위에서 연속임을 증명하라.

5. 다음 함수들이 연속되는 점들을 구하여 보라.
1) $f(x)=\dfrac{x}{x^2-1}$ 2) $f(x)=\dfrac{1+\cos x}{3+\sin x}$
3) $f(x)=\dfrac{x-|x|}{x}$ 4) $f(x)=\dfrac{1}{\sqrt{2+x}}$

6. 함수 f, g가 $\mathbb{R}$상에서 연속함수일 때 모든 유리수 x에 대하여 $f(x)=g(x)$이면 $f=g$ 임을 증명하라.

7. $x^2+2x-2=0$의 근이 0과 1 사이에있음을 증명하라.

연습문제 풀이 및 해답

1. $\lim_{x\to 4}(x^2-3x+2)=6=f(4)$

2. 실수 x, y, z에 대해서 $|\sin z|\le|z|$, $|\cos z|\le 1$이고
$\sin x-\sin y = 2\sin\left[\frac{1}{2}(x-y)\right]\cos\left[\frac{1}{2}(x-y)\right]$이다. $a\in\mathbb{R}$ 이면
$|\sin x-\sin a|\le 2\left|\frac{1}{2}(x-a)\right| = |x-a|$이며 $\lim_{x\to a}|x-a| = 0$이다.
그러므로 $\lim_{x\to a}\sin x = \sin a$이고 $f(x)=\sin x$는 $\mathbb{R}$ 위에서 연속이다.

3. $f(0)=0$이고 $f(x)=x-x=0\ (x>0)$이므로 $\lim_{x\to 0+}f(x)=0$이다.
$f(x)=x-(-x)=2x\ (x<0)$이므로 $\lim_{x\to 0-}f(x)=0$이다. 따라서 $\lim_{x\to 0}f(x)=0$이다.

4. 연습문제 3.1의 1)에 의하여 $f(x)=\sqrt{x}$이면 $\lim_{x\to a}f(x) = \lim_{x\to a}\sqrt{x} = \sqrt{a} = f(a)$이므로 $f(x)$는 $[0,\infty)$ 위에서 연속이다.

5. 1) $x=\pm 1$ 을 제외한 모든 점에서 연속이다.
2) $\mathbb{R}$ 위의 모든 점에서 연속이다.
3) $x=0$을 제외한 모든 점에서 연속이다.
4) $x>-2$ 되는 모든 점에서 연속이다.

3.3 균등연속함수

실변수함수 f가 점 a에서 연속이라는 것은 $\lim_{x \to a} f(x) = f(a)$로 정의하였고, 주어진 $\varepsilon > 0$에 대해서 실수 $\delta > 0$가 존재하여

$$|x-a| < \delta \Rightarrow |f(x)-f(a)| < \varepsilon$$

을 의미한다. 제3장 예제 1.3에서 살펴보았듯이 이 때 δ의 존재성과 δ의 값은 ε과 a에 의하여 결정된다. δ는 a 근방에서 함수의 증가분의 역수보다 작게 잡아야 한다. 그러므로 함수가 무한정으로 증가하는 경우는 모든 점에서 공통으로 적용할 수 있는 δ를 잡기가 어려워진다. 주어진 $\varepsilon > 0$에 대해서 정의역 안의 모든 점에서 공통으로 만족할 수 있는 δ를 잡을 수 있는 연속함수가 있을까?

정의 3.23

X를 $\mathbb{R}$의 부분집합이라 하자 ($X \neq \varnothing$). 함수 $f: X \to \mathbb{R}$가 X 위에서 **균등연속**(uniformly continuous on X)이라 함은 임의의 주어진 $\varepsilon > 0$에 대해서 실수 $\delta > 0$가 존재하여 다음을 만족하는 것이다.

$$x, y \in X, \ |x-y| < \delta \Rightarrow |f(x)-f(y)| < \varepsilon .$$

균등연속함수는 성격상 한 점에서 균등연속이란 말은 의미가 없고 정의역 전체에서 정의되어야 한다.

예제 3.1

함수 $f(x) = x^2$은 $[0, \infty)$ 위에서 연속이지만 균등연속은 아니다.

풀이 $f(x) = x^2$이 $[0, \infty)$ 위에서 연속임을 알고 있다. 만일 f가 균등

연속이라 가정하면 모든 x, y에 대해서

$$|x-y|<\delta \Rightarrow |f(x)-f(y)|<1$$

을 만족하는 $\delta>0$가 존재한다. $y=x+\frac{\delta}{2}$라 하면

$$|f(x)-f(y)|=|(x-y)(x+y)|=\frac{\delta}{2}\left(2x+\frac{\delta}{2}\right)<1$$

을 만족해야 하므로 모든 양수 x에 대해서 $\delta x<1$이어야 한다. 이것은 모순이다.

예제 3.2

$f(x)=\frac{1}{x}$은 $(0, 1)$ 위에서 균등연속함수가 아니다.

풀이 $f(x)=\frac{1}{x}$은 $(0, 1)$ 위에서 연속함수이다. 만약 f가 균등연속함수라 하면 임의의 $\varepsilon>0$에 대해서 $\delta>0$가 존재해서 다음을 만족해야 한다.

$$|x-y|<\delta \Rightarrow \left|\frac{1}{x}-\frac{1}{y}\right|<\varepsilon$$

만약 $x=\delta<1$, $y=\frac{\delta}{1+\varepsilon}$라 하면

x, $y\in(0, 1)$이고 $|x-y|=\left|\delta-\frac{\delta}{1+\varepsilon}\right|=\frac{\varepsilon}{1+\varepsilon}\delta<\delta$이다. 그러나

$\left|\frac{1}{x}-\frac{1}{y}\right|=\left|\frac{1}{\delta}-\frac{1+\varepsilon}{\delta}\right|=\frac{\varepsilon}{\delta}>\varepsilon$이 되므로 f는 균등연속함수가 아니다.

예제 3.3

$X\subset\mathbb{R}$의 한 점 a를 잡으면 X에서 함수 $f(x)=|x-a|$는 균등연속함수이다.

풀이 X의 두 점 x, y에 대해서 $||x-a|-|y-a||\leq|x-y|$이므로 분명하다.

정리 3.24

유계인 폐구간 위에서 연속인 함수는 균등연속함수이다.

증명 a, b를 $a<b$인 실수라 하자. $f:[a,b]\to\mathbb{R}$ 은 연속함수라 하고 $\varepsilon>0$이 주어졌다 하자. $[a,b]$의 임의의 점 x에 대해서 $\delta_x>0$가 존재하여 다음이 성립한다.

$$|x-y|<\delta_x \Rightarrow |f(x)-f(y)|<\frac{\varepsilon}{2}$$

$I_x=\left(x-\frac{\delta_x}{2}, x+\frac{\delta_x}{2}\right)$라 두고 $\mathcal{U}=\{I_x \mid x\in[a,b]\}$라 하면 $\mathcal{U}$는 $[a,b]$의 개구간의 열린덮개이므로 Heine-Borel 정리에 의하여 $x_1, \cdots, x_n\in[a,b]$이 있어서 $[a,b]\subset\bigcup_{i=1}^{n}I_{x_i}$이다.

$$\delta=\min\left\{\frac{\delta_{x_1}}{2}, \frac{\delta_{x_2}}{2}, \cdots, \frac{\delta_{x_n}}{2}\right\}$$

라 두자. 두 점 $x, y\in[a,b]$가 $|x-y|<\delta$이라 하면 $x\in I_{x_i}$되는 x_i가 있다. $|x-x_i|<\frac{\delta_{x_i}}{2}$이므로 다음이 성립한다.

$$|y-x_i| \le |y-x|+|x-x_i| < \delta+\frac{\delta_{x_i}}{2}<\delta_{x_i}$$

따라서 다음이 성립한다.

$$\begin{aligned}|f(x)-f(y)| &\le |f(x)-f(x_i)|+|f(x_i)-f(y)|\\ &<\frac{\varepsilon}{2}+\frac{\varepsilon}{2}=\varepsilon\end{aligned}$$

그러므로 f는 $[a,b]$ 위에서 균등연속이다. ■

연습문제 3.3

1. 함수 $f(x)=x^2$은 $(0, 1)$ 위에서 균등연속임을 증명하라.

2. 함수 $f(x)=\sin x$는 $(-\infty, \infty)$ 위에서 균등연속임을 증명하라.

3. 함수 $f(x)=\sqrt{x}$는 $[0, \infty)$ 위에서 균등연속임을 증명하라.

4. 함수 $f, g: X \to \mathbb{R}$이 균등연속이면 cf(c는 상수), $f+g$도 균등연속임을 증명하라.

5. $f: X \to Y$, $g: Y \to \mathbb{R}$이 균등연속이면 $g \circ f: X \to \mathbb{R}$이 균등연속임을 증명하라. 여기서 $X, Y \subset \mathbb{R}$, $X \neq \emptyset$, $Y \neq \emptyset$이다.

6. 코시 수열의 균등연속함수의 값은 코시 수열임을 증명하라.

7. 함수 $f: \mathbb{R} \to \mathbb{R}$이 0에서 연속이고, 모든 실수 x, y에 대하여 $f(x+y)=f(x)+f(y)$이면 f는 $\mathbb{R}$ 위에서 균등연속임을 증명하라.

연습문제 풀이 및 해답

1. $a \in (0, 1)$이라 하고 $\varepsilon > 0$이 주어졌다고 하자. $(0, 1)$ 의 모든 점 x에 대하여 $x+a<2$이다. $\delta=\frac{\varepsilon}{2}$으로 잡으면

$$|x-a|<\delta \Rightarrow |x^2-a^2|=|x-a||x+a|<2\delta=\varepsilon$$

이므로 f는 $(0, 1)$위에서 균등연속이다.

2. 연습문제 3.2의 2번 문제의 풀이를 보면 $|\sin x - \sin a| \le |x-a|$이다.

6. $f: X \to \mathbb{R}$가 X 위에서 균등연속이라 하고 $\{x_n\}$이 X의 원소의 코시 수열이라 하자. 임의의 $\varepsilon > 0$에 대해서, f가 X 위에서 균등연속이므로 다음 식을 만족하는 $\delta > 0$가 존재한다.

$$x, y \in X, \ |x-y|<\delta \Rightarrow |f(x)-f(y)|<\varepsilon$$

$\{x_n\}$은 코시 수열이므로 자연수 N이 존재하여 다음을 만족한다.

$$m, n \ge N \Rightarrow |x_n - x_m| < \delta$$

그러면 $n, m \ge N$, $|f(x_n)-f(x_m)| < \varepsilon$이다. 그러므로 $\{f(x_n)\}$은 코시 수열이다.

미 분

Differentiation

4.1 도함수

4.2 도함수의 성질

4.3 평균값 정리

4.4 미분의 응용

4.1 도함수

미분법을 발견하는 동기가 되는 문제가 두 가지 있다. 하나는 곡선 위의 점에서 접선을 해석적으로 표현하는 것인데 그리스의 철학자들이 관심을 가졌다. 다른 하나는 변하는 속도로 움직이는 물체의 순간속도를 표현하는 것인데 17세기에는 이것이 단순한 물리학적인 문제를 넘어서서 수학자들이 가장 많이 연구하던 주제였다. 17세기 말에 뉴턴과 라이프니츠가 그간의 연구결과를 집대성하여 미분의 개념을 확립하였다.

정의 4.1

수직선 위의 점 x_0의 δ-**근방**(δ-neighborhood)은 집합 $\{x \mid |x-x_0|<\delta\}$를 뜻하며 $N_\delta(x_0)$으로 나타낸다. 이 때 $\delta>0$을 **반지름**(radius), 점 x_0을 **중심**(center)이라 한다. δ-근방 $N_\delta(x_0)$에서 중심 x_0을 제외한 집합을 x_0의 **제외된 근방**(deleted δ-neighborhood)이라 하고 $\widetilde{N}_\delta(x_0)$으로 나타낸다. 반지름 δ를 생략하여도 의미상 혼란이 없는 때는 단순히 **근방**(neighborhood)이라 말한다.

위의 정의에서 $\{x \mid |x-x_0|<\delta\}=\{x \mid x_0-\delta<x<x_0+\delta\}$이므로 근방 $N_\delta(x_0)$는 x_0가 중심인 대칭 개구간이다.

$x_0-\delta$ x_0 $x_0+\delta$ — δ-근방

$x_0-\delta$ x_0 $x_0+\delta$ — 제거된 δ-근방

그림 4-1

함수 f의 정의역이 어떤 $\delta>0$에 대하여 x_0의 δ-근방을 포함할 때, f가 x_0의 근방에서 정의된다고 말한다.

정의 4.2

함수 f가 x_0의 근방에서 정의될 때 증분의 비를 생각하자.

$$\frac{\triangle f}{\triangle x} = \frac{f(x) - f(x_0)}{x - x_0} \quad (\triangle x = x - x_0 \neq 0) \qquad (1)$$

x가 x_0에 접근할 때 위 식의 극한이 존재하면 그 값을 $f'(x_0)$라 쓰고 x_0에서 f의 **미분계수**(derivative)라 부른다.

$$f'(x_0) = \lim_{x \to x_0} \frac{f(x) - f(x_0)}{x - x_0} \qquad (2)$$

$f'(x_0)$가 존재하면 함수 f가 x_0에서 **미분가능하다**(differentiable)고 한다.

---

(1)에서 $h=x-x_0$로 두면 (2)의 미분계수를 다음과 같이 나타낼 수 있다.

$$f'(x_0) = \lim_{h \to 0} \frac{f(x_0+h) - f(x_0)}{h}$$

예제 1.1

항등함수 $f(x)=x$는 모든 실수 x_0에서 미분가능하다.

풀이 x_0가 실수일 때 f의 미분계수가 존재한다.

$$f'(x_0) = \lim_{x \to x_0} \frac{f(x) - f(x_0)}{x - x_0} = \lim_{x \to x_0} \frac{x - x_0}{x - x_0} = 1$$

예제 1.2

함수 $f(x) = \sqrt{x+1}$의 $x=2$에서 미분계수 $f'(2)$를 구하라.

풀이 $f'(2) = \lim_{h \to 0} \frac{f(2+h) - f(2)}{h} = \lim_{h \to 0} \frac{\sqrt{(2+h)+1} - \sqrt{2+1}}{h}$

$$= \lim_{h\to 0}\frac{1}{h}\frac{(3+h)-3}{\sqrt{3+h}+\sqrt{3}} = \lim_{h\to 0}\frac{1}{\sqrt{3+h}+\sqrt{3}} = \frac{1}{2\sqrt{3}} = \frac{\sqrt{3}}{6}$$

함수 f가 정의역의 부분집합 D에 속하는 모든 점 x에서 미분가능하면 D의 각 점 x에 미분계수 $f'(x)$를 대응시키는 새로운 함수를 정의할 수 있다. 이 함수를 f'으로 쓰고 f의 **도함수**(derivative)라 부른다. 즉 도함수 f'는 대응규칙이 다음과 같은 함수이다.

$$f'(x) = \lim_{h\to 0}\frac{f(x+h)-f(x)}{h} .$$

예제 1.3

다음 함수의 도함수를 구하여라.

(1) $f(x) = C$ (상수) (2) $f(x) = x^2$ (3) $f(x) = \frac{1}{x}$

(4) $f(x) = \sin x$ (5) $f(x) = \cos x$

풀이 (1) $f'(x) = \lim_{h\to 0}\frac{f(x+h)-f(x)}{h} = \lim_{h\to 0}\frac{C-C}{h} = \lim_{h\to 0}0 = 0$

(2) $f'(x) = \lim_{h\to 0}\frac{f(x+h)-f(x)}{h} = \lim_{h\to 0}\frac{(x+h)^2-x^2}{h}$

$$= \lim_{h\to 0}\frac{x^2+2xh+h^2-x^2}{h} = \lim_{h\to 0}(2x+h) = 2x$$

(3) $f'(x) = \lim_{h\to 0}\frac{f(x+h)-f(x)}{h} = \lim_{h\to 0}\frac{1}{h}\left(\frac{1}{x+h}-\frac{1}{x}\right)$

$$= \lim_{h\to 0}\frac{1}{h}\frac{-h}{x(x+h)} = \lim_{h\to 0}\frac{-1}{x(x+h)} = -\frac{1}{x^2}$$

(4) $f'(x) = \lim_{h\to 0}\frac{\sin(x+h)-\sin x}{h}$

$$= \lim_{h\to 0}\frac{\sin x\cos h+\cos x\sin h-\sin x}{h}$$

$$= \lim_{h\to 0}\left(\frac{\cos h-1}{h}\sin x+\frac{\sin h}{h}\cos x\right)$$

$$= \sin x\lim_{h\to 0}\frac{\cos h-1}{h}+\cos x\lim_{h\to 0}\frac{\sin h}{h} = \cos x$$

$$\begin{aligned}(5)\quad f'(x) &= \lim_{h\to0}\frac{\cos(x+h)-\cos x}{h}\\ &= \lim_{h\to0}\frac{\cos x\cos h-\sin x\sin h-\cos x}{h}\\ &= \cos x\lim_{h\to0}\frac{\cos h-1}{h}-\sin x\lim_{h\to0}\frac{\sin h}{h}=-\sin x\end{aligned}$$

도함수를 구하는 일을 **미분한다**(differentiate)고 한다. 도함수를 나타내는 기호는 여러가지가 있는데 $f'(x)$, $\frac{d}{dx}f(x)$, $Df(x)$ 등으로 적고, $y=f(x)$인 관계를 고려하여 y'이나 $\frac{dy}{dx}$로 쓰기도 한다. 예제 1.3으로부터 $y=\sin x$이면 $y'=\frac{dy}{dx}=\cos x$이다.

정리 4.3

함수 f가 x_0의 근방에서 정의된다고 하자. 함수 f가 x_0에서 미분가능하면 f는 x_0에서 연속이다.

증명 $x\neq x_0$일 때, $f(x)-f(x_0)=\dfrac{f(x)-f(x_0)}{x-x_0}\cdot(x-x_0)$로 두자.

$$\begin{aligned}\lim_{x\to x_0}\{f(x)-f(x_0)\} &= \lim_{x\to x_0}\frac{f(x)-f(x_0)}{x-x_0}\cdot(x-x_0)\\ &= \lim_{x\to x_0}\frac{f(x)-f(x_0)}{x-x_0}\lim_{x\to x_0}(x-x_0)=f'(x_0)\cdot0=0\end{aligned}$$

즉 $\lim_{x\to x_0}f(x)=f(x_0)$이므로 f는 x_0에서 연속이다. ■

정리 4.3은 함수가 미분가능하려면 연속일 필요가 있음을 뜻한다. 그러나 연속인 함수가 반드시 미분가능한 것은 아니다.

예제 1.4

$f(x)=|x|$는 0에서 미분가능하지 않음을 설명하여라.

풀이 0에서 미분가능하려면 미분계수 $f'(0)$ 즉, 다음의 극한이 존재하여야 한다.

$$\lim_{h\to0}\frac{f(h)-f(0)}{h} = \lim_{h\to0}\frac{|h|-|0|}{h} = \lim_{h\to0}\frac{|h|}{h}$$

그러나

$$\lim_{h\to0+}\frac{|h|}{h} = \lim_{h\to0+}\frac{h}{h} = 1, \quad \lim_{h\to0-}\frac{|h|}{h} = \lim_{h\to0-}\frac{-h}{h} = -1$$

우극한과 좌극한이 다르므로 구하는 극한은 존재하지 않는다.

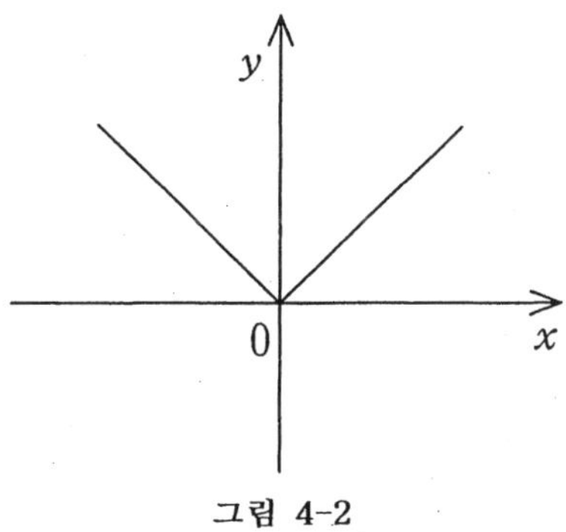

그림 4-2

예제 1.4에서 본 것처럼 극한 $\lim_{x\to x_0}\frac{f(x)-f(x_0)}{x-x_0}$이 존재하지 않더라도 좌극한과 우극한은 존재할 수 있다.

정의 4.4

함수 f가 x_0의 근방에서 정의된다고 하자.

우극한 $\lim_{x\to x_0+}\frac{f(x)-f(x_0)}{x-x_0}$이 존재하면 그 극한값을 f의 x_0에서 **우미분계수**(right derivative)라 하고 $f_+'(x_0)$로 쓴다.

좌극한 $\lim_{x\to x_0-}\frac{f(x)-f(x_0)}{x-x_0}$이 존재하면 그 극한값을 f의 x_0에서 **좌미분계수**(left derivative)라 하고 $f_-'(x_0)$로 쓴다.

정리 3.9로부터 다음 사실은 명백하다: 함수 f가 x_0에서 미분가능할 필요충분조건은 $f_+'(x_0) = f_-'(x_0)$인 것이다.

예제 1.4의 함수 $f(x)=|x|$는 0에서 우미분계수 $f_+'(0)=1$과 좌미분계수 $f_-'(0)=-1$을 가진다.

예제 1.5

함수 $f(x)$의 미분계수 $f'(0)$을 구하여라.

$$f(x)=\begin{cases} x^3, & x\geq 0 \\ -x^2, & x<0 \end{cases}$$

풀이

$$f_+'(0)=\lim_{x\to 0+}\frac{f(x)-f(0)}{x-0}=\lim_{x\to 0+}\frac{x^3}{x}=\lim_{x\to 0+}x^2=0$$

$$f_-'(0)=\lim_{x\to 0-}\frac{f(x)-f(0)}{x-0}=\lim_{x\to 0-}\frac{(-x^2)}{x}=-\lim_{x\to 0+}x=0$$

$f_+'(0)=f_-'(0)=0$이므로 $f'(0)=0$이다.

예제 1.6 (2005. 임용고사)

$x=0$에서 다음 함수의 미분가능성을 조사하여라.

$$f(x)=\begin{cases} x^2+1, & x\text{는 유리수} \\ 1, & x\text{는 무리수} \end{cases}$$

풀이

미분계수 $f'(0)$의 존재성을 조사하면 된다. $f(0)=0^2+1$이므로 증분의 비는 다음과 같다.

$$\frac{f(x)-f(0)}{x-0}=\frac{f(x)-1}{x}=\begin{cases} x, & x\text{는 유리수}(x\neq 0) \\ 0, & x\text{는 무리수} \end{cases}$$

여기서 $g(x)=\dfrac{f(x)-f(0)}{x-0}$으로 두면, 연습문제 3.1, 3번의 (4)에 의하여 $\lim_{x\to 0}g(x)=0$이므로 $f'(0)=0$이고 f는 $x=0$에서 미분가능하다. 그리고 $x\neq 0$이면 f는 연속이 아니므로 미분가능하지 않다.

정의 4.5

함수 f의 정의역이 구간 I를 포함하고, I에 속하는 모든 점에서 f가 미분가능하면, f는 **구간 I에서 미분가능하다고** 말한다.

구간 I가 끝점을 가지면 끝점에서는 좌미분계수나 우미분계수를 대신 생각하면 된다. 예를 들면 f가 폐구간 $[a, b]$에서 미분가능하다는 것은 $a < x_0 < b$인 x_0에 대하여 $f'(x_0)$가 존재하고, 구간의 끝점에서는 우미분계수 $f_+'(a)$와 좌미분계수 $f_-'(b)$가 존재하는 것을 뜻한다.

예제 1.7

다음 함수 $f(x)$는 구간 $[0, 1)$에서 미분가능하다.

$$f(x) = \begin{cases} x^2, & x \ge 0 \\ 1, & x < 0 \end{cases}$$

풀이 $x = 0$이면 $f_+'(0) = \lim_{x \to 0+} \frac{f(x) - f(0)}{x - 0} = \lim_{x \to 0+} \frac{x^2}{x} = \lim_{x \to 0+} x = 0$이고, $0 < x < 1$이면 예제 1.3의 (2)에 의해서 $f'(x) = 2x$이다. 그러므로 $f(x)$는 구간 $[0, 1)$에서 미분가능하다.

연습문제 4.1

1. 다음 함수의 도함수를 정의에 의해서 구하여라.

$f(x) = x^n$, (n은 자연수)

2. 다음 함수의 도함수를 정의에 의해서 구하여라.

$f(x) = \frac{x-1}{x+1}$, $(x \neq -1)$

3. 다음 함수 $f(x)$는 $x=a$에서 연속인가? $x=a$에서 미분가능인가?

(1) $f(x) = \begin{cases} x^3, & x<1 \\ 2x-1, & x \geq 1 \end{cases}$, $a=1$ (2) $f(x) = x|x|$, $a=0$

4. $x=0$에서 다음 함수의 연속성과 미분가능성을 조사하여라.

$$f(x) = \begin{cases} x^k \sin \frac{1}{x}, & x \neq 0, \quad (k=0,1,2,3) \\ 0, & x=0 \end{cases}$$

연습문제 풀이 및 해답

1. $f'(x) = nx^{n-1}$ 2. $\frac{2}{(x+1)^2}$ *3.* (1) 연속, 미분불가능 (2) 미분가능

4. $k=0$, $\lim_{x \to 0} \sin \frac{1}{x}$이 존재하지 않으므로 $f(x)$는 불연속; $k=1$, 연속, 미분불가능; $k=2$, $f(x)$는 연속이고 미분가능, $f'(x)$는 불연속; $k=3$, $f(x)$는 연속이고 미분가능, $f'(x)$도 연속

4.2 도함수의 성질

미분가능한 함수를 도함수를 이미 알고 있는 함수의 결합으로 표현할 수 있다면 그 도함수도 알려진 도함수의 결합으로 나타낼 수 있고, 따라서 항상 도함수의 정의로부터 극한식을 계산하지 않고도 도함수를 구할 수 있다.

정리 4.6

f와 g가 미분가능한 함수이고 c가 상수일 때 다음 미분공식들이 성립한다.

(1) $f+g$도 미분가능하고 $(f+g)'(x) = f'(x) + g'(x)$

(2) cf도 미분가능하고 $(cf)'(x) = cf'(x)$

(3) $f-g$도 미분가능하고 $(f-g)'(x) = f'(x) - g'(x)$

(4) fg도 미분가능하고 $(fg)'(x) = f'(x)g(x) + f(x)g'(x)$

(5) $g(x) \neq 0$일 때 $\dfrac{f(x)}{g(x)}$도 미분가능하고

$$\left(\frac{f(x)}{g(x)}\right)' = \frac{f'(x)g(x) - f(x)g'(x)}{[g(x)]^2}$$

증명 (1), (2)는 도함수의 정의와 극한정리(정리 3.6)에 의하여 명확하다. (3)은 $f(x) - g(x) = f(x) + (-1)g(x)$이므로 (1)과 (2)로부터 다음 식을 얻는다.

$$(f(x) - g(x))' = f'(x) + (-1)g'(x) = f'(x) - g'(x)$$

(4) $$(f(x)g(x))' = \lim_{h\to 0}\frac{f(x+h)g(x+h) - f(x)g(x)}{h}$$

$$= \lim_{h\to 0}\frac{f(x+h)\{g(x+h) - g(x)\} + g(x)\{f(x+h) - f(x)\}}{h}$$

$$= \lim_{h\to 0} f(x+h)\frac{\{g(x+h) - g(x)\}}{h} + g(x)\lim_{h\to 0}\frac{\{f(x+h) - f(x)\}}{h}$$

$$= f(x)g'(x) + g(x)f'(x)$$

(5) $$\left(\frac{f(x)}{g(x)}\right)' = \lim_{h\to 0}\frac{1}{h}\left\{\frac{f(x+h)}{g(x+h)} - \frac{f(x)}{g(x)}\right\}$$

$$= \lim_{h\to 0}\frac{1}{h}\,\frac{f(x+h)g(x)-f(x)g(x+h)}{g(x+h)g(x)}$$

$$= \lim_{h\to 0}\frac{1}{h}\,\frac{f(x+h)g(x)-f(x)g(x)+f(x)g(x)-f(x)g(x+h)}{g(x+h)g(x)}$$

$$= \lim_{h\to 0}\frac{f(x+h)-f(x)}{h}\,\frac{g(x)}{g(x+h)g(x)}$$

$$- \lim_{h\to 0}\frac{f(x)}{g(x+h)g(x)}\,\frac{g(x+h)-g(x)}{h}$$

$$= f'(x)\frac{g(x)}{[g(x)]^2} - \frac{f(x)}{[g(x)]^2}g'(x)$$

$$= \frac{f'(x)g(x) - f(x)g'(x)}{[g(x)]^2}$$

정리 4.3에 의하여 미분가능한 함수는 연속이므로

$$\lim_{h\to 0}f(x+h) = f(x)\,,\quad \lim_{h\to 0}g(x+h) = g(x)$$

인 사실을 (4)와 (5)의 증명에서 이용하였다. ■

예제 2.1

다항함수 $f(x) = c_nx^n + c_{n-1}x^{n-1} + \cdots + c_1x + c_0$의 도함수를 구하여라.

풀이 연습문제 4.1의 (1)에 의하여 $(x^n)' = nx^{n-1}$이므로 정리 4.4의 (1)과 (2)를 반복하여 사용하면 다음을 얻는다.

$$f'(x) = (c_nx^n + c_{n-1}x^{n-1} + \cdots + c_1x + c_0)'$$

$$= (c_nx^n)' + (c_{n-1}x^{n-1})' + \cdots + (c_1x)' + (c_0)'$$

$$= nc_nx^{n-1} + (n-1)c_{n-1}x^{n-1} + \cdots + c_1$$

예제 2.2

$(\tan x)' = \sec^2 x$임을 보여라.

풀이 $\tan x = \dfrac{\sin x}{\cos x}$이므로 예제 1.3과 정리 4.6의 (5)에 의하여

$$\begin{aligned}(\tan x)' &= \left(\frac{\sin x}{\cos x}\right)' \\ &= \frac{(\sin x)'\cos x - \sin x(\cos x)'}{\cos^2 x} \\ &= \frac{(\cos x)\cos x - \sin x(-\sin x)}{\cos^2 x} \\ &= \frac{\cos^2 x + \sin^2 x}{\cos^2 x} \\ &= \frac{1}{\cos^2 x} = \sec^2 x\end{aligned}$$

다음은 합성함수의 미분공식을 알아보자.

정리 4.7 **연쇄율(chain rule)**

함수 f는 x_0의 근방에서 정의되고 함수 g는 $f(x_0)$의 근방에서 정의된다고 하자. 함수 f가 x_0에서 미분가능이고 g가 $f(x_0)$에서 미분가능하면, $g \circ f$는 x_0에서 미분가능하고

$$(g \circ f)'(x_0) = g'(f(x_0))f'(x_0) \tag{1}$$

증명 $h = g \circ f$라 하고 $y_0 = f(x_0)$로 두고 다음을 증명하면 된다.

$$h'(x_0) = g'(y_0)f'(x_0)$$

정리 4.3에 의하여 f는 x_0에서 연속이고 g는 $y_0 = f(x_0)$에서 연속이다. 따라서 정리 3.15(합성함수의 연속성)에 의하여 h는 x_0에서 연속이다. f가 x_0에서 미분가능하므로

$$\eta(x) = \frac{f(x) - f(x_0)}{x - x_0} - f'(x_0)$$

는 x_0의 제거된 근방에서 정의되고, $x \to x_0$일 때 $\eta(x) \to 0$이다. 위 식을 $f(x) - f(x_0) = (x - x_0)\{f'(x_0) + \eta(x)\}$로 쓰자. 마찬가지로 g가 $y_0 = f(x_0)$에서 미분가능하므로 다음과 같이 쓸 수 있다.

$$g(y) - g(y_0) = (y - y_0)\{'g(y_0) + \upsilon(y)\}$$

여기서 $y \to y_0$일 때 $\upsilon(y) \to 0$이다.

이 때 y는 $y_0=f(x_0)$의 근방에 속하므로 $y=f(x)$로 두기로 하자. 그러면

$$
\begin{aligned}
h(x)-h(x_0) &= (g\circ f)(x)-(g\circ f)(x_0)\\
&= g(f(x))-g(f(x_0))\\
&= g(y)-g(y_0)\\
&= (y-y_0)\{g'(y_0)+\nu(y)\}\\
&= \{f(x)-f(x_0)\}\{g'(y_0)+\nu(y)\}\\
&= (x-x_0)\{f'(x_0)-\eta(x)\}\{g'(y_0)+\nu(y)\}
\end{aligned}
$$

$x-x_0\neq 0$일 때,

$$\frac{h(x)-h(x_0)}{x-x_0} = \{g'(y_0)+\nu(y)\}\{f'(x_0)+\eta(x)\}.$$

f가 x_0에서 연속이므로 $x\to x_0$이면 $f(x)\to f(x_0)$이다. 즉 $y\to y_0$이다. 따라서 $x\to x_0$인 극한을 취하면 $\nu(y)\to 0$이고 $\eta(x)\to 0$이다. 그러므로

$$h'(x_0) = \lim_{x\to x_0}\frac{h(x)-h(x_0)}{x-x_0} = g'(y_0)f'(x_0). \qquad \blacksquare$$

정리 4.7에서 $y=f(x)$, $z=g(y)$이면 $\frac{dy}{dx}=f'(x)$, $\frac{dz}{dy}=g'(y)$이고 $(g\circ f)'(x) = g'(f(x))f'(x) = g'(y)f'(x)$이므로 식 (1)은 다음과 같이 나타낼 수 있다.

$$\frac{dz}{dx} = \frac{dz}{dy}\frac{dy}{dx}$$

이와 같은 표현을 쓰면 정리 4.7를 반복해서 적용할 때 매우 편리하다. 즉 $y=f(x)$, $z=g(y)$, $w=h(z)$이고 각각 미분가능하면 w는 x의 미분가능한 함수이고

$$\frac{dw}{dx} = \frac{dw}{dz}\frac{dz}{dy}\frac{dy}{dx}$$

예제 2.3

$h(x) = \sqrt{1+x^2}$의 도함수를 구하라.

풀이 $f(x) = 1+x^2$, $g(y) = \sqrt{y}$라 두면

$$f'(x) = 2x\ ,\ g'(y) = \frac{1}{2\sqrt{y}}\ ,\ (y>0)$$

연쇄율에 의하여

$$h'(x) = g'(f(x))f'(x) = \frac{1}{2\sqrt{f(x)}}2x = \frac{x}{\sqrt{1+x^2}}$$

예제 2.4

$z = \sin^5 x$의 도함수를 구하라.

풀이 $y = \sin x$, $z = y^5$으로 두면 $\frac{dy}{dx} = \cos x$, $\frac{dz}{dy} = 5y^4$이므로

$$\frac{dz}{dx} = \frac{dz}{dy}\frac{dy}{dx} = (5y^4)(\cos x) = 5\sin^4 x\cos x$$

예제 2.5

$y = \sin^5(x^4)$일 때 $\frac{dy}{dx}$를 구하라.

풀이

$$\frac{dy}{dx} = 5\sin^4(x^4)\frac{d}{dx}(\sin(x^4)) = 5\sin^4(x^4)\cos(x^4)\frac{d}{dx}(x^4)$$

$$= 5\sin^4(x^4)\cos(x^4)4x^3 = 20x^3\sin^4(x^4)\cos(x^4)$$

또는 $y=u^5$, $u=\sin z$, $z=x^4$으로 두면

$$\frac{dy}{dx} = \frac{dy}{du}\frac{du}{dz}\frac{dz}{dx} = 5u^4(\cos z)(4x^3)$$

$$= 20x^3\sin^4 z\cos z = 20x^3\sin^4(x^4)\cos(x^4)$$

정의 4.8 고계 도함수

함수 f가 미분가능한 함수일 때 도함수 f'는 미분가능인 각 점에서 미분계수 $f'(x)$를 대응시키는 함수이다. 이 새로운 함수 f'이 미분

가능하면 함수 f는 **2번 미분가능하다**(twice differentiable)고 하고 f'의 도함수 $(f')'$을 f의 **2계 도함수**(second order derivative)라 하고 f''로 나타낸다. $y=f(x)$이면 $y''=f''(x)=\dfrac{d}{dx}\left(\dfrac{dy}{dx}\right)=\dfrac{d^2y}{dx^2}$ 등으로 2계도함수를 표현하기도 한다. 같은 방법으로 $n\geq 3$에 대하여 **n계 도함수**(n-th order derivative)를 정의하고 다음과 같이 나타낸다.

$$f'''(x)=\frac{d^3y}{dx^3}\ ,\quad f^{(n)}(x)=\frac{d^ny}{dx^n}\ (n>3)$$

예제 2.6

$f(x)=x^n$ (n은 자연수)의 n계 도함수를 구하여라.

풀이 $f'(x)=nx^{n-1},\quad f''(x)=n(n-1)x^{n-2},$

$f'''(x)=n(n-1)(n-2)x^{n-3}$

$f^{(4)}(x)=n(n-1)(n-2)(n-3)x^{n-4},\ \cdots,\ f^{(n)}(x)=n!$

예제 2.7

$f(x)=\sin x$의 4계 도함수를 구하여라.

풀이 $f'(x)=\cos x,\ f''(x)=-\sin x,\ f'''(x)=-\cos x$

$f^{(4)}(x)=-(-\sin x)=\sin x$

곡선의 접선과 법선의 방정식을 살펴보고 이 절을 마치기로 한다. 함수 f가 x_0의 근방에서 정의될 때, 미분계수 $f'(x_0)$는 x_0에서 곡선 $y=f(x)$에 접하는 접선(tangent line)의 기울기이다. 만약 $f'(x_0)\neq 0$이면, x_0에서 곡선 $y=f(x)$와 수직으로 만나는 법선(normal line)의 기울기는 $-\dfrac{1}{f'(x_0)}$이다. x_0에서 곡선 $y=f(x)$의 접선과 법선의 방정식은 다음과 같다.

접선 : $y-y_0=f'(x_0)\,(x-x_0)$

법선 : $y-y_0=-\dfrac{1}{f'(x_0)}\,(x-x_0)$, 단 $f'(x_0)\neq 0$이다.

예제 2.8 (1992. 임용고사)

곡선 $y=\tan^{-1}2x$ 위의 x좌표가 $\frac{\sqrt{3}}{2}$인 점 P에서 법선의 방정식을 구하라(단, $|y|<\frac{\pi}{2}$).

풀이 $f(x)=\tan^{-1}2x$라 두면 $f'(x)=\dfrac{(2x)'}{1+(2x)^2}=\dfrac{2}{1+4x^2}$이므로

$f'\left(\frac{\sqrt{3}}{2}\right)=\dfrac{2}{1+4\left(\frac{\sqrt{3}}{2}\right)^2}=\frac{1}{2}$이다. 따라서 P에서 법선의 기울기는 -2이다. 점 P의 y좌표는 $y=f\left(\frac{\sqrt{3}}{2}\right)=\tan^{-1}\sqrt{3}=\frac{\pi}{3}$이므로 구하는 법선의 방정식은 $y-\frac{\pi}{3}=-2\left(x-\frac{\sqrt{3}}{2}\right)$, 즉 $y=-2x+\sqrt{3}+\frac{\pi}{3}$.

연습문제 4.2

1. $f(x)=x^3\ln(x^2-2x+5)$의 미분계수 $f'(1)$을 구하여라.
2. $f(x)=x^x$의 도함수를 구하라 $(x>0)$.
3. $y=\tan x$일 때 $y'''=2(1+y^2)(1+3y^2)$임을 보여라.

연습문제 풀이 및 해답

1. $f'(x)=(x^3)'\ln(x^2-2x+5)+x^3\{\ln(x^2-2x+5)\}'=3x^2\ln(x^2-2x+5)+x^3\dfrac{2x-2}{x^2-2x+5}$

   $f'(1)=3\ln 4$
2. $g(y)=\ln y$는 미분가능한 함수이므로 양변의 $\ln$을 취하여 미분하고 연쇄율을 적용한다.

   $\ln f(x)=x\ln x$, $\dfrac{f'(x)}{f(x)}=\ln x+x\dfrac{1}{x}=1+\ln x$, $f'(x)=f(x)\{1+\ln x\}=x^x(1+\ln x)$
3. $y'=\sec^2x=1+\tan^2x=1+y^2$, $y''=2\sec^2x\tan x=2y'y$

   $y'''=2(y''y+y'y')=2(2y'yy+y'y')=2y'(2y^2+y')$

   $=2(1+y^2)(2y^2+1+y^2)=2(1+y^2)(1+3y^2)$

4.3 평균값 정리

x_0가 함수 $f(x)$의 정의역 D에 속하는 점일 때 D에 속한 다른 모든 점 x에 대하여 $f(x_0) \ge f(x)$이면 f가 x_0에서 **최대를 가진다**고 하고 $f(x_0)$를 **최대값**(maximum)이라 부른다. x_0의 근방에 속한 점 x에 대하여 $f(x_0) \ge f(x)$이면 f가 x_0에서 **극대를 가진다**고 하고 $f(x_0)$를 **극대값**(relative maximum)이라 부른다. 부등호의 방향을 바꾸어서 **최소값**(minimum)과 **극소값**(relative minimum)을 정의할 수 있다.

정리 4.9

함수 f가 x_0의 근방에서 정의될 때 x_0에서 극대 또는 극소를 가지고 $f'(x_0)$가 존재하면 $f'(x_0) = 0$이다.

증명 $f(x_0)$가 극대값이라고 가정하자(극소값일 때도 비슷하게 증명할 수 있다). 그러면 $\delta > 0$가 존재하여 $x \in (x_0 - \delta, x_0 + \delta)$인 모든 x에 대하여 $f(x) \le f(x_0)$이다.

$x_0 < x < x_0 + \delta$이면

$$\frac{f(x) - f(x_0)}{x - x_0} \le 0 \text{이므로 } f_+'(x_0) = \lim_{x \to x_0+} \frac{f(x) - f(x_0)}{x - x_0} \le 0 \text{이고}$$

$x_0 - \delta < x < x_0$이면

$$\frac{f(x) - f(x_0)}{x - x_0} \ge 0 \text{이므로 } f_-'(x_0) = \lim_{x \to x_0-} \frac{f(x) - f(x_0)}{x - x_0} \ge 0 \text{이다.}$$

그런데 $f'(x_0)$가 존재하므로 다음이 성립한다.

$$0 \le f_-'(x_0) = f'(x_0) = f_+'(x_0) \le 0 .$$

따라서 $f'(x_0) = 0$이다. ■

정리 4.10 **Rolle 정리**

$f(x)$가 구간 $[a, b]$에서 연속이고, 구간 (a, b)에서 미분가능하다고 하자. $f(a) = f(b)$이면 $f'(c) = 0$인 점 c가 (a, b)에 존재한다.

증명 $f(x)$가 $[a, b]$에서 연속이므로 정리 3.21에 의하여 f는 $[a, b]$에서 최대값 M과 최소값 m을 가진다. 만약 $M = m$이라면 f는 상수함수이므로 구간 (a, b)에 속하는 모든 점 c에서 $f'(c) = 0$이다. 따라서 $M \neq m$이라고 가정하자. $f(a) = f(b)$이므로 M이나 m 둘 중 하나는 $f(a)$와 같지 않다. $M \neq f(a)$라 가정하면 $M > f(a)$이므로 $M = f(c)$인 c는 a나 b가 될 수 없다. 따라서 $f(x)$가 최대가 되는 점 c는 $a < c < b$이다. 그리고 정리 4.9에 의하여 $f'(c) = 0$이다. $m \neq f(a)$로 가정하여도 비슷하게 증명할 수 있다. ■

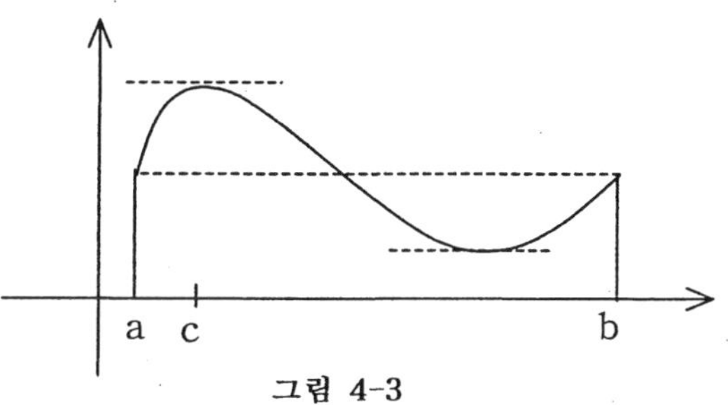

그림 4-3

정리 4.11 **평균값정리(Mean value Theorem)**

$f(x)$가 구간 $[a, b]$에서 연속이고, 구간 (a, b)에서 미분가능이면 다음 식을 만족하는 점 $c \in (a, b)$가 존재한다.

$$\frac{f(b) - f(a)}{b - a} = f'(c)$$

증명 점 $(a, f(a))$와 $(b, f(b))$를 연결하는 할선의 방정식은 다음과 같다.

$$\frac{y - f(a)}{x - a} = \frac{f(b) - f(a)}{b - a}$$

즉 $y = \dfrac{f(b) - f(a)}{b - a}(x - a) + f(a)$.

함수 $f(x)$와 할선의 방정식을 나타내는 함수의 차이를 다음과 같이 두자.

$$F(x) \equiv f(x) - \frac{f(b)-f(a)}{b-a}(x-a) - f(a)$$

F는 $[a, b]$에서 연속이고 (a, b)에서 미분가능하다. 더욱이 $F(b)=F(a)=0$이므로 Rolle 정리의 가정을 만족한다. 따라서 다음을 만족하는 점 $c\in(a, b)$가 존재한다.

$$F'(c) = f'(c) - \frac{f(b)-f(a)}{b-a} = 0, \text{ 즉 } f'(c) = \frac{f(b)-f(a)}{b-a}. \quad \blacksquare$$

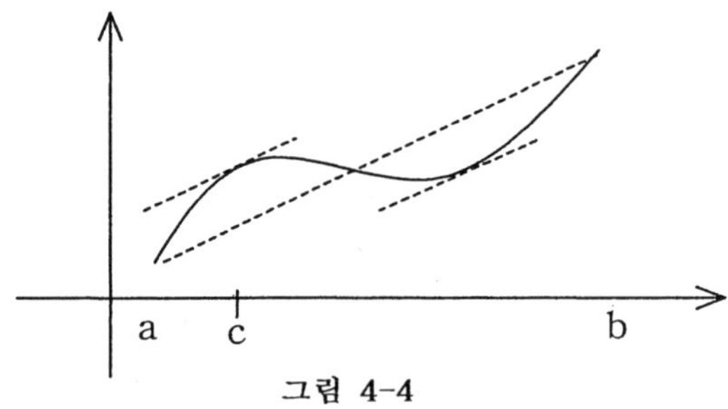

그림 4-4

예제 3.1

$f(x) = 2x^2+1$에 대하여 구간 $[2, 5]$에서 평균값정리를 만족하는 점 c를 구하여라.

풀이 $f(2)=9$, $f(5)=51$, $f'(c)=4c$이므로 c가 평균값정리를 만족하는 점이면 $\frac{f(5)-f(2)}{5-2} = f'(c)$이다. 즉 $4c=14$이고 $c=\frac{7}{2}$, $2 < \frac{7}{2} < 5$이므로 $\frac{7}{2}$는 평균값정리를 만족하는 점이다.

예제 3.2

a, b가 $0<a<b$인 실수일 때 평균값정리를 이용하여 다음을 증명하라.

$$\frac{b-a}{1+b^2} < \tan^{-1}b - \tan^{-1}a < \frac{b-a}{1+a^2}$$

풀이 $f(x) = \tan^{-1}x$라 두면 $f'(x) = \frac{1}{1+x^2}$이므로 정리 4.11에 의하여 다음 식을 만족하는 $\xi\in(a, b)$가 있다.

$$\frac{\tan^{-1}b - \tan^{-1}a}{b-a} = \frac{1}{1+\xi^2}$$

$\xi > a$이므로 $\dfrac{1}{1+\xi^2} < \dfrac{1}{1+a^2}$이고, $\xi < b$이므로 $\dfrac{1}{1+b^2} < \dfrac{1}{1+\xi^2}$이다. 따라서 $\dfrac{1}{1+b^2} < \dfrac{\tan^{-1}b - \tan^{-1}a}{b-a} < \dfrac{1}{1+a^2}$.

양변에 $b-a$를 곱하면 원하는 결과를 얻는다.

예제 3.3 (2006. 임용고사)

평균값정리를 이용하여, 임의의 두 실수 x, y에 대하여 다음 식이 성립함을 보이시오.

$$|\sin x - \sin y| \le |x-y|.$$

풀이 $f(t) = \sin t$라 두자. 준 식은 x, y에 대하여 대칭이므로 $x < y$로 가정하여도 일반성을 잃지 않는다. $f(t)$는 $[x, y]$에서 연속이고 (x, y)에서 미분가능히므로 평균값정리에 의하여 다음을 만족하는 $t_0 \in (x, y)$가 존재한다.

$$\frac{\sin x - \sin y}{x-y} = \frac{f(x)-f(y)}{x-y} = f'(t_0) = \cos t_0 .$$

즉, $\dfrac{\sin x - \sin y}{x-y} = \cos t_0$ 이다. 따라서 $\left|\dfrac{\sin x - \sin y}{x-y}\right| = |\cos t_0| \le 1$ 이므로 $|\sin x - \sin y| \le |x-y|$가 성립한다.

따름정리 4.12

함수 f가 개구간 I에서 미분가능하고 $x \in I$에 대하여 $f'(x)=0$이면

$$x \in I,\ f(x) = c\ (c\text{는 상수}).$$

증명 구간 I에서 임의로 한 점 x_1을 택하여 $f(x_1)=c$라 하자. $x \ne x_1$인 임의의 $x \in I$에 대하여, 평균값정리에 의하여 다음 식을 만족하는 x와 x_1사이의 점 ξ가 있다.

$$\frac{f(x) - f(x_1)}{x-x_1} = f'(\xi) = 0 .$$

따라서 $f(x)=f(x_1)=c$이다. ■

따름정리 4.13

f와 g가 구간 I에서 미분가능하고 모든 $x \in I$에 대해 $f'(x) = g'(x)$이면

$$f(x) = g(x) + c, (c\text{는 상수}).$$

증명 $h(x) = f(x) - g(x)$라 두면 정리 4.6과 가정에 의하여 $h'(x) = f'(x) - g'(x) = 0$이다. 따름정리 4.12에 의하여 $h(x) = c$, 즉, $f(x) - g(x) = c$이다. ■

다음은 단조함수와 역함수의 미분계수를 알아보자.

정리 4.14

함수 f가 구간 I에서 단조증가(또는 단조감소)하고 $x_0 \in I$에서 미분가능하면 $f'(x_0) \geq 0$ (또는 $f'(x_0) \leq 0$)이다.

증명 f가 단조증가하면 $f(x_0 + h) - f(x_0)$의 부호가 h의 부호와 일치하므로 $\dfrac{f(x_0 + h) - f(x_0)}{h} \geq 0$. 따라서 $f'(x_0) = \lim_{h \to 0} \dfrac{f(x_0 + h) - f(x_0)}{h} \geq 0$ 이다. ■

정리 4.14에서 f가 순증가함수일 때 $f'(x_0) > 0$인 것은 아니다. 예를 들어, $f(x) = x^3$은 $x = 0$을 포함하는 임의의 구간에서 순증가함수이다. 그러나 $f'(0) = 0$이다.

정리 4.15

함수 f가 구간 I에서 연속이고 순증가(또는 순감소)할 때, $x_0 \in I$에서 $f'(x_0) > 0$이면, f의 역함수 f^{-1}는 $y_0 = f(x_0)$에서 미분가능하고 $(f^{-1})'(y_0) = \dfrac{1}{f'(x_0)}$ 이다.

증명 x가 x_0의 근방에 속하는 점이고 $y = f(x)$, 즉 $x = f^{-1}(y)$라 하자. 그러면 다음 식이 성립한다.

$$\frac{f^{-1}(y)-f^{-1}(y_0)}{y-y_0}=\frac{x-x_0}{f(x)-f(x_0)}=\frac{1}{\dfrac{f(x)-f(x_0)}{x-x_0}}$$

양변에 $x \to x_0$인 극한을 취하면 원하는 결과를 얻는다. ■

다음은 정리 4.14의 역이다.

정리 4.16

함수 f가 구간 I에서 미분가능이고, $f'(x) \geq 0$ (또는 $f'(x) \leq 0$)이면, f는 I에서 단조증가(또는 단조감소)한다. 또 $f'(x) > 0$ (또는 $f'(x) < 0$)이면 f는 I에서 순증가(또는 순감소)한다.

증명 구간 I에서 $x_1 < x_2$인 두 점을 생각하자. 평균값정리에 의하여 $x_1 < x_0 < x_2$인 x_0가 존재하여 다음 식이 성립한다.

$$f(x_2)-f(x_1) = f'(x_0)(x_2-x_1).$$

$x_2 - x_1 > 0$이므로

$$f'(x_0) \geq 0\text{이면 } f(x_2)-f(x_1) \geq 0,$$

$$f'(x_0) > 0\text{이면 } f(x_2)-f(x_1) > 0 \text{ 이다.}$$ ■

연습문제 4.3

1. 평균값정리를 써서 다음을 증명하라.

(1) $|\sin b - \sin a| \le |b-a|$　　(2) $x \le \sin^{-1}x \le \dfrac{x}{\sqrt{1-x^2}}$

(3) $\dfrac{x-a}{x} < \ln\dfrac{x}{a} < \dfrac{x-a}{a}$ (단, $0<a<x$)

2. 정의역의 모든 x, y에 대하여 다음 식을 만족하는 $k>0$가 존재하면 함수 f는 상수함수임을 증명하라.

$$|f(x)-f(y)| \le k(x-y)^2$$

연습문제 풀이 및 해답

1. (1) $f(x)=\sin x$, $a<b$라 두면 $f'(x)=\cos x$이므로 평균값정리에 의하여 $\dfrac{\sin b-\sin a}{b-a}=\cos\xi$을 만족하는 $\xi\in(a, b)$가 있다.

따라서 $\left|\dfrac{\sin b-\sin a}{b-a}\right|=|\cos\xi| \le 1$이고, $|\sin b-\sin a| \le |b-a|$이다.

(2) $f(x)=\sin^{-1}x$, $x>0$이라 하면 $f'(x)=\dfrac{1}{\sqrt{1-x^2}}$이므로

$\dfrac{\sin^{-1}x-\sin^{-1}0}{x-0}=\dfrac{\sin^{-1}x}{x}=\dfrac{1}{\sqrt{1-\xi^2}}$을 만족하는 $\xi\in(0, x)$가 있다.

$1=\dfrac{1}{\sqrt{1-0^2}} \le \dfrac{1}{\sqrt{1-\xi^2}} \le \dfrac{1}{\sqrt{1-x^2}}$이므로 각 변에 x를 곱하면 원하는 식을 얻는다.

(3) $f(x)=\ln x$로 두면 $(\ln x)'=\dfrac{1}{x}$이므로 $\dfrac{\ln x-\ln a}{x-a}=\dfrac{1}{\xi}$인 $\xi\in(0, x)$가 존재한다. $\dfrac{1}{x}<\dfrac{1}{\xi}<\dfrac{1}{a}$이므로 $\dfrac{1}{x}<\dfrac{\ln x-\ln a}{x-a}<\dfrac{1}{a}$이다. $\ln x-\ln a=\ln\dfrac{x}{a}$이므로 각 변에 $x-a$를 곱하면 원하는 식을 얻는다.

2. $x=y$이면 $f(x)=f(y)$이므로 자명하다. $x\ne y$라고 가정하면 주어진 부등식은 $\left|\dfrac{f(x)-f(y)}{x-y}\right| \le k|x-y|$으로 된다. $y\to x$인 극한을 취하면, 절대값 함수는 연속이므로 다음 식을 얻는다.

$$|f'(x)|=\left|\lim_{y\to x}\frac{f(x)-f(y)}{x-y}\right|\lim_{y\to x}\left|\frac{f(x)-f(y)}{x-y}\right| = k|\lim_{y\to x}(x-y)| = k\lim_{y\to x}|x-y|=0$$

즉 $f'(x)=0$이고 따름정리 4.12에 의해서 $f(x)$는 상수함수이다.

4.4 미분의 응용

다음 정리는 Cauchy의 평균값정리라고 불리는데 극한의 계산에 유용한 L'Hospital의 법칙을 증명하는데 쓰인다.

정리 4.17 Cauchy의 평균값정리

함수 f와 g가 폐구간 $[a, b]$에서 연속이고 개구간 (a, b)에서 미분가능하면, 다음 식을 만족하는 $\xi \in (a, b)$가 존재한다.

$$[f(b)-f(a)]g'(\xi) = [g(b)-g(a)]f'(\xi) \tag{1}$$

덧붙여서 $g(b) \neq g(a)$이고 (a, b)에서 $f'(\xi)$와 $g'(\xi)$가 동시에 0이 되지 않으면 식 (1)은 다음과 같이 쓸 수 있다.

$$\frac{f(b)-f(a)}{g(b)-g(a)} = \frac{f'(\xi)}{g'(\xi)} \tag{2}$$

증명 $x \in [a, b]$에 대하여 F를 다음과 같이 정의하자.

$$F(x) = g(x)[f(b)-f(a)] - f(x)[g(b)-g(a)]$$

그러면 F는 $[a, b]$에서 연속이고 (a, b)에서 미분가능하다. $F(a) = F(b)$임은 쉽게 확인할 수 있으므로 Rolle 정리에 의하여 $F'(\xi)=0$인 $\xi \in (a, b)$가 존재한다. 즉,

$$F'(\xi) = g'(\xi)[f(b)-f(a)] - f'(\xi)[g(b)-g(a)] = 0\,. \tag{3}$$

이로써 (1)이 증명된다. 다음으로 $g(b)-g(a) \neq 0$이고 $f'(\xi)$와 $g'(\xi)$가 동시에 0이 아니면 $g'(\xi)$는 0이 될 수 없다. 만약 $g'(\xi)=0$이면 (3)에서 $f'(\xi)$도 0이 되기 때문이다. 따라서 양변을 $g'(\xi)[g(b)-g(a)]$로 나누어 (2)를 얻는다. ■

몫의 극한을 계산할 때 쓸 수 있는 공식은 다음 공식뿐이다.

$$\lim_{x\to a}\frac{f(x)}{g(x)} = \frac{\lim_{x\to a} f(x)}{\lim_{x\to a} g(x)}$$

그러나 위의 공식은 우변의 극한이 모두 존재하고 분모의 극한이 0이 아니어야 한다. 우변의 분모와 분자가 동시에 0이면 제3장에서 논

한 바와 같이 위의 극한의 존재여부는 쉽게 결론을 내릴 수 없다. 이때 f와 g에 대하여 조건을 추가하면 다음 정리를 적용할 수도 있다.

다음 정리에서 함수 f와 g는 개구간 I에서 정의되는데 a가 구간 I의 끝점이면 $x\to a$일 때의 극한은 일방극한을 뜻한다. 그리고 극한값 A는 실수뿐만 아니라 $+\infty$나 $-\infty$일 수도 있다. $x\to+\infty$ 또는 $x\to-\infty$일 때의 극한도 생각할 수 있는데 이 때 I는 무한구간이어야 한다.

정리 4.18 **L'Hospital의 법칙**

구간 I가 위에서 설명한 개구간이고 a가 I의 집적점일 때, 함수 f와 g가 I에서 미분가능이고 다음을 만족한다고 하자.

(1) I에서 $g(x)\neq 0$, $g'(x)\neq 0$

(2) $\lim_{x\to a}\frac{f'(x)}{g'(x)} = A$

(3) $\lim_{x\to a}f(x) = \lim_{x\to a}g(x) = 0$ 또는

(3′) $\lim_{x\to a}f(x) = \pm\infty$, $\lim_{x\to a}g(x) = \pm\infty$.

그러면,

$$\lim_{x\to a}\frac{f(x)}{g(x)} = A .$$

증명 모든 경우를 다 증명하는 것은 너무 길어지므로 대표적인 두 가지 경우만 증명하기로 한다.

I. a가 실수이고 (3)을 만족할 때

$f(a)=g(a)=0$으로 정의하면 f와 g는 $x=a$에서 연속이므로 구간 I의 임의의 점 x에 대하여 a와 x 사이의 구간에서 Cauchy 평균값정리를 적용할 수 있다. 즉, 임의의 $x\in I$에 대하여 a와 x 사이에 ξ가 존재하여 다음이 성립한다.

$$\frac{f(x)}{g(x)} = \frac{f(x)-f(a)}{g(x)-g(a)} = \frac{f'(\xi)}{g'(\xi)}$$

$x\to a$이면 $\xi\to a$이므로,

$$\lim_{x\to a}\frac{f(x)}{g(x)} = \lim_{\xi\to a}\frac{f'(\xi)}{g'(\xi)} = A \ .$$

II. $a=+\infty$, $A=+\infty$, $g(x)\to\pm\infty$일 때

구간 $I=(x_0, \infty)$라고 가정하고, $M>1$이 주어졌다고 하자. 그러면 $x_0\le x_1$인 x_1이 존재하여 다음을 만족한다.

$$x>x_1 \ \Rightarrow \ \frac{f'(x)}{g'(x)} \ge 2M+2 \ .$$

이제 $x>x_1$인 임의의 x에 대하여 $x>b>x_1$인 b를 택하면, b와 x 사이에서 Cauchy 평균값정리를 만족하는 ξ가 존재하여 다음이 성립한다.

$$\frac{f(x)-f(b)}{g(x)-g(b)} = \frac{f'(\xi)}{g'(\xi)} \ge 2M+2$$

따라서

$$\frac{\dfrac{f(x)}{g(x)} - \dfrac{f(b)}{g(x)}}{1-\dfrac{g(b)}{g(x)}} \ge 2M+2 \ .$$

$|g(x)|\to+\infty$이므로 b를 고정하면 다음을 만족하는 x_2가 존재한다.

$$x>x_2 \ \Rightarrow \ \left|\frac{f(b)}{g(x)}\right| \le 1\text{이고} \ \left|\frac{g(b)}{g(x)}\right| \le \frac{1}{2}$$

$x_0=\max\{x_1, x_2\}$로 택하면 다음이 성립한다.

$$x>x_0 \ \Rightarrow \ \frac{\dfrac{f(x)}{g(x)}+1}{1-\dfrac{1}{2}} \ge 2M+2 \ ,$$

즉, $x>x_0 \ \Rightarrow \ \dfrac{f(x)}{g(x)} \ge M$. 이것은 모든 $M>1$에 대하여 참이므로 $\displaystyle\lim_{x\to a}\frac{f(x)}{g(x)}=+\infty$임을 뜻한다. ■

예제 4.1

$a>0$, $b>0$일 때 $\displaystyle\lim_{x\to 0}\frac{a^x-b^x}{x}$를 구하라.

풀이 $\displaystyle\lim_{x\to 0}(a^x-b^x) = \lim_{x\to 0}x = 0$이고

$$\lim_{x\to 0}\frac{(a^x-b^x)'}{(x)'} = \lim_{x\to 0}\frac{a^x\ln a - b^x\ln b}{1} = \ln a - \ln b = \ln\left(\frac{a}{b}\right)\text{이므로}$$

L'Hospital의 법칙에 의하여 $\lim_{x\to0}\frac{a^x-b^x}{x} = \ln\left(\frac{a}{b}\right)$이다.

L'Hospital의 법칙을 반복 적용해야 하는 경우도 있다.

예제 4.2

$\lim_{x\to0}\frac{\sin x - x}{x^3}$을 구하라.

풀이 $\lim_{x\to0}(\sin x - x) = \lim_{x\to0}x^3 = 0$이므로 L'Hospital의 법칙을 써서

$$\lim_{x\to0}\frac{\sin x-x}{x^3} = \lim_{x\to0}\frac{\cos x-1}{3x^2} = \lim_{x\to0}\frac{-\sin x}{6x} = -\frac{1}{6}\lim_{x\to0}\frac{\sin x}{x} = -\frac{1}{6}.$$

마지막 등호는 잘 알려진 $\lim_{x\to0}\frac{\sin x}{x}=1$을 이용하거나 한번 더 L'Hospital의 법칙을 써서 $\lim_{x\to0}\frac{\sin x}{x} = \lim_{x\to0}\frac{\cos x}{1}=1$로 구할 수 있다.

예제 4.3

$\lim_{x\to0}\left(1+\frac{1}{x}\right)^x = e$ 임을 증명하라.

풀이 $\ln\left(1+\frac{1}{x}\right)^x = x\ln\left(1+\frac{1}{x}\right) = \frac{\ln\left(1+\frac{1}{x}\right)}{\frac{1}{x}}$이므로 L'Hospital의 법칙을 쓰면

$$\lim_{x\to\infty}\ln\left(1+\frac{1}{x}\right)^x = \lim_{x\to\infty}\frac{\ln\left(1+\frac{1}{x}\right)}{\frac{1}{x}} = \lim_{x\to\infty}\frac{\frac{x}{x+1}\cdot\frac{-1}{x^2}}{-\frac{1}{x^2}} = \lim_{x\to\infty}\frac{x}{x+1}=1 .$$

ln 함수는 연속이므로 $\ln\left(\lim_{x\to\infty}\left(1+\frac{1}{x}\right)^x\right) = \lim_{x\to\infty}\ln\left(1+\frac{1}{x}\right)^x = 1$.

따라서 $\lim_{x\to0}\left(1+\frac{1}{x}\right)^x = e$이다.

다음은 두번 미분가능인 함수의 극대값과 극소값을 구하는 문제를 생각해 보자.

함수 f가 개구간 I에서 미분가능이고 P가 I위에 그려지는 f의 그래프 위의 한 점이라 하자. 그래프의 접선을 P의 왼쪽에서 오른쪽으로

접점을 옮기면서 그려보자. 만약 P가 이 그래프의 극소점이라면 접선들은 반시계방향으로 회전하게 되고, 접선의 기울기는 음에서 양으로 바뀌게 된다. P에서 접선의 기울기는 0이다. P가 극대점이면 접선들은 시계방향으로 회전하고, 접선의 기울기는 양에서 음으로 바뀐다. f''이 f'의 변화율을 나타내므로, 위의 논의를 다음 정리로 요약할 수 있다.

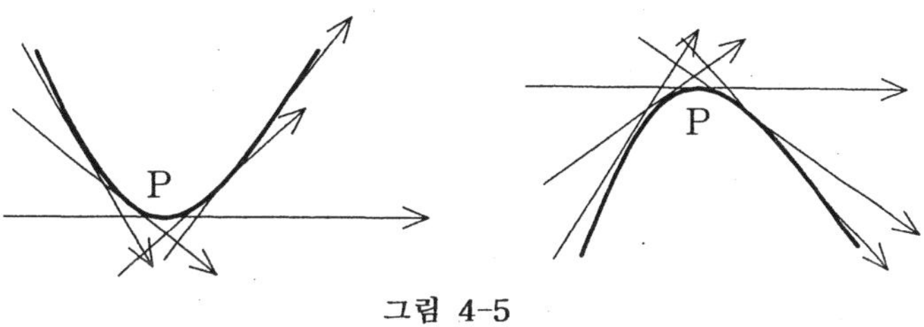

그림 4-5

정리 4.19

함수 f가 개구간 I에서 두번 미분가능이고, $x_0 \in I$라 하자.

$f'(x_0)=0$이고 $f''(x_0) \neq 0$이면 $f(x_0)$는 f의 극값이다. 특히,

(1) $f''(x_0) > 0$이면 $f(x_0)$는 f의 극소값이고

(2) $f''(x_0) < 0$이면 $f(x_0)$는 f의 극대값이다.

예제 4.4

함수 $f(x)=x(1-x^2)e^{x^2}$의 극값을 모두 구하여라.

풀이 먼저 $f'(x)=0$인 x를 구하자.

$f'(x)=(1-x^2)e^{x^2}+x(-2x)e^{x^2}+x(1-x^2)(2x)e^{x^2}=(1-x^2-2x^4)e^{x^2}$

여기서 $e^{x^2}>0$이므로 $f'(x)=0$이면 $1-x^2-2x^4=0$이다.

$1-x^2-2x^4=(1+x^2)(1-2x^2)$이고 $1+x^2>0$이므로 $1-2x^2=0$에서 $x=\pm\dfrac{1}{\sqrt{2}}$을 얻는다. 다음으로 2계 도함수를 구한다.

$$f''(x)=(-2x-8x^3)e^{x^2}+(1-x^2-2x^4)(2x)e^{x^2}=-2x^3(5+2x^2)e^{x^2}$$

모든 x에 대하여 $-2(5+2x^2)e^{x^2}<0$이므로 $x>0$이면 $f''(x)<0$이고, $x<0$이면 $f''(x)>0$이다. 따라서 정리 4.19에 의해서 $f\left(\dfrac{1}{\sqrt{2}}\right)=\sqrt{\dfrac{e}{8}}$는 극대값이고 $f\left(-\dfrac{1}{\sqrt{2}}\right)=-\sqrt{\dfrac{e}{8}}$는 극소값이다.

예제 4.5 (1994. 임용고사)

함수 $g(x)=|x|(1-x^2)e^{x^2}$의 모든 극값의 합을 구하여라.

풀이 예제 4.4에 의하여 $g\left(\frac{1}{\sqrt{2}}\right)=\sqrt{\frac{e}{8}}$는 $g(x)$의 극대값이다. $g(x)$가 우함수이므로 대칭성에 의하여 $g\left(-\frac{1}{\sqrt{2}}\right)=\sqrt{\frac{e}{8}}$도 극대값이다. 한편 $g'(0)$은 존재하지 않으나, $0<x<\frac{1}{\sqrt{2}}$에서 $g(x)=(1-2x^2)(1+x^2)e^{x^2}>0$이므로 $g(x)$는 증가하고 $-\frac{1}{\sqrt{2}}<x<0$에서 $g(x)=-(1-2x^2)(1+x^2)e^{x^2}<0$이므로 $g(x)$는 감소한다. 따라서 $g(0)=0$은 $g(x)$의 극소값이다. $x=\pm\frac{1}{\sqrt{2}}$, 0이외의 점에서 $g(x)$는 미분가능하고 $g'(x)\neq 0$이다. 그러므로 극값은 모두 셋 존재하고 그 합은 $\sqrt{\frac{e}{8}}+\sqrt{\frac{e}{8}}+0=\sqrt{\frac{e}{2}}$이다.

위의 정리 4.19는 다음과 같이 확장할 수 있다.

정리 4.20

함수 f가 개구간 I에서 $2p$번 미분가능이고, $x_0\in I$라 하자.

$$f'(x_0)=f''(x_0)=\cdots=f^{(2p-1)}(x_0)=0\ ,\quad f^{(2p)}(x_0)\neq 0$$

그러면

(1) $f^{(2p)}(x_0)>0$이면 $f(x_0)$는 f의 극소값이고

(2) $f^{(2p)}(x_0)<0$이면 $f(x_0)$는 f의 극대값이다.

함수 f의 그래프 위의 점 P에서 접선의 기울기가 0일 때 P의 왼쪽과 오른쪽에서 접선의 기울기가 같은 부호를 가질 수도 있다. 이때 P를 **변곡점**(inflection point)이라 한다. 가장 간단한 형태의 변곡점은 다음과 같이 정해진다.

$$f'(x_0)=f''(x_0)=0\ ,\quad f'''(x_0)\neq 0\ .$$

예제 4.6

$f(x)=x^5-x^3$의 극대점, 극소점과 변곡점을 구하라.

풀이 $f'(x)=5x^4-3x^2=x^2(5x^2-3)=0$이면 $x=0$, $x=\pm\sqrt{\frac{3}{5}}$이고,

$f''(x)=20x^3-6x$, $f''\left(\sqrt{\frac{3}{5}}\right)>0$, $f''\left(-\sqrt{\frac{3}{5}}\right)<0$이므로 $x=\sqrt{\frac{3}{5}}$에서 극소값, $x=-\sqrt{\frac{3}{5}}$에서 극대값을 가진다. 또 $f'''(x)=60x^2-6$이므로 $f'''(0)\neq 0$이고, $f'(0)=f''(0)=0$이므로 $x=0$에서 f의 그래프는 변곡점을 가진다.

예제 4.7 **(1995. 임용고사)**

직선 $x=2y$ 위를 움직이는 점 P와 두 정점 $A(1,3)$, $B(3,4)$가 있다. 이때 $\overline{AP}+\overline{BP}$의 값이 최소가 되는 점 P의 좌표를 구하여라.

풀이 **(방법 1)** 점 P를 (x,y)라 하면 $x=2y$이므로

$\overline{AP}=\sqrt{(x-1)^2+(y-3)^2}=\sqrt{(2y-1)^2+(y-3)^2}=\sqrt{5}\sqrt{y^2-2y+2}$,

$\overline{BP}=\sqrt{(x-3)^2+(y-4)^2}=\sqrt{(2y-3)^2+(y-4)^2}=\sqrt{5}\sqrt{y^2-4y+5}$.

$g(y)=\sqrt{5}(\sqrt{y^2-2y+2}+\sqrt{y^2-4y+5})$로 두고, $g(y)$가 최소가 되는 y의 값을 구하면 된다. $g(y)=\sqrt{5}(\sqrt{(y-1)^2+1}+\sqrt{(y-2)^2+1})$이므로 $g(y)$는 모든 실수 y에서 정의되고 미분가능하다.

$g'(y)=\frac{\sqrt{5}}{2}\left(\frac{2y-2}{\sqrt{(y-1)^2+1}}+\frac{2y-4}{\sqrt{(y-2)^2+1}}\right)$이고 $g'(y)=0$을 풀면 $y=\frac{3}{2}$을 얻는다. $g\left(\frac{3}{2}\right)$은 함수 g의 유일한 극값이므로 최대값 또는 최소값이다. 그런데 $\lim_{y\to\infty}g(y)=\infty$이므로 $g\left(\frac{3}{2}\right)$이 최대값은 아니다. 따라서 $g\left(\frac{3}{2}\right)$은 함수 g의 최소값이고, 이때 P의 좌표는 $\left(3,\frac{3}{2}\right)$이다.

(방법 2) 점 $B(3,4)$를 지나고 직선 $x-2y=0$에 수직인 직선

$2x-y=10$이다. 두 직선의 교점은 $(4, 2)$이므로 점 B의 직선 $x-2y=0$에 대한 대칭점은 $B'(5, 0)$이다. $\overline{AP}+\overline{BP}$의 최소값은 선분 $\overline{AB'}$와 같으므로 구하는 점 P는 점 $A(1, 3)$와 점 $B'(5, 0)$을 지나는 직선 $3x+4y=15$와 직선 $x-2y=0$의 교점인 $\left(3, \frac{3}{2}\right)$이다.

연습문제 4.4

1. 다음 극한을 계산하라.

(1) $\lim_{x\to 0}\frac{1-\cos x}{x^2}$ (2) $\lim_{x\to 0}(\cos x)^{\frac{1}{x^2}}$ (3) $\left\{n\sin\frac{\pi}{n}\right\}$

2. 다음 극한을 계산하라.

(1) $\lim_{x\to+\infty}\left(1+\frac{1}{x}\right)^x = e$ (2) $\lim_{x\to+\infty}\left(1+\frac{a}{x}\right)^x = e^a$

3. 함수 $f(x)$를 다음과 같이 정의하자.

$$f(x) = \begin{cases} e^{-\frac{1}{x^2}}, & x\neq 0 \\ 0, & x=0 \end{cases}$$

모든 자연수 n에 대하여 $f^{(n)}(0)=0$ 임을 보여라.

4. 다음 함수의 극값을 구하라.

(1) $f(x)=x^x$, $(x>0)$ (2) $f(x)=(x-1)^4$

연습문제 풀이 및 해답

1. (3) $\lim_{n\to\infty} n\sin\frac{\pi}{n} = \lim_{n\to\infty}\frac{\sin\frac{\pi}{n}}{\frac{1}{n}} = \lim_{n\to\infty}\frac{-\frac{\pi}{n^2}\cos\frac{\pi}{n}}{-\frac{1}{n^2}} = \pi\lim_{n\to\infty}\cos\frac{\pi}{n} = \pi$

2. (2) $L=\lim_{x\to+\infty}\left(1+\frac{a}{x}\right)^x$라 두면 $\ln L = \lim_{x\to+\infty} x\left(1+\frac{a}{x}\right) = \lim_{x\to+\infty}\frac{\ln\left(1+\frac{a}{x}\right)}{\frac{1}{x}}$

여기서 $\lim_{x\to+\infty}\frac{\left(\ln\left(1+\frac{a}{x}\right)\right)'}{\left(\frac{1}{x}\right)'} = \lim_{x\to+\infty}\frac{\left(-\frac{a}{x^2}\right)\Big/\left(1+\frac{a}{x}\right)}{\left(-\frac{1}{x^2}\right)} = a\lim_{x\to+\infty}\frac{1}{1+\frac{a}{x}} = a$이므로

L'Hospital의 법칙에 의하여 $\ln L = a$, 즉 $L=e^a$ 이다.

3. $f_+'(0)=\lim_{x\to 0+}\frac{e^{-\frac{1}{x^2}}-0}{x-0} = \lim_{u\to+\infty}\frac{e^{-u^2}}{\frac{1}{u}} = \lim_{u\to+\infty}\frac{u}{e^{u^2}} = \lim_{u\to+\infty}\frac{1}{2ue^{u^2}} = 0$, $\left(u=\frac{1}{x}\right)$.

같은 방법으로 $f_-'(0)=0$, $f'(0)=0$이다. $n\geq 2$일 때도

$f_+^{(n)}(0)=f_-^{(n)}(0)=f^{(n)}(0)=0$이다.

4. (1) $f'(x)=x^x(1+\ln x)$(연습문제 4.2의 (1)번) $x^x>0$이므로 $1+\ln x=0$이면 $f'(x)=0$이다. 즉 $f'(e^{-1})=0$이다. $f''(x)=x^x\left\{(1+\ln x)^2+\frac{1}{x}\right\}$, $f''(e^{-1})>0$이므로 $f(x)$는 $x=e^{-1}$에서 극소값을 가진다.

(2) $f'(1)=f''(1)=f'''(1)=0$, $f^{(4)}=24>0$이므로 정리 4.20에 의해서 $f(1)=0$이 $f(x)$의 극소값이다.

리만적분

Riemann Integration

5.1 정적분의 정의

5.2 적분의 성질

5.3 미적분학의 기본정리

5.4 적분의 계산과 응용

5.5 리만-스틸체스적분

5.1 정적분의 정의

정의 5.1

구간 $[a, b]$의 **분할**(partition)은 다음을 만족하는 유한집합 $P=\{x_0, x_1, \cdots, x_n\}$이다.

$$a = x_0 < x_1 < \cdots < x_{n-1} < x_n = b\ .$$

분할 P의 원소들을 **분할점**(point of partition)이라고 한다.

함수 f가 구간 $[a, b]$에서 정의된 유계함수, $P=\{x_0, x_1, \cdots, x_n\}$가 구간 $[a, b]$의 분할일 때, 부분구간 $[x_{k-1}, x_k]$ $(k=1, 2, \cdots, n)$에 대하여 다음과 같이 쓴다.

$$\Delta x_k = x_k - x_{k-1}\ ,$$

$$M_k = \sup\{f(x) \mid x_{k-1} \le x \le x_k\}\ ,$$

$$m_k = \inf\{f(x) \mid x_{k-1} \le x \le x_k\}$$

이 장에서 이 기호들을 계속 쓰기로 한다. 여기서 $\sum_{k=1}^{n} \Delta x_k = b-a$이고 $m_k \le M_k$임에 유의하자.

함수 f가 구간 $[a, b]$에서 유계이면 각 m_k와 M_k는 실수이다. f가 구간 $[a, b]$에서 연속이면 각 부분구간에서도 연속이고, 따라서 m_k와 M_k는 부분구간 $[x_{k-1}, x_k]$에서 f의 최소값과 최대값이 된다.

정의 5.2

f가 구간 $[a, b]$에서 정의된 유계함수이고 $P=\{x_0, x_1, \cdots, x_n\}$

이 $[a, b]$의 분할일 때, 분할 P에 대한 f의 **하합**(lower sum) $L(f, P)$와 **상합**(upper sum) $U(f, P)$를 다음과 같이 정의한다.

$$L(f, P) = \sum_{k=1}^{n} m_k \Delta x_k$$

$$U(f, P) = \sum_{k=1}^{n} M_k \Delta x_k$$

예제 1.1

$f(x) = x$이고 $P = \left\{1, \frac{3}{2}, 2, \frac{7}{3}, 3\right\}$가 $[1, 3]$의 분할일 때 하합과 상합은 다음과 같다.

$$L(f, P) = 1\left(\frac{3}{2}-1\right) + \frac{3}{2}\left(2-\frac{3}{2}\right) + 2\left(\frac{7}{3}-2\right) + \frac{7}{3}\left(3-\frac{7}{3}\right)$$

$$U(f, P) = \frac{3}{2}\left(\frac{3}{2}-1\right) + 2\left(2-\frac{3}{2}\right) + \frac{7}{3}\left(\frac{7}{3}-2\right) + 3\left(3-\frac{7}{3}\right)$$

보조정리 5.3

함수 f가 구간 $[a, b]$에서 유계이고, P가 $[a, b]$의 임의의 분할일 때 다음이 성립한다.

$$L(f, P) \leq U(f, P)$$

증명 $P = \{x_0, x_1, \cdots, x_n\}$이라 하면 각 부분구간 $[x_{k-1}, x_k]$에서 $m_k \leq M_k \ (k = 1, 2, \cdots, n)$이므로

$$L(f, P) = \sum_{k=1}^{n} m_k \Delta x_k \leq \sum_{k=1}^{n} M_k \Delta x_k = U(f, P) \quad ■$$

P와 P'이 $[a, b]$의 분할이고 $P \subset P'$이면 P'을 P의 **세분할**(refinement)이라고 한다. 즉 세분할 P'은 분할 P에 분할점을 추가하여 얻은 분할이다.

예제 1.2

구간 $[0, 1]$의 분할 $P' = \left\{0, \frac{1}{4}, \frac{1}{3}, \frac{1}{2}, \frac{3}{4}, 1\right\}$은 분할 $P = \left\{0, \frac{1}{4}, \frac{1}{2}, 1\right\}$의 세분할이다.

보조정리 5.4

함수 f가 구간 $[a, b]$에서 유계라 하자. P와 P'가 $[a, b]$의 분할이고 P'이 P의 세분할이면 다음이 성립한다.

$$L(f, P) \le L(f, P'), \quad U(f, P') \le U(f, P)$$

증명 구간 $[a, b]$의 가장 간단한 분할인 $P = \{a, b\}$와 세분할 $P' = \{a, y, b\}$에 대해 보조정리를 증명하고 자세한 증명은 생략한다. 우선 $m_1 = \inf_{a \le x \le b} f(x)$, $m'_1 = \inf_{a \le x \le y} f(x)$, $m'_2 = \inf_{y \le x \le b} f(x)$라 하면 $[a, y] \subset [a, b]$이고 $[y, b] \subset [a, b]$이므로 $m_1 \le m'_1$이고 $m_1 \le m'_2$이다. 따라서

$$\begin{aligned} L(f, P) &= m_1(b-a) \\ &= m_1(y-a) + m_1(b-y) \\ &\le m'_1(y-a) + m'_2(b-y) = L(f, P') \end{aligned}$$

마찬가지로

$$M_1 = \sup_{a \le x \le b} f(x), \; M'_1 = \sup_{a \le x \le y} f(x), \quad M'_2 = \sup_{y \le x \le b} f(x)$$

라 하면 $M_1 \ge M'_1$이고 $M_2 \ge M'_2$이다. 그러므로

$$\begin{aligned} U(f, P) &= M_1(b-a) \\ &= M_1(y-a) + M_1(b-y) \\ &\ge M'_1(y-a) + M'_2(b-y) = U(f, P') \end{aligned}$$

■

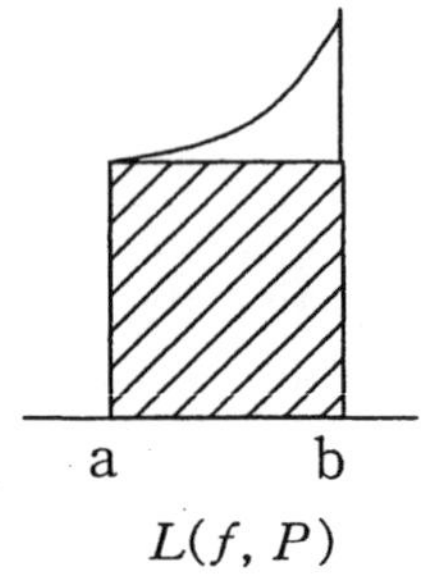

$L(f, P)$

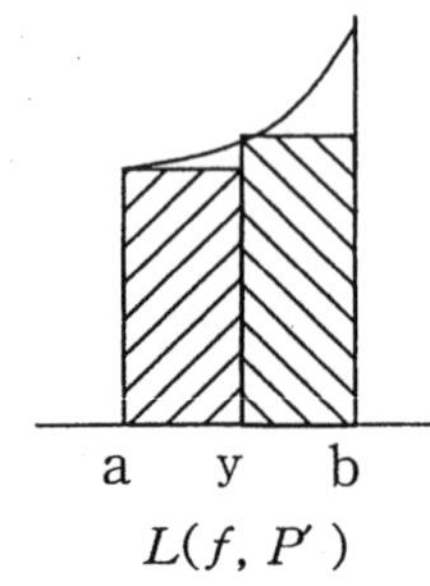

$L(f, P')$

그림 5-1

보조정리 5.5

함수 f가 구간 $[a, b]$에서 유계라 하자. P와 Q가 $[a, b]$의 분할이면 다음이 성립한다.

$$L(f, P) \leq U(f, Q)$$

증명 $P \cup Q$가 P와 Q의 세분할이므로 보조정리 5.3과 보조정리 5.4에 의하여 $L(f, P) \leq L(f, P \cup Q) \leq U(f, P \cup Q) \leq U(f, Q)$. ■

위의 보조정리들에 의해서 분할점이 많아질수록 하합은 증가하고, 상합은 감소하며, 하합의 집합은 위로 유계이고 상합의 집합은 아래로 유계임을 알 수 있다.

정의 5.6

함수 f가 구간 $[a, b]$에서 유계일 때 **하적분**(lower integral) $\underline{\int_a^b} f(x)dx$와 **상적분**(upper integral) $\overline{\int_a^b} f(x)dx$를 다음과 같이 정의한다.

$$\underline{\int_a^b} f(x)dx = \sup_P L(f, P)$$

$$\overline{\int_a^b} f(x)dx = \inf_P U(f, P)$$

보조정리 5.5로부터 다음이 성립함을 알 수 있다.

$$\underline{\int_a^b} f(x)dx \le \overline{\int_a^b} f(x)dx .$$

정의 5.7

함수 f가 구간 $[a, b]$에서 유계라 하자. f의 하적분과 상적분이 일치하면 f는 $[a, b]$에서 **적분가능하다**(integrable)고 한다. f가 $[a, b]$에서 적분가능하면 하적분과 상적분의 공통의 값을 a에서 b까지 f의 **정적분**(definite integral)이라 하고 다음과 같이 나타낸다.

$$\int_a^b f(x)dx = \underline{\int_a^b} f(x)dx = \overline{\int_a^b} f(x)dx$$

이때 a를 적분의 **아래끝**, b를 적분의 **위끝**, 함수 $f(x)$를 **피적분 함수**(integrand)라 한다. $\int_a^b f(x)dx$를 $\int_a^b f$로 줄여 쓰기도 한다.

예제 1.3

상수함수 $f(x) = c$는 임의의 구간 $[a, b]$에서 적분가능하다.

풀이 $P = \{x_0, x_1, \cdots, x_n\}$을 구간 $[a, b]$의 분할이라 하면 $f(x) = c$이므로 $m_k = M_k = c$이고

$$L(f, P) = \sum_{k=1}^{n} m_k \Delta x_k = \sum_{k=1}^{n} c\Delta x_k = c\sum_{k=1}^{n} \Delta x_k = c(b-a) ,$$

$$U(f, P) = \sum_{k=1}^{n} M_k \Delta x_k = \sum_{k=1}^{n} c\Delta x_k = c\sum_{k=1}^{n} \Delta x_k = c(b-a) .$$

이 상합과 하합은 P가 어떤 분할이라도 $c(b-a)$로 주어지므로

$$\underline{\int_a^b} f(x)dx = c(b-a) , \quad \overline{\int_a^b} f(x)dx = c(b-a) .$$

따라서 f는 $[a, b]$에서 적분가능하고 $\int_a^b f(x)dx = c(b-a)$이다.

예제 1.4

다음 함수 f는 구간 $[0, 1]$에서 적분가능한 함수가 아니다.

$$f(x) = \begin{cases} 1, & x\text{는 유리수} \\ 0, & x\text{는 무리수} \end{cases}$$

풀이 $P = \{x_0, x_1, \cdots, x_n\}$을 $[0, 1]$의 임의의 분할이라 하자. 모든 부분구간 $[x_{k-1}, x_k]$는 무리수를 포함하므로 $m_k = 0$이고, 마찬가지로 유리수를 포함하므로 $M_k = 1$이다. 따라서

$$L(f, P) = \sum_{k=1}^{n} m_k \Delta x_k = \sum_{k=1}^{n} 0 \cdot \Delta x_k = 0,$$

$$U(f, P) = \sum_{k=1}^{n} M_k \Delta x_k = \sum_{k=1}^{n} 1 \cdot \Delta x_k = 1 - 0 = 1.$$

P가 임의의 분할이므로 다음이 성립한다.

$$\underline{\int_0^1} f(x)dx = 0, \quad \overline{\int_0^1} f(x)dx = 1$$

하적분과 상적분이 일치하지 않으므로 f는 적분가능하지 않으며 $\int_0^1 f(x)dx$는 존재하지 않는다.

정리 5.8 **(리만 판정법)**

구간 $[a, b]$에서 유계인 함수 f가 적분가능할 필요충분조건은 임의의 양수 ε에 대하여 다음을 만족하는 분할 P가 존재하는 것이다.

$$U(f, P) - L(f, P) < \varepsilon$$

증명 (충분조건) 양수 ε이 임의로 주어졌다고 하고 P가 $[a, b]$의 분할로 $U(f, P) - L(f, P) < \varepsilon$를 만족한다고 하자. 보조정리 5.3, 보조정리 5.5와 정의 5.6으로부터

$$L(f, P) \leq \underline{\int_a^b} f(x)dx \leq \overline{\int_a^b} f(x)dx \leq U(f, P).$$

따라서 $0 \leq \overline{\int_a^b} f(x)dx - \underline{\int_a^b} f(x)dx \leq U(f, P) - L(f, P) < \varepsilon$ 이

다. 임의의 $\varepsilon>0$에 대해서 $0 \le \overline{\int_a^b} f(x)dx - \underline{\int_a^b} f(x)dx < \varepsilon$ 이므로 $\overline{\int_a^b} f(x)dx - \underline{\int_a^b} f(x)dx = 0$이다. 그러므로 f는 $[a, b]$에서 적분가능하다.

(필요조건) f가 $[a, b]$에서 적분가능하다고 가정하고 $\varepsilon>0$이 임의로 주어졌다고 하자. 최소상계(sup)의 정의에 의해서 다음을 만족하는 분할 P_1이 존재한다.

$$\underline{\int_a^b} f(x)dx - L(f, P_1) < \frac{\varepsilon}{2}.$$

마찬가지로 최대하계의 정의로부터 다음을 만족하는 분할 P_2가 존재한다.

$$U(f, P_2) - \overline{\int_a^b} f(x)dx < \frac{\varepsilon}{2}.$$

f가 $[a, b]$에서 적분가능하므로 다음이 성립한다.

$$\underline{\int_a^b} f(x)dx = \overline{\int_a^b} f(x)dx = \int_a^b f(x)dx .$$

따라서 $\int_a^b f(x)dx - L(f, P_1) < \frac{\varepsilon}{2}$, $U(f, P_2) - \int_a^b f(x)dx < \frac{\varepsilon}{2}$ 이다. 여기서 $P = P_1 \cup P_2$로 두면 다음이 성립한다.

$$L(f, P_1) \le L(f, P) \le \int_a^b f(x)dx \le U(f, P) \le U(f, P_2).$$

그러므로 다음 식을 얻는다.

$$\begin{aligned} U(f, P) - L(f, P) &\le U(f, P_2) - L(f, P_1) \\ &< \left(\int_a^b f(x)dx + \frac{\varepsilon}{2}\right) - \left(\int_a^b f(x)dx - \frac{\varepsilon}{2}\right) = \varepsilon \end{aligned}$$ ■

정의 5.9

$P = \{x_0, x_1, \cdots, x_n\}$가 $[a, b]$의 분할일 때 가장 긴 부분구간의 길이를 $\|P\|$로 쓰고 P의 **노음**(norm)이라 한다. 즉,

$$\|P\| = \max_{1 \le k \le n} \Delta x_k$$

정리 5.8을 이용하여 유계인 연속함수와 단조함수(또는 단조증가함수)가 적분가능함을 보일 수 있다.

정리 5.10

f가 $[a, b]$에서 연속이면, f는 $[a, b]$에서 적분가능하다.

증명 f가 $[a, b]$에서 연속이라 가정하고, $\varepsilon>0$이 주어졌다고 하자. 정리 5.8에 의하여 $U(f, P)-L(f, P)<\varepsilon$을 만족하는 분할 P가 존재함을 보이면 된다.

f가 유계인 폐구간 $[a, b]$에서 연속이므로 정리 3. 24에 의하여 f는 $[a, b]$에서 균등연속이다. 그러므로 다음을 만족하는 $\delta>0$가 존재한다.

$$s, t\in[a, b], |s-t|<\delta\text{이면 } |f(s)-f(t)|<\frac{\varepsilon}{b-a}$$

$P=\{x_0, x_1, \cdots, x_n\}$을 $\|P\|<\delta$인(구간 $[a, b]$의) 임의의 분할이라 하자. 각 부분구간 $[x_{k-1}, x_k]$ $(k=1, 2, \cdots, n)$에서 f가 연속이므로 정리 3.21(최대 · 최소값 정리)에 의하여

$$f(y_k)=M_k, \quad f(z_k)=m_k$$

를 만족하는 $y_k, z_k\in[x_{k-1}, x_k]$인 y_k, z_k가 존재한다. 따라서 $|y_k-z_k|\le x_k-x_{k-1}=\Delta x_k\le\|P\|<\delta$이므로 다음이 성립한다.

$$M_k-m_k=|f(y_k)-f(z_k)|<\frac{\varepsilon}{b-a}$$

따라서 다음이 성립한다.

$$\begin{aligned} U(f, P)-L(f, P) &= \sum_{k=1}^{n} M_k\Delta x_k-\sum_{k=1}^{n} m_k\Delta x_k \\ &= \sum_{k=1}^{n}(M_k-m_k)\Delta x_k \\ &< \frac{\varepsilon}{b-a}\sum_{k=1}^{n}\Delta x_k=\frac{\varepsilon}{b-a}(b-a)=\varepsilon \end{aligned}$$ ■

예제 1.5

$f(x) = x^2$는 임의의 구간 $[a, b]$에서 연속이다. 따라서 정리 5.10에 의하여 $[a, b]$에서 적분가능하다.

정리 5.11

f가 $[a, b]$에서 단조증가(또는 단조감소)이면 f는 $[a, b]$에서 적분가능하다.

증명 f가 $[a, b]$에서 단조증가이고 $f(a) < f(b)$라고 가정하자. 임의의 $\varepsilon > 0$에 대해서 $U(f, P) - L(f, P) < \varepsilon$인 분할 P가 존재함을 보이면 된다. $P = \{a = x_0, x_1, \cdots, x_n = b\}$가 $[a, b]$의 분할로서 다음 조건을 만족한다고 하자.

$$\|P\| < \frac{\varepsilon}{f(b) - f(a)} .$$

f가 $[a, b]$에서 증가이므로 각 $k = 1, 2, \cdots, n$에 대해서

$$M_k = f(x_k) , \quad m_k = f(x_{k-1}) .$$

따라서

$$\begin{aligned} U(f, P) - L(f, P) &= \sum_{k=1}^{n} M_k \Delta x_k - \sum_{k=1}^{n} m_k \Delta x_k \\ &= \sum_{k=1}^{n} (M_k - m_k) \Delta x_k = \sum_{k=1}^{n} (f(x_k) - f(x_{k-1})) \Delta x_k \\ &< \frac{\varepsilon}{f(b) - f(a)} \sum_{k=1}^{n} (f(x_k) - f(x_{k-1})) \\ &= \frac{\varepsilon}{f(b) - f(a)} (f(x_n) - f(x_0)) = \varepsilon . \end{aligned}$$

f가 단조감소일 때도 비슷한 방법으로 증명할 수 있다. ■

예제 1.6

$f(x) = [x]$는 구간 $[0, 3]$에서 단조증가이다. 따라서 정리 5.11에 의하여 $[0, 3]$에서 적분가능하다.

연습문제 5.1

1. f가 단조감소함수일 때 정리 5.11을 증명하라.

2. 다음 함수가 $[0, 1]$에서 적분가능한지 결정하여라.

$$f(x) = \begin{cases} x\sin\dfrac{1}{x}, & x \neq 0 \\ 0, & x = 0 \end{cases}$$

3. $f(x) = x$이고 구간 $[0, 1]$을 n등분한 분할을 P_n이라 할 때 $L(f, P_n)$와 $U(f, P_n)$를 구하라.

4. 구간 $[a, b]$에서 연속인 함수 $f(x)$가 이 구간에서 음이 아니라고 하자. 만약 $U(f, P) = L(f, P)$인 $[a, b]$의 분할 P가 존재하면 $f(x)$는 $[a, b]$에서 상수함수임을 보여라.

연습문제 풀이 및 해답

1. $\|P\| < \dfrac{\varepsilon}{f(a) - f(b)}$인 분할 P를 생각하라.

2. f가 $[0, 1]$에서 연속이므로 적분가능

3. $L(f, P_n) = \dfrac{n-1}{2n}$, $U(f, P_n) = \dfrac{n+1}{2n}$

4. 분할 P를 $\{a = x_0 < x_1 < \cdots < x_{k-1} < x_k < \cdots < x_n = b\}$라 하자. $k = 1, \cdots, n$에 대하여 다음이 성립한다.

$$0 = U(f, P) - L(f, P) = \sum_{k=1}^{n} (M_k - m_k) \Delta x_k \geq (M_k - m_k) \Delta x_k$$

$\Delta x_k > 0$이므로 $M_k - m_k = 0$이다. 부분구간 $[x_{k-1}, x_k]$에서 f가 연속이므로 M_k, m_k는 이 구간에서 최대값, 최소값이다. 그런데, $M_k = m_k$이므로 f는 이 구간에서 상수함수이다. $k = 1, \cdots, n-1$에 대하여 각 분할점 x_k에서 함수값 $f(x_k)$는 양쪽 부분구간의 공통 함수값이므로 f는 구간 $[a, b]$에서 상수함수이다.

5.2 적분의 성질

f가 $[a, b]$에서 적분가능할 때 다음과 같이 정의한다.

$$\int_a^a f(x)dx = 0, \quad \int_b^a f(x)dx = -\int_a^b f(x)dx .$$

정리 5.12

f가 $[a, b]$에서 적분가능하고, $[c, d] \subset [a, b]$이면 f가 $[c, d]$에서 적분가능하다.

증명 $\varepsilon > 0$이 주어졌다고 하자. f가 $[a, b]$에서 적분가능하면 정리 5.8에 의하여 구간 $[a, b]$의 분할 P가 존재하여 다음을 만족한다.

$$U(f, P) - L(f, P) < \varepsilon$$

P에 분할점 c, d를 추가한 세분할을 $P' = P \cup \{c, d\}$라 하면 보조정리 5.4에 의하여 다음이 성립한다.

$$L(f, P) \le L(f, P') \le U(f, P') \le U(f, P)$$

따라서 $U(f, P') - L(f, P') < \varepsilon$이다.

다음으로 $P^* = P' \cap [c, d]$로 두면 P^*는 구간 $[c, d]$의 분할이 된다. 구간 $[c, d]$의 분할 P^*에 대한 상합과 하합을 각각 $U_c^d(f, P^*)$와 $L_c^d(f, P^*)$로 나타내면 다음 부등식을 얻는다.

$$U_c^d(f, P^*) - L_c^d(f, P^*) \le U(f, P') - L(f, P')$$

위 부등식은 우변에 $(M_k - m_k)\triangle x_k$의 모양의 합이 더 많이 있기 때문에 성립한다. 따라서 다음이 성립한다.

$$U_c^d(f, P^*) - L_c^d(f, P^*) < \varepsilon$$

따라서 정리 5.8에 의하여 f는 $[c, d]$에서 적분가능하다. ■

다음 보조정리는 유계 함수의 적분가능성을 증명하는데 요긴하게 쓰이는 정리인데 그 증명은 독자에게 남긴다.

정리 5.13

함수 f가 구간 $[a, b]$에서 유계이면, 임의의 $\varepsilon>0$에 대하여 다음을 만족하는 $\delta>0$가 존재한다.

P가 $[a, b]$의 분할이고 $\|P\|<\delta$이면,

$$\underline{\int_a^b} f(x)dx - \varepsilon < L(f, P) \le U(f, P) < \overline{\int_a^b} f(x)dx + \varepsilon$$

정의 5.14

f가 구간 $[a, b]$에서 정의된 유계함수이고 $P = \{x_0, x_1, \cdots, x_n\}$가 $[a, b]$의 분할일 때, 분할 P에 대한 f의 **리만 합**(Riemann sum)을 다음과 같이 정의한다.

$$S(f, P, \xi) \equiv \sum_{k=1}^{n} f(\xi_k) \Delta x_k$$

여기서 $\xi = (\xi_1, \xi_2, \cdots, \xi_n)$이고, ξ_k는 부분구간 $[x_{k-1}, x_k]$에서 임의로 선택한 점이다. 이 장에서 ξ의 표현은 계속해서 쓰겠다.

분할 P에 대해서 ξ의 선택에 관계없이 다음이 성립함에 주목하자.

$$L(f, P) \le S(f, P, \xi) \le U(f, P)$$

이제부터 $\|P\| \to 0$일 때 리만 합 $S(f, P, \xi)$의 "극한"을 생각해 보자.

정의 5.15

J가 실수이고, 임의의 $\varepsilon>0$이 주어질 때, $\|P\|<\delta$인 모든 분할 P에 대하여 $|S(f, P, \xi) - J| < \varepsilon$를 만족하는 $\delta>0$가 존재하면 J를 $\|P\| \to 0$일 때 **리만 합의 극한**(limit of Riemann sum)이라고 하고 다음과 같이 나타낸다.

$$\lim_{\|P\|\to 0} S(f, P, \xi) = J$$

다음 정리는 리만 합의 극한과 정적분을 연결하는데 이로 인하여 정적분을 **리만적분**(Riemann integral)이라고도 한다.

정리 5.16

유계함수 f가 구간 $[a, b]$에서 적분가능하고 $\int_a^b f(x)dx = J$일 필요충분조건은 $\lim_{\|P\|\to 0} S(f, P, \xi) = J$이다.

증명 (필요조건) 먼저 f가 적분가능하고 적분이 $\int_a^b f(x)dx = J$라고 하자. 정리 5.13에 의하여, 임의의 $\varepsilon>0$에 대하여 $\delta>0$이 존재하여 P가 $[a, b]$의 분할이고 $\|P\|<\delta$이면 다음이 성립한다.

$$J-\varepsilon < L(f, P) \leq U(f, P) < J+\varepsilon$$

이와 같은 분할 P와 임의로 택한 ξ에 대하여 다음이 성립한다.

$$J-\varepsilon < L(f, P) \leq S(f, P, \xi) \leq U(f, P) < J+\varepsilon$$

따라서, $\|P\|<\delta$이면 $|S(f, P, \xi) - J| < \varepsilon$ 이다.

(충분조건) $\lim_{\|P\|\to 0} S(f, P, \xi) = J$라 하면, 임의의 $\varepsilon>0$에 대하여 $\delta>0$가 존재하여, 임의로 선택한 ξ에 대하여 $\|P\|<\delta$이면, ξ의 선택에 관계없이 $J-\varepsilon < S(f, P, \xi) < J+\varepsilon$ 이다.

분할 $P=\{x_0, x_1, \cdots, x_n\}$에 의한 $[a, b]$의 각 부분구간 $[x_{k-1}, x_k]$에서 다음을 만족하는 ξ_k를 하나씩 택하자.

$$M_k - \frac{\varepsilon}{b-a} < f(\xi_k)$$

그러면 $\sum_{k=1}^{n} M_k \Delta x_k - \varepsilon < \sum_{k=1}^{n} f(\xi_k)\Delta x_k = S(f, P, \xi)$ 이다.

따라서 다음이 성립한다.

$$\overline{\int_a^b} f(x)dx - \varepsilon < U(f, P) - \varepsilon < S(f, P, \xi) < J+\varepsilon$$

즉, $\overline{\int_a^b} f(x)dx - 2\varepsilon < J$이다.

그런데 $\varepsilon>0$은 임의로 주어지므로 $\overline{\int_a^b} f(x)dx \leq J$이다.

비슷한 방법으로 $J \le \underline{\int_a^b} f(x)dx$ 임을 보일 수 있다. 따라서 다음이 성립한다.

$$\overline{\int_a^b} f(x)dx \le J \le \underline{\int_a^b} f(x)dx \le \overline{\int_a^b} f(x)dx \qquad \blacksquare$$

구간 $[a, b]$에서 적분가능한 함수는 상적분과 하적분을 계산하는 대신 리만 합의 극한으로 정적분을 구할 수 있다.

예제 2.1

유계 폐구간 $[a, b]$에서 $f(x) = x$의 정적분을 구하라.

풀이 f는 $[a, b]$에서 연속이므로 적분가능하다. $P = \{x_0, x_1, \cdots, x_n\}$이 $[a, b]$의 분할일 때, $\xi_k = \frac{1}{2}(x_k + x_{k-1})\ (k = 1, 2, \cdots, n)$으로 택하면,

$$S(f, P, \xi) = \sum_{k=1}^{n} f(\xi_k)\Delta x_k = \sum_{k=1}^{n} \frac{1}{2}(x_k + x_{k-1})(x_k - x_{k-1})$$
$$= \frac{1}{2}\sum_{k=1}^{n}(x_k^2 - x_{k-1}^2) = \frac{1}{2}(x_n^2 - x_0^2) = \frac{1}{2}(b^2 - a^2)$$

f가 적분가능하므로 정리 5.16에 의하여 $\lim_{\|P\|\to 0} S(f, P, \xi)$가 존재한다. 그런데 위의 계산 결과는 임의의 분할 P에 대하여 ξ를 적당히 선택해서 리만 합 $S(f, P, \xi)$가 $\frac{1}{2}(b^2 - a^2)$이 되도록 할 수 있음을 뜻한다. 즉, 다음이 성립한다.

$$\lim_{\|P\|\to 0} S(f, P, \xi) = \frac{1}{2}(b^2 - a^2)$$

따라서

$$\int_a^b f(x)dx = \int_a^b xdx = \frac{1}{2}(b^2 - a^2).$$

예제 2.2 (2001. 임용고사)

함수 $f: [0, 1] \to \mathbb{R}$이 연속일 때 정적분의 정의를 이용하여 $\lim_{n\to\infty} \frac{1}{n}\sum_{k=1}^{n} f\left(\frac{k}{n}\right)$가 존재함을 보여라.

풀이 f는 $[0, 1]$에서 연속이면 정리 5.10에 의하여 f는 $[0, 1]$에서

적분가능하다. 따라서 정리 5.16에 의하여 임의의 $\varepsilon>0$에 대하여 다음을 만족하는 $\delta>0$가 존재한다.

$$\|P\| < \delta \Rightarrow \left| S(f, P, \xi) - \int_0^1 f(x)dx \right| < \varepsilon \qquad (1)$$

이제 $\varepsilon>0$이 임의로 주어졌다고 하자. 위의 식을 만족하는 δ에 대해 $\frac{1}{N} < \delta$를 만족하는 자연수 N을 선택하고, $n > N$인 자연수 n에 대해 구간 $[0, 1]$의 n등분할 $P_n = \left\{ 0 < \frac{1}{n} < \cdots < \frac{n-1}{n} < 1 \right\}$을 생각하자. 각 부분구간에서 $\xi_k = \frac{k}{n}$ $(k=1, 2, \cdots, n)$으로 잡으면 리만 합은 다음과 같다.

$$S(f, P_n, \xi) = \sum_{k=1}^{n} f(\xi_k) \Delta x_k = \frac{1}{n} \sum_{k=1}^{n} f\left(\frac{k}{n}\right)$$

$\|P\| = \frac{1}{n} < \frac{1}{N} < \delta$이므로 (1)에 의하여 다음이 성립한다.

$$\left| \frac{1}{n} \sum_{k=1}^{n} f\left(\frac{k}{n}\right) - \int_0^1 f(x)dx \right| < \varepsilon .$$

즉, $\lim_{n\to\infty} \frac{1}{n} \sum_{k=1}^{n} f\left(\frac{k}{n}\right) = \int_0^1 f(x)dx$이다.

예제 2.3

정적분의 정의를 이용하여 다음 수열의 극한을 구하여라.

$$s_n = \frac{\sqrt{n+1} + \sqrt{n+2} + \cdots + \sqrt{2n}}{n^{3/2}}, \quad n = 1, 2, \cdots$$

풀이 $s_n = \frac{1}{n} \frac{\sqrt{n+1} + \sqrt{n+2} + \cdots + \sqrt{2n}}{\sqrt{n}} = \frac{1}{n} \sum_{k=1}^{n} \sqrt{1 + \frac{k}{n}}$ 이므로 $f(x) = \sqrt{1+x}$로 두면 $f(x)$는 구간 $[0, 1]$에서 연속이고, $s_n = \frac{1}{n} \sum_{k=1}^{n} f\left(\frac{k}{n}\right)$이다. 따라서 예제 2.2의 풀이처럼 다음과 같이 계산할 수 있다.

$$\lim_{n\to\infty} s_n = \lim_{n\to\infty} \frac{1}{n} \sum_{k=1}^{n} f\left(\frac{k}{n}\right) = \int_0^1 f(x)dx = \int_0^1 \sqrt{1+x}\,dx = \frac{2}{3}(2\sqrt{2} - 1).$$

예제 2.4 **(2000. 임용고사)**

정적분을 이용하여 다음 극한을 구하여라.

$$\lim_{n\to\infty} \frac{\sqrt{n+1} + \sqrt{n+2} + \cdots + \sqrt{2n}}{\sqrt{1} + \sqrt{2} + \cdots + \sqrt{n}}$$

풀이 각 항을 다시 쓰면 다음과 같다.

$$\frac{\sqrt{n+1}+\sqrt{n+2}+\cdots+\sqrt{2n}}{\sqrt{1}+\sqrt{2}+\cdots+\sqrt{n}} = \frac{\sqrt{n+1}+\sqrt{n+2}+\cdots+\sqrt{2n}}{n^{3/2}}\,\frac{n^{3/2}}{\sqrt{1}+\sqrt{2}+\cdots+\sqrt{n}}$$
$$= \left(\frac{1}{n}\sum_{k=1}^{n}\sqrt{1+\frac{k}{n}}\right)\Big/\left(\frac{1}{n}\sum_{k=1}^{n}\sqrt{\frac{k}{n}}\right)$$

예제 2.3에서 $\lim_{n\to\infty}\frac{1}{n}\sum_{k=1}^{n}\sqrt{1+\frac{k}{n}} = \int_0^1\sqrt{1+x}\,dx = \frac{2}{3}(2\sqrt{2}-1)$이고, 같은 방법으로 $\lim_{n\to\infty}\frac{1}{n}\sum_{k=1}^{n}\sqrt{\frac{k}{n}} = \int_0^1\sqrt{x}\,dx = \frac{2}{3}$이므로 구하는 극한은 $\frac{2}{3}(2\sqrt{2}-1)\Big/\frac{2}{3} = 2\sqrt{2}-1$이다.

정리 5.17

함수 f와 g가 $[a,b]$에서 적분가능하고 k가 상수일 때 다음이 성립한다.

(1) kf는 $[a,b]$에서 적분가능하고, $\int_a^b kf(x)\,dx = k\int_a^b f(x)\,dx$.

(2) $f+g$는 $[a,b]$에서 적분가능하고,

$$\int_a^b \{f(x)+g(x)\}\,dx = \int_a^b f(x)\,dx + \int_a^b g(x)\,dx.$$

증명 (1) $k=0$일 때는 명백하므로 $k\neq 0$이라고 하자. f가 적분가능하므로, 임의의 $\varepsilon>0$에 대하여 다음을 만족하는 $\delta>0$가 존재한다. P가 $[a,b]$의 분할이고 $\|P\|<\delta$이면, $\left|S(f,P,\xi)-\int_a^b f(x)\,dx\right| < \frac{\varepsilon}{|k|}$이다. $S(f,P,\xi)$의 정의에 의하여 $S(kf,P,\xi) = kS(f,P,\xi)$이다. 따라서 $\|P\|<\delta$이면, 다음이 성립한다.

$$\left|S(kf,P,\xi)-k\int_a^b f(x)\,dx\right| = \left|kS(f,P,\xi)-k\int_a^b f(x)\,dx\right|$$
$$= |k|\left|S(f,P,\xi)-\int_a^b f(x)\,dx\right| < |k|\frac{\varepsilon}{|k|} = \varepsilon$$

즉, $\lim_{\|P\|\to 0} S(kf,P,\xi) = k\int_a^b f(x)\,dx$ 이므로 정리 5.16에 의하여 kf는 적분가능하고 $\int_a^b kf(x)\,dx = k\int_a^b f(x)\,dx$.

(2) $\varepsilon>0$이라 하자. f와 g가 적분가능하므로 $\delta_1>0$, $\delta_2>0$가 존

재하여 $[a, b]$의 분할 P에 대하여 다음을 만족한다.

$$\|P\| < \delta_1 \text{이면, } \left| S(f, P, \xi) - \int_a^b f(x)\,dx \right| < \frac{\varepsilon}{2},$$

$$\|P\| < \delta_2 \text{이면, } \left| S(f, P, \xi) - \int_a^b g(x)\,dx \right| < \frac{\varepsilon}{2} \text{ 이다.}$$

여기서 $\delta = \min\{\delta_1, \delta_2\}$로 두면, $\|P\| < \delta$인 분할 P에 대하여 다음이 성립한다.

$$\begin{aligned}
&\left| S(f+g, P, \xi) - \left(\int_a^b f(x)\,dx + \int_a^b g(x)\,dx \right) \right| \\
&\quad = \left| S(f, P, \xi) + S(g, P, \xi) - \int_a^b f(x)\,dx - \int_a^b g(x)\,dx \right| \\
&\quad \le \left| S(f, P, \xi) - \int_a^b f(x)\,dx \right| + \left| S(g, P, \xi) - \int_a^b g(x)\,dx \right| \\
&\quad < \frac{\varepsilon}{2} + \frac{\varepsilon}{2} = \varepsilon \ .
\end{aligned}$$

그러므로 $\lim_{\|P\| \to 0} S(f+g, P, \xi) = \int_a^b f(x)\,dx + \int_a^b g(x)\,dx$ 이다. ■

따름정리 5.18

함수 f와 g가 $[a, b]$에서 적분가능하면 다음이 성립한다.

$$\int_a^b \{f(x) - g(x)\}\,dx = \int_a^b f(x)\,dx - \int_a^b g(x)\,dx$$

증명 $f(x) - g(x) = f(x) + (-1)g(x)$이므로 정리 5.17에 의해서 따름정리가 성립한다. ■

정리 5.16과 정리 5.12로부터 다음 정리를 얻는다.

정리 5.19

함수 f가 $[a, b]$에서 적분가능하고, $c \in (a, b)$이면, 다음이 성립한다.

$$\int_a^b f(x)\,dx = \int_a^c f(x)\,dx + \int_c^b f(x)\,dx$$

---

c가 임의의 실수일 때도 각 적분이 존재하면 정리 5.19가 성립한다.

정리 5.20

함수 f가 $[a, b]$에서 적분가능하고, $f(x) \geq 0$이면, 다음이 성립한다.

$$\int_a^b f(x)\,dx \geq 0$$

증명 $[a, b]$의 임의의 분할 $P = \{x_0, x_1, \cdots, x_n\}$에 대하여 중간점 $\xi_k \in [x_{k-1}, x_k]$의 선택에 관계없이 다음이 성립한다.

$$S(f, P, \xi) = \sum_{k=1}^{n} f(\xi_k) \Delta x_k \geq 0$$

따라서 $\int_a^b f(x)\,dx = \lim_{\|P\| \to 0} S(f, P, \xi) \geq 0$이다. ■

정리 5.21

함수 f와 g가 구간 $[a, b]$에서 적분가능하고, 모든 $x \in [a, b]$에 대하여 $f(x) \leq g(x)$이면, 다음이 성립한다.

$$\int_a^b f(x)\,dx \leq \int_a^b g(x)\,dx$$

증명 $0 \leq g(x) - f(x)$이므로 정리 5.20과 따름정리 5.18에 의하여 다음이 성립한다.

$$0 \leq \int_a^b \{g(x) - f(x)\}dx = \int_a^b g(x)\,dx - \int_a^b f(x)\,dx$$

따라서 $\int_a^b g(x)dx \geq \int_a^b f(x)dx$이다. ■

f가 실함수일 때 음이 아닌 함수 f^+와 f^-를 다음과 같이 정의한다.

$$f^+(x) = \begin{cases} f(x), & f(x) \geq 0 \\ 0, & f(x) < 0 \end{cases}$$

$$f^-(x) = \begin{cases} -f(x), & f(x) \leq 0 \\ 0, & f(x) > 0 \end{cases}$$

그러면 $f(x) = f^+(x) - f^-(x)$, $|f(x)| = f^+(x) + f^-(x)$이다. f가 구간 $[a, b]$에서 유계이면, f^+와 f^-도 $[a, b]$에서 유계이다.

정리 5.22

함수 f가 구간 $[a, b]$에서 적분가능하면, f^+와 f^-도 $[a, b]$에서 적분가능하다.

증명 f가 적분가능이므로 임의의 $\varepsilon > 0$에 대하여 $U(f, P) - L(f, P) < \varepsilon$인 $[a, b]$의 분할 $P = \{x_0, x_1, \cdots, x_n\}$이 존재한다.

$$M_k^+ = \sup_{x_{k-1} \le x \le x_k} f^+(x) \ , \ m_k^+ = \inf_{x_{k-1} \le x \le x_k} f^+(x)$$

로 두면, $M_k^+ - m_k^+ \le M_k - m_k (k = 1, 2, \cdots, n)$이다. 그러므로 다음이 성립한다.

$$\begin{aligned} U(f^+, P) - L(f^+, P) &= \sum_{k=1}^{n} M_k^+ \Delta x_k - \sum_{k=1}^{n} m_k^+ \Delta x_k = \sum_{k=1}^{n} (M_k^+ - m_k^+) \Delta x_k \\ &\le \sum_{k=1}^{n} (M_k - m_k) \Delta x_k = \sum_{k=1}^{n} M_k \Delta x_k - \sum_{k=1}^{n} m_k \Delta x_k \\ &= U(f, P) - L(f, P) < \varepsilon \end{aligned}$$

따라서 정리 5.8에 의하여 f^+는 $[a, b]$에서 적분가능하다.
$f^- = f^+ - f$이므로 따름정리 5.18에 의하여 f^-도 $[a, b]$에서 적분가능하다. ■

정리 5.23

함수 f가 구간 $[a, b]$에서 적분가능하면, $|f|$도 $[a, b]$에서 적분가능하고 다음이 성립한다.

$$\left| \int_a^b f \right| \le \int_a^b |f|$$

증명 f가 $[a, b]$에서 적분가능하면 정리 5.22에 의하여 f^+와 f^-도 $[a, b]$에서 적분가능하므로 $|f| = f^+ + f^-$도 적분가능하고 다음이 성립한다.

$$\int_a^b |f| = \int_a^b f^+ + \int_a^b f^-$$

모든 $x \in [a, b]$에 대하여 $f^+(x) \geq 0$, $f^-(x) \geq 0$이므로 정리 5.20에 의해서 $\int_a^b f^+ \geq 0$, $\int_a^b f^- \geq 0$이다.

그러므로 다음이 성립한다.

$$\int_a^b |f| \geq \int_a^b |f| - 2\int_a^b f^- = \int_a^b f^+ - \int_a^b f^- = \int_a^b f$$

$$\int_a^b |f| \geq \int_a^b |f| - 2\int_a^b f^+ = \int_a^b f^- - \int_a^b f^+ = -\int_a^b f$$

따라서 $\left|\int_a^b f\right| \leq \int_a^b |f|$이다. ■

연습문제 5.2

1. 정리 5.13을 증명하여라.
2. f와 g가 $[a, b]$에서 적분가능하면, fg도 $[a, b]$에서 적분가능함을 보여라.
3. f가 $[a, b]$에서 연속이고, $[a, b]$에서 연속인 임의의 함수 g에 대해 $\int_a^b fg = 0$이면, $f(x) \equiv 0$, $x \in [a, b]$임을 보여라.
4. 다음 명제의 반례를 들어라.
   $|f|$가 $[a, b]$에서 적분가능하면, f도 $[a, b]$에서 적분가능하다.

연습문제 풀이 및 해답

2. 먼저 f와 g가 음이 아닌 함수일 때 증명하고 다음 식을 이용하라.
   $fg = (f^+ - f^-)(g^+ - g^-) = f^+g^+ - f^+g^- - f^-g^+ + f^-g^-$
4. $f(x) = \begin{cases} 1, & x \in [a, b] \cap \mathbb{Q} \\ -1, & x \in [a, b] \setminus \mathbb{Q} \end{cases}$

5.3 미적분학의 기본정리

정리 5.24 **적분에 관한 평균값정리**

f가 구간 $[a, b]$에서 연속이면 다음 식을 만족하는 실수 $c \in (a, b)$가 있다.

$$\int_a^b f(x)\,dx = f(c)(b-a)$$

증명 f가 $[a, b]$에서 연속이면 정리 3.21(최대 · 최소값 정리)에 의하여 상수 M과 m이 존재하여 다음을 만족한다.

$$x \in [a, b], \quad m \leq f(x) \leq M$$

따름정리 5.21에 의하여 $m(b-a) \leq \int_a^b f(x)dx \leq M(b-a)$.

만약 $a=b$이면 정리는 자명하므로 $a < b$라고 가정하자. 그러면

$$m \leq \frac{1}{b-a}\int_a^b f(x)dx \leq M \quad .$$

다시 정리 3.21에 의하여 $f(x_1)=m$, $f(x_2)=M$인 $x_1, x_2 \in [a, b]$가 있다. 즉,

$$f(x_1) \leq \frac{1}{b-a}\int_a^b f(x)dx \leq f(x_2) \quad .$$

f가 $[a, b]$에서 연속이므로 $[x_1, x_2]$(또는 $[x_2, x_1]$)에서 연속이고, 중간값정리를 적용하면 $\frac{1}{b-a}\int_a^b f(x)dx = f(c)$를 만족하는 수 c가 x_1과 x_2 사이에 존재한다. 따라서 $c \in (a, b)$이고 $\int_a^b f(x)dx = f(c)(b-a)$이다. ■

정리 5.24의 $\frac{1}{b-a}\int_a^b f(x)dx$를 구간 $[a, b]$에서 함수 f의 **평균값**(mean)이라고 한다.

예제 3.1

구간 $[1, 3]$에서 함수 $f(x) = x^2$에 대하여 적분에 관한 평균값정리를 만족하는 수 c를 구하여라.

풀이 $a=1$, $b=3$이고 $\int_1^3 f(x)dx = \int_1^3 x^2 dx = \frac{1}{3}(3^3-1^3) = \frac{26}{3}$이므로 $f(c) = c^2 = \frac{1}{3-1}\int_1^3 f(x)dx = \frac{1}{2}\cdot\frac{26}{3} = \frac{13}{3}$. 즉, $c = \pm\sqrt{\frac{13}{3}}$이다. 그런데 $c\in[1, 3]$이어야 하므로 $c = \sqrt{\frac{13}{3}}$이다.

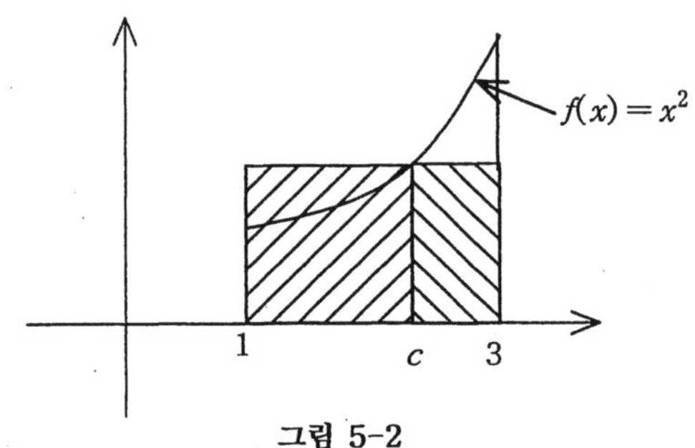

그림 5-2

함수 f가 $[a, b]$에서 적분가능하면 정리 5.12에 의해 모든 $x\in[a, b]$에 대해 f는 $[a, x]$에서 적분가능하다. 따라서 $F(x)=\int_a^x f(t)dt$는 $[a, b]$에서 정의되는 함수이다. 특히 $F(a)=0$, $F(b)=\int_a^b f(t)dt$이다.

정리 5.25

함수 f가 구간 $[a, b]$에서 연속이면, $F(x)=\int_a^x f(t)dt$는 $[a, b]$에서 미분가능하고, $x\in[a, b]$에 대하여 $F'(x)=f(x)$이다.

증명 개구간 (a, b)에 속하는 점 x_0를 생각하자.

$$\frac{F(x_0+h)-F(x_0)}{h} = \frac{1}{h}\left[\int_a^{x_0+h} f(t)dt - \int_a^{x_0} f(t)dt\right] = \frac{1}{h}\int_{x_0}^{x_0+h} f(t)dt$$

f가 $[a, b]$에서 연속이므로 $[x_0, x_0+h]$(또는 $[x_0+h, x_0]$)에서 연속이고, 적분에 관한 평균값정리에 의하여 x_0와 x_0+h 사이에 수 c가 존재하여 다음을 만족한다.

$$\frac{1}{h}\int_{x_0}^{x_0+h} f(t)dt = f(c)$$

그리고 f가 x_0에서 연속이므로 $\lim_{h\to 0} f(c) = f(x_0)$이다.

따라서 다음이 성립한다.

$$F'(x_0) = \lim_{h\to 0} \frac{F(x_0+h)-F(x_0)}{h} = \lim_{h\to 0} f(c) = f(x_0)$$

x_0는 임의로 선택하였으므로 모든 $x \in (a, b)$에 대하여

$$F'(x) = f(x) .$$

$x=a$ 또는 $x=b$에서는 일방미분계수를 사용하면 된다. ■

정의 5.26

함수 $F(x)$가 구간 I에서 미분가능하고 모든 $x \in I$에 대하여 $F'(x) = f(x)$이면, F를 f의 **부정적분**(indefinite integral) 또는 **원시함수**(primitive)라 하고 $F(x) = \int f(x)\,dx$로 나타낸다.

정리 5.25의 함수 $F(x) = \int_a^x f(t)\,dt$는 구간 $[a, b]$에서 함수 $f(x)$의 부정적분이다. $G'(x) = F'(x)$이면 따름정리 4.13에 의하여 $G(x) = F(x) + C$ (C는 상수)이다. 즉, $F(x)$가 $f(x)$의 부정적분이면 $f(x)$의 다른 부정적분은 $F(x) + C$로 나타난다. 그러므로 f가 $[a, b]$에서 연속이면 f의 모든 부정적분은 다음과 같이 나타난다.

$$\int f(x)\,dx = \int_a^x f(t)\,dt + C \ (C\text{는 상수})$$

다음 식이 성립함에 유의하자.

$$\frac{d}{dx}\int f(x)\,dx = \frac{d}{dx}\int_a^x f(t)\,dt = f(x)$$

정리 5.27 **미적분학의 기본정리(Fundamental Theorem of Calculus)**

함수 f가 구간 $[a, b]$에서 연속이고, F가 f의 부정적분이면, 다음이 성립한다.

$$\int_a^b f(x)dx = F(b) - F(a)$$

증명 $G(x) = \int_a^x f(t)dt\ (x \in [a, b])$라 두면 정의 5.26 아래에서 이야기한 사실에 따라 $F(x) = G(x) + C$ (C는 상수)이다. $G(a) = 0$이므로 $C = F(a)$이다. 따라서

$$F(x) = G(x) + F(a)$$

이다. 특히,

$$F(b) = G(b) + F(a) = \int_a^b f(x)\,dx + F(a)$$

이다. 따라서 $\int_a^b f(x)dx = F(b) - F(a)$이다. ■

위 정리에서 $F(b) - F(a) = F(x)|_a^b$ 로 쓰면 편할 때가 많다.

예제 3.2

$f(x) = x^n\ (n = 1, 2, \cdots)$는 임의의 구간 $[a, b]$에서 연속이고 $F(x) = \int f(x)dx = \frac{1}{n+1}x^{n+1} + C$ (C는 상수)이므로 미적분학의 기본정리에 의하여 다음이 성립한다.

$$\begin{aligned}\int_a^b x^n dx &= F(x)\Big|_a^b = F(b) - F(a)\\ &= \left(\frac{1}{n+1}b^{n+1} + C\right) - \left(\frac{1}{n+1}a^{n+1} + C\right) = \frac{1}{n+1}(b^{n+1} - a^{n+1})\end{aligned}$$

실제로 상수 C는 항상 상쇄되므로 생략하기도 한다.

예제 3.3

$x \in \left[-\frac{\pi}{2}, \frac{\pi}{2}\right]$, $F(x) = \sin x$이면 $f(x) = F'(x) = \cos x$는 $\left[-\frac{\pi}{2}, \frac{\pi}{2}\right]$에서 연속이므로 다음이 성립한다.

$$\int_{-\frac{\pi}{2}}^{\frac{\pi}{2}} \cos x\,dx = F(x)\Big|_{-\frac{\pi}{2}}^{\frac{\pi}{2}} = \sin x\Big|_{-\frac{\pi}{2}}^{\frac{\pi}{2}} = \sin\frac{\pi}{2} - \sin\left(-\frac{\pi}{2}\right) = 2$$

정리 5.28

함수 f가 구간 $[a, b]$에서 미분가능하고, f'이 $[a, b]$에서 적분가능하면, 다음이 성립한다.

$$\int_a^b f'(x)\,dx = f(b) - f(a)$$

증명 $P = \{a = x_0, x_1, \cdots, x_n = b\}$가 $[a, b]$의 분할이면,

$$f(b) - f(a) = \sum_{k=1}^{n}[f(x_k) - f(x_{k-1})] = \sum_{k=1}^{n} f'(\xi_k)\Delta x_k \quad .$$

여기서 각 ξ_k는 부분구간 $[x_{k-1}, x_k]$에서 평균값정리를 만족하는 수이다. $k = 1, 2, \cdots, n$에 대하여

$$M_k' = \sup_{x_{k-1} \le x \le x_k} f'(x) \quad , \quad m_k' = \inf_{x_{k-1} \le x \le x_k} f'(x)$$

라 두면 다음이 성립한다.

$$L(f', P) = \sum_{k=1}^{n} m_k' \Delta x_k \le f(b) - f(a) \le \sum_{k=1}^{n} M_k' \Delta x_k = U(f', P)$$

위 부등식은 모든 분할 P에 대하여 성립하므로 다음이 성립한다.

$$\underline{\int_a^b} f'(x)\,dx \le f(b) - f(a) \le \overline{\int_a^b} f'(x)\,dx$$

f'이 적분가능하므로 상적분과 하적분이 일치하여 다음이 성립한다.

$$\int_a^b f'(x)\,dx = f(b) - f(a) \quad ■$$

따름정리 5.29

함수 f가 구간 $[a, b]$에서 적분가능이고, F가 f의 부정적분이면, 다음이 성립한다.

$$\int_a^b f(x)\,dx = F(b) - F(a)$$

따름정리 5.29는 연속이 아닌 함수라도 적분가능일 수 있고 부정적분을 가지면 미적분학의 기본정리 공식을 사용할 수 있음을 뜻한다.

예제 3.4

$\int_0^1 \left(2x\sin\frac{1}{x} - \cos\frac{1}{x}\right)dx = \sin 1$임을 보여라.

풀이 다음 함수 $f(x)$는 $[0, 1]$에서 연속이 아니다.

$$f(x) = \begin{cases} 2x\sin\frac{1}{x} - \cos\frac{1}{x}, & x \neq 0 \\ 0, & x = 0 \end{cases}$$

따라서 미적분학의 기본정리를 적용할 수 없다. 그러나 f는 유계이고 $(0, 1]$에서 연속이므로 $[0, 1]$에서 적분가능하다.
다음 함수 $g(x)$는 미분가능하고 모든 $x \in [0, 1]$에 대하여 $g'(x) = f(x)$이다.

$$g(x) = \begin{cases} x^2\sin\frac{1}{x}, & x \in (0, 1] \\ 0, & x = 0 \end{cases}$$

그러므로 따름정리 5.29에 의하여 다음이 성립한다.

$$\int_0^1 \left(2x\sin\frac{1}{x} - \cos\frac{1}{x}\right)dx = g(1) - g(0) = \sin 1 .$$

함수 f가 연속이거나, 적분가능하면서 부정적분을 가지면 미분적분학의 기본정리를 써서 정적분을 비교적 쉽게 계산할 수 있다.

정리 5.30 부정적분의 성질

함수 f와 g가 부정적분을 가지고 k가 상수일 때 다음 식이 성립한다.

(1) $\int kf(x)\,dx = k\int f(x)dx$

(2) $\int \{f(x) \pm g(x)\}dx = \int f(x)dx \pm \int g(x)dx$

증명 정리 4.6에 의하여 명백하다. ■

정리 5.31 치환적분(substitution)

함수 f, g, $g \circ f$, f'이 연속이고 G가 g의 부정적분이면, 다음이 성립한다.

$$\int g(f(x))f'(x)\,dx = G(f(x)) + C$$

증명 G가 g의 부정적분이므로 $G'(x) = g(x)$이다. 연쇄율에 의하여

$$\frac{d}{dx}G(f(x)) = G'(f(x))f'(x) = g(f(x))f'(x)\ .$$

따라서 $\int g(f(x))f'(x)\,dx = G(f(x)) + C$이다. ■

따름정리 5.32 **치환적분**

함수 f, $g\circ f$, f'이 구간 $[a, b]$에서 연속이고 g가 구간 $[f(a), f(b)]$에서 연속이면 다음이 성립한다.

$$\int_a^b g(f(x))f'(x)\,dx = \int_{f(a)}^{f(b)} g(u)\,du$$

증명 정리 5.31과 미적분학의 기본정리로부터 명백하다. ■

정리 4.6의 (4)에서 $(fg)' = fg' + f'g$이므로 이를 적분하여 다음 공식을 얻는다.

정리 5.33 **부분적분(integration by parts)**

구간 $[a, b]$에서 f와 g가 미분가능하고, f'과 g'이 적분가능하면, 다음이 성립한다.

$$\int_a^b f(x)g'(x)\,dx = f(x)g(x)\Big|_a^b - \int_a^b g(x)f'(x)\,dx$$

예제 3.5

$\int_1^2 \ln x\,dx$를 구하라.

풀이 $f(x) = \ln x$, $g(x) = x$라 두면 정리 5.33에 의해 다음이 성립한다.

$$\int_1^2 \ln x\,dx = x\ln x\Big|_1^2 - \int_1^2 x\frac{1}{x}\,dx = \ln 4 - 1\ .$$

다음에는 적분에 관한 평균값정리(정리 5.24)의 확장을 하나 소개한다.

정리 5.34 **가중 평균값정리(weighted mean value theorem)**
구간 $[a, b]$에서 f가 연속이고, 함수 g가 적분가능하며 $g(x) \geq 0$, $\int_a^b g(x)\,dx > 0$이라 하면 다음을 만족하는 수 $c \in (a, b)$가 존재한다.

$$\int_a^b f(x)\,g(x)dx = f(c)\int_a^b g(x)\,dx$$

증명 fg가 적분가능하므로(연습문제 5.2, 2번 참조),
$x \in [a, b]$, $m \leq f(x) \leq M$이면 $mg(x) \leq f(x)g(x) \leq Mg(x)$이다.
정리 5.21에 의하여 다음이 성립한다.

$$m\int_a^b g(x)dx \leq \int_a^b f(x)\,g(x)dx \leq M\int_a^b g(x)dx$$

각 항을 $\int_a^b g(x)dx$로 나누면 다음이 성립한다.

$$m \leq \frac{\int_a^b f(x)\,g(x)dx}{\int_a^b g(x)dx} \leq M$$

적분에 관한 평균값정리(정리 5.24)의 증명과 마찬가지로 m과 M은 f의 함수값이므로, 중간값정리에 의하여 다음을 만족하는 $c \in [a, b]$가 존재한다.

$$f(c) = \frac{\int_a^b f(x)\,g(x)dx}{\int_a^b g(x)dx}$$

따라서 $\int_a^b f(x)g(x)dx = f(c)\int_a^b g(x)dx$이다. ■

위 정리에 나오는 $f(c)$를 가중함수 $g(x)$에 관한 $f(x)$의 **가중평균**(weighted mean)이라고 한다.

임용고사에 출제된 적분문제를 소개하고 이 절을 마친다.

예제 3.6 (2006. 임용고사)

n차 다항식 x^n이 주어질 때, 함수 $f: [0,1] \to \mathbb{R}$이 연속이면 다음 식을 만족하는 $c \in [0,1]$가 존재함을 보이시오.

$$(n+1)\int_0^1 f(x)x^n dx = f(c) \ .$$

풀이 구간 $[0,1]$에서 $g(x) = x^n$은 연속이고 적분가능하며, $g(x) \geq 0$이고, $\int_0^1 g(x)dx = \int_0^1 x^n dx = \frac{1}{n+1} > 0$이다. 따라서 가중평균값정리에 의하여 다음을 만족하는 수 $c \in (0,1)$가 존재한다.

$$\int_0^1 f(x)g(x)dx = f(c)\int_0^1 g(x)dx \ .$$

즉 $\int_0^1 f(x)x^n dx = f(c)\int_0^1 x^n dx = f(c)\frac{1}{n+1}$ 이고,

따라서 $(n+1)\int_0^1 f(x)x^n dx = f(c)$이다.

예제 3.7 (1994. 임용고사)

정적분 $I = \int_0^{\frac{\pi}{2}} \frac{\sin x}{\sin x + \cos x} dx$의 값을 구하라.

풀이 $x = \frac{\pi}{2} - y$로 치환하면 다음을 얻는다.

$$I = \int_0^{\frac{\pi}{2}} \frac{\sin x}{\sin x + \cos x} dx = \int_0^{\frac{\pi}{2}} \frac{\cos y}{\cos y + \sin y} dy = \int_0^{\frac{\pi}{2}} \frac{\cos x}{\sin x + \cos x} dx$$

$$2I = I + I = \int_0^{\frac{\pi}{2}} \frac{\sin x}{\sin x + \cos x} dx + \int_0^{\frac{\pi}{2}} \frac{\cos x}{\sin x + \cos x} dx$$

$$= \int_0^{\frac{\pi}{2}} \frac{\sin x + \cos x}{\sin x + \cos x} dx = \int_0^{\frac{\pi}{2}} dx = \frac{\pi}{2}$$

따라서 구하는 적분은 $I = \frac{\pi}{4}$ 이다. 임의의 실수 m에 대해서 같은 방법으로 치환하여 다음 적분을 구할 수 있다.

$$\int_0^{\frac{\pi}{2}} \frac{\sin^m x}{\sin^m x + \cos^m x} dx = \frac{\pi}{4}$$

연습문제 5.3

1. f가 $[a, b]$에서 적분가능한 유계함수이고

$$F(x) = \int_a^x f(t)dt, \quad x \in [a, b]$$

이면, $F(x)$는 $[a, b]$에서 연속임을 보여라.

2. n이 자연수일 때 다음을 증명하라.

$$0 < \int_0^{\frac{\pi}{2}} \sin^{n+1} x\, dx < \int_0^{\frac{\pi}{2}} \sin^n x\, dx$$

3. 다음 계산의 오류를 지적하라.

$$\int_{-1}^1 \frac{1}{x^2}\, dx = -\frac{1}{x}\bigg|_{-1}^1 = -2$$

4. 구간 $[0, 1]$에 다음을 만족하는 c_1, c_2가 존재함을 보여라.

$$\int_0^1 \frac{\sin \pi x}{x^2+1}\, dx = \frac{2}{\pi(c_1^2+1)} = \frac{\pi}{4}\sin(\pi c_2)$$

연습문제 풀이 및 해답

1. $x_0 \in [a, b]$일 때 다음 식과 정리 5.23을 이용하라.

$$F(x) - F(x_0) = \int_a^x f(t)dt - \int_a^{x_0} f(t)dt = \int_{x_0}^x f(t)dt$$

3. 함수 $f(x) = \frac{1}{x^2}$은 구간 $[-1, 1]$에서 연속이 아니다.

4. 차례로 $f(x) = \frac{1}{x^2+1}$, $g(x) = \sin \pi x$와 $f(x) = \sin \pi x$, $g(x) = \frac{1}{x^2+1}$로 두고 적분에 관한 가중 평균값정리를 이용하라.

5.4 적분의 계산과 응용

곡선의 길이

함수 f가 폐구간 $[a, b]$에서 미분가능하고 도함수 f'이 연속이면 그래프 $y=f(x)$는 평면상에서 점 $(a, f(a))$와 $(b, f(b))$를 연결하는 매끄러운 곡선이 된다. 이 곡선의 길이를 구해보자.
$P=\{x_0, x_1, \cdots, x_n\}$가 $[a, b]$의 분할일 때
$\{(x_0, f(x_0)), (x_1, f(x_1)), \cdots, (x_n, f(x_n))\}$은 곡선 $y=f(x)$, $a\le x\le b$를 분할한다.

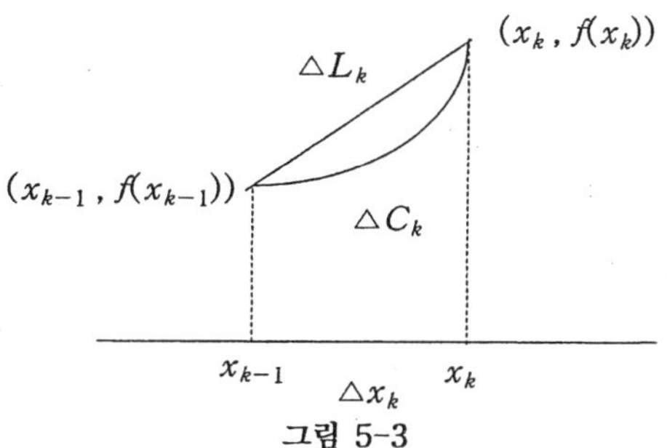

그림 5-3

부분구간 $[x_{k-1}, x_k]$ 위에 놓이는 호의 길이를 ΔC_k라 하면 ΔC_k는 Δx_k가 충분히 작을 때 분할점 $(x_{k-1}, f(x_{k-1}))$과 $(x_k, f(x_k))$를 맺는 선분의 길이 ΔL_k와 비슷하다.

$$\Delta C_k \approx \Delta L_k = \sqrt{(x_k - x_{k-1})^2 + [f(x_k) - f(x_{k-1})]^2}$$

평균값정리에 의하여 구간 $[x_{k-1}, x_k]$에 적당한 점 ξ_k가 존재하여 다음이 성립한다.

$$f(x_k) - f(x_{k-1}) = f'(\xi_k)(x_k - x_{k-1}) = f'(\xi_k)\Delta x_k$$

따라서 $\Delta L_k = \sqrt{1+[f'(\xi_k)]^2}\,\Delta x_k$이다. 이 길이의 합은 구하는 길이와 비슷하게 되는데

$$\sum_{k=1}^{n} \Delta L_k = \sum_{k=1}^{n} \sqrt{1+[f'(\xi_k)]^2}\,\Delta x_k$$

은 함수 $1+[f'(x)]^2$의 리만 합이다.

함수 $1+[f'(x)]^2$이 연속이므로 $[a, b]$에서 적분가능이다. 따라서

$$\int_a^b \sqrt{1+[f'(x)]^2}\,dx = \lim_{\|P\|\to 0} \sum_{k=1}^{n} \sqrt{1+[f'(\xi_k)]^2}\,\Delta x_k \,.$$

정의 5.35 곡선의 길이(arc length)

f가 $[a, b]$에서 연속인 도함수를 가지면 곡선 $y=f(x)\ (a\le x\le b)$의 길이를 다음과 같이 정의한다.

$$L = \int_a^b \sqrt{1+[f'(x)]^2}\,dx$$

예제 4.1

$f(x)=\sqrt{1-x^2}$, $0\le x\le 1$로 주어지는 곡선의 길이를 구하여라.

풀이 $f'(x)=\dfrac{-2x}{2\sqrt{1-x^2}}=\dfrac{-x}{\sqrt{1-x^2}}$이므로 $\sqrt{1+[f'(x)]^2}=\dfrac{1}{\sqrt{1-x^2}}$이다.

따라서 $L = \displaystyle\int_0^1 \frac{dx}{\sqrt{1-x^2}} = \sin^{-1}x\Big|_0^1 = \sin^{-1}1 = \frac{\pi}{2}$이다.

실제로 이 곡선은 단위원의 $\dfrac{1}{4}$에 해당하므로 그 길이는 $\dfrac{\pi}{2}$이다.

정의 5.35에서 $y=f(x)$이면 $\dfrac{dy}{dx}=f'(x)$이므로

$$\sqrt{1+[f'(x)]^2}\,dx = \sqrt{1+\left(\frac{dy}{dx}\right)^2}\,dx = \sqrt{dx^2+dy^2}$$

로 나타내어 곡선의 길이를 다음과 같이 쓰기도 한다.

$$L=\int_a^b \sqrt{dx^2+dy^2}$$

곡선이 매개변수 t의 함수로 다음과 같이 주어진다고 하자.

$$t\in[\alpha, \beta],\ x=x(t),\ y=y(t)$$

그러면 $\sqrt{dx^2+dy^2}=\sqrt{\left(\dfrac{dx}{dt}\right)^2+\left(\dfrac{dy}{dt}\right)^2}\,dt$이므로 곡선의 길이는 다

음과 같이 된다.

$$L = \int_\alpha^\beta \sqrt{\left(\frac{dx}{dt}\right)^2 + \left(\frac{dy}{dt}\right)^2}\, dt\ .$$

예제 4.2 (1993. 임용고사)

곡선 $x = e^{-t}\cos t$, $y = e^{-t}\sin t\,(0 \le t \le \theta)$의 길이를 $L(\theta)$라고 할 때, $\lim_{\theta\to\infty} L(\theta)$의 값을 구하여라.

풀이 $\frac{dx}{dt} = -e^{-t}\cos t - e^{-t}\sin t$이고 $\frac{dy}{dt} = -e^{-t}\sin t + e^{-t}\cos t$이므로 $\left(\frac{dx}{dt}\right)^2 + \left(\frac{dy}{dt}\right)^2 = 2e^{-2t}$ 이다. 그러므로 곡선의 길이는 다음과 같다.

$$L(\theta) = \int_0^\theta \sqrt{\left(\frac{dx}{dt}\right)^2 + \left(\frac{dy}{dt}\right)^2}\, dt = \sqrt{2}\int_0^\theta e^{-t}dt = \sqrt{2}(1 - e^{-\theta})$$

따라서 $\lim_{\theta\to\infty} L(\theta) = \lim_{\theta\to\infty}\sqrt{2}(1 - e^{-\theta}) = \sqrt{2}$이다.

이상적분

구간 $[a, b]$가 유계구간이 아니거나, 함수 f가 구간 $[a, b]$의 한 점 또는 여러 점에서 정의되지 않거나, 유계가 아닐 때 정적분 $\int_a^b f(x)dx$는 일반적으로 정의되지 않는다. 이런 경우에 정상적인 정적분의 극한을 적절하게 계산함으로써 이상적분을 정의할 수 있다.

정의 5.36 **이상적분(improper integral)**

함수 f가 임의의 유한구간 $[a, b]$에서 유계이고 적분가능할 때 무한구간에서 **이상적분**(improper integral)을 다음과 같이 정의한다.

$$\int_a^\infty f(x)dx = \lim_{b\to\infty}\int_a^b f(x)dx$$

$$\int_{-\infty}^b f(x)dx = \lim_{a\to-\infty}\int_a^b f(x)dx$$

$$\int_{-\infty}^\infty f(x)dx = \int_{-\infty}^c f(x)dx + \int_c^\infty f(x)dx\ ,\ (c\text{는 실수})$$

우변의 극한이 존재하면 이상적분이 **수렴한다**(converge)고 하고 극한이 존재하지 않으면 이상적분이 **발산한다**(diverge)고 말한다. 적분가능한 함수 f가 구간 $[a, b]$의 끝점에서만 유계가 아닐 때는 다음과 같이 이상적분을 정의한다.

$$\int_a^b f(x)dx = \lim_{\varepsilon \to 0+} \int_{a+\varepsilon}^b f(x)dx \ , \quad \int_a^b f(x)dx = \lim_{\varepsilon \to 0+} \int_a^{b-\varepsilon} f(x)dx$$

예제 4.3

$I_1 = \int_0^\infty \frac{dx}{1+x^2}$를 계산하라(적분구간이 유계 아니다).

풀이 $I_1 = \lim_{n \to \infty} \int_0^b \frac{dx}{1+x^2} = \lim_{b \to \infty} [\tan^{-1}x]_0^b = \lim_{b \to \infty} \tan^{-1}b = \frac{\pi}{2}$

예제 4.4

$I_2 = \int_0^1 \frac{dx}{\sqrt{x}}$를 계산하라(피적분함수가 유계 아니다).

풀이 $I_2 = \lim_{\varepsilon \to 0+} \int_\varepsilon^1 \frac{dx}{\sqrt{x}} = \lim_{\varepsilon \to 0+} 2\sqrt{x}\Big|_\varepsilon^1 = \lim_{\varepsilon \to 0+} (2 - 2\sqrt{\varepsilon}) = 2$

예제 4.5

$I_3 = \int_0^1 \frac{dx}{x}$를 계산하라(피적분함수가 유계 아니다).

풀이 $I_3 = \lim_{\varepsilon \to 0+} \int_\varepsilon^1 \frac{dx}{x} = \lim_{\varepsilon \to 0+} \ln x\Big|_\varepsilon^1 = \lim_{\varepsilon \to 0+} (-\ln \varepsilon)$. 이 극한은 존재하지 않으므로 이상적분 $\int_0^1 \frac{dx}{x}$는 발산한다.

연습문제 5.4

1. 다음 곡선의 길이를 구하라.

(1) $f(x)=2x+1$, $1 \le x \le 4$ (2) $x=\cos t$, $y=\sin t$, $0 \le t \le \pi$

2. 다음 적분이 이상적분인지 밝히고, 이상적분일 때는 그 이유를 설명하라.

(1) $\int_{-1}^{1} \frac{dx}{x+1}$ (2) $\int_{0}^{\infty} \frac{dx}{1+\tan x}$ (3) $\int_{3}^{10} \frac{x\,dx}{(x-2)^2}$ (4) $\int_{-\infty}^{\infty} \frac{x^2 dx}{x^3+x+1}$

3. 다음 이상적분의 수렴여부를 결정하고, 수렴하면 그 값을 구하라.

(1) $\int_{1}^{\infty} \frac{dx}{x^2}$ (2) $\int_{-\infty}^{0} \frac{dx}{x^2}$ (3) $\int_{0}^{\infty} e^x dx$ (4) $\int_{-\infty}^{1} \cos x\,dx$

4. 다음 이상적분을 계산하라.

(1) $\int_{0}^{1} \frac{dx}{\sqrt{1-x^2}}$ (2) $\int_{0}^{8} \frac{dx}{\sqrt[3]{x}}$ (3) $\int_{0}^{4} \frac{dx}{\sqrt{4-x}}$ (4) $\int_{0}^{\infty} \frac{dx}{1+x^3}$

연습문제 풀이 및 해답

1. (1) $3\sqrt{5}$ (2) π

2. (1) 이상적분, $x=-1$에서 피적분함수가 비유계

(2) 이상적분, 적분구간이 비유계이고, $\tan x=-1$인 점에서 피적분함수가 비유계

(3) 정상적인 정적분임

(2) 이상적분, 적분구간이 비유계이고, $x^3+x+1=0$인 점에서 피적분함수가 비유계

3. (1) 1 (2) 발산 (3) 발산 (4) 발산

4. (1) $\lim_{\varepsilon \to 0+} \int_{0}^{1-\varepsilon} \frac{dx}{\sqrt{1-x^2}} = \lim_{\varepsilon \to 0+} (\sin^{-1}(1-\varepsilon) - \sin^{-1} 0) = \frac{\pi}{2}$

(2) 6 (3) 4 (4) $\frac{2\pi}{3\sqrt{3}}$, 먼저 $\frac{1}{1+x^3}$을 부분분수로 고칠것.

5.5 리만-스틸체스적분

이 절에서는 정적분(리만적분)의 개념을 확장한 리만-스틸체스적분(Riemann-Stieltjes integral)을 소개한다.

정의 5.37

f가 구간 $[a, b]$에서 정의된 유계함수이고, α가 $[a, b]$에서 정의된 단조증가함수라고 하자. $P=\{x_0, x_1, \cdots, x_n\}$가 $[a, b]$의 분할일 때, 분할 P와 함수 α에 관한 f의 **하합**(lower sum) $L(f, P, \alpha)$와 **상합**(upper sum) $U(f, P, \alpha)$를 다음과 같이 정의한다.

$$L(f, P, \alpha) = \sum_{k=1}^{n} m_k \triangle \alpha_k \ ,$$

$$U(f, P, \alpha) = \sum_{k=1}^{n} M_k \triangle \alpha_k \ .$$

여기서 $\triangle \alpha_k = \alpha(x_k) - \alpha(x_{k-1})$, $k=1, 2, \cdots, n$이고, m_k와 M_k는 5.1절과 마찬가지로

$$m_k = \inf\{ f(x) \mid x_{k-1} \le x \le x_k \} \ ,$$

$$M_k = \sup\{ f(x) \mid x_{k-1} \le x \le x_k \} \ .$$

위의 정의에서 $\alpha(x)=x$로 두면 상합 및 하합은 각각 정의 5.2의 상합 및 하합과 같게 됨을 주목하자. $\alpha(x)$가 $[a, b]$에서 단조증가함수이므로 $\triangle \alpha_k \ge 0$, $k=1, 2, \cdots, n$임에 유의하면 보조정리 5.3, 5.4, 5.5는 다음과 같이 확장된다.

보조정리 5.38

구간 $[a, b]$에서 함수 f가 유계이고, α가 증가함수일 때, P, Q가 $[a, b]$의 분할이고, P'가 P의 세분할이라 하면 다음이 성립한다.

i) $L(f, P, \alpha) \le U(f, P, \alpha)$

ii) $L(f, P, \alpha) \le L(f, P', \alpha)$, $U(f, P', \alpha) \le U(f, P, \alpha)$

iii) $L(f, P, \alpha) \le U(f, Q, \alpha)$

하합의 집합은 위로 유계이고, 상합의 집합은 아래로 유계이므로 정의 5.6을 다음과 같이 확장할 수 있다.

정의 5.39

구간 $[a, b]$에서 함수 f가 유계이고, 함수 α가 증가할 때 $[a, b]$에서 α에 관한 f의 **리만-스틸체스 하적분**(Riemann-Stieltjes lower integral)과 **리만-스틸체스 상적분**(Riemann-Stieltjes upper integral)을 다음과 같이 정의한다.

$$\underline{\int_a^b} f(x)d\alpha(x) = \sup_P L(f, P, \alpha) ,$$

$$\overline{\int_a^b} f(x)d\alpha(x) = \inf_P U(f, P, \alpha) .$$

보조정리 5.38로부터 다음이 성립함은 자명하다.

$$\underline{\int_a^b} f(x)d\alpha \le \overline{\int_a^b} f(x)d\alpha .$$

정의 5.40

구간 $[a, b]$에서 함수 f가 유계이고, 함수 α가 증가 한다고 하

자. $[a, b]$에서 α에 관한 f의 리만-스틸체스 하적분과 리만-스틸체스 상적분이 일치하면, f는 $[a, b]$에서 **적분함수 α에 관하여 리만-스틸체스 적분가능하다**(Riemann-Stieltjes integrable)고 한다. f가 $[a, b]$에서 α에 관하여 리만-스틸체스 적분가능하면 하적분과 상적분의 공통의 값을 $[a, b]$**에서 α에 관한 f의 리만-스틸체스 적분**(Riemann-Stieltjes integral)이라 하고 다음과 같이 나타낸다.

$$\int_a^b f(x)d\alpha(x) = \underline{\int_a^b} f(x)d\alpha(x) = \overline{\int_a^b} f(x)d\alpha(x)$$

$\int_a^b f(x)d\alpha(x)$를 간단히 $\int_a^b f d\alpha$로 쓰기도 한다.

위의 정의에서 $\alpha(x)=x$이면 정의 5.7의 정적분, 즉 리만적분의 정의와 일치함에 유의하자. f가 $\alpha(x)=x$에 관하여 리만-스틸체스 적분가능할 때 f가 **리만적분가능하다**(Riemann integrable)고 말하기도 한다.

예제 5.1

구간 $[a, b]$의 모든 x에 대하여 $\alpha(x)=c$(상수)이고, f가 $[a, b]$에서 유계인 임의의 함수이면, f는 $[a, b]$에서 α에 관하여 리만-스틸체스 적분가능하다.

풀이 $P=\{x_0, x_1, \cdots, x_n\}$을 구간 $[a, b]$의 분할이라 하면 $\alpha(x)=c$이므로 $\triangle\alpha_k=\alpha(x_k)-\alpha(x_{k-1})=c-c=0$, $k=1, 2, \cdots, n$이다. 따라서

$$L(f, P, \alpha) = \sum_{k=1}^{n} m_k \triangle\alpha_k = 0,$$

$$U(f, P, \alpha) = \sum_{k=1}^{n} M_k \triangle\alpha_k = 0 \text{ 이므로}$$

$\underline{\int_a^b} f d\alpha = 0 = \overline{\int_a^b} f d\alpha$이다. 그러므로

따라서 f는 $[a, b]$에서 α에 관하여 리만-스틸체스 적분가능하

고 $\int_a^b f\,d\alpha = 0$ 이다.

예제 5.2

구간 $[a, b]$에서 $\alpha(x)$가 증가함수이면, 상수함수 $f(x)=c$는 $[a, b]$에서 α에 관하여 리만-스틸체스 적분가능하다.

풀이 $P=\{x_0, x_1, \cdots, x_n\}$을 구간 $[a, b]$의 임의의 분할이라 하면, $f(x)=c$이므로 $m_k=M_k=c$, $k=1, 2, \cdots, n$이다. 따라서

$L(f, P, \alpha) = \sum_{k=1}^{n} m_k \triangle \alpha_k = c\sum_{k=1}^{n} \triangle\alpha_k = c(\alpha(b)-\alpha(a))$,

$U(f, P, \alpha) = \sum_{k=1}^{n} M_k \triangle \alpha_k = c\sum_{k=1}^{n} \triangle\alpha_k = c(\alpha(b)-\alpha(a))$ 이므로

$\underline{\int_a^b} f\,d\alpha = c(\alpha(b)-\alpha(a)) = \overline{\int_a^b} f\,d\alpha$이다. 그러므로 f는 $[a, b]$에서 α에 관하여 리만-스틸체스 적분가능하고

$\int_a^b f\,d\alpha = c(\alpha(b)-\alpha(a))$ 이다.

예제 5.3

구간 $[0, 1]$에서 다음과 같이 정의된 함수 f를 생각하자.

$$f(x) = \begin{cases} 1, & x\text{는 유리수}, \\ 0, & x\text{는 무리수}. \end{cases}$$

$\alpha(x)=x$라 두면 5.1절의 예제 1.4와 같이 f의 상합은 1이고 하합은 0이다. 따라서

$$\underline{\int_0^1} f\,d\alpha = 0 \neq 1 = \overline{\int_0^1} f\,d\alpha$$

이고 f는 α에 관하여 리만-스틸체스 적분가능하지 않다. 즉, 리만적분가능하지 않다. 그러나 $\alpha(x)=c$(상수)로 하면, f가 $[0, 1]$에서 유계이므로 예제 5.1에서처럼 α에 관하여 리만-스틸체스 적분가능하고 $\int_0^1 f\,d\alpha = 0$이다.

유계함수의 적분가능성을 판정하는 리만 판정법(정리 5.8)을 다음과 같이 확장할 수 있다.

정리 5.41 **(리만 판정법)**
구간 $[a, b]$에서 α가 증가함수이고, f가 유계함수라 하면 f가 $[a, b]$에서 α에 관하여 리만-스틸체스 적분가능할 필요충분조건은 임의의 양수 ε에 대하여 다음을 만족하는 분할 P가 존재하는 것이다.

$$U(f, P, \alpha) - L(f, P, \alpha) < \varepsilon$$

증명 보조정리 5.38을 이용하고, 정리 5.8의 증명에서 dx를 $d\alpha$로 바꾸는 등 필요한 변경을 가하면 된다.

예제 5.4 **(2007. 임용고사)**
구간 $[0, 2]$에서 정의된 두 함수 f와 α가 다음과 같을 때, f는 α에 관하여 리만-스틸체스 적분가능함을 보이고, $\int_0^2 f\,d\alpha$의 값을 구하라.

$$f(x) = \begin{cases} x, & 0 \le x < 1 \\ 2x, & 1 \le x \le 2 \end{cases}, \qquad \alpha(x) = \begin{cases} 1, & 0 \le x \le 1 \\ 2, & 1 < x \le 2 \end{cases}$$

풀이 $P = \{x_0 = 0, x_1, x_2 = 1, x_3, 2\}$를 구간 $[0, 2]$의 분할이라 하자. 이 분할에 대한 리만-스틸체스 하합과 상합은 다음과 같다.

$$\begin{aligned} L(f, P, \alpha) &= m_1(\alpha(x_1) - \alpha(0)) + m_2(\alpha(1) - \alpha(x_1)) \\ &\quad + m_3(\alpha(x_3) - \alpha(1)) + m_4(\alpha(2) - \alpha(x_3)) \\ &= m_1(1-1) + m_2(1-1) + m_3(2-1) + m_4(2-2) \\ &= m_3 \\ &= \inf\{ f(x) \mid 1 \le x \le x_3 \} = 2, \end{aligned}$$

$$\begin{aligned} U(f, P, \alpha) &= M_1(\alpha(x_1)-\alpha(0))+M_2(\alpha(1)-\alpha(x_1)) \\ &\quad + M_3(\alpha(x_3)-\alpha(1))+M_4(\alpha(2)-\alpha(x_3)) \\ &= M_3 \\ &= \sup\{ f(x) \mid 1\le x\le x_3 \} = 2x_3 \ . \end{aligned}$$

따라서 다음 식을 얻는다.

$$U(f, P, \alpha)-L(f, P, \alpha)=2(x_3-1) \ .$$

이 식은 $1<x_3<2$인 모든 x_3에 대하여 성립하므로 임의의 $\varepsilon>0$에 대하여 $1 < x_3 < 1+\min\left\{ \frac{\varepsilon}{2}, 1\right\}$인 x_3을 택하면 $U(f, P, \alpha)-L(f, P, \alpha)<\varepsilon$ 이다. 그러므로 정리 5.41(리만 판정법)에 의하여 f는 α에 관하여 $[0, 2]$에서 리만-스틸체스 적분가능하다. 그리고 $2=L(f, P, \alpha)\le \underline{\int_0^2} f\,d\alpha = \int_0^2 f\,d\alpha$이다.

$\int_0^2 f\,d\alpha = \overline{\int_0^2} f\,d\alpha \le U(f, P, \alpha)=2x_3$, $1<x_3<2$이므로

$\int_0^2 f\,d\alpha \le \inf\{ 2x_3 \mid 1<x_3<2 \}=2$이다. 따라서 $\int_0^2 f\,d\alpha =2$이다.

연속함수는 리만-스틸체스 적분가능하다. 다음 정리는 정리 5.10의 확장인데 정리 5.41을 이용하여 증명할 수 있다.

정리 5.42

구간 $[a, b]$에서 f가 연속함수이고, α가 증가함수이면 f는 $[a, b]$에서 α에 관하여 리만-스틸체스 적분가능하다.

5.1절의 정리 5.17, 5.21, 5.23을 확장하여 다음 정리를 얻는다.

정리 5.43

α가 구간 $[a, b]$에서 증가하는 함수라 하자. f와 g가 $[a, b]$에서 α에 관하여 리만-스틸체스 적분가능하고 k가 상수이면, kf, $f+g$, $|f|$도 $[a, b]$에서 α에 관하여 리만-스틸체스 적분가능하고 다음이 성립한다.

(1) $\int_a^b kf\,d\alpha = k\int_a^b f\,d\alpha$

(2) $\int_a^b (f+g)\,d\alpha = \int_a^b f\,d\alpha + \int_a^b g\,d\alpha$

(3) $\left|\int_a^b f\,d\alpha\right| \le \int_a^b |f|\,d\alpha$

(4) 모든 $x\in[a, b]$에 대하여 $f(x)\le g(x)$이면 $\int_a^b f\,d\alpha \le \int_a^b g\,d\alpha$.

정리 5.12와 정리 5.19도 다음과 같이 확장할 수 있다.

정리 5.44

α가 구간 $[a, b]$에서 증가한다고 하자. f가 α에 관하여 $[a, b]$에서 리만-스틸체스 적분가능하고 $[c, d]\subset[a, b]$이면, f는 $[c, d]$에서 α에 관하여 리만-스틸체스 적분가능하다. 그리고 임의의 $c\in(a, b)$에 대하여 다음이 성립한다.

$$\int_a^b f\,d\alpha = \int_a^c f\,d\alpha + \int_c^b f\,d\alpha\ .$$

적분에 관한 평균값정리도 리만-스틸체스적분으로 확장할 수 있음을 이야기하고 이 절을 마치기로 한다.

정리 5.45 **리만-스틸체스적분에 관한 평균값정리**

구간 $[a, b]$에서 f가 연속이고, α가 증가함수이면 다음 식을 만족하는 실수 $c \in (a, b)$가 있다.

$$\int_a^b f\,d\alpha = f(c)[\alpha(b) - \alpha(a)]$$

증명 만약 $\alpha(a) = \alpha(b)$이면 정리는 자명하므로 $\alpha(a) < \alpha(b)$라고 가정하자. f가 $[a, b]$에서 연속이면 $\int_a^b f\,d\alpha$가 존재하고, $[a, b]$에서 최대값 M과 최소값 m이 존재한다. 구간 $[a, b]$의 분할 $p = \{a, b\}$에 대하여 다음이 성립한다.

$$m\{\alpha(b) - \alpha(a)\} = L(f, P, \alpha) \le \int_a^b f\,d\alpha$$
$$\le U(f, P, \alpha) = M\{\alpha(b) - \alpha(a)\}.$$

따라서 $m \le \frac{1}{\alpha(b) - \alpha(a)} \int_a^b f\,d\alpha \le M$이므로 정리 5.24의 증명에서처럼 중간값정리를 적용하면

$$f(c) = \frac{1}{\alpha(b) - \alpha(a)} \int_a^b f\,d\alpha$$

인 $c \in (a, b)$가 존재함을 알 수 있다. ■

연습문제 5.5

1. 함수 f가 구간 $[0,2]$에서 연속이면 다음 α에 관하여 $[0,2]$에서 리만-스틸체스 적분가능함을 보이고, $\int_0^2 f\,d\alpha$를 구하라.

$$\alpha(x)=\begin{cases} 1, & 0\leq x<1 \\ 3, & 1\leq x\leq 2 \end{cases}$$

2. $\alpha(x)=x+2$에 관한 리만-스틸체스적분 $\int_0^1 x\,d\alpha(x)$를 구하라.

3. 정리 5.41을 증명하라.

연습문제 풀이 및 해답

1. $2f(1)$. 분할 $P=\{0, x_1, x_2, 2\}$, $(x_1<1<x_2)$를 고려하라.

2. $\frac{1}{2}$

3. $\alpha(a)<\alpha(b)$라 가정하고 정리 5.10의 증명에서 $\frac{\varepsilon}{b-a}$을 $\frac{\varepsilon}{\alpha(b)-\alpha(a)}$로 바꾸어 써 보라.

급 수

Series

6.1 무한급수

6.2 수렴판정

6.3 멱급수

6.4 Taylor 급수

6.5 멱급수의 미분과 적분

6.1 무한급수

이 절에서는 무한히 많은 항을 포함하는 합 $a_1+a_2+a_3+\cdots+a_k+\cdots$에 관해서 공부하고자 한다. 이와 같은 합에 대해서는 $\frac{1}{3}$을 십진법을 써서 나타내는 다음 예에서 볼 수 있다.

$$\begin{aligned}\frac{1}{3} &= 0.3+0.03+0.003+0.0003+\cdots \\ &= \frac{3}{10}+\frac{3}{10^2}+\frac{3}{10^3}+\frac{3}{10^4}+\cdots\end{aligned}$$

무한히 많은 수를 다 더한다는 것은 불가능하므로 수열의 극한을 이용해서 무한히 많은 항의 합을 정의하고 성질들을 공부하고자 한다.

정의 6.1

무한급수(infinite series) 또는 **급수**(series)는 무한히 많은 수의 형식적 합 $a_1+a_2+a_3+\cdots+a_k+\cdots$을 말하고 $\sum_{k=1}^{\infty} a_k=\sum a_k$로 나타낸다. $a_1, a_2, a_3, \cdots$을 급수 $\sum_{k=1}^{\infty} a_k$의 **항**들이라 부른다.

$$\begin{aligned} s_1 &= a_1 \\ s_2 &= a_1+a_2 \\ s_3 &= a_1+a_2+a_3 \\ &\cdots \\ s_n &= a_1+a_2+a_3+\cdots+a_n=\sum_{k=1}^{n} a_k \\ &\cdots \end{aligned}$$

s_n을 급수 $\sum_{k=1}^{\infty} a_k$의 n**째 부분합**(n-th partial sum)이라 부르고 수

열 $\{s_n\}$을 급수 $\sum_{k=1}^{\infty} a_k$의 **부분합의 수열**이라 부른다.

예제 1.1

다음 무한급수의 부분합을 구하라.

$$\frac{3}{10}+\frac{3}{10^2}+\frac{3}{10^3}+\frac{3}{10^4}+\cdots$$

풀이

$$\begin{aligned} s_1 &= \frac{3}{10} \\ s_2 &= \frac{3}{10}+\frac{3}{10^2}=\frac{33}{100} \\ s_3 &= \frac{3}{10}+\frac{3}{10^2}+\frac{3}{10^3}=\frac{333}{1000} \\ s_4 &= \frac{3}{10}+\frac{3}{10^2}+\frac{3}{10^3}+\frac{3}{10^4}=\frac{3333}{10000} \\ &\vdots \end{aligned}$$

예제 1.1에서 볼 때 n이 증가할 때 s_n이 점점 커지고 있으므로 만약 수열 $\{s_n\}$이 극한값을 가지면 이 극한값을 급수의 각 항의 합으로 보는 것이 합리적일 것이다. 이 사실이 다음의 정의를 암시한다.

정의 6.2

$\{s_n\}$을 급수 $\sum_{k=1}^{\infty} a_k$의 부분합의 수열이라 하자. 수열 $\{s_n\}$이 s에 수렴할 때 급수 $\sum_{k=1}^{\infty} a_k$가 **수렴한다**(converge)고 말하고 s를 급수의 **합**(sum)이라 부른다. 이 경우 $s=\sum_{k=1}^{\infty} a_k$라 쓴다. 수열 $\{s_n\}$이

발산할 때 급수 $\sum_{k=1}^{\infty} a_k$는 **발산한다**(diverge)고 말한다.

예제 1.2

다음 무한급수의 합을 구하라.

$$\frac{3}{10}+\frac{3}{10^2}+\frac{3}{10^3}+\cdots+\frac{3}{10^n}+\cdots$$

풀이 주어진 무한급수의 n째 부분합은 다음과 같다.

$$s_n=\frac{3}{10}+\frac{3}{10^2}+\frac{3}{10^3}+\cdots+\frac{3}{10^n}$$

$\frac{1}{10}s_n=\frac{3}{10^2}+\frac{3}{10^3}+\cdots+\frac{3}{10^n}+\frac{3}{10^{n+1}}$이므로 다음이 성립한다.

$$s_n-\frac{1}{10}s_n=\frac{3}{10}-\frac{3}{10^{n+1}}$$

즉, $\frac{9}{10}s_n=\frac{3}{10}(1-\frac{1}{10^n})$이다.

이 때 $s_n=\frac{1}{3}(1-\frac{1}{10^n})$이고 $\frac{1}{10^n}\to 0\,(n\to\infty)$이므로

$s_n\to\frac{1}{3}\,(n\to\infty)$이다.

따라서 주어진 무한급수의 합은 $\frac{1}{3}$이다. 즉

$$\frac{1}{3}=\frac{3}{10}+\frac{3}{10^2}+\frac{3}{10^3}+\cdots+\frac{3}{10^n}+\cdots$$

예제 1.3

다음 무한급수의 수렴 여부를 말하라.

$$1-1+1-1+1-1+\cdots$$

풀이 부분합

$s_1=1$, $s_2=1-1=0$, $s_3=1-1+1=1$, $s_4=1-1+1-1=0$, $\cdots$

이므로 수열 $\{s_n\}$은 발산한다. 따라서 주어진 급수는 발산한다.

정의 6.3

$a+ar+ar^2+ar^3+\cdots+ar^{k-1}+\cdots (a\neq 0)$ 이와 같은 무한급수를 **기하급수**(geometric series)라 부르고 여기서 r을 주어진 급수의 공비(common ratio)라 부른다.

예제 1.4

기하급수의 예

$1+2+4+8+\cdots+2^{k-1}+\cdots \qquad (a=1,\ r=2)$

$1+1+1+\cdots+1+\cdots \qquad (a=1,\ r=1)$

$1-1+1-1+\cdots+(-1)^{k+1}+\cdots \qquad (a=1,\ r=-1)$

$3+\frac{3}{10}+\frac{3}{10^2}+\cdots+\frac{3}{10^{k-1}}+\cdots \qquad (a=3,\ r=\frac{1}{10})$

$\frac{1}{2}-\frac{1}{4}+\frac{1}{8}-\frac{1}{16}+(-1)^{k+1}\frac{1}{2^k}+\cdots+ \qquad (a=\frac{1}{2},\ r=-\frac{1}{2})$

기하급수의 수렴판정을 다음 정리에서 말하겠다.

정리 6.4

기하급수 $a+ar+ar^2+ar^3+\cdots+ar^{k-1}+\cdots (a\neq 0)$는 $|r|<1$이면 수렴하고 $|r|\geq 1$ 이면 발산한다.

증명 $r=1$이면 주어진 급수는 $a+a+a+\cdots+a+\cdots$ 이다. 따라서 $s_n=na$이고 $\lim_{n\to+\infty} s_n=\lim_{n\to+\infty} na=\pm\infty$($\pm$는 a의 음양에 의해서 결정된다). $r=-1$이면 주어진 급수는 $a-a+a-a+\cdots$, 부분합의 수열은 $a, 0, a, 0, \cdots$이므로 주어진 기하급수는 발산한다. $|r|\neq 1$이라고 가정하자. 이 때 주어진 급수의 n째 부분합을 s_n이라 하면

$s_n = a + ar + ar^2 + \cdots + ar^{n-1}$이다. $rs_n = ar + ar^2 + \cdots + ar^{n-1} + ar^n$ 이므로 $s_n - rs_n = a - ar^n$ 또는 $(1-r)s_n = a - ar^n$이다.

$r \neq 1$이므로 $s_n = \dfrac{a - ar^n}{1-r} = \dfrac{a}{1-r} - \dfrac{ar^n}{1-r}$ 이다.

만약 $|r| < 1$이면 $\lim_{n\to\infty} r^n = 0$이므로 $\lim_{n\to\infty} s_n = \dfrac{a}{1-r}$. $r > 1$이면 $\lim_{n\to\infty} r^n = \infty$이다. $rs_n - s_n = (r-1)s_n = ar^n - a$이므로 $s_n = \dfrac{ar^n - a}{r-1}$ 이다.

$a > 0$이면 $\lim_{n\to\infty} s_n = \infty$, $a < 0$이면 $\lim_{n\to\infty} s_n = -\infty$이다. $r < -1$이면 r^n의 값이 음양을 교대로 취하므로 수열 $\{s_n\}$은 발산한다. ■

예제 1.5

아래 급수의 합을 구하라.

$$5 + \frac{5}{4} + \frac{5}{4^2} + \cdots + \frac{5}{4^{k-1}} + \cdots$$

풀이 주어진 급수는 초항이 5, 공비가 $\frac{1}{4}$인 기하급수이므로 정리 6.4에 의해서 합은 다음과 같다.

$$\frac{5}{1-\frac{1}{4}} = \frac{20}{3}$$

예제 1.6

다음 소수를 분수로 표시하라.

$$0.784784784\cdots$$

풀이 $0.784784784\cdots = 0.784 + 0.000784 + 0.000000784 + \cdots$이므로 주어진 수는 초항 0.784, 공비 0.001인 기하급수이므로 정리 6.4에 의해서

$0.784784784\cdots = \dfrac{0.784}{1-0.001} = \dfrac{0.784}{0.999} = \dfrac{784}{999}$ 이다.

예제 1.7

다음 급수의 수렴여부를 말하고 수렴하면 그 합을 구하라.

$$\sum_{k=1}^{\infty}\frac{1}{k(k+1)} = \frac{1}{1\cdot 2}+\frac{1}{2\cdot 3}+\frac{1}{3\cdot 4}+\frac{1}{4\cdot 5}+\cdots$$

풀이 주어진 급수의 제 n번째 부분합은 다음과 같다.

$$s_n=\sum_{k=1}^{n}\frac{1}{k(k+1)}=\frac{1}{1\cdot 2}+\frac{1}{2\cdot 3}+\frac{1}{3\cdot 4}+\cdots+\frac{1}{n(n+1)}$$

$\frac{1}{k(k+1)}=\frac{1}{k}-\frac{1}{k+1}$ 이므로 s_n은 다음과 같다.

$$\begin{aligned} s_n &= \sum_{k=1}^{n}\left(\frac{1}{k}-\frac{1}{k+1}\right) \\ &=\left(1-\frac{1}{2}\right)+\left(\frac{1}{2}-\frac{1}{3}\right)+\left(\frac{1}{3}-\frac{1}{4}\right)+\cdots+\left(\frac{1}{n}-\frac{1}{n+1}\right) \\ &=1+\left(-\frac{1}{2}+\frac{1}{2}\right)+\left(-\frac{1}{3}+\frac{1}{3}\right)+\cdots++\left(-\frac{1}{n}+\frac{1}{n}\right)-\frac{1}{n+1} \\ &= 1-\frac{1}{n+1} \end{aligned}$$

따라서 $\lim_{n\to\infty}\left(1-\frac{1}{n+1}\right)=1$이므로 $\sum_{k=1}^{\infty}\frac{1}{k(k+1)}$은 수렴한다. 그리고 $\sum_{k=1}^{\infty}\frac{1}{k(k+1)} = 1$이다.

예제 1.8

다음 무한급수를 **조화급수**(harmonic series)라 부른다. 이 급수의 수렴여부를 말하라.

$$\sum_{k=1}^{\infty}\frac{1}{k} = 1+\frac{1}{2}+\frac{1}{3}+\frac{1}{4}+\frac{1}{5}+\cdots$$

풀이 $s_1=1$, $s_2=1+\frac{1}{2}$, $s_3=1+\frac{1}{2}+\frac{1}{3}$, $s_4=1+\frac{1}{2}+\frac{1}{3}+\frac{1}{4}$, …이므로 $\{s_n\}$은 순증가수열이다.

$$\begin{aligned} s_2 &= 1+\frac{1}{2}>\frac{1}{2}+\frac{1}{2}=\frac{2}{2} \\ s_4 &= s_2+\frac{1}{3}+\frac{1}{4}>s_2+\left(\frac{1}{4}+\frac{1}{4}\right)=s_2+\frac{1}{2}>\frac{3}{2} \\ s_8 &= s_4+\frac{1}{5}+\frac{1}{6}+\frac{1}{7}+\frac{1}{8}>s_4+\left(\frac{1}{8}+\frac{1}{8}+\frac{1}{8}+\frac{1}{8}\right)=s_4+\frac{1}{2}>\frac{4}{2} \\ &\cdots \end{aligned}$$

$$s_{2^n} > \frac{n+1}{2} \ (n \geq 1)$$

$\cdots$

부분합의 수열 $\{s_n\}$가 발산하는 부분수열 $\{s_{2^n}\}$을 가지므로 정리 2.8에 의하여 조화급수는 발산한다.

연습문제 6.1

1. 다음 급수의 수렴여부를 말하고 만약 수렴하면 그 수렴 값을 구하라.

(1) $\sum_{k=1}^{\infty}\frac{2^{k-1}}{4}$ (2) $\sum_{k=1}^{\infty}\frac{1}{5^k}$ (3) $\sum_{k=1}^{\infty}\left(-\frac{3}{4}\right)^{k-1}$

(4) $\sum_{k=1}^{\infty}\left(\frac{2}{3}\right)^{k+2}$ (5) $\sum_{k=1}^{\infty}(-1)^{k-1}\frac{7}{6^{k-1}}$ (6) $\sum_{k=1}^{\infty}4^{k-1}$

(7) $\sum_{k=1}^{\infty}\left(-\frac{3}{2}\right)^{k+1}$ (8) $\sum_{k=1}^{\infty}\left(\frac{1}{k+3}-\frac{1}{k+4}\right)$ (9) $\sum_{k=1}^{\infty}\frac{1}{(k+2)(k+3)}$

(10) $\sum_{k=1}^{\infty}\left(\frac{1}{2^k}-\frac{1}{2^{k+1}}\right)$ (11) $\sum_{k=1}^{\infty}\frac{1}{9k^2+3k-2}$

(12) $\sum_{k=1}^{\infty}\frac{1}{k^2-1}$ (13) $\sum_{k=1}^{\infty}\left(\frac{e}{\pi}\right)^{k-1}$

2. 다음의 순환 소수를 분수로 표시하라.

(1) 0.4444⋯ (2) 0.9999⋯ (3) 5.373737⋯

(4) 0.159159159⋯ (5) 0.782178217821⋯ (6) 0.451141414⋯

3. (1) 급수 $\ln\frac{1}{2}-\ln\frac{2}{3}+\ln\frac{3}{4}-\cdots+(-1)^{n+1}\ln\frac{n}{n+1}+\cdots$의 수렴 여부를 말하라.

(2) $\sum_{k=2}^{\infty}\ln\left(1-\frac{1}{k^2}\right)=-\ln 2$ 임을 보여라.

(3) $\sum_{k=1}^{\infty}\frac{\sqrt{k+1}-\sqrt{k}}{\sqrt{k^2+k}}=1$ 임을 보여라.

(4) 공을 떨어뜨리면 처음 높이의 $\frac{3}{4}$을 튀어올랐다 다시 떨어진다고 한다. 이 공을 $10m$의 높이에서 떨어뜨려서 튀어올랐다 떨어지기를 무한번 반복할 때 공이 움직인 거리를 구하여라.

4. 다음을 증명하라($0^0=1$로 정의한다).

(1) $\sum_{k=0}^{\infty}(-1)^k x^k=\frac{1}{1+x}$: $-1<x<1$

(2) $\sum_{k=0}^{\infty}(x-3)^k=\frac{1}{4-x}$: $2<x<4$

(3) $\sum_{k=0}^{\infty}(-1)^k x^{2k}=\frac{1}{1+x^2}$: $-1<x<1$

연습문제 풀이 및 해답

1. (1) 발산 (2) $\frac{1}{4}$ (3) $\frac{4}{7}$ (4) $\frac{8}{9}$

(5) 6 (6) 발산 (7) 발산 (8) $\frac{1}{4}$

(9) $\frac{1}{3}$ (10) $\frac{1}{2}$ (11) $\frac{1}{6}$ (12) $\frac{1}{2}$ (13) $\frac{\pi}{\pi-e}$

2. (1) $\frac{4}{9}$ (2) 1 (3) $5+\frac{37}{99}$ (4) $\frac{159}{999}$

(5) $\frac{7821}{9999}$ (6) $\frac{44663}{99000}$

3. (2) 다음 식으로부터 $\lim_{n\to\infty}\sum_{k=2}^{n}\ln(1-\frac{1}{k^2}) = \lim_{n\to\infty}\left(\ln\frac{n+1}{n} - \ln 2\right) = -\ln 2$

$$\ln(1-\frac{1}{k^2}) = \ln(1-\frac{1}{k})(1+\frac{1}{k}) = \ln\frac{k-1}{k} + \ln\frac{k+1}{k}$$
$$= \ln(k-1) - \ln k + \ln(k+1) - \ln k \ (k\geq 2)$$

(3) $\frac{\sqrt{k+1}-\sqrt{k}}{\sqrt{k^2+k}} = \frac{\sqrt{k+1}-\sqrt{k}}{\sqrt{k}\sqrt{k+1}} = \frac{1}{\sqrt{k}} - \frac{1}{\sqrt{k+1}}$ 이므로

$\lim_{n\to\infty} s_n = \lim_{n\to\infty}\sum_{k=1}^{n}\left(\frac{1}{\sqrt{k}} - \frac{1}{\sqrt{k+1}}\right) = \lim_{n\to\infty}\left(1-\frac{1}{\sqrt{n+1}}\right) = 1$

(4) $a=10m$라 두면 공이 운동한 거리는 다음 급수이다.

$$a + 2\times\frac{3}{4}a + 2\times\left(\frac{3}{4}\right)^2 a + 2\times\left(\frac{3}{4}\right)^3 a + \cdots = 9a$$

따라서 공이 운동한 거리는 $90m$이다.

4. (1) 초항이 1이고 공비가 $-x$이므로 $|-x|<1$인 경우에 $\frac{1}{1+x}$로 수렴한다.

(2) 초항이 1이고 공비가 $x-3$이므로 $|x-3|<1$인 경우에 $\frac{1}{4-x}$로 수렴한다.

(3) 초항이 1이고 공비가 $-x^2$이므로 $|-x^2|<1$인 경우에 $\frac{1}{1+x^2}$로 수렴한다.

6.2 수렴판정

무한급수의 수렴여부를 판정하는데 부분합의 극한값을 구할 수 없을 때가 많다. 이 절에서는 급수의 수렴여부를 판정하는 방법 중의 하나인 적분판정을 소개하겠다.

정리 6.5

급수 $\sum_{k=1}^{\infty} a_k$가 수렴하면 $\lim_{n\to\infty} a_n = 0$이다.

증명 $a_n = s_n - s_{n-1}$ $(n \geq 2)$이고 $\lim_{n\to\infty} s_n = \lim_{n\to\infty} s_{n-1}$이므로 $\lim_{n\to\infty} a_n = 0$이다.

■

정리 6.5의 대우가 유용하므로 정리로 밝혀 두겠다.

정리 6.6

$\lim_{k\to\infty} a_k \neq 0$이면 급수 $\sum_{k=1}^{\infty} a_k$은 발산한다.

예제 2.1

다음 급수의 수렴여부를 판정하라.

$$\sum_{k=1}^{\infty} \frac{k}{k+1} = \frac{1}{2} + \frac{2}{3} + \frac{3}{4} + \cdots + \frac{k}{k+1} + \cdots$$

풀이 $\lim_{k\to+\infty} \frac{k}{k+1} = \lim_{k\to+\infty} \frac{1}{1+1/k} = 1 \neq 0$이므로 정리 6.6에 의해서 주어진 급수는 발산한다.

무한 급수의 부분합의 수열에 정리 2.6을 응용하여 증명할 수 있는 정리를 소개하겠다.

정리 6.7

(1) 만약 $\sum_{k=1}^{\infty} a_k$ 그리고 $\sum_{k=1}^{\infty} b_k$가 수렴하면 다음이 성립한다.

$$\sum_{k=1}^{\infty}(a_k + b_k) = \sum_{k=1}^{\infty} a_k + \sum_{k=1}^{\infty} b_k$$
$$\sum_{k=1}^{\infty}(a_k - b_k) = \sum_{k=1}^{\infty} a_k - \sum_{k=1}^{\infty} b_k$$

(2) c가 0이 아닌 상수일 때 $\sum_{k=1}^{\infty} a_k$가 수렴할 필요충분조건은 $\sum_{k=1}^{\infty} ca_k$가 수렴한다. 이 경우 $\sum_{k=1}^{\infty} a_k$ 가 수렴하면 $\sum_{k=1}^{\infty} ca_k = c\sum_{k=1}^{\infty} a_k$ 이다.

(3) n을 임의의 자연수라 할 때 $\sum_{k=1}^{\infty} a_k = a_1 + a_2 + a_3 + \cdots$가 수렴할 필요충분조건은 $\sum_{k=n}^{\infty} a_k = a_n + a_{n+1} + a_{n+2} + \cdots$가 수렴한다.

예제 2.2

다음 급수의 합을 구하라.

$$\sum_{k=1}^{\infty}\left(\frac{3}{4^k} - \frac{2}{5^{k-1}}\right)$$

풀이 급수 $\sum_{k=1}^{\infty} \frac{3}{4^k} = \frac{3}{4} + \frac{3}{4^2} + \frac{3}{4^3} + \cdots$은 초항이 $\frac{3}{4}$, 공비가 $\frac{1}{4}$인 기하급수이므로 1에 수렴하고 급수

$$\sum_{k=1}^{\infty} \frac{2}{5^{k-1}} = 2 + \frac{2}{5} + \frac{2}{5^2} + \frac{2}{5^3} + \cdots$$

은 초항이 2, 공비가 $\frac{1}{5}$인 기하급수이므로 $\frac{5}{2}$에 수렴한다. 정리 6.7 (1)에 의해서 주어진 급수는 $1 - \frac{5}{2} = -\frac{3}{2}$에 수렴한다.

예제 2.3

다음 급수의 수렴여부를 말하라.

$$\sum_{k=1}^{\infty}\frac{5}{k}=5+\frac{5}{2}+\frac{5}{3}+\cdots+\frac{5}{k}+\cdots$$

풀이 $\sum_{k=1}^{\infty}\frac{5}{k}=\sum_{k=1}^{\infty}5\left(\frac{1}{k}\right)$이고 $\sum_{k=1}^{\infty}\frac{1}{k}$는 발산하므로 정리 6.7 (2)에 의해서 주어진 급수는 발산한다.

예제 2.4

정리 6.7 (3)에 의해서 다음 급수는 발산한다.

$$\sum_{k=10}^{\infty}\frac{1}{k}=\frac{1}{10}+\frac{1}{11}+\frac{1}{12}+\cdots$$

정의 6.8

모든 k에 대해서 $a_k>0$일 때 $\sum_{k=1}^{\infty}a_k$은 **양항급수**(series of positive terms)라고 부른다.

다음 정리의 증명은 단조수열의 수렴판정으로부터 쉽게 얻을 수 있으므로 증명은 생략하겠다.

정리 6.9

양항급수 $\sum_{k=1}^{\infty}a_k$이 수렴할 필요충분조건은 그 부분합으로 이루어진 수열 $\{s_n\}$이 유계인 것이다.

양항급수 $\sum_{k=1}^{\infty} \frac{1}{k^2}$과 이상적분 $\int_1^{+\infty} \frac{1}{x^2}\,dx$을 생각할 때 양항급수의 수렴과 이상적분의 존재 사이에는 밀접한 관계가 있다. 이 관계를 다음에 소개한다.

정리 6.10 **적분판정(integral test)**

함수 $f: [n_0, \infty) \to [0, \infty)$가 연속이고 감소함수라 하자. 여기서 n_0는 자연수이다. 만약 $f(n) = a_n\ (n \ge n_0)$이면 무한급수 $\sum_{n=n_0}^{\infty} a_n$이 수렴할 필요충분조건은 $\int_{n_0}^{\infty} f(x)\,dx < \infty$ 이다.

증명 정리 6.7(3)에 의해서 $n_0 = 1$일 때를 증명하면 충분하다. f는 연속이고 감소하므로 $m \le x \le m+1$일 때, 다음이 성립한다.

$$a_{m+1} = f(m+1) \le f(x) \le f(m) = a_m\ (m = 1, 2, 3 \cdots)$$

따라서 $a_{m+1} \le \int_m^{m+1} f(x)\,dx \le a_m\ (m = 1, 2, 3, \cdots)$이다. 그러므로 다음식을 얻는다.

$$\int_1^{n+1} f(x)\,dx \le s_n \le a_1 + \int_1^n f(x)\,dx \quad \cdots\cdots \quad (1)$$

만약 $\int_1^{\infty} f(x)\,dx = l < \infty$이면, (1)에 의하여 다음이 성립한다.

$$n \in \mathrm{N}, \quad s_n \le a_1 + \int_1^n f(x)\,dx \le a_1 + \int_1^{\infty} f(x)\,dx = a_1 + l$$

$n-1, 2, \cdots$에 대하여 $0 \le f(n)$이므로 정리 6.9에 의하여 $\sum_{k=1}^{\infty} a_k$은 수렴한다.

한편 $\int_1^{\infty} f(x)\,dx = \infty$이면 $\lim_{n\to\infty} \int_1^{n+1} f(x)\,dx = \infty$이므로 (1)에 의해서 $s_n \to \infty\ (n \to \infty)$이다. 따라서 $\sum_{k=1}^{\infty} a_k$은 발산한다. ■

예제 2.5

다음 급수의 수렴여부를 말하라.

$$\sum_{k=1}^{\infty}\frac{1}{k^2}$$

풀이 $f(x)=\frac{1}{x^2}$ $(x\geq 1)$라 할 때 적분판정법의 조건을 만족하고 다음이 성립하므로 주어진 급수는 수렴한다.

$$\int_1^{+\infty}\frac{1}{x^2}\,dx=\lim_{b\to+\infty}\int_1^b\frac{1}{x^2}\,dx=\lim_{b\to+\infty}\left[-\frac{1}{x}\right]_1^b=\lim_{b\to+\infty}\left[1-\frac{1}{b}\right]=1$$

주의 예제 2.5에서 $\sum_{k=1}^{\infty}\frac{1}{k^2}=1+\frac{1}{4}+\frac{1}{9}+\cdots>1$이므로 다음 사실에 주의하자.

$$\sum_{k=1}^{\infty}\frac{1}{k^2}\neq\int_1^{+\infty}\frac{1}{x^2}\,dx$$

예제 2.6

적분판정법을 이용하여 조화급수가 발산함을 보여라.

풀이 $f(x)=\frac{1}{x}$ $(x\geq 1)$라 할 때 이 함수는 적분판정법의 조건을 만족하고 다음 사실이 성립하므로 조화 급수는 발산한다.

$$\int_1^{+\infty}\frac{1}{x}\,dx=\lim_{l\to+\infty}\int_1^l\frac{1}{x}\,dx=\lim_{l\to+\infty}[\ln l-\ln 1]=+\infty$$

예제 2.7

다음 급수의 수렴여부를 말하라.

$$\frac{1}{e}+\frac{2}{e^4}+\frac{3}{e^9}+\cdots+\frac{k}{e^{k^2}}+\cdots$$

풀이 $f(x)=\frac{x}{e^{x^2}}=xe^{-x^2}$라 하면 $x\geq 1$, $f(x)>0$이고 연속이다.

$x\geq 1$, $f'(x)=e^{-x^2}-2x^2e^{-x^2}=e^{-x^2}(1-2x^2)<0$이므로 $f(x)$는 감소함수이다. 따라서 $f(x)$는 적분판정법의 조건을 만족한다.

$$\int_1^{+\infty} xe^{-x^2}dx = \lim_{l\to+\infty}\int_1^l xe^{-x^2}dx$$
$$= \lim_{l\to+\infty}\left[-\frac{1}{2}e^{-x^2}\right]_1^l$$
$$=\left(-\frac{1}{2}\right)\lim_{l\to+\infty}[e^{-l^2}-e^{-1}]=\frac{1}{2e} < \infty$$

따라서 주어진 급수는 수렴한다.

예제 2.8 (1997. 임용고사)

다음 급수의 수렴, 발산을 판정하시오.

$$\sum_{n=1}^{\infty}\frac{e^{-\sqrt{n}}}{\sqrt{n}}$$

풀이 함수 $f: [1, \infty) \to [0, \infty)$를 다음과 같이 정의한다.

$$x\in[1, \infty), \quad f(x)=\frac{1}{\sqrt{x}\,e^{\sqrt{x}}}$$

이때 $f(x)$는 연속이고 감소함수이다($f'(x)=\frac{-1}{2e^{\sqrt{x}}}(1+\frac{1}{\sqrt{x}}) < 0$).
$\int_1^{\infty}\frac{1}{\sqrt{x}\,e^{\sqrt{x}}}dx = \frac{2}{e} < \infty$이므로 정리 6.10에 의하여 주어진 급수는 수렴한다.

정의 6.11

$p > 0$일 때 다음 급수를 **p−급수**(p−series)라 부른다.

$$\sum_{k=1}^{\infty}\frac{1}{k^p}=1+\frac{1}{2^p}+\frac{1}{3^p}+\cdots+\frac{1}{k^p}+\cdots$$

예제 2.9

p−급수의 예

$$\sum_{k=1}^{\infty}\frac{1}{k}=1+\frac{1}{2}+\frac{1}{3}+\cdots+\frac{1}{k}+\cdots \qquad (p=1)$$

$$\sum_{k=1}^{\infty}\frac{1}{k^2}=1+\frac{1}{2^2}+\frac{1}{3^2}+\cdots+\frac{1}{k^2}+\cdots \qquad (p=2)$$

$$\sum_{k=1}^{\infty}\frac{1}{\sqrt{k}}=1+\frac{1}{\sqrt{2}}+\frac{1}{\sqrt{3}}+\cdots+\frac{1}{\sqrt{k}}+\cdots \qquad (p=\frac{1}{2})$$

p-급수에 대한 수렴여부를 판정하는 정리를 소개하고자 한다.

정리 6.12 **p-급수의 수렴판정**

p-급수 $\sum_{k=1}^{\infty}\frac{1}{k^p}=1+\frac{1}{2^p}+\frac{1}{3^p}+\cdots+\frac{1}{k^p}+\cdots$이 주어져 있다 하자. 만약 $p>1$이면 주어진 급수는 수렴하고 만약 $0<p\le 1$이면 주어진 급수는 발산한다.

증명 $p\neq 1$일 때 적분판정법을 쓰기 위하여 다음 이상적분을 계산한다.

$$\begin{aligned}\int_1^{+\infty}\frac{1}{x^p}\,dx &= \lim_{l\to+\infty}\int_1^l x^{-p}dx\\ &= \lim_{l\to+\infty}\left[\frac{x^{1-p}}{1-p}\right]_1^l\\ &= \lim_{l\to+\infty}\left[\frac{l^{1-p}}{1-p}-\frac{1}{1-p}\right]\end{aligned}$$

$p>1$이면 $\lim_{l\to\infty} l^{1-p}=0$이므로 적분판정법에 의해서 주어진 p-급수는 수렴한다. 만약 $0<p<1$이면 $\lim_{l\to\infty} l^{1-p}=\infty$이므로 적분판정법에 의해서 주어진 p-급수는 발산한다. $p=1$이면 주어진 급수는 조화급수이므로 발산한다. ■

정리 6.13 **비교판정법(comparison test)**

$\sum_{n=1}^{\infty}a_n$ 과 $\sum_{n=1}^{\infty}b_n$ 을 양항급수라 하자. 모든 자연수 n에 대해서

$a_n \leq b_n$이라 하자.

(1) $\sum_{n=1}^{\infty} b_n$이 수렴하면 $\sum_{n=1}^{\infty} a_n$이 수렴한다.

(2) $\sum_{n=1}^{\infty} a_n$이 발산하면 $\sum_{n=1}^{\infty} b_n$ 도 발산한다.

증명 $n \geq 1$, $a_1 + a_2 + \cdots + a_n \leq b_1 + b_2 + \cdots + b_n$이므로 정리 6.9에 의해서 수렴 또는 발산의 판정이 명백하다. ■

예제 2.10

다음 양항급수의 수렴여부를 조사하라.

$$\sum_{n=1}^{\infty} \frac{3}{4^n+1}$$

풀이 $n \geq 1$, $\frac{3}{4^n+1} < \frac{3}{4^n}$이고 $\sum_{n=1}^{\infty} \frac{3}{4^n}$이 수렴하므로 주어진 양항급수는 정리 6.13에 의해서 수렴한다.

예제 2.11

다음 양항급수의 수렴여부를 조사하라.

$$\sum_{n=1}^{\infty} \frac{1}{3n+2}$$

풀이 $n \geq 1$, $b_n = \frac{1}{4n}$이라 하자. $\frac{1}{3n+2} \geq \frac{1}{3n+n} = \frac{1}{4n} = b_n (n \geq 2)$이고 $\sum_{n=1}^{\infty} \frac{1}{4n} = \sum_{n=1}^{\infty} (\frac{1}{4})(\frac{1}{n})$이므로 주어진 양항급수는 발산한다.

정리 6.14 **비판정(ratio test)**

$\sum_{n=1}^{\infty} a_n$을 양항급수라 하고 $\lim_{n \to \infty} \frac{a_{n+1}}{a_n} = l$이라 하자.

(1) 만약 $l < 1$이면 $\sum a_n$은 수렴한다.

(2) 만약 $l > 1$이면 $\sum a_n$은 발산한다.

(3) 만약 $l=1$이면 급수의 수렴 또는 발산을 말할 수 없다.

증명 (1) $l < r < 1$인 r에 대해서 다음 부등식을 만족하는 자연수 n_0가 있다.

$$n \geq n_0, \quad \frac{a_{n+1}}{a_n} \leq r$$

(i) $k \in \mathrm{N}$, $a_{n_0+1} \leq r a_{n_0}$, $a_{n_0+2} \leq r a_{n_0+1} \leq r^2 a_{n_0}$, $\cdots$, $a_{n_0+k} \leq r^k a_{n_0}$

(ii) $r < 1$이므로 기하급수 $\sum_{m=0}^{\infty} a_{n_0} r^m$은 수렴한다.

따라서 (ii)와 정리 6.13에 의해서 $\sum a_n$은 수렴한다.

(2) $1 < s < l$인 s에 대해서 다음 부등식을 만족하는 n_1가 있다.

$$n \geq n_1, \quad \frac{a_{n+1}}{a_n} \geq s$$

따라서 $a_{n_1+1} \geq s a_{n_1}$이다. (1)에서와 같이 $m \in \mathrm{N}$, $a_{n_1+m} > s^m a_{n_1}$이다. $s > 1$이므로 $s^m a_{n_1} \to \infty \ (m \to \infty)$. 따라서 $\sum_{n=1}^{\infty} a_n$은 발산한다.

(3) p-급수 $\sum_{n=1}^{\infty} \frac{1}{n^p}$에서 $\frac{a_{n+1}}{a_n} = \left(\frac{n}{n+1}\right)^p$이므로 다음이 성립한다.

$$\lim_{n\to\infty} \frac{a_{n+1}}{a_n} = \lim_{n\to\infty} \left(\frac{1}{1+\frac{1}{n}} \right)^p = 1$$

$0 < p \leq 1$일 때 이 급수는 발산하고 $p > 1$일 때 이 급수는 수렴함을 안다. 따라서 $l=1$이면 급수의 수렴 또는 발산을 말할 수 없다. ■

예제 2.12

다음 급수의 수렴여부를 조사하라.

$$\sum_{k=1}^{\infty} \frac{1}{k!}$$

풀이 $l = \lim_{k\to\infty} \frac{a_{k+1}}{a_k} = \lim_{k\to\infty} \frac{1/(k+1)!}{1/k!} = \lim_{k\to\infty} \frac{k!}{(k+1)!} = \lim_{k\to\infty} \frac{1}{k+1} = 0 < 1$

이므로 정리 6.14에 의해서 주어진 급수는 수렴한다.

예제 2.13

다음 급수의 수렴여부를 조사하라.

$$\sum_{k=1}^{\infty} \frac{k^k}{k!}$$

풀이

$$l = \lim_{k\to\infty} \frac{a_{k+1}}{a_k} = \lim_{k\to\infty} \frac{(k+1)^{k+1}}{(k+1)!} \frac{k!}{k^k}$$

$$= \lim_{k\to\infty} \frac{(k+1)^k}{k^k}$$

$$= \lim_{k\to\infty} \left(1+\frac{1}{k}\right)^k = e > 1$$

따라서 정리 6.14에 의해서 주어진 급수는 발산한다.

예제 2.14 **(2005. 임용고사)**

무한급수 $\sum_{n=1}^{\infty} \frac{n!}{(n+1)^n}$ 의 수렴, 발산을 판정하시오.

풀이

$$l = \lim_{k\to\infty} \frac{a_{k+1}}{a_k} = \lim_{k\to\infty} \frac{(k+1)!}{(k+2)^{k+1}} \frac{(k+1)^k}{k!} = \lim_{k\to\infty} \left(\frac{k+1}{k+2}\right)^{k+1}$$

$$= \lim_{k\to\infty} \left(\frac{1}{1+\frac{1}{k+1}}\right)^{k+1} = \frac{1}{e} < 1$$

따라서 정리 6.14에 의해서 수렴한다.

예제 2.15

다음 급수의 수렴여부를 조사하라.

$$1+\frac{1}{3}+\frac{1}{5}+\frac{1}{7}+\cdots+\frac{1}{2k-1}+\cdots$$

풀이

$$l = \lim_{k\to\infty} \frac{a_{k+1}}{a_k} = \lim_{k\to\infty} \frac{1}{2(k+1)-1} \frac{2k-1}{1} = \lim_{k\to\infty} \frac{2k-1}{2k+1} = 1$$

따라서 정리 6.14로는 주어진 급수의 수렴여부를 말할 수 없다. 그러나

$$\int_1^{\infty} \frac{1}{2x-1}\,dx = \lim_{b\to\infty} \int_1^{b} \frac{1}{2x-1}\,dx = \lim_{b\to\infty} \left[\frac{1}{2} \ln(2x-1) \right]_1^{b} = \infty$$

이므로 적분판정법에 의해서 주어진 급수는 발산한다.

예제 2.16

다음 급수의 수렴여부를 조사하라.

$$\frac{2!}{4} + \frac{4!}{4^2} + \frac{6!}{4^3} + \cdots + \frac{(2k)!}{4^k} + \cdots$$

풀이

$$l = \lim_{k\to\infty} \frac{a_{k+1}}{a_k} = \lim_{k\to\infty} \frac{[2(k+1)]!}{4^{k+1}} \frac{4^k}{(2k)!}$$

$$= \lim_{k\to\infty} \left(\frac{(2k+2)!}{2k!} \frac{1}{4} \right)$$

$$= \frac{1}{4} \lim_{k\to\infty} (2k+1)(2k+2) = \infty$$

따라서 주어진 급수는 정리 6.14에 의해서 발산한다.

정리 6.15 근판정(root test)

양항급수 $\sum_{n=1}^{\infty} a_n$에 대하여 $\lim_{n\to\infty} \sqrt[n]{a_n} = l$이라 하자.

(1) 만약 $0 \le l < 1$이면 $\sum_{n=1}^{\infty} a_n$은 수렴한다.

(2) 만약 $l > 1$이면 주어진 급수는 발산한다.

(3) 만약 $l = 1$이면 주어진 급수의 수렴 또는 발산을 말할 수 없다.

증명 정리 6.14와 같은 방법으로 증명할 수 있으므로 (1)만 증명하겠다. $0 \le l < 1$이라면 다음 부등식을 만족하는 n_0가 있다.

$$n \ge n_0, \quad \sqrt[n]{a_n} < r$$

따라서 다음 식을 만족한다.

$$n \ge n_0, \quad a_n < r^n \quad \cdots\cdots \quad (1)$$

$r<1$이므로 $\sum r^n$은 수렴한다. (1)과 정리 6.13에 의해서 $\sum a_n$은 수렴한다. ■

예제 2.17

다음 급수의 수렴여부를 조사하라.

$$\sum_{k=1}^{\infty}\left(\frac{4k-5}{2k+1}\right)^k$$

풀이

$$l=\lim_{k\to\infty}(a_k)^{1/k}=\lim_{k\to\infty}\frac{4k-5}{2k+1}=2>1$$

따라서 정리 6.15에 의해서 주어진 급수는 발산한다.

예제 2.18

다음 급수의 수렴여부를 조사하라.

$$\sum_{k=1}^{\infty}\frac{1}{(\ln(k+1))^k}$$

풀이

$$l=\lim_{k\to\infty}(a_k)^{1/k}=\lim_{k\to\infty}\frac{1}{\ln(k+1)}=0<1$$

따라서 주어진 급수는 정리 6.15에 의해서 수렴한다.

정리 6.16 극한비교판정(limit comparison test)

$\sum_{n=1}^{\infty}a_n$과 $\sum_{n=1}^{\infty}b_n$을 양항급수라 하자.

$0<l=\lim_{n\to\infty}\frac{a_n}{b_n}<\infty$일 때, $\sum_{n=1}^{\infty}a_n$과 $\sum_{n=1}^{\infty}b_n$은 동시에 수렴하거나 또는 동시에 발산한다.

증명 $\lim_{n\to\infty}\frac{a_n}{b_n}=l$ 이므로, $0<\varepsilon<l$인 ε에 대해서 다음 부등식을 만족하는 자연수 n_0가 있다.

$$n \geq n_0, \quad 0 < l - \varepsilon < \frac{a_n}{b_n} < l + \varepsilon$$

따라서 다음이 성립한다.

$$n \geq n_0, \quad (l-\varepsilon) b_n < a_n < (l+\varepsilon) b_n$$

비교판정에 의해서 $\sum_{n=1}^{\infty} a_n$, $\sum_{n=1}^{\infty} b_n$ 은 동시에 수렴하거나 또는 동시에 발산한다. ■

예제 2.19

다음 급수의 수렴여부를 말하라.

$$\sum_{k=1}^{\infty} \frac{3k^3 - 2k^2 + 4}{k^5 - k^3 + 2}$$

풀이 급수 $\sum_{k=1}^{\infty} \frac{3k^3}{k^5} = \sum_{k=1}^{\infty} \frac{3}{k^2}$ 이 수렴함을 알므로 주어진 급수의 수렴 여부를 알기 위하여 이 급수와 정리 6.16을 이용하고자 한다.

$$l = \lim_{k \to \infty} \frac{\dfrac{3k^3 - 2k^2 + 4}{k^5 - k^3 + 2}}{\dfrac{3}{k^2}} = \lim_{k \to \infty} \frac{3k^5 - 2k^4 + 4k^2}{3k^5 - 3k^3 + 6} = 1$$

이므로 정리 6.16에 의해서 주어진 급수는 수렴한다.

정의 6.17

$\sum_{n=1}^{\infty} a_n$이 양항급수일 때 다음과 같은 급수를 **교대급수**(alternating series)라고 한다.

$$a_1 - a_2 + a_3 - a_4 + \cdots + (-1)^{n+1} a_n + \cdots \quad \text{또는}$$
$$-a_1 + a_2 - a_3 + a_4 + \cdots + (-1)^n a_n + \cdots$$

정리 6.18 **교대급수판정**

$\lim_{n\to\infty} a_n = 0$이고 다음 부등식을 만족하는 자연수 k가 있다면 $\sum_{n=1}^{\infty}(-1)^{n+1}a_n$은 수렴한다.

$$n \geq k, \quad 0 < a_{n+1} \leq a_n$$

증명 급수의 수렴판정에서 처음 유한 항은 영향을 미치지 못하므로 $k=1$이라 가정할 수 있다. 즉 $a_1 \geq a_2 \geq a_3 \geq \cdots \geq a_n \to 0\,(n \to \infty)$ 라고 가정하면 다음 식을 얻을 수 있다.

$$\begin{aligned} s_{2n} &= (a_1 - a_2) + (a_3 - a_4) - \cdots + (a_{2n-1} - a_{2n}) \\ &= a_1 - (a_2 - a_3) - \cdots - (a_{2n-2} - a_{2n-1}) - a_{2n} \end{aligned}$$

$a_n - a_{n+1} \geq 0\,(n=1, 2, \cdots)$이므로 $s_2 \leq s_4 \leq \cdots \leq s_{2n} \leq a_1$이다. 따라서 수열 $\{s_{2n}\}$은 수렴한다.

$s_{2n+1} = s_{2n} + a_{2n+1}$, $s_{2n} \to s\,(n \to \infty)$, $a_{2n+1} \to 0\,(n \to \infty)$이므로 다음이 성립한다.

$$\lim_{n\to\infty} s_{2n+1} = \lim_{n\to\infty} s_{2n} = s\,.$$

따라서 교대급수는 수렴한다. ■

예제 2.20 **(교대조화급수)**

다음 교대급수들이 수렴함을 보여라.

$$\sum_{n=1}^{\infty}(-1)^n \frac{1}{n}\,, \quad \sum_{n=1}^{\infty}(-1)^{n+1}\frac{1}{n}$$

풀이 교대급수판정에 의하여 주어진 급수는 수렴한다.

예제 2.21

다음 교대급수의 수렴, 발산을 말하라.

$$\sum_{k=1}^{\infty}(-1)^{k+1}\frac{k+3}{k(k+1)}$$

풀이 $a_k = \dfrac{k+3}{k(k+1)}$라 하자. 다음 사실을 얻을 수 있다.

$$\lim_{k\to\infty} a_k = \lim_{k\to\infty}\frac{k+3}{k(k+1)} = \lim_{k\to\infty}\frac{\frac{1}{k}+\frac{3}{k^2}}{1+\frac{1}{k}} = 0$$

$$\begin{aligned}\frac{a_{k+1}}{a_k} &= \frac{k+4}{(k+1)(k+2)}\cdot\frac{k(k+1)}{k+3}\\ &= \frac{k^2+4k}{k^2+5k+6}\\ &= \frac{k^2+4k}{(k^2+4k)+(k+6)} < 1\end{aligned}$$

따라서 $k\geq 1$, $0 < a_{k+1} < a_k$이다. 정리 6.18에 의해서 주어진 급수는 수렴한다.

예제 2.22 (2007. 임용고사)

교대급수판정법을 이용하여 무한급수 $\sum_{n=1}^{\infty}(-1)^n\dfrac{(2n-1)!}{(2^n\cdot n!)^2}$가 수렴함을 보여라.(단, $\dfrac{(2n-1)!}{(2^n\cdot n!)^2}=\dfrac{1}{2}\times\dfrac{3}{4}\times\cdots\dfrac{2n-1}{2n}\times\dfrac{1}{2n}$이다.)

풀이 $a_n = \dfrac{(2n-1)!}{(2^n\cdot n!)^2}$이라 두면 $a_n>0$, $n=1,2,\cdots$이다.

$a_n=\dfrac{1}{2}\times\dfrac{3}{4}\times\cdots\dfrac{2n-1}{2n}\times\dfrac{1}{2n}$이고

$$\begin{aligned}a_{n+1}&=\frac{1}{2}\times\frac{3}{4}\times\cdots\frac{2n-1}{2n}\times\frac{2n+1}{2(n+1)}\times\frac{1}{2(n+1)}\\ &=a_n\times\frac{2n+1}{4(n+1)^2}\end{aligned}$$
이다.

$a_n < a_{n+1}$이므로 $\lim_{n\to\infty}a_n$은 존재한다. 그리고 $\lim_{n\to\infty}\dfrac{2n+1}{4(n+1)^2}=0$이므로 $\lim_{n\to\infty}a_n=0$이다. 따라서 정리 6.18(교대급수판정법)에 의하여 $\sum_{n=1}^{\infty}(-1)^n a_n$은 수렴한다.

정리 6.19

교대급수 $\sum_{n=1}^{\infty}(-1)^{n+1}a_n$가 교대급수 판정의 가정을 만족하고 s를 교대급수의 합, 즉 $\sum_{n=1}^{\infty}(-1)^{n+1}a_n = s$, s_n을 n째 부분합이라 하면 다음 부등식이 성립한다.

$$n=1, 2, \cdots, \quad |s-s_n| < a_{n+1}$$

증명 교대급수의 합 s와 부분합 s_n의 정의에 의해서 n이 짝수이면 $s_n < s < s_{n+1}$이고 n이 홀수이면 $s_{n+1} < s < s_n$이다. 따라서 다음 식이 성립한다.

$$n=1, 2, \cdots, \quad |s-s_n| < |s_{n+1}-s_n|$$

$s_{n+1}-s_n = \pm a_{n+1}$이므로 $n=1, 2, \cdots$, $|s-s_n| < a_{n+1}$이다. ■

우리는 조화급수 $\sum_{n=1}^{\infty}\frac{1}{n}$은 발산하지만 교대조화급수 $\sum_{n=1}^{\infty}(-1)^n\frac{1}{n}$과 $\sum_{n=1}^{\infty}(-1)^{n+1}\frac{1}{n}$은 수렴함을 보았다. 이와 같은 급수에 대한 정의를 소개한다.

정의 6.20

급수 $\sum_{n=1}^{\infty}a_n$에 대해서 급수 $\sum_{n=1}^{\infty}|a_n|$이 수렴할 때 $\sum_{n=1}^{\infty}a_n$은 **절대수렴**(absolutely convergent)한다고 하고, 급수 $\sum_{n=1}^{\infty}a_n$은 수렴하지만 급수 $\sum_{n=1}^{\infty}|a_n|$이 수렴하지 않을 때 급수 $\sum_{n=1}^{\infty}a_n$은 **조건수렴**(conditionally convergent)한다고 말한다.

예제 2.23

다음 급수의 절대수렴, 조건수렴 또는 발산을 말하라.

(1) $\sum_{n=1}^{\infty}\frac{(-1)^n}{4^n}$ (2) $\sum_{n=1}^{\infty}\frac{(-1)^n}{n}$ (3) $\sum_{n=1}^{\infty}\frac{(-1)^n n}{n+3}$

풀이 (1) $\sum_{n=1}^{\infty}\left(\frac{1}{4^n}\right)$이 수렴하므로 $\sum_{n=1}^{\infty}\frac{(-1)^n}{4^n}$은 절대수렴한다.

(2) 급수 $\sum_{n=1}^{\infty}\frac{1}{n}$은 발산하고 교대조화급수 $\sum_{n=1}^{\infty}\frac{(-1)^n}{n}$은 수렴하므로 급수 $\sum_{n=1}^{\infty}\frac{(-1)^n}{n}$은 조건수렴한다.

(3) $\lim_{n\to\infty}\frac{n}{n+3} = 1 \neq 0$이므로 $\sum_{n=1}^{\infty}\frac{(-1)^n n}{n+3}$은 발산한다.

정리 6.21

만약 급수 $\sum_{n=1}^{\infty}a_n$이 절대수렴하면 급수 $\sum_{n=1}^{\infty}a_n$은 수렴한다.

증명 만약 급수 $\sum_{n=1}^{\infty}|a_n|$이 수렴하면 정리 6.7에 의해서 급수 $\sum_{n=1}^{\infty}2|a_n|$도 수렴한다. $n=1, 2, \cdots$, $-|a_n| \leq a_n \leq |a_n|$이므로 $|a_n|$을 각 변에 더하면 $0 \leq a_n + |a_n| \leq 2|a_n|$이다. 정리 6.13에 의해서 급수 $\sum_{n=1}^{\infty}(a_n+|a_n|)$은 수렴한다. 정리 6.7과 다음 식에 의해서 $\sum_{n=1}^{\infty}a_n$은 수렴한다.

$$\sum_{n=1}^{\infty}a_n = \sum_{n=1}^{\infty}[(a_n + |a_n|) - |a_n|] \qquad \blacksquare$$

예제 2.24

다음 급수가 수렴함을 보여라.

$$\sum_{k=1}^{\infty}\frac{\cos k}{k^2}$$

풀이 $k\geq 1$, $|\cos k|\leq 1$이므로 $\left|\frac{\cos k}{k^2}\right|\leq \frac{1}{k^2}$이다. 따라서 $\sum_{k=1}^{\infty}\left|\frac{\cos k}{k^2}\right|$은 수렴한다. 그러므로 정리 6.21에 의하여 주어진 급수는 수렴한다.

정리 6.22

만약 급수 $\sum_{n=1}^{\infty} a_n$이 수렴하면 다음 부등식이 성립한다.

$$\left|\sum_{n=1}^{\infty} a_n\right| \leq \sum_{n=1}^{\infty} |a_n|$$

증명 $s_n=\sum_{i=1}^{n} a_i$라 하면 가정에 의하여 수열 $\{s_n\}$은 수렴한다. 따라서 모든 자연수 n에 대하여 다음 부등식이 성립한다.

$$\left|\sum_{i=1}^{n} a_i\right| = |s_n| \leq \sum_{i=1}^{n} |a_i| \quad \cdots \quad (1)$$

$t_n=\sum_{i=1}^{n} |a_i|$라 하면 $|a_i|\geq 0$이므로 수열 $\{t_n\}$은 증가수열이다. 따라서 수열 $\{t_n\}$은 수렴하거나 ∞로 발산한다. 두 경우 모두 각 n에 대해서 $t_n=\sum_{i=1}^{n}|a_i| \leq \lim_{n\to\infty} t_n$이다. 식 (1)로부터 각 자연수 n에 대하여 $\lim_{n\to\infty}|s_n| \leq \lim_{n\to\infty} t_n$이다. 따라서 정리 2.6(9)에 의해서 $\lim_{n\to\infty}|s_n| = |\lim_{n\to\infty} s_n|$이므로 $\left|\sum_{n=1}^{\infty} a_n\right| \leq \sum_{n=1}^{\infty}|a_n|$이다. ■

예제 2.25

다음 급수에 대하여 정리 6.22가 성립함을 보여라.

$$\sum_{n=1}^{\infty}\frac{(-1)^n 2^{n+1}}{3^n}$$

풀이 주어진 급수는 첫항이 2이고 공비가 $-\frac{2}{3}$인 교대등비급수이므로 정리 6.4에 의해서 $\frac{6}{5}$로 수렴한다. 각 항의 절대값의 급수는 첫항이 2이고 공비가 $\frac{2}{3}$인 등비급수이므로 6에 수렴한다. 따라서 정리 6.22가 성립한다.

정리 6.23 **비판정(ratio test)**

임의의 자연수 n에 대하여 $a_n \neq 0$이고 $\lim_{n\to\infty}\left|\frac{a_{n+1}}{a_n}\right| = l$ 이라 하면 급수 $\sum_{n=1}^{\infty} a_n$에 대하여 다음이 성립한다.

(1) 만약 $0 \le l < 1$이면 $\sum_{n=1}^{\infty} |a_n|$은 수렴한다.

(2) 만약 $l > 1$ 이거나 $l = \infty$이면 $\sum_{n=1}^{\infty} a_n$은 발산한다.

(3) 만약 $l = 1$이면 급수의 수렴 또는 발산을 말할 수 없다.

증명 (1) $|a_n| \ge 0$이므로 정리 6.14 (1)과 같다.

(2) $l > 1$이므로 다음 식을 만족하는 자연수 N가 있다.

$$n \ge N, \quad \left|\frac{a_{n+1}}{a_n}\right| > 1$$

따라서 다음 식이 성립한다.

$$|a_N| < |a_{N+1}| < |a_{N+2}| < \cdots$$

그러므로 $\lim_{n\to\infty} a_n \neq 0$이다. 따라서 $\sum_{n=1}^{\infty} a_n$는 발산한다.

(3) 정리 6.14의 증명 (3)을 보라.

예제 2.26

다음 급수의 절대수렴, 조건수렴 또는 발산을 밝혀라.

$$\sum_{n=1}^{\infty} (-1)^n \frac{2^n}{n!}$$

풀이 $n=1,2,\cdots,\quad a_n=(-1)^n\dfrac{2^n}{n!}$라 두면 다음이 성립한다.

$$\lim_{n\to\infty}\left|\frac{a_{n+1}}{a_n}\right| = \lim_{n\to\infty}\frac{2^{n+1}}{(n+1)!}\cdot\frac{n!}{2^n} = \lim_{n\to\infty}\frac{2}{n+1} = 0<1\ .$$

따라서 정리 6.23의 (1)에 의해서 주어진 급수는 절대수렴 한다.

예제 2.27

다음 급수의 수렴여부를 밝혀라.

$$\sum_{n=1}^{\infty}\frac{1\cdot 3\cdot 5\cdot\cdots(2n-1)}{1\cdot 4\cdot 9\cdots n^2}$$

풀이 $n=1,2,\cdots,\quad a_n=\dfrac{1\cdot 3\cdot 5\cdot\cdots\cdot(2n-1)}{1\cdot 4\cdot 9\cdot\cdots\cdot n^2}$라 두면 아래 식이 성립한다.

$$\left|\frac{a_{n+1}}{a_n}\right|=\frac{2n+1}{n^2+2n+1}\ \rightarrow\ 0<1\ (n\rightarrow\infty)$$

따라서 정리 6.23의 (1)에 의해서 주어진 급수는 수렴한다.

예제 2.28

다음 급수의 수렴여부를 밝혀라.

$$\sum_{n=1}^{\infty}nr^{n-1}$$

풀이 $n=1,2,\cdots,\quad a_n=nr^{n-1}$라 두면 아래 식이 성립한다.

$$\left|\frac{a_{n+1}}{a_n}\right|=\frac{n+1}{n}|r|\ ,\quad \lim_{n\to\infty}\left|\frac{a_{n+1}}{a_n}\right|=|r|$$

정리 6.23에 의해서 $|r|>1$이면 주어진 급수는 발산하고, $|r|<1$이면 주어진 급수는 절대수렴한다. $|r|=1$이면 $\lim_{n\to\infty}|a_n|=\lim_{n\to\infty}n=\infty$이므로 정리 6.6에 의해서 주어진 급수는 발산한다.

정리 6.24 **근판정(root test)**

무한급수 $\sum_{n=1}^{\infty} a_n$에 대해서 $\lim_{n\to\infty} \sqrt[n]{|a_n|} = l$ 이라 하면 다음이 성립한다.

(1) 만약 $0 \le l < 1$이면 $\sum_{n=1}^{\infty} |a_n|$은 수렴한다.

(2) 만약 $l > 1$ 이거나 $l = \infty$이면 $\sum_{n=1}^{\infty} a_n$은 발산한다.

(3) 만약 $l = 1$이면 급수의 수렴 또는 발산을 말할 수 없다.

증명 (1) $|a_n| \ge 0$이므로 정리 6.15 (1)과 같다.

(2) $l > 1$이므로 무한히 많은 양의 정수 n에 대하여 $|a_n|^{\frac{1}{n}} > 1$이다. 따라서 무한히 많은 양의 정수 n에 대해서 $|a_n| > 1$이다. 그러므로 $\lim_{n\to\infty} a_n \ne 0$이다. 따라서 $\sum_{n=1}^{\infty} a_n$는 발산한다.

(3) $\lim_{n\to\infty}\left(\frac{1}{n}\right)^{\frac{1}{n}} = 1 = \lim_{n\to\infty}\left(\frac{1}{n^2}\right)^{\frac{1}{n}}$이지만 $\sum_{n=1}^{\infty}\frac{1}{n}$은 발산하고 $\sum_{n=1}^{\infty}\frac{1}{n^2}$은 수렴한다.

예제 2.29

다음 급수의 수렴여부를 밝혀라.

(1) $\sum_{n=1}^{\infty} \frac{(2n^3-1)^n}{n^{3n}}$

(2) $\sum_{n=1}^{\infty} \frac{n^n}{3^{n^2}}$

풀이 (1) $\sqrt[n]{|a_n|} = 2 - \frac{1}{n^3}$이므로 $\lim_{n\to\infty} \sqrt[n]{|a_n|} = 2 > 1$이다. 정리 6.24 (2)에 의해서 주어진 급수는 발산한다.

(2) $\sqrt[n]{|a_n|} = \frac{n}{3^n}$이므로 L'Hopital의 정리를 사용하면 $\lim_{n\to\infty} \sqrt[n]{|a_n|} = 0 < 1$이다. 정리 6.24 (1)에 의해서 주어진 급수는 수렴

한다.

예제 2.30 (1992. 임용고사)

다음 중 수렴하지 않는 무한급수는?

(1) $\sum_{n=1}^{\infty}\frac{1}{n^2+1}$ (2) $\sum_{n=1}^{\infty}\frac{n!}{(n+2)!}$

(3) $\sum_{n=1}^{\infty}\frac{n}{e^n}$ (4) $\sum_{n=1}^{\infty}\frac{\log n}{n}$

풀이 정리 6.23에 의하여 (1), (2), (3)은 수렴한다.

연습문제 6.2

1. 다음 급수의 수렴여부를 판정하고, 수렴하면 수렴 값을 구하라.

(1) $\sum_{k=1}^{\infty}\left[\frac{1}{2^k}+\frac{1}{4^k}\right]$ (2) $\sum_{k=1}^{\infty}\left[\frac{1}{5^k}-\frac{1}{k(k+1)}\right]$ (3) $\sum_{k=1}^{\infty}\left[\frac{1}{k^2-1}-\frac{7}{10^{k-1}}\right]$

(4) $\sum_{k=1}^{\infty}\frac{1}{k+6}$ (5) $\sum_{k=1}^{\infty}\frac{1}{5k+2}$ (6) $\sum_{k=1}^{\infty}\frac{k}{1+k^2}$

(7) $\sum_{k=1}^{\infty}\frac{1}{1+9k^2}$ (8) $\sum_{k=1}^{\infty}\frac{1}{\sqrt{k+5}}$ (9) $\sum_{k=1}^{\infty}\frac{1}{\sqrt[k]{e}}$

2. 다음 급수의 수렴여부를 말하라.
(1)~(4) : 비에 의한 판정법, (5)~(7) : n승근 판정법,
(8)~(15) : 비교 판정법, (16)~(18) : 비교극한 판정법

(1) $\sum_{k=1}^{\infty}\frac{3^k}{k!}$ (2) $\sum_{k=1}^{\infty}\frac{1}{5k}$ (3) $\sum_{k=1}^{\infty}\frac{1}{k^2}$

(4) $\sum_{k=1}^{\infty}\frac{k!}{k^3}$ (5) $\sum_{k=1}^{\infty}\left(\frac{3k+2}{2k-1}\right)^k$ (6) $\sum_{k=1}^{\infty}\frac{k}{5^k}$

(7) $\sum_{k=1}^{\infty}\left(\frac{k}{100}\right)^k$ (8) $\sum_{k=1}^{\infty}\frac{1}{3^k+5}$ (9) $\sum_{k=1}^{\infty}\frac{1}{5k^2-k}$

(10) $\sum_{k=1}^{\infty}\frac{2^k-1}{3^k+2k}$ (11) $\sum_{k=1}^{\infty}\frac{5\sin^2 k}{k!}$ (12) $\sum_{k=1}^{\infty}\frac{3}{k-\frac{1}{4}}$

(13) $\sum_{k=1}^{\infty}\frac{9}{\sqrt{k+1}}$ (14) $\sum_{k=1}^{\infty}\frac{k+1}{k^2-k}$ (15) $\sum_{k=1}^{\infty}\frac{\sqrt{k}}{2+\sin^2 k}$

(16) $\sum_{k=1}^{\infty}\frac{5}{3^k+1}$ (17) $\sum_{k=1}^{\infty}\frac{k(k+3)}{(k+1)(k+2)(k+5)}$

(18) $\sum_{k=1}^{\infty} \frac{1}{\sqrt[3]{8k^2-3k}}$

3. 만약 $\sum_{k=1}^{\infty} a_k$가 수렴하고 $\sum_{k=1}^{\infty} b_k$가 발산하면 $\sum_{k=1}^{\infty}(a_k+b_k)$와 $\sum_{k=1}^{\infty}(a_k-b_k)$가 발산함을 증명하라.

4. 3번을 사용하여 다음 급수의 수렴여부를 판정하라.

(1) $\sum_{k=1}^{\infty}\left[\left(\frac{2}{3}\right)^{k-1}+\frac{1}{k}\right]$ (2) $\sum_{k=1}^{\infty}\left[\frac{k^2}{1+k^2}+\frac{1}{k(k+1)}\right]$

(3) $\sum_{k=1}^{\infty}\left[\frac{1}{3k+2}+\frac{1}{k^{3/2}}\right]$ (4) $\sum_{k=1}^{\infty}\left[\frac{1}{k(\ln k)^2}-\frac{1}{k^2}\right]$

5. 다음 급수의 절대수렴, 수렴조건, 혹은 발산을 말하라.

(1) $\sum_{k=1}^{\infty}\left(-\frac{3}{5}\right)^k$ (2) $\sum_{k=1}^{\infty}(-1)^{k+1}\frac{2^k}{k!}$ (3) $\sum_{k=1}^{\infty}(-1)^k\left(\frac{k}{5^k}\right)$

(4) $\sum_{k=1}^{\infty}(-1)^k\left(\frac{k^3}{e^k}\right)$ (5) $\sum_{k=1}^{\infty}\frac{(-1)^{k+1}}{3k}$ (6) $\sum_{k=1}^{\infty}\frac{(-1)^{k+1}}{k!}$

(7) $\sum_{k=1}^{\infty}(-1)^{k+1}\left(\frac{k+2}{3k-1}\right)^k$ (8) $\sum_{k=1}^{\infty}(-1)^{k+1}\frac{k+2}{k(k+3)}$

(9) $\sum_{k=2}^{\infty}\frac{(-1)^k}{k\ln k}$

연습문제 풀이 및 해답

1. (1) $\frac{4}{3}$ (2) $-\frac{3}{4}$ (3) $-\frac{1}{36}$ (4) 발산
   (5) 발산 (6) 발산 (7) 수렴 (8) 발산 (9) 발산
2. (1) 수렴 (2) 발산 (3) 수렴
   (4) 발산 (5) 발산 (6) 수렴
   (7) 발산 (8) 수렴 (9) 수렴
   (10) 수렴 (11) 수렴 (12) 발산
   (13) 수렴 (14) 발산 (15) 발산
   (16) 수렴 (17) 발산 (18) 발산
4. (1) 발산 (2) 발산 (3) 발산 (4) 발산
5. (1) 절대수렴 (2) 절대수렴 (3) 절대수렴
   (4) 절대수렴 (5) 조건수렴 (6) 절대수렴
   (7) 절대수렴 (8) 조건수렴 (9) 조건수렴

6.3 멱 급 수

정의 6.25

a를 고정된 실수라 하자.

x를 실변수로 가지는 급수 $\sum_{n=0}^{\infty} b_n(x-a)^n$을 $(x-a)$에 대한 멱급수(power series)라고 한다. 특히 $a=0$일 때 $\sum_{n=0}^{\infty} b_n x^n$을 x에 대한 **멱급수**라고 한다.

예제 3.1

멱급수의 예

$$\sum_{n=0}^{\infty} x^n = 1+x+x^2+x^3+\cdots$$

$$\sum_{n=0}^{\infty} \frac{x^n}{n!} = 1+x+\frac{x^2}{2!}+\frac{x^3}{3!}+\cdots$$

$$\sum_{n=0}^{\infty} (-1)^n \frac{x^{n+1}}{n+1} = x-\frac{x^2}{2}+\frac{x^3}{3}-\frac{x^4}{4}+\cdots$$

$$\sum_{n=0}^{\infty} (-1)^n \frac{x^{2n}}{(2n)!} = 1-\frac{x^2}{2!}+\frac{x^4}{4!}-\frac{x^6}{6!}+\cdots$$

$$\sum_{n=0}^{\infty} (-1)^n \frac{x^{2n+1}}{(2n+1)!} = x-\frac{x^3}{3!}+\frac{x^5}{5!}-\frac{x^7}{7!}+\cdots$$

멱급수 $\sum_{k=0}^{\infty} c_k x^k$에 대한 중요한 문제는 주어진 멱급수가 수렴하는 x값들을 구하는 것이다.

예제 3.2

다음의 멱급수들이 수렴하는 x 의 값을 구하라.

(1) $\sum_{n=0}^{\infty} n!x^n$ (2) $\sum_{n=0}^{\infty} \frac{x^n}{n!}$ (3) $\sum_{n=0}^{\infty}(x-1)^n$

풀이 (1) $a_n = n!x^n$라 두면 다음 식이 성립한다.

$$\lim_{n\to\infty}\left|\frac{a_{n+1}}{a_n}\right| = \lim_{n\to\infty}\left|\frac{(n+1)!\,x^{n+1}}{n!\,x^n}\right| = \lim(n+1)|x|$$

그러므로 주어진 급수는 정리 6.23에 의하여 $x=0$일 때만 수렴한다.

(2) $a_n = \frac{x^n}{n!}$이라 두면 모든 실수 x에 대해서 다음이 성립한다.

$$\lim_{n\to\infty}\left|\frac{a_{n+1}}{a_n}\right| = \lim_{n\to\infty}\frac{|x|}{n+1} = 0$$

따라서 주어진 급수는 정리 6.23에 의하여 모든 실수 x에 대해서 절대수렴한다.

(3) $a_n = (x-1)^n$라 두면 정리 6.23에 의하여 개구간 $(0, 2)$ 위에서 주어진 급수는 절대수렴하고, $(-\infty, 0)\cup(2, \infty)$ 위에서 발산함을 알 수 있다. $x=0$ 또는 $x=2$에서 주어진 급수는 발산한다.

정리 6.26

멱급수 $\sum_{n=0}^{\infty} b_n(x-a)^n$에 대해서 $\lim_{n\to\infty}\left|\frac{b_{n+1}}{b_n}\right| = q$라 하자.

(1) $q=\infty$이면 급수는 $x=a$일 때만 수렴한다.

(2) $q=0$이면 급수는 모든 실수 x에 대해서 절대수렴한다.

(3) $q\in(0, \infty)$이면 $r=\frac{1}{q}$이라 할 때 $(a-r, a+r)$ 위에서 절대수렴하고, $(-\infty, a-r)\cup(a+r, +\infty)$ 위에서는 발산한다.

증명 $a_n = b_n(x-a)^n$라 두면 다음이 성립한다.

$$\begin{aligned}\lim_{n\to\infty}\left|\frac{a_{n+1}}{a_n}\right| &= \lim_{n\to\infty}\left|\frac{b_{n+1}(x-a)^{n+1}}{b_n(x-a)^n}\right| \\ &= \lim_{n\to\infty}\left|\frac{b_{n+1}}{b_n}\right||x-a| = q|x-a| = l\end{aligned}$$

(1) $q=\infty$이고 $x\neq a$이면 $l=\infty$이다. 따라서 정리 6.23에 의하여 주어진 급수는 $x=a$일 때만 수렴한다.

(2) $q=0$이면 $l=0<1$이므로 정리 6.23에 의하여 주어진 급수는 모든 실수에 대해서 절대수렴 한다.

(3) $q\in(0, +\infty)$이면 $l=q|x-a|<1$일 때 주어진 급수는 절대수렴하고 $l=q|x-a|>1$일 때 발산한다. 따라서 주어진 급수는 $(a-r, a+r)$ 위에서 절대수렴하고 $(-\infty, a-r)\cup(a+r, +\infty)$ 위에서는 발산한다.

주의 $x=a-r$, $x=a+r$ 일 때는 수렴여부를 각각 조사하여야 한다.

여기서 r을 주어진 급수의 **수렴반경**(radius of convergence)이라고 한다. (1)의 경우는 $r=0$로 (2)의 경우는 $r=\infty$로 생각할 수 있다.

예제 3.3

다음 멱급수의 수렴반경을 구하라.

$$\sum_{n=1}^{\infty}\frac{(-1)^{n-1}x^{2n-1}}{(2n-1)!}=x-\frac{x^3}{3!}+\frac{x^5}{5!}-\frac{x^7}{7!}+\cdots$$

풀이 $b_n=\frac{(-1)^{n-1}}{(2n-1)!}$, $b_{n+1}=\frac{(-1)^n}{(2n+1)!}$이라 두면 다음을 알 수 있다.

$$\lim_{n\to\infty}\left|\frac{b_{n+1}}{b_n}\right|=\lim_{n\to\infty}\frac{(2n-1)!}{(2n+1)!}=\lim_{n\to\infty}\frac{1}{2n(2n+1)}=0$$

따라서 정리 6.26 (2)에 의해서 주어진 급수는 모든 실수에 대해서 절대수렴 한다.

예제 3.4

급수 $\sum_{n=1}^{\infty}\frac{x^n}{n^3}$의 수렴반경을 구하라.

풀이 $b_n=\frac{1}{n^3}$라 두면 다음을 알 수 있다.

$$\lim_{n\to\infty}\left|\frac{b_{n+1}}{b_n}\right| = \lim_{n\to\infty}\left|\frac{n^3}{(n+1)^3}\right| = \lim_{n\to\infty}\left(\frac{n}{n+1}\right)^3 = 1$$

따라서 수렴반경 $r=1$이다. 주어진 급수는 $x=1$ 일 때 수렴하는 p-급수 $\sum_{n=1}^{\infty}\frac{1}{n^3}$이고 $x=-1$일 때 절대수렴 하는 교대급수 $\sum_{n=1}^{\infty}\frac{(-1)^n}{n^3}$이므로 수렴반경은 1이고 $[-1, 1]$ 위에서 절대수렴 한다.

예제 3.5

다음 급수의 수렴구간과 수렴반경을 구하라.

$$\sum_{k=1}^{\infty}\frac{(x-5)^k}{k^2}$$

풀이 $n=1, 2, \cdots$에 대하여 $b_n=\frac{1}{n^2}$이라 두면 $\lim_{n\to\infty}\left|\frac{b_{n+1}}{b_n}\right|=1$이므로 정리 6.26에 의해서 구간 $(4, 6)$ 위에서 주어진 급수는 수렴한다. $x=6$ 그리고 $x=4$에서 주어진 급수는 수렴하므로 수렴구간은 $[4, 6]$이다. 수렴반경은 1이다.

예제 3.6 **(1992. 임용고사)**

다음 무한급수의 수렴반경을 구하라.

$$\sum_{n=1}^{\infty}\frac{(2n)!}{(n!)^2}x^n$$

풀이 $n=1, 2, \cdots$에 대하여 $b_n=\frac{(2n)!}{(n!)^2}$이라 두면 $\lim_{n\to\infty}\left|\frac{b_{n+1}}{b_n}\right|=4$이므로 주어진 급수의 수렴반경은 $\frac{1}{4}$이다.

연습문제 6.3

1. 다음 급수의 수렴구간과 수렴반경을 구하라.

(1) $\sum_{k=0}^{\infty}\frac{x^k}{k+1}$ (2) $\sum_{k=0}^{\infty}\frac{(-1)^k x^k}{k!}$

(3) $\sum_{k=1}^{\infty}\frac{5^k}{k^2}x^k$ (4) $\sum_{k=1}^{\infty}\frac{x^k}{k(k+1)}$

(5) $\sum_{k=1}^{\infty}(-1)^k\frac{x^k}{\sqrt{k}}$ (6) $\sum_{k=0}^{\infty}(-1)^k\frac{x^{2k+1}}{(2k+1)!}$

2. (1) 급수 $\sum_{k=0}^{\infty}c_k x^k$의 수렴반경이 R이면 급수 $\sum_{k=0}^{\infty}c_k x^{2k}$ 의 수렴반경은 $\sqrt{R}$ 임을 밝혀라.

(2) 급수 $\sum_{k=0}^{\infty}c_k(x-a)^k$ 의 수렴구간이 $(a-R, a+R]$이면 주어진 급수는 $a+R$에서 조건수렴함을 밝혀라.

연습문제 풀이 및 해답

1. (1) $[-1, 1]$, 1 (2) $(-\infty, \infty)$, $+\infty$ (3) $\left[-\frac{1}{5}, \frac{1}{5}\right]$, 1

(4) $[-1, 1]$, 1 (5) $(-1, 1]$, 1 (6) $(-\infty, \infty)$, $+\infty$

6.4 Taylor 급수

다항식을 이용해서 함수의 근사값을 구하는 방법을 이 절에서 공부하고자 한다.

정의 6.27

함수 f가 0에서 n번 미분가능일 때 다음 다항식을 f의 n째 **Maclaurin 다항식**이라 부른다.

$$P_n(x) = f(0) + f'(0)x + \frac{f''(0)}{2!}x^2 + \frac{f'''(0)}{3!}x^3 + \cdots + \frac{f^{(n)}(0)}{n!}x^n$$

예제 4.1

다음 함수의 Maclaurin 다항식 P_0, P_1, P_2, P_3 그리고 P_n을 구하라.

$$f(x) = e^x$$

풀이 $f'(x) = f''(x) = f'''(x) = \cdots = f^{(n)}(x) = e^x$

$f'(0) = f''(0) = f'''(0) = \cdots = f^{(n)}(0) = 1$

이다. 따라서 다음 식을 얻는다.

$P_0(x) = f(0) = 1$

$P_1(x) = f(0) + f'(0)x = 1 + x$

$P_2(x) = f(0) + f'(0)x + \frac{f''(0)}{2!}x^2 = 1 + x + \frac{x^2}{2!} = 1 + x + \frac{1}{2}x^2$

$P_3(x) = f(0) + f'(0)x + \frac{f''(0)}{2!}x^2 + \frac{f'''(0)}{3!}x^3$

$= 1 + x + \frac{x^2}{2!} + \frac{x^3}{3!}$

$$= 1 + x + \frac{1}{2}x^2 + \frac{1}{6}x^3$$

$$P_n(x) = f(0) + f'(0)x + \frac{f''(0)}{2!}x^2 + \cdots + \frac{f^{(n)}(0)}{n!}x^n$$

$$= 1 + x + \frac{x^2}{2!} + \frac{x^3}{3!} + \cdots + \frac{x^n}{n!}$$

예제 4.2

다음 함수의 n째 Maclaurin 다항식을 구하라.

$$f(x) = \ln(x+1)$$

풀이

$$f(x) = \ln(x+1) \qquad f(0) = \ln 1 = 0$$

$$f'(x) = \frac{1}{x+1} \qquad f'(0) = 1$$

$$f''(x) = -\frac{1}{(x+1)^2} \qquad f''(0) = -1$$

$$f'''(x) = \frac{2}{(x+1)^3} \qquad f''(0) = 2$$

$$f^{(4)}(x) = -\frac{3 \cdot 2 \cdot 1}{(x+1)^4} \qquad f^{(4)}(0) = -3!$$

$$f^{(5)}(x) = \frac{4 \cdot 3 \cdot 2 \cdot 1}{(x+1)^5} \qquad f^{(5)}(0) = 4!$$

$$\vdots \qquad\qquad \vdots$$

$$f^{(n)}(x) = (-1)^{n+1}\frac{(n-1)!}{(x+1)^n} \qquad f^{(n)}(0) = (-1)^{n+1}(n-1)!$$

그러므로 n째 Maclaurin 다항식은 다음과 같다.

$$P_n(x) = x - \frac{x^2}{2} + \frac{x^3}{3} - \cdots + (-1)^{n+1}\frac{x^n}{n}$$

예제 4.3

다음 함수의 Maclaurin 다항식을 구하라.

$$f(x) = \sin x$$

풀이

$$
\begin{aligned}
f(x) &= \sin x & f(0) &= 0 \\
f'(x) &= \cos x & f'(0) &= 1 \\
f''(x) &= -\sin x & f''(0) &= 0 \\
f'''(x) &= -\cos x & f''(0) &= -1 \\
&\vdots & &\vdots \\
f^{(2n+1)}(x) &= (-1)^n \cos x & f^{(2n+1)}(0) &= (-1)^n \\
f^{(2n)}(x) &= (-1)^n \sin x & f^{(2n)}(0) &= 0 \\
n &= 0, 1, 2, \cdots
\end{aligned}
$$

따라서 Maclaurin 다항식은 다음과 같다.

$$
\begin{aligned}
P_1(x) &= 0+x=x \\
P_2(x) &= 0+x+0=x \\
P_3(x) &= 0+x+0-\frac{x^3}{3!}=x-\frac{x^3}{3!} \\
P_4(x) &= 0+x+0-\frac{x^3}{3!}+0=x-\frac{x^3}{3!} \\
P_5(x) &= 0+x+0-\frac{x^3}{3!}+0+\frac{x^5}{5!}=x-\frac{x^3}{3!}+\frac{x^5}{5!} \\
P_6(x) &= 0+x+0-\frac{x^3}{3!}+0+\frac{x^5}{5!}+0=x-\frac{x^3}{3!}+\frac{x^5}{5!} \\
P_7(x) &= 0+x+0-\frac{x^3}{3!}+0+\frac{x^5}{5!}+0-\frac{x^7}{7!}=x-\frac{x^3}{3!}+\frac{x^5}{5!}-\frac{x^7}{7!} \\
&\vdots \\
P_{2n-1}(x) &= P_{2n}(x)=x-\frac{x^3}{3!}+\frac{x^5}{5!}-\frac{x^7}{7!}+\cdots+(-1)^n\frac{x^{2n-1}}{(2n-1)!} \quad (n=1, 2, \cdots)
\end{aligned}
$$

예제 4.4

다음 함수의 Maclaurin 다항식을 구하라.

$$f(x)=\cos x$$

풀이 $f(x)$의 미분을 구하기 쉬우므로 Maclaurin 다항식을 구하면 다음과 같다.

$$P_0(x) = P_1(x) = 1$$

$$P_2(x) = P_3(x) = 1 - \frac{x^2}{2!}$$

$$P_4(x) = P_5(x) = 1 - \frac{x^2}{2!} + \frac{x^4}{4!}$$

$$P_6(x) = P_7(x) = 1 - \frac{x^2}{2!} + \frac{x^4}{4!} - \frac{x^6}{6!}$$

$$P_8(x) = P_9(x) = 1 - \frac{x^2}{2!} - \frac{x^4}{4!} + \frac{x^6}{6!} \frac{+x^8}{8!}$$

$$\vdots$$

$$P_{2n}(x) = P_{2n+1}(x) = 1 - \frac{x^2}{2!} + \frac{x^4}{4!} - \cdots + (-1)^n \frac{x^{2n}}{(2n)!} \quad (n = 0, 1, 2, \cdots)$$

정의 6.28

함수 f가 a에서 n번 미분가능일 때 다항식

$$P_n(x) = f(a) + f'(a)(x-a) + \frac{f''(a)}{2!}(x-a)^2 + \frac{f'''(a)}{3!}(x-a)^3 + \cdots + \frac{f^{(n)}(a)}{n!}(x-a)^n$$

을 $x=a$에서 f의 n째 **Taylor 다항식**이라 부른다.

예제 4.5

$a = \frac{\pi}{3}$에서 다음 함수의 Taylor 다항식 $P_1(x)$, $P_2(x)$, $P_3(x)$를 구하라.

$$f(x) = \sin x$$

풀이 다음이 성립한다.

$$f(x) = \sin x \qquad\qquad f(\pi/3) = \sin\frac{\pi}{3} = \frac{\sqrt{3}}{2}$$

$$f'(x) = \cos x \qquad\qquad f'(\pi/3) = \cos\frac{\pi}{3} = \frac{1}{2}$$

$$f''(x) = -\sin x \qquad\qquad f''(\pi/3) = -\sin\frac{\pi}{3} = -\frac{\sqrt{3}}{2}$$

$$f'''(x) = -\cos x \qquad\qquad f''(\pi/3) = -\cos\frac{\pi}{3} = -\frac{1}{2}$$

따라서 Taylor 다항식 $P_1(x)$, $P_2(x)$, $P_3(x)$ 는 다음과 같다.

$$P_1(x) = f(\pi/3) + f(\pi/3)(x-\frac{\pi}{3}) = \frac{\sqrt{3}}{2} + \frac{1}{2}(x-\frac{\pi}{3})$$

$$\begin{aligned} P_2(x) &= f(\pi/3) + f(\pi/3)(x-\frac{\pi}{3}) + \frac{f'(\pi/3)}{2!}(x-\frac{\pi}{3})^2 \\ &= \frac{\sqrt{3}}{2} + \frac{1}{2}(x-\frac{\pi}{3}) - \frac{\sqrt{3}}{2\cdot 2!}(x-\frac{\pi}{3})^2 \end{aligned}$$

$$\begin{aligned} P_3(x) &= f(\pi/3) + f(\pi/3)(x-\frac{\pi}{3}) + \frac{f'(\pi/3)}{2!}(x-\frac{\pi}{3})^2 + \frac{f''(\pi/3)}{3!}(x-\frac{\pi}{3})^3 \\ &= \frac{\sqrt{3}}{2} + \frac{1}{2}(x-\frac{\pi}{3}) - \frac{\sqrt{3}}{2\cdot 2!}(x-\frac{\pi}{3})^2 - \frac{1}{2\cdot 3!}(x-\frac{\pi}{3})^3 \end{aligned}$$

정의 6.29

함수 f가 a에서 무한 번 미분가능할 때 멱급수

$$\sum_{k=0}^{\infty}\frac{f^{(k)}(a)}{k!}(x-a)^k = f(a) + f'(a)(x-a) + \frac{f''(a)}{2!}(x-a)^2 + \cdots + \frac{f^{(k)}(a)}{k!}(x-a)^k + \cdots$$

을 $x=a$에서 f의 Taylor **급수**라 부른다.

정의 6.30

함수 f가 0에서 무한 번 미분가능할 때 멱급수

$$\sum_{k=0}^{\infty} \frac{f^{(k)}(0)}{k!} x^k = f(0) + f'(0)x + \frac{f''(0)}{2!} x^2 + \cdots + \frac{f^{(k)}(0)}{k!} x^k + \cdots$$

을 f의 **Maclaurin 급수**라 부른다.

예제 4.6

함수 e^x, $\sin x$, $\cos x$의 Maclaurin 급수를 구하라.

풀이 예제 4.1에 의해서 e^x의 Maclaurin 급수는 다음과 같다.

$$\sum_{k=0}^{\infty} \frac{x^k}{k!} = 1 + x + \frac{x^2}{2!} + \frac{x^3}{3!} + \cdots + \frac{x^n}{n!} + \cdots$$

예제 4.3에 의해서 $\sin x$의 Maclaurin 급수는 다음과 같다.

$$\sum_{k=0}^{\infty} (-1)^k \frac{x^{2k+1}}{(2k+1)!} = x - \frac{x^3}{3!} + \frac{x^5}{5!} - \frac{x^7}{7!} + \cdots$$

예제 4.4에 의해서 $\cos x$의 Maclaurin 급수는 다음과 같다.

$$\sum_{k=0}^{\infty} (-1)^k \frac{x^{2k}}{(2k)!} = 1 - \frac{x^2}{2!} + \frac{x^4}{4!} - \frac{x^6}{6!} + \cdots$$

예제 4.7

다음 함수의 $x=1$에서 Taylor 급수를 구하라.

$$f(x) = \frac{1}{x}$$

풀이

$$\begin{aligned}
f(x) &= \frac{1}{x} & f(1) &= 1 \\
f'(x) &= -\frac{1}{x^2} & f'(1) &= -1 \\
f''(x) &= \frac{2}{x^3} & f''(1) &= 2! \\
f'''(x) &= -\frac{3 \cdot 2}{x^4} & f'''(1) &= -3! \\
f^{(4)}(x) &= \frac{4 \cdot 3 \cdot 2}{x^5} & f^{(4)}(1) &= 4! \\
&\vdots & &\vdots
\end{aligned}$$

$$f^{(k)}(x) = (-1)^k \frac{k!}{x^{k+1}} \qquad f^{(k)}(1) = (-1)^k k!$$

$$\vdots \qquad\qquad \vdots$$

따라서 $x=1$에서 $f(x)=\frac{1}{x}$의 Taylor 급수는 다음과 같다.

$$\sum_{k=0}^{\infty}\frac{(-1)^k k!}{k!}(x-1)^k = \sum_{k=0}^{\infty}(-1)^k(x-1)^k$$
$$= 1-(x-1)+(x-1)^2-(x-1)^3+\cdots$$

정의 6.31

$p_n(x)$를 함수 $f(x)$의 n번째 Taylor 다항식이라 하자. $f(x)-p_n(x)$를 $f(x)$의 **n번째 나머지**(nth remainder)라 부르고 $r_n(x)$로 나타낸다. 즉

$$r_n(x) = f(x) - p_n(x)$$

정리 6.32 **Cauchy의 나머지 공식**

함수 f가 실수 a를 포함하는 개구간 I 상에서 적어도 $n+1$번 미분가능이고 $f^{(n+1)}(x)$이 연속일 때, 다음이 성립한다.

$$x \in I, \quad r_n(x) = \frac{1}{n!}\int_a^x (x-t)^n f^{(n+1)}(t)\,dt$$

증명 n에 대한 수학적 귀납법으로 증명하겠다. $n=1$이면 다음 식을 얻는다.

$$\int_a^x (x-t)f''(t)\,dt = f(x)-f(a)-f'(a)(x-a) = r_1(x)$$

$n=k$에 대하여 다음이 성립한다고 가정하자.

$$r_k(x) = \frac{1}{k!}\int_a^x (x-t)^k f^{(k+1)}(t)\,dt$$

$n=k+1$에 대하여 다음 식을 얻을 수 있다.

$$\begin{aligned}\frac{1}{(k+1)!}&\int_a^x (x-t)^{k+1} f^{(k+2)}(t)\,dt \\ &= -\frac{1}{(k+1)!}(x-a)^{k+1} f^{(k+1)}(a) + \frac{1}{k!}\int_a^x (x-t)^k f^{(k+1)}(t)\,dt \\ &= -\frac{1}{(k+1)!}(x-a)^{k+1} f^{(k+1)}(a) + r_k(x) \ (\text{귀납법 가정}) \\ &= f(x) - p_k(x) - \frac{f^{(k+1)}(a)}{(k+1)!}(x-a)^{k+1} \\ &= f(x) - p_{k+1}(x) = r_{k+1}(x)\end{aligned}$$

따라서 정리가 성립한다. ■

정리 6.33

실수 a를 포함하는 개구간 I 상에서 b가 $f^{(n+1)}(x)$의 상계라 하면 ($x \in I$, $|f^{(n+1)}(x)| \le b$) 다음이 성립한다.

$$x \in I, \quad |r_n(x)| \le \frac{b}{(n+1)!}|x-a|^{n+1}$$

증명 $x > a$인 경우만 증명하겠다. 정리 6.32에 의하여 다음이 성립한다.

$$\begin{aligned}|r_n(x)| &= \frac{1}{n!}\left|\int_a^x (x-t)^n f^{(n+1)}(t)\,dt\right| \\ &\le \frac{1}{n!}\int_a^x |(x-t)^n f^{(n+1)}(t)|\,dt \\ &\le \frac{b}{n!}\int_a^x (x-t)^n\,dt \\ &= \frac{b}{n!}\left[\frac{(x-t)^{n+1}}{n+1}\right]_{t=a}^{t=x} = \frac{b}{(n+1)!}|x-a|^{n+1}\end{aligned}$$

■

정리 6.33으로부터 다음 정리를 쉽게 증명할 수 있다.

정리 6.34

실수 a를 포함하는 개구간 I 상에서 b가 $f^{(n+1)}(x)$의 상계라 하면 다음이 성립한다.

$$\lim_{x\to a}\frac{r_n(x)}{(x-a)^n}=0$$

정리 6.35 **Lagrange 나머지 공식**

실수 a를 포함하는 개구간 I 상에서 $f^{(n+1)}(x)$가 연속이면 다음을 만족하는 c가 x와 a 사이에 존재한다.

$$x\in I,\quad r_n(x)=\frac{f^{(n+1)}(c)}{(n+1)!}(x-a)^{n+1}$$

증명 $x\geq a$인 경우만 증명하겠다. $x=a$이면 $r_n(a)=f(a)-p_n(a)=0$이므로 정리가 성립한다. $a<x$라 하자. $g(t)=(x-t)^n$이라 하면 다음이 성립한다.

$$t<x,\quad g(t)>0$$

$b=\frac{x-a}{2}$, $k=\frac{x+a}{2}$라 두면 $b>0$, $k>a$이고 $[a,k]$ 위에서 다음이 성립한다.

$$g(t)\geq\left(x-\frac{a+x}{2}\right)^n=\left(\frac{x-a}{2}\right)^n=b^n>0$$

$$\begin{aligned}\int_a^x g(t)\,dt&=\int_a^k g(t)\,dt+\int_k^x g(t)\,dt\\&\geq\int_a^k g(t)\,dt\\&\geq\int_a^k b^n\,dt=b^n(k-a)>0\end{aligned}$$

따라서 정리 5.24에 의하여 a와 x 사이의 적당한 c에 대해서 다음 식이 성립한다.

$$\begin{aligned}\int_a^x f^{(n+1)}(t)(x-t)^n\,dt &= \int_a^x f^{(n+1)}(t)g(t)\,dt \\ &= f^{(n+1)}(c)\int_a^x g(t)\,dt \\ &= f^{(n+1)}(c)\int_a^x (x-t)^n\,dt \\ &= f^{(n+1)}(c)\left[-\frac{(x-t)^{n+1}}{n+1}\right]_a^x \\ &= \frac{f^{(n+1)}(c)}{(n+1)}(x-a)^{n+1}\end{aligned}$$

정리 6.32에 의해서 다음이 성립한다.

$$r_n(x)=\frac{1}{n!}\int_a^x f^{(n+1)}(t)(x-t)^n\,dt = \frac{f^{(n+1)}(c)}{(n+1)!}(x-a)^{n+1} \qquad ■$$

정의 6.36

정리 6. 35의 $r_n(x) = \frac{f^{(n+1)}(c)}{(n+1)!}(x-a)^{n+1}$을 Lagrange의 나머지라 부르고 다음 식을 나머지를 $r_n(x)$로 가지는 Taylor 공식이라 부른다.

$$\begin{aligned}f(x) = f(a) + f'(a)(x-a) + \frac{f''(a)}{2!}(x-a)^2 + \cdots \\ + \frac{f^{(n)}(a)}{n!}(x-a)^n + \frac{f^{(n+1)}(c)}{(n+1)!}(x-a)^{n+1}\end{aligned}$$

예제 4.8

다음 함수의 나머지를 $r_n(x)$로 가지는 Taylor 공식을 구하라.

$$f(x)=e^x$$

풀이 $f(x)=e^x$의 n째 Maclaurin 다항식은 다음과 같다.

$$1+x+\frac{x^2}{2!}+\cdots+\frac{x^n}{n!}$$

$f^{(n+1)}(x) = e^x$이므로 $f^{(n+1)}(c) = e^c$이다. 따라서 나머지를

$r_n(x)=\dfrac{e^c}{(n+1)!}(x-a)^{n+1}$로 가지는 Taylor 공식은 다음과 같다.

$$e^x = 1 + x + \frac{x^2}{2!} + \cdots + \frac{x^n}{n!} + \frac{e^c}{(n+1)!}x^{n+1}$$

여기서 c는 0과 x 사이에 있다.

정리 6.37

함수 f가 a를 포함하는 개구간 I 상에서 무한 번 미분가능이라 하자. $x=a$에서 f의 Taylor 급수가 I 상에서 $f(x)$에 수렴할 필요충분조건은 다음과 같다.

$$x \in I, \quad \lim_{n\to\infty} r_n(x) = 0$$

증명 $p_n(x)$를 $x=a$에서 f의 n째 Taylor 다항식이라 하면 다음이 성립한다.

$$\begin{aligned}\lim_{n\to\infty} p_n(x) = f(x) &\Leftrightarrow f(x) - \lim_{n\to\infty} p_n(x) = 0\\ &\Leftrightarrow \lim_{n\to\infty}(f(x) - p_n(x)) = 0\\ &\Leftrightarrow \lim_{n\to\infty} r_n(x) = 0\end{aligned}$$

여기서 $\Leftrightarrow$은 필요충분조건을 의미한다.

예제 4.9

다음 함수의 Maclaurin 급수는 모든 x에 대해서 e^x에 수렴함을 보여라.

$$f(x) = e^x$$

풀이 모든 x에 대해서 $r_n(x)$를 다음과 같이 두자.

$$r_n(x)=\frac{e^c}{(n+1)!}x^{n+1}$$

그러면 $e^x = 1 + x + \dfrac{x^2}{2!} + \cdots + \dfrac{x^n}{n!} + r_n(x)$이다. 여기서 c는 0과 x 사이에 있다. 따라서 정리 6.37에 의하여 다음 식을 보이면

된다.

$$\lim_{n\to\infty} r_n(x) = \lim_{n\to\infty} \frac{e^c}{(n+1)!} x^{n+1} = 0$$

제6장 예제 3.2 (2)에 의해서 모든 x에 대해서 다음이 성립한다.

$$\lim_{n\to\infty} \frac{x^{n+1}}{(n+1)!} = 0$$

그러므로 함수 e^x의 Maclaurin 급수는 모든 x에 대해서 e^x에 수렴한다.

예제 4.10

다음 함수의 Maclaurin 급수는 모든 실수 x에 대해서 $\sin x$에 수렴함을 보여라.

$$f(x) = \sin x$$

풀이 모든 실수 x에 대해서 $f^{(n+1)}(x) = \pm\cos x$ 혹은 $f^{(n+1)}(x) = \pm\sin x$이므로 $|f^{(n+1)}(x)| \leq 1$이다. 따라서 다음이 성립한다.

$$0 \leq |r_n(x)| = \left| \frac{f^{(n+1)}(c)}{(n+1)!} x^{n+1} \right| \leq \frac{|x|^{n+1}}{(n+1)!}$$

제6장 예제 3.2 (2)에 의해서 모든 실수 x에 대해서 다음이 성립한다.

$$\lim_{n\to\infty} \frac{|x|^{n+1}}{(n+1)!} = 0$$

따라서 $\lim_{n\to\infty} |r_n(x)| = 0$이다. 그러므로 함수 $f(x) = \sin x$의 Maclaurin 급수는 모든 실수 x에 대해서 $\sin x$에 수렴한다.

정리 6.38

함수 $f(x)$가 a를 포함하는 개구간 I 상에서 무한 번 미분가능이고 어떤 실수 b와 모든 자연수 n에 대해서 $|f^{(n+1)}(x)| \leq b \ (x \in I)$라 하자. 그러면 $x = a$에서 $f(x)$의 Taylor 급수는 I 상에서 $f(x)$에 수렴한다.

증명 정리 6.33에 의해서 $|r_n(x)| \le \frac{b}{(n+1)!}|x-a|^{n+1}$이므로 다음이 성립한다.

$$\lim_{n\to\infty}|r_n(x)| \le b\lim_{n\to\infty}\frac{|x-a|^{n+1}}{(n+1)!}$$

멱급수 $\sum_{n=0}^{\infty}\frac{(x-a)^{n+1}}{(n+1)!}$이 모든 실수 x에 대해서 수렴하므로 $\lim_{n\to\infty}\frac{(x-a)^{n+1}}{(n+1)!} = 0$이다. 따라서 $\lim_{n\to\infty}|r_n(x)| = 0$이다.

$\lim_{n\to\infty} r_n(x) = 0$이므로 정리 6.37에 의해 $x=a$에서 $f(x)$의 Taylor 급수는 I 상에서 $f(x)$에 수렴한다. ■

예제 4.11

다음 함수의 $a=\frac{\pi}{3}$에서 Taylor 급수가 모든 실수 x에 대해서 $f(x)$에 수렴함을 보여라.

$$f(x) = \cos x$$

풀이 $f^{(2n)}\left(\frac{\pi}{3}\right) = (-1)^n\frac{1}{2}$, $f^{(2n-1)}\left(\frac{\pi}{3}\right) = (-1)^n\frac{\sqrt{3}}{2}$이고 $|f^{(n)}(x)| \le 1$이므로 정리 6.38에 의해 모든 실수 x에 대한 $f(x)$의 Taylor 급수는 $f(x)$에 수렴한다.

중요한 몇 가지 Maclaurin 급수와 수렴구간을 증명없이 나열하겠다.

Maclaurin 급수	수렴구간
$e^x = \sum_{k=0}^{\infty}\frac{x^k}{k!} = 1+x+\frac{x^2}{2!}+\frac{x^3}{3!}+\frac{x^4}{4!}+\cdots$	$-\infty < x < \infty$
$\sin x = \sum_{k=0}^{\infty}(-1)^k\frac{x^{2k+1}}{(2k+1)!} = x-\frac{x^3}{3!}+\frac{x^5}{5!}-\frac{x^7}{7!}+\cdots$	$-\infty < x < \infty$
$\cos x = \sum_{k=0}^{\infty}(-1)^k\frac{x^{2k}}{(2k)!} = 1-\frac{x^2}{2!}+\frac{x^4}{4!}-\frac{x^6}{6!}+\cdots$	$-\infty < x < \infty$
$\ln(1+x) = \sum_{k=0}^{\infty}(-1)^k\frac{x^{k+1}}{k+1} = x-\frac{x^2}{2}+\frac{x^3}{3}-\frac{x^4}{4}+\cdots$	$-1 < x \le 1$

$$\tan^{-1}x = \sum_{k=0}^{\infty}(-1)^k \frac{x^{2k+1}}{2k+1} = x - \frac{x^3}{3} + \frac{x^5}{5} - \frac{x^7}{7} + \cdots \qquad -1<x\le 1$$

$$\frac{1}{1-x} = \sum_{k=0}^{\infty} x^k = 1 + x + x^2 + x^3 + \cdots \qquad -1<x<1$$

$$\sinh x = \sum_{k=0}^{\infty}\frac{x^{2k+1}}{(2k+1)!} = x + \frac{x^3}{3!} + \frac{x^5}{5!} + \frac{x^7}{7!} + \cdots \qquad -\infty<x<\infty$$

$$\cosh x = \sum_{k=0}^{\infty}\frac{x^{2k}}{(2k)!} = 1 + \frac{x^2}{2!} + \frac{x^4}{4!} + \frac{x^6}{6!} + \cdots \qquad -\infty<x<\infty$$

예제 4.12

다음 함수의 Maclaurin 급수와 수렴구간을 구하라.

$$f(x) = \frac{1}{1-2x^2}$$

풀이 위 표에서 $\frac{1}{1-x} = 1 + x + x^2 + x^3 + \cdots$, $-1<x<1$이므로 x를 $2x^2$으로 바꾸어 넣으면 다음을 얻는다.

$$\begin{aligned}\frac{1}{1-2x^2} &= 1 + (2x^2) + (2x^2)^2 + (2x^2)^3 + \cdots \\ &= 1 + 2x^2 + 4x^4 + 8x^6 + \cdots = \sum_{k=0}^{\infty} 2^k x^{2k}, \quad -1<2x^2<1\end{aligned}$$

모든 실수 x에 대해서 $2x^2 \ge 0$이므로 $-1<2x^2<1$은 $0\le 2x^2<1$ 혹은 $0\le x^2<\frac{1}{2}$ 혹은 $-\frac{1}{\sqrt{2}}<x<\frac{1}{\sqrt{2}}$로 바꿀 수 있다.

예제 4.13 **(1992. 임용고사)**

Taylor급수를 이용하여 다음 무한급수의 합을 구하라.

$$1 + 2 + \frac{2^2}{2!} + \frac{2^3}{3!} + \cdots + \frac{2^n}{n!} + \cdots$$

풀이 위 표에서 $e^2 = 1 + 2 + \frac{2^2}{2!} + \frac{2^3}{3!} + \cdots + \frac{2^n}{n!} + \cdots$이다.

연습문제 6.4

1. 다음 함수의 Maclaurin 다항식 P_4를 구하라.

(1) e^{-2x} (2) $\frac{1}{x+1}$

(3) $\sin 2x$ (4) $e^x \cos x$

(5) $\tan x$ (6) xe^x

(7) $\sqrt{1+x}$ (8) $\ln(3+2x)$

2. 다음 함수의 지정한 $x=a$에서 Taylor 다항식 P_3를 구하라.

(1) e^x ; $a=1$ (2) $\ln x$: $a=1$

(3) $\sqrt{x}$; $a=4$ (4) x^4+x-3 ; $a=-2$

(5) $\cos x$; $a=\frac{\pi}{4}$ (6) $\tan x$; $a=\frac{\pi}{3}$

3. 다음 함수의 Maclaurin 급수를 구하라.

(1) e^x (2) $\frac{1}{x+1}$

(3) xe^x (4) $\ln(1+x)$

(5) $\sin \pi x$ (6) $\cos\left(\frac{x}{2}\right)$

4. 다음 함수의 지정한 $x=a$에서 Taylor 급수를 구하라.

(1) $\frac{1}{x}$; $a=-1$ (2) $\ln x$; $a=1$

(3) e^x ; $a=2$ (4) $\sin \pi x$; $a=\frac{1}{2}$

(5) $\cos x$; $a=\frac{\pi}{2}$ (6) $\frac{1}{x+2}$; $a=3$

5. 다음 함수의 주어진 $x=a$와 n에 대해서

(i) Lagrange의 나머지 공식을 구하라.

(ii) 나머지 공식이 성립하는 가장 큰 개구간을 구하라.

(1) e^{2x} ; $a=0$; $n=5$ (2) $\cos x$; $a=0$; $n=8$

(3) $\frac{1}{x+1}$; $a=0$; $n=4$ (4) xe^x ; $a=0$; $n=3$

(5) $\ln(1+x)$; $a=0$; $n=5$ (6) $\sinh x$; $a=0$; $n=6$

(7) $\sqrt{x}$; $a=4$; $n=3$ (8) $\frac{1}{x}$; $a=1$; $n=5$

(9) $\sin x$; $a=\frac{\pi}{6}$; $n=4$ (10) $\frac{1}{(1+x)^2}$; $a=-2$; $n=5$

6. 함수 e^x, $\sin x$, $\cos x$ 그리고 $\frac{1}{1-x}$의 Maclaurin 급수를 이용하여 다음 함수의 Maclaurin 급수와 수렴구간을 구하라.

(1) e^{-2x} (2) xe^{x} (3) $\frac{1}{1+x}$

(4) e^{x^2} (5) $\frac{x^2}{1+3x}$ (6) $\frac{1}{1-4x^2}$

(7) $\cos^2 x$ (힌트 $\cos^2 x = \frac{1}{2}(1+\cos 2x)$)

(8) $\sin^2 x$ (힌트 $\cos^2 x = \frac{1}{2}(1-\cos 2x)$)

연습문제 풀이 및 해답

1. (1) $1-2x+2x^2-\frac{4}{3}x^3+\frac{2}{3}x^4$ (2) $1-x+x^2-x^3+x^4$ (3) $2x-\frac{4}{3}x^3$

(4) $1+x+2x^2-\frac{1}{3}x^3-\frac{1}{6}x^4$ (5) $x+\frac{1}{3}x^2$ (6) $x+x^2+\frac{1}{2!}x^3+\frac{1}{3!}x^4$

(7) $1+\frac{1}{2}x-\frac{1}{8}x^2+\frac{1}{16}x^3-\frac{5}{64}x^4$ (8) $\ln 3+\frac{2}{3}x-\frac{2}{9}x^2+\frac{8}{81}x^3-\frac{4}{81}x^4$

2. (1) $e+e(x-1)+\frac{e}{2!}(x-1)^2+\frac{e}{3!}(x-1)^3$

(2) $(x-1)-\frac{1}{2}(x-1)^2+\frac{1}{3}(x-1)^3-\frac{1}{4}(x-1)^4$

(3) $2+\frac{1}{4}(x-4)-\frac{1}{64}(x-4)^2+\frac{1}{512}(x-4)^3$

(4) $13-31(x+2)+24(x+2)^2-8(x+2)^3$

(5) $\frac{\sqrt{2}}{2}-\frac{\sqrt{2}}{2}\left(x-\frac{\pi}{4}\right)-\frac{\sqrt{2}}{4}\left(x-\frac{\pi}{4}\right)^2+\frac{\sqrt{2}}{12}\left(x-\frac{\pi}{4}\right)^3$

(6) $\sqrt{3}+4\left(x-\frac{\pi}{3}\right)+4\sqrt{3}\left(x-\frac{\pi}{3}\right)^2+\frac{40}{3}\left(x-\frac{\pi}{3}\right)^3$

3. (1) $\sum_{k=0}^{\infty}\frac{x^k}{k!}$ (2) $\sum_{k=0}^{\infty}(-1)^k x^k$ (3) $\sum_{k=1}^{\infty}\frac{(1+e^k)}{(k-1)!}x^k$

(4) $\sum_{k=0}^{\infty}(-1)^{k+1}\frac{x^k}{k}$ (5) $\sum_{k=1}^{\infty}(-1)^{k+1}\frac{\pi^{2k-1}}{(2k-1)!}x^{2k-1}$ (6) $\sum_{k=0}^{\infty}(-1)^{k+1}\frac{x^{2k}}{\gamma^k(2k)!}$

4. (1) $\sum_{k=0}^{\infty}-(x+1)^k$ (2) $\sum_{k=1}^{\infty}(-1)^{k+1}\frac{1}{k}(x-1)^k$ (3) $\sum_{k=0}^{\infty}e^2(x-2)^k$

(4) $\sum_{k=0}^{\infty}(-1)^k\frac{\pi^{2k}}{2k!}\left(x-\frac{1}{2}\right)^{2k}$ (5) $\sum_{k=1}^{\infty}\frac{(-1)^k}{(2k-1)!}\left(x-\frac{\pi}{2}\right)^{2k-1}$

(6) $\sum_{k=0}^{\infty}\frac{(-1)^k}{5^{k+1}}(x-3)^k$

5. (1) $\frac{2^6e^{2c}}{6!}x^6$, $(-\infty, \infty)$ (2) $\frac{-\sin c}{9!}x^9$, $(-\infty, \infty)$

(3) $-\frac{x^5}{(c+1)^6}$, $(-1, \infty)$ (4) $\frac{4e^c+ce^c}{4!}x^4$, $(-\infty, \infty)$

(5) $-\frac{x^6}{6(1+c)^6}$, $(-\infty, \infty)$ (6) $\frac{e^c+e^{-c}}{2\cdot 7!}$, $(-\infty, \infty)$

(7) $-\frac{5}{128c^{\frac{7}{2}}}(x-4)^4$, $(0, \infty)$ (8) $\frac{(x-1)^6}{6c^7}$, $(0, \infty)$

(9) $\frac{\cos c}{5!}\left(x-\frac{\pi}{6}\right)^5$, $(-\infty, \infty)$

(10) $\frac{7}{(1+c)^8}(x+2)^6$, $(-\infty, -1)$

6. (1) $\sum_{k=0}^{\infty}(-1)^k\frac{2^k x^k}{k!}$, $(-\infty, \infty)$

(3) $\sum_{k=1}^{\infty}(-1)^k x^k$, $(-1, 1)$

(5) $\sum_{k=1}^{\infty}(-1)^k 3^k x^{k+2}$, $\left(-\frac{1}{3}, \frac{1}{3}\right)$

(7) $1+\sum_{k=1}^{\infty}(-1)^k\frac{2^{2k-1}}{(2k)!}x^{2k}$, $(-\infty, \infty)$

6.5 멱급수의 미분과 적분

정리 6.39

급수 $\sum_{k=0}^{\infty} c_k(x-a)^k$이 수렴반경이 r일 때 함수 $f(x)$를 다음과 같이 두자.

$$x \in (a-r, a+r), \quad f(x) = \sum_{k=0}^{\infty} c_k(x-a)^k .$$

(1) 급수 $\sum_{k=0}^{\infty} \frac{d}{dx}[c_k(x-a)^k] = \sum_{k=1}^{\infty} kc_k(x-a)^{k-1}$은 수렴반경 r을 가지고 다음이 성립한다.

$$x \in (a-r, a+r), \quad f'(x) = \sum_{k=0}^{\infty} \frac{d}{dx}[c_k(x-a)^k] .$$

(2) 급수 $\sum_{k=0}^{\infty}\left[\int c_k(x-a)^k dx\right] = \sum_{k=0}^{\infty} \frac{c_k}{k+1}(x-a)^{k+1}$은 수렴반경 r을 가지고 다음이 성립한다.

$$x \in (a-r, a+r), \quad \int f(x)dx = \sum_{k=0}^{\infty}\left[\int c_k(x-a)^k dx\right] + C .$$

여기서 C는 적분상수이다.

(3) $\alpha, \beta \in (a-r, a+r)$에 대해서 급수 $\sum_{k=0}^{\infty}\left[\int_{\alpha}^{\beta} c_k(x-a)^k dx\right]$은 절대수렴하고 다음이 성립한다.

$$\int_{\alpha}^{\beta} f(x)dx = \sum_{k=0}^{\infty}\left[\int_{\alpha}^{\beta} c_k(x-a)^k dx\right] .$$

증명 제9장 정리 9.14와 정리 9.15에서 증명

예제 5.1

함수항 급수 $\sum_{n=0}^{\infty} \frac{1}{2^n}\cos(3^n x)$에 대하여 $f(x) = \sum_{n=0}^{\infty} \frac{1}{2^n}\cos(3^n x)$라 할 때 f의 리만적분 가능성을 판별하고 $\int_0^{2\pi} f(x)dx$를 구하시오.

예제 5.2

함수 $\sin x$와 $\cos x$를 이용하여 정리 6.39을 설명하라.

풀이 $\frac{d}{dx}[\sin x] = \cos x$, $\int \cos x\, dx = \sin x + C$

$$\sin x = x - \frac{x^3}{3!} + \frac{x^5}{5!} - \frac{x^7}{7!} + \cdots \qquad -\infty < x < \infty$$

$$\cos x = 1 - \frac{x^2}{2!} + \frac{x^4}{4!} - \frac{x^6}{6!} + \cdots \qquad -\infty < x < \infty$$

정리 6.39의 (1)에 의해서 다음 식을 얻는다.

$$\begin{aligned}\frac{d}{dx}[\sin x] &= \frac{d}{dx}\left[x - \frac{x^3}{3!} + \frac{x^5}{5!} - \frac{x^7}{7!} + \cdots\right]\\ &= 1 - 3\frac{x^2}{3!} + 5\frac{x^4}{5!} - 7\frac{x^6}{7!} + \cdots\\ &= 1 - \frac{x^2}{2!} + \frac{x^4}{4!} - \frac{x^6}{6!} + \cdots\\ &= \cos x\end{aligned}$$

정리 6.39의 (2)에 의해서 다음 식을 얻는다.

$$\begin{aligned}\int \cos x\, dx &= \int\left(1 - \frac{x^2}{2!} + \frac{x^4}{4!} - \frac{x^6}{6!} + \cdots\right)dx\\ &= x - \frac{x^3}{3!} + \frac{x^5}{5!} - \frac{x^7}{7!} + \cdots + C\\ &= \sin x + C\end{aligned}$$

예제 5.3

다음을 구하라.

$$\int_0^1 e^{-x^2} dx$$

풀이 e^{-x^2}의 부정적분을 모르므로 위 정적분을 바로 계산할 수 없다. 정리 3.39 (3)을 이용하여 $\int_0^1 e^{-x^2} dx$을 구하고자 한다.

$e^x = 1 + x + \frac{x^2}{2!} + \frac{x^3}{3!} + \frac{x^4}{4!} + \cdots$이므로 x을 $-x^2$으로 바꾸면 다음과 같다.

$$e^{-x^2} = 1 - x^2 + \frac{x^4}{2!} - \frac{x^6}{3!} + \frac{x^8}{4!} + \cdots$$

따라서 다음 식을 얻는다.

$$\begin{aligned}\int_0^1 e^{-x^2}dx &= \int_0^1 \left[1 - x^2 + \frac{x^4}{2!} - \frac{x^6}{4!} - \cdots\right]dx \\ &= \left[x - \frac{x^3}{3} + \frac{x^5}{5(2!)} - \frac{x^7}{7(3!)} + \frac{x^8}{9(4!)} - \cdots\right]_0^1 \\ &= 1 - \frac{1}{3} + \frac{1}{5 \cdot 2!} - \frac{1}{7 \cdot 3!} + \frac{1}{9 \cdot 4!} - \cdots \qquad (*_1)\end{aligned}$$

급수 $(*_1)$이 교대급수판정의 가정을 만족하므로 정리 6.19에 의해서 $\int_0^1 e^{-x^2}dx$와 오차가 아주 적은 근사값을 구할 수 있다.

정리 6.40

I를 a를 포함하는 개구간이라 하자.
만약 다음 식이 성립하면 아래의 급수는 $x=a$에서 f의 Taylor 급수이다.

$$x \in I, \quad f(x) = c_0 + c_1(x-a) + c_2(x-a)^2 + \cdots + c_n(x-a)^n + \cdots$$

증명 정리 6.39 (1)에 의해서

$$\begin{aligned} f(x) &= c_0 + c_1(x-a) + c_2(x-a)^2 + c_3(x-a)^3 + c_4(x-a)^4 + \cdots \\ f'(x) &= c_1 + 2c_2(x-a) + 3c_3(x-a)^2 + 4c_4(x-a)^3 + \cdots \\ f''(x) &= 2!c_2 + (3 \cdot 2)c_3(x-a) + (4 \cdot 3)c_4(x-a)^2 + \cdots \\ f'''(x) &= 3!c_3 + (4 \cdot 3 \cdot 2)c_4(x-a) + \cdots \\ &\vdots \end{aligned}$$

위 식에 x에 a를 대입하면 다음 식을 얻는다.

$$f(a) = c_0 \qquad c_0 = f(a)$$

$$f'(a) = c_1 \qquad c_1 = f'(a)$$

$$f''(a) = 2!c_2 \qquad c_2 = \frac{f''(a)}{2!}$$

$$f'''(a) = 3!c_3 \qquad c_3 = \frac{f'''(a)}{3!}$$

$$\vdots \qquad\qquad \vdots$$

이들 c_i는 $x=a$에서 f의 Taylor 급수의 계수들이므로 정리 6.40이 증명되었다.

예제 5.4

정리 6.39을 이용하여 $\tan^{-1}x$의 Maclaurin 급수를 구하라.

풀이 $\int \frac{1}{1+x^2}\,dx = \tan^{-1}x + C$이므로 $\frac{1}{(1+x^2)}$의 Maclaurin 급수를 구하여 얻어진 급수에 정리 6.39 (3)을 적용하자.

$$\frac{1}{1-x} = 1 + x + x^2 + x^3 + x^4 + \cdots$$

위 식에서 x를 $-x^2$으로 바꾸면 다음과 같다.

$$\frac{1}{1+x^2} = 1 - x^2 + x^4 - x^6 + x^8 - \cdots$$

따라서 다음을 얻는다.

$$\begin{aligned}\tan^{-1}x &= \int \frac{1}{1+x^2}\,dx = \int (1 - x^2 + x^4 - x^6 + x^8 - \cdots)dx \\ &= x - \frac{x^3}{3} + \frac{x^5}{5} - \frac{x^7}{7} + \frac{x^9}{9} - \cdots + C\end{aligned}$$

위 식에서 $x=0$라 두면 $\tan^{-1}0=0$이므로 $C=0$이다. 따라서 다음을 얻을 수 있다.

$$\tan^{-1}x = x - \frac{x^3}{3} + \frac{x^5}{5} - \frac{x^7}{7} + \frac{x^9}{9} - \cdots$$

예제 5.5

$e^{-x^2}\tan^{-1}x$의 Maclaurin 급수를 구하라.

풀이 예제 5.2와 5.3에서 e^{-x^2}과 $\tan^{-1}x$의 Maclaurin 급수를 알고 있다. 이들을 이용하면 다음을 얻는다.

$$\begin{aligned} e^{-x^2}\tan^{-1}x &= \left(1 - x^2 + \frac{x^4}{2} - \cdots\right)\left(x - \frac{x^3}{3} + \frac{x^5}{5} - \cdots\right) \\ &= x - \frac{4}{3}x^3 + \frac{31}{30}x^5 - \cdots \end{aligned}$$

예제 5.6

함수 $\tan x$의 Maclaurin 급수의 첫 3항을 구하라.

풀이

$$\tan x = \frac{\sin x}{\cos x} = \frac{x - \dfrac{x^3}{3!} + \dfrac{x^5}{5!} - \cdots}{1 - \dfrac{x^2}{2!} + \dfrac{x^4}{4!} - \cdots}$$

위 식의 나눗셈을 하면 첫 3항은 다음과 같다.

$$x + \frac{x^3}{3} + \frac{2x^5}{15}$$

연습문제 6.5

1. Maclaurin 급수를 이용해서 다음을 증명하라.

(1) $\frac{d}{dx}e^x = e^x$

(2) $\int e^x dx = e^x + C$

(3) $\frac{d}{dx}\cos x = -\sin x$

(4) $\int \sin x\,dx = -\cos x + C$

(5) $\frac{d}{dx}\sinh x = \cosh x$

(6) $\int \sinh x\,dx = \cosh x + C$

(7) $\frac{d}{dx}[\ln(1+x)] = \frac{1}{1+x}$

(8) $\int \frac{1}{1+x}dx = \ln(1+x) + C$

2. 다음 함수의 Maclaurin 급수의 첫 4항을 구하라.

(1) $e^{-x^2}\cos x$

(2) $\frac{\sin x}{e^x}$

(3) $\frac{x^2}{1+x^4}$

(4) $\sin^2 x$

(5) $\tanh x$

(6) $\frac{\ln(1+x)}{1-x}$

연습문제 풀이 및 해답

2. (1) $1-\frac{3}{2}x^2+\frac{25}{24}x^4-\frac{11}{24}x^6$

(2) $x-x^2+\frac{2x^3}{3!}$

(3) $\frac{x^2}{1+x^4}$

(4) $x^2-\frac{2x^4}{3!}+\frac{2}{45}x^6-\frac{30}{7!}x^8$

(5) $x-\frac{x^3}{3}+\frac{4x^5}{3!\cdot 5}-\frac{17x^7}{5!\cdot 7}$

(6) $x+\frac{x^2}{2}+\frac{5}{6}x^3+\frac{7}{12}x^4$

편미분

Partial Differentiation

7.1 다변수함수

7.2 이변수함수의 극한과 연속성

7.3 편도함수

7.4 편미분의 응용

제7장에서는 두 개 이상의 실수를 변수로 가지는 실함수의 극한과 연속성, 편미분을 다룬다. 제3장과 제4장에서 다룬 일변수 함수의 극한과 연속성, 미분의 개념을 확장한다.

7.1 다변수함수

이 절에서는 먼저 다변수함수를 정의하고, 이 장에서 주로 다루게 될 이변수함수의 정의역이 되는 평면의 성질을 살펴보기로 한다.

정의 7.1

정의역(domain)이 n차원 공간 $\mathbb{R}^n$의 부분집합 D이고 공변역(codomain)이 실수의 집합 $\mathbb{R}$인 함수 f를 **n변수함수**(function of n variables)라 하고, $f: D \to \mathbb{R}$로 적는다.
점 $(x_1, x_2, \cdots, x_n) \in D$에 대응하는 상(image)이 $z \in \mathbb{R}$일 때 실수 $x_1, x_2, \cdots, x_n$을 **독립변수**(independent variables), 또는 **변수**(variables)라 부르고 z를 **종속변수**(dependent variable), 또는 **함수값**(value)라 하고 다음과 같이 나타낸다.

$$z = f(x_1, x_2, \cdots, x_n)$$

이 때 n변수함수 f의 **치역**(range)은 다음 집합이다.

$$f(D) = \{f(x_1, x_2, \cdots, x_n) \mid (x_1, x_2, \cdots, x_n) \in D\}$$

$n=2$일 때 f를 **이변수함수**(function of two variables)라 한다. 이변수함수의 정의역은 평면 ($\mathbb{R}^2$)의 부분집합이고 $z = f(x_1, x_2)$ 또는 $z = f(x, y)$ 등으로 나타낸다. 같은 방법으로 3차원공간 ($\mathbb{R}^3$) 위에서 **삼변수함수**(function of three variables) $w = f(x, y, z)$도 정의할 수 있다.

변수가 하나인 **일변수함수**(function of single variable)와 구별하기 위해서 변수가 두 개 이상 ($n \geq 2$)인 n변수함수를 통틀어 **다변수함수**(function of several variables)라 부르기도 한다.

n변수함수의 정의역을 명시하지 않을 때는 정의역이 $\mathbb{R}^n$공

간 전체이거나, 가능한 가장 큰 부분집합으로 생각하기로 한다. 함수 f의 정의역을 필요한 때에는 D_f로 쓰기로 한다.

예제 1.1

다음은 이변수함수와 삼변수함수의 예이다. 각 함수의 정의역과 치역을 말해보라.

$$f(x, y) = x^2 + y^2, \quad g(x, y, z) = xyz, \quad h(x, y) = \sqrt{4 - x^2 - y^2}$$

풀이 f의 정의역은 $D_f = \mathbb{R}^2$이고 치역 $f(D_f) = \{ z \in \mathbb{R} \mid z \geq 0 \}$이다.

g의 정의역은 $\mathbb{R}^3$이고 치역은 $\mathbb{R}$이다.

h의 정의역은 $\{(x, y) \mid x^2 + y^2 \leq 4\}$, 즉, xy-평면 위의 중심이 원점이고 반지름이 2인 원과 그 내부이다. h의 치역은 $\{ z \in \mathbb{R} \mid 0 \leq z \leq 2 \}$이고 $z = h(x, y)$를 만족하는 점 $(x, y, z) \in \mathbb{R}^3$의 집합, 즉, 함수 h의 그래프는 정의역 위에 나타나는 반구면이다.

이 장에서 공부하려는 여러 주제들은 대부분 이변수함수에 대하여 논하면 변수의 수가 둘 이상인 함수에 대하서도 쉽게 확장이 가능하므로 앞으로 특별한 사정이 없는 한 이변수함수만을 고려하기로 한다.

이변수함수를 논의하기 위해서는 이변수함수의 정의역인 평면집합의 위상적 성질을 조금 알 필요가 있다.

정의 7.2

평면의 점 (x_0, y_0)의 **δ-근방**(δ-neighborhood)은 **열린 원판**(open disk) $\{(x, y) \mid (x - x_0)^2 + (y - y_0)^2 < \delta^2\}$ 또는 **열린 정사각형** $\{(x, y) \mid |x - x_0| < \delta,\ |y - y_0| < \delta\}$를 뜻하며 $N_\delta(x_0, y_0)$로 나타낸다. 이 때 $\delta > 0$를 **반지름**(radius), 점 (x_0, y_0)를 **중심**(center)이라 한다.

δ-근방 $N_\delta(x_0, y_0)$에서 중심 (x_0, y_0)를 제외한 집합을 (x_0, y_0)의 **제거된 δ-근방**(deleted δ-neighborhood)이라 하고 $\widetilde{N}_\delta(x_0, y_0)$로 나타낸다. 반지름 δ를 생략하여도 의미상 혼란이 없는 때는 단순히

근방(neighborhood), **제거된 근방**(deleted neighborhood)으로 말한다.

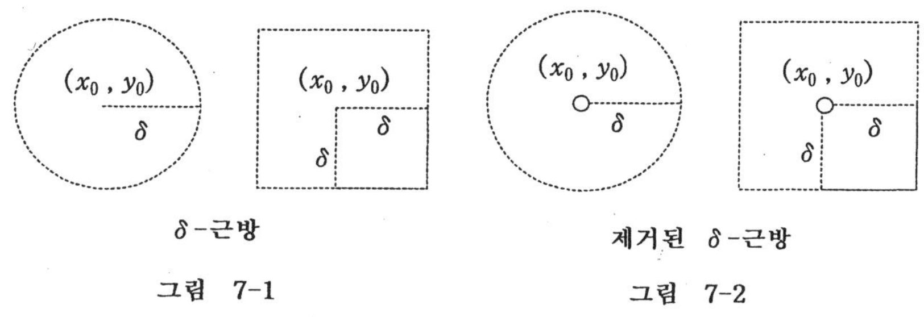

δ-근방

그림 7-1

제거된 δ-근방

그림 7-2

정의 7.3

S가 평면의 부분집합이고 (x_0, y_0)가 평면의 점일 때 (x_0, y_0)의 임의의 제거된 근방이 S의 점을 포함하면, (x_0, y_0)를 S의 **집적점**(accumulation point 또는 limit point)이라 한다. S의 모든 집적점의 집합을 S'으로 나타낸다. 그러면 집적점의 정의를 다음과 같이 쓸 수 있다.

$$(x_0, y_0) \in S' \Leftrightarrow \text{모든 } \delta > 0\text{에 대하여, } \tilde{N}_\delta(x_0, y_0) \cap S \neq \varnothing$$

예제 1.2

열린 원판 $S = N_1(0, 0) = \{(x, y) \mid x^2 + y^2 < 1\}$의 집적점을 모두 찾아보라.

풀이 그림 7-3을 보면 원의 내부에 있는 점과 원 위에 있는 점들이 S의 집적점임을 알 수 있다. 따라서 $S' = \{(x, y) \mid x^2 + y^2 \leq 1\}$이다. 즉, 열린 원판의 모든 집적점의 집합은 **닫힌 원판**(closed disk)이다.

정의 7.4

평면의 부분 집합이 집적점을 모두 포함할 때 **닫힌 집합**(closed set)이라 한다. 전 평면에 대한 여집합이 닫힌 집합인 집합을 **열린 집합**(open set)이라 한다.

평면의 유한 부분집합은 집적점이 없으므로 닫힌 집합이다. 평면 전체는 닫힌 집합이다. 열린 원판은 열린 집합이고 닫힌 원판은 닫힌 집합이다.

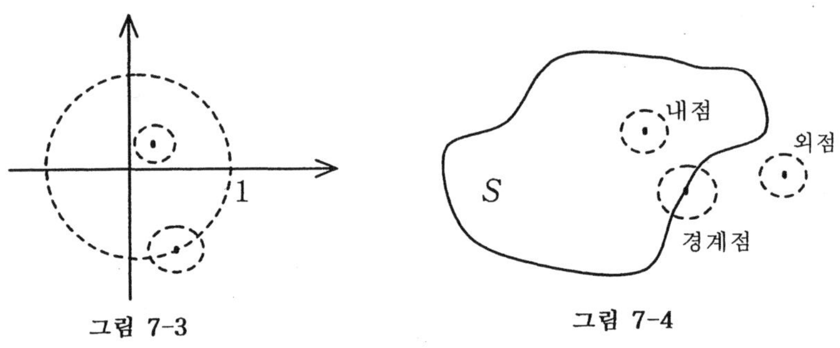

그림 7-3 그림 7-4

정의 7.5

점 $P(x_0, y_0)$가 평면의 점이고, 집합 집합 S가 평면의 부분집합일 때

(1) S에 포함되는 P의 근방이 존재하면, P를 S의 **내점**(interior point)이라 한다. S의 모든 내점의 집합을 S의 **내부**(interior)라 한다.

(2) S와 만나지 않는 P의 근방이 존재하면, P를 S의 **외점**(exterior point)이라 한다. S의 모든 외점의 집합을 S의 **외부**(exterior)라 한다.

(3) P의 모든 근방이 S에 속하는 점과 S에 속하지 않는 점을 동시에 포함하면, P를 S의 **경계점**(boundary point)이라 한다. S의 모든 경계점의 집합을 S의 **경계**(boundary)라 한다.

예제 1.3

열린 원판 $S = \{(x, y) \mid x^2 + y^2 < 1\}$의 내부와 외부, 경계를 구하라.

풀이 S의 내부 $= \{(x, y) \mid x^2 + y^2 < 1\} = S$,

S의 외부 $= \{(x, y) \mid x^2 + y^2 > 1\}$,

S의 경계 $= \{(x, y) \mid x^2 + y^2 = 1\}$.

정의 7.6

평면의 부분집합 R이 한 덩어리로 연결되어 있고 내점을 가질 때 R을 **영역**(region)이라 한다. 영역이 경계점을 모두 포함하면 **닫힌 영역**(closed region)이라 하고 내점만으로 구성된 영역을 **열린 영역**(open region)이라 한다.

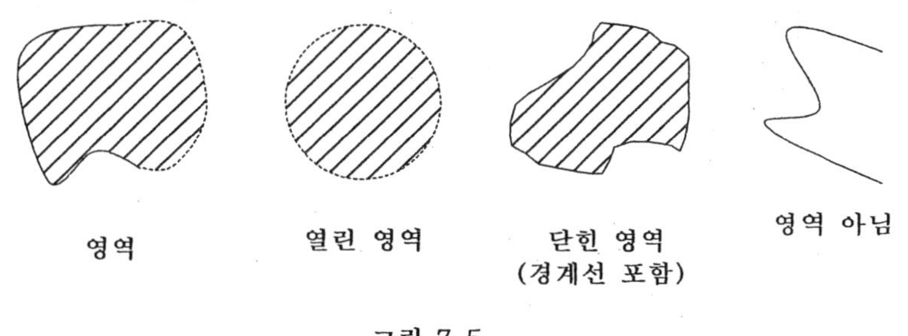

그림 7-5

열린 영역은 열린 집합이고, 닫힌 영역은 닫힌 집합임을 정의로부터 쉽게 알 수 있다.

연습문제 7.1

1. 다음 함수의 정의역을 말하라.

(1) $f(x, y) = \sqrt{x} + \sqrt{y}$

(2) $f(x, y, z) = \ln\{(9 - x^2 - y^2)(x^2 + y^2 - 4)\}$

(3) $f(x, y, z) = \sqrt{1 - x^2 - y^2 - z^2}$

(4) $f(x, y) = \dfrac{x+y}{x^2+y^2}$

2. 다음 집합의 집적점, 내부, 외부, 경계를 구하고 열린 집합인지 닫힌 집합인지 결정하여라.

(1) $S = \{(x, y) \mid |x| + |y| \le 1\}$ (2) $S = \{(x, y) \mid 4 < x^2 + y^2 < 9\}$

연습문제 풀이 및 해답

1. (1) $\{(x, y) \mid x \ge 0, y \ge 0\}$ (2) $\{(x, y) \mid 4 < x^2 + y^2 < 9\}$

(3) $\{(x, y, z) \mid x^2 + y^2 + z^2 \le 1\}$ (4) $\mathbb{R}^2 \setminus \{(0, 0)\}$

2. (1) $S' = S$, S의 내부 $= \{(x, y) \mid |x| + |y| < 1\}$,

S의 외부 $= \{(x, y) \mid |x| + |y| > 1\}$,

S의 경계 $= \{(x, y) \mid |x| + |y| = 1\}$, S는 닫힌 집합

(2) $S' = \{(x, y) \mid 4 \le x^2 + y^2 \le 9\}$, S의 내부 $= S$,

S의 외부 $= \{(x, y) \mid x^2 + y^2 < 4$ 또는 $x^2 + y^2 > 9\}$,

S의 경계 $= \{(x, y) \mid x^2 + y^2 = 4$ 또는 $x^2 + y^2 = 9\}$, S는 열린 집합

7.2 이변수함수의 극한과 연속성

정의 7.7

함수 $f(x, y)$가 점 (x_0, y_0)의 제거된 근방에서 정의된다고 하자. (점 (x_0, y_0)에서는 f가 정의되지 않아도 된다.) (x, y)가 (x_0, y_0)에 접근할 때 $f(x, y)$의 **극한**(limit)이 L이라는 말은 다음을 뜻한다. 임의의 $\varepsilon>0$에 대하여 $\delta>0$(ε과 (x_0, y_0)에 의하여 결정된다)이 존재하여, $0<|x-x_0|<\delta$이고 $0<|y-y_0|<\delta$이면 $|f(x, y)-L|<\varepsilon$이다. 이 때 $\lim_{(x, y)\to(x_0, y_0)} f(x, y) = L$ 또는 $\lim_{\substack{x\to x_0 \\ y\to y_0}} f(x, y) = L$로 나타낸다.

위의 정의에서 제거된 δ-근방을 $0<(x-x_0)^2+(y-y_0)^2<\delta^2$으로 하여도 된다.

예제 2.1

다음 이변수함수에 대하여 $\lim_{(x, y)\to(1, 2)} f(x, y) = 5$ 임을 증명하라.

$$f(x, y) = \begin{cases} x^2+2y, & (x, y)\neq(1, 2) \\ 0, & (x, y)=(1, 2) \end{cases}$$

풀이 임의의 $\varepsilon>0$에 대하여, $0<|x-1|<\delta$이고 $0<|y-2|<\delta$이면 $|x^2+2y-5|<\varepsilon$ 인 $\delta>0$를 구하면 된다. $\delta\leq 1$인 δ를 구하기로 하자. 우선 $0<|x-1|<\delta$이고 $0<|y-2|<\delta$이라 하면 $1-\delta<x<1+\delta$이고 $2-\delta<y<2+\delta$이다. ($x=1$, $y=2$는 제외된다.) 따라서

$$1-2\delta+\delta^2 < x^2 < 1+2\delta+\delta^2,$$

$$4-2\delta < 2y < 4+2\delta,$$

이고, 각 변끼리 더하면 다음이 된다.

$$5-4\delta+\delta^2 < x^2+2y < 5+4\delta+\delta^2$$

즉 $-4\delta+\delta^2 < x^2+2y-5 < 4\delta+\delta^2$ 이다.

이제 $0 < \delta \leq 1$이므로

$$-5\delta < x^2+2y-5 < 5\delta,$$

즉 $|x^2+2y-5| < 5\delta$ 가 된다.

따라서 $\delta = \min\left\{\frac{\varepsilon}{5}, 1\right\}$라 두면 다음이 성립한다.

$$0 < |x-1| < \delta\text{이고 } 0 < |y-2| < \delta\text{이면 } |x^2+2y-5| < \varepsilon.$$

위의 예제에서 $f(1,2)=0$이므로 $\lim_{(x,y)\to(1,2)} f(x,y) \neq f(1,2)$임에 주목하자. 실제로 함수 $f(x,y)$가 $(1,2)$에서 0 아닌 다른 값으로 정의되거나 혹은 아예 정의되지 않더라도 위의 극한값은 5이다.

극한 $\lim_{(x,y)\to(x_0,y_0)} f(x,y)$가 존재하면 그 값은 (x,y)가 (x_0,y_0)에 접근하는 경로에 관계없이 일정하다. 따라서 다른 접근 경로를 택할 때 값이 달라진다면 극한은 존재하지 않는다. 이것은 일변수함수와 마찬가지로 이변수함수의 극한도 존재하면 유일함을 뜻한다.

예제 2.2

다음 이변수함수에 대하여 $\lim_{(x,y)\to(0,1)} f(x,y)$은 존재하지 않음을 보여라.

$$f(x,y) = \tan^{-1}\frac{y}{x}$$

풀이 $\lim_{\substack{x\to0+\\y\to1}} f(x,y)=\frac{\pi}{2}$이고 $\lim_{\substack{x\to0-\\y\to1}} f(x,y)=-\frac{\pi}{2}$. 따라서 $\lim_{(x,y)\to(0,1)} f(x,y)$은 존재하지 않는다.

예제 2.2에서처럼 일방극한의 개념은 이변수함수일 때도 자연스럽게 정의된다. 일변수함수에서 성립하는 여러 극한정리들과 비슷한 정리를 이변수함수에 대해서도 어렵지 않게 증명할 수 있다. 그 중에서 정리 3.6을 확장한 정리를 여기에 소개한다.

정리 7.8

D가 평면의 부분집합이고, (x_0, y_0)가 D의 집적점일 때 두 함수 $f, g : D \to \mathbb{R}$에 대해 극한 $\lim_{(x,y)\to(x_0,y_0)} f(x, y)$와 $\lim_{(x,y)\to(x_0,y_0)} g(x, y)$가 존재하면 다음 사실들이 성립한다.

(i) $\lim_{(x,y)\to(x_0,y_0)} cf(x, y) = c \lim_{(x,y)\to(x_0,y_0)} f(x, y)$, (여기서 $c\in\mathbb{R}$ 이다.)

(ii) $\lim_{(x,y)\to(x_0,y_0)} (f(x, y) + g(x, y)) = \lim_{(x,y)\to(x_0,y_0)} f(x, y) + \lim_{(x,y)\to(x_0,y_0)} g(x, y)$

(iii) $\lim_{(x,y)\to(x_0,y_0)} f(x, y)\, g(x, y) = \lim_{(x,y)\to(x_0,y_0)} f(x, y) \lim_{(x,y)\to(x_0,y_0)} g(x, y)$

(iv) $\lim_{(x,y)\to(x_0,y_0)} \dfrac{f(x, y)}{g(x, y)} = \dfrac{\lim_{(x,y)\to(x_0,y_0)} f(x, y)}{\lim_{(x,y)\to(x_0,y_0)} g(x, y)}$,

(여기서 $\lim_{(x,y)\to(x_0,y_0)} g(x, y) \neq 0$이다.)

예제 2.3

정리 7.8을 써서 $\lim_{(x,y)\to(1,2)} (x^2 + 2y)$를 계산하라.

풀이

$$\lim_{(x,y)\to(1,2)} (x^2+2y) = \lim_{(x,y)\to(1,2)} x^2 + \lim_{(x,y)\to(1,2)} 2y$$
$$= (\lim_{(x,y)\to(1,2)} x)^2 + 2 \lim_{(x,y)\to(1,2)} y = 1^2 + 2\cdot 2 = 5$$

반복극한(iterated limit) $\lim_{x\to x_0} \lim_{y\to y_0} f(x, y) = \lim_{x\to x_0} \{\lim_{y\to y_0} f(x, y)\}$와 $\lim_{y\to y_0} \lim_{x\to x_0} f(x, y) = \lim_{y\to y_0} \{\lim_{x\to x_0} f(x, y)\}$는 일반적으로 같지 않다. 두 반복극한이 같다고 해도 $\lim_{(x,y)\to(x_0,y_0)} f(x, y)$가 존재하는 것을 보장하지는 않지만 $\lim_{(x,y)\to(x_0,y_0)} f(x, y)$가 존재하면 두 반복극한이 일치한다.

예제 2.4

$f(x, y) = \dfrac{x^2 - y^2}{x^2 + y^2}$일 때 $\lim_{(x,y)\to(0,0)} f(x, y)$를 구하라.

풀이 $\lim_{x\to0}\left(\lim_{y\to0}\frac{x^2-y^2}{x^2+y^2}\right)=\lim_{x\to0}1=1$, $\lim_{y\to0}\left(\lim_{x\to0}\frac{x^2-y^2}{x^2+y^2}\right)=\lim_{y\to0}(-1)=-1$.

두 반복극한이 서로 다르므로 $\lim_{(x,y)\to(0,0)}\frac{x^2-y^2}{x^2+y^2}$는 존재하지 않는다.

다음에는 이변수함수의 연속성을 정의하자.

정의 7.9

함수 $f(x,y)$가 점 (x_0, y_0)의 근방에서 정의된다고 하자. $f(x,y)$가 (x_0, y_0)에서 **연속**(continuous)이라 함은

$$\lim_{(x,y)\to(x_0,y_0)} f(x,y)=f(x_0,y_0)$$

임을 뜻한다. 즉 $f(x,y)$가 (x_0, y_0)에서 연속이면 임의의 $\varepsilon>0$에 대하여 다음을 만족하는 $\delta>0$(ε과 (x_0, y_0)에 의하여 결정된다)이 존재하는 것이다.

$|x-x_0|<\delta$이고 $|y-y_0|<\delta$이면 $|f(x,y)-f(x_0,y_0)|<\varepsilon$

예제 2.5

$f(x,y)$가 다음과 같이 정의된 함수라 하자.

$$f(x,y)=\begin{cases} x^2+2y, & (x,y)\neq(1,2) \\ 0, & (x,y)=(1,2) \end{cases}$$

$f(x,y)$가 $(1,2)$에서 연속이 아님을 보여라.

풀이 $\lim_{(x,y)\to(1,2)} f(x,y)=5\neq0=f(1,2)$이므로 $f(x,y)$는 $(1,2)$에서 연속이 아니다.

예제 2.6

$g(x,y)$가 다음과 같이 정의된 함수라 하자.

$$g(x,y)=\begin{cases} x^2+2y, & (x,y)\neq(1,2) \\ 5, & (x,y)=(1,2) \end{cases}$$

$g(x,y)$가 $(1,2)$에서 연속임을 보여라.

풀이 $\lim_{(x,y)\to(1,2)} g(x, y) = 5 = g(1, 2)$이므로 $g(x, y)$는 $(1, 2)$에서 연속이다.

함수 $f(x, y)$가 (x_0, y_0)에서 연속이 아니면 **불연속**(discontinuous)이라 하고, 점 (x_0, y_0)를 $f(x, y)$의 **불연속점**(discontinuity)이라 한다. 위의 두 예제에서 보는 바와 같이 (x_0, y_0)가 $f(x, y)$의 불연속점이기는 하나 $\lim_{(x,y)\to(x_0,y_0)} f(x, y)$가 존재하면, $f(x_0, y_0)$를 다시 정하여 연속인 함수 $g(x, y)$로 고칠 수 있다. 이러한 불연속점을 **제거가능 불연속점**(removable discontinuity)라 한다.

예제 2.7

$h(x, y)$가 다음과 같이 정의된 함수라 하자.

$$h(x, y) = \begin{cases} \dfrac{x^2 - y^2}{x^2 + y^2}, & (x, y) \neq (0, 0) \\ 0, & (x, y) = (0, 0) \end{cases}$$

$(0, 0)$에서 $h(x, y)$의 연속성을 조사하라.

풀이 예제 2.4에서 $\lim_{(x,y)\to(0,0)} h(x, y)$가 존재하지 않음을 보았다. 따라서 $h(x, y)$는 $(0, 0)$에서 불연속이고, $h(0, 0)$을 어떤 값으로 재지정하더라도 연속함수로 만들 수 없다. 즉 $h(x, y)$의 불연속점 $(0, 0)$은 제거가능하지 않다.

D가 평면의 영역일 때 $f(x, y)$가 D의 각 점에서 연속이면 간단히 **$f(x, y)$는 D에서 연속이다**라고 한다.

일변수함수들에 관한 연속함수의 성질은 이변수함수에 관해서도 비슷한 정리가 성립함을 증명할 수 있다. 그 중에서 정리 3.14의 확장을 여기에 소개한다.

정리 7.10

D가 평면의 부분집합이고 두 함수 $f, g: D \to \mathbb{R}$이 연속이면,

cf, $f+g$, fg, $|f|$가 연속이고, $\frac{f}{g}$가 정의되면 연속이다. 여기서 c는 실수이다.

정의 7.11

함수 $f(x, y)$가 점 (x_0, y_0)에서 연속임을 정의할 때 쓰인 δ는 ε과 (x_0, y_0)에 따라서 정해진다. 영역 R에서 연속인 함수 $f(x, y)$에 대하여 ε에만 의존하고 특정한 (x_0, y_0)에는 관계없는 δ가 존재하면, $f(x, y)$는 R에서 **균등연속**(uniformly continuous)이라 한다.
즉, $f(x, y)$가 R에서 균등연속이면 임의의 $\varepsilon>0$에 대하여 다음을 만족하는 $\delta>0$가 존재한다.

$$(x, y),\ (x_0, y_0) \in R,\ \ |x-x_0| < \delta,\ |y-y_0| < \delta \text{이면}$$
$$|f(x, y) - f(x_0, y_0)| < \varepsilon .$$

정의로부터 영역 R에서 균등연속인 함수는 R에서 연속이다. 유계인 닫힌 영역에서 연속인 이변수함수는 그 영역에서 균등연속임이 증명되어 있다. 평면의 영역 R이 **유계**(bounded)라 함은 다음을 만족하는 실수 $M>0$이 존재하는 것을 뜻한다.

$$(x, y) \in R \text{이면 } |x| \le M \text{ 이고 } |y| \le M \ (\text{또는 } x^2+y^2 < M^2).$$

연습문제 7.2

1. 정의에 의하여

$$\lim_{(x,y)\to(2,-1)}(3x-2y) = 8$$

을 증명하라.

2. 다음 극한을 계산하라.

(1) $\displaystyle\lim_{(x,y)\to(1,2)}\frac{3-x+y}{4+x-y}$ (2) $\displaystyle\lim_{(x,y)\to(0,0)}\frac{2x-3y}{3y-2x}$

(3) $\displaystyle\lim_{(x,y)\to(4,\pi)}x^2\sin\frac{y}{x}$ (4) $\displaystyle\lim_{(x,y)\to(0,0)}\frac{2x-y}{x^2+y^2}$

3. 다음 함수의 연속성을 조사하여라.

(1) $f(x, y) = x^2 + y^2$ (2) $f(x, y) = \dfrac{x}{3x+5y}$

(3) $f(x, y) = \begin{cases} (x^2+y^2)\sin\dfrac{1}{x^2+y^2}, & (x, y)\neq(0, 0) \\ 0, & (x, y)=(0, 0) \end{cases}$

(4) $f(x, y) = \dfrac{x-y}{x+y}$

연습문제 풀이 및 해답

1. $0<|x-2|<\delta$이고 $0<|y+1|<\delta$이면

$$|3x-2y-8| = |3(x-2)-2(y+1)| \le 3|x-2|+2|y+1| < 3\delta+2\delta = 5\delta$$

이므로 주어진 ε에 대하여 $\delta=\dfrac{\varepsilon}{5}$으로 두고 증명하면 된다.

2. (1) $\dfrac{4}{3}$ (2) 존재하지 않음 (3) $8\sqrt{2}$ (4) 존재하지 않음

3. (1) $\mathbb{R}^2$에서 연속 (2) 직선 $3x+5y=0$ 위에서 불연속

(3) $\mathbb{R}^2$에서 연속, 특히 $\displaystyle\lim_{(x,y)\to(0,0)}f(x, y) = 0 = f(0, 0)$

(4) 직선 $x+y=0$ 위에서 불연속

7.3 편도함수

$f(x, y)$가 점 (x_0, y_0) 근방에서 정의된 이변수함수일 때 독립변수 y를 y_0로 고정하면, f는 $x=x_0$근방에서 정의되는 x에 관한 일변수함수가 된다. 즉,

$$\varphi(x)=f(x, y_0).$$

그러면 φ는 $x=x_0$에서 미분계수 $\varphi'(x_0)$를 가지는가? 이 질문으로부터 편미분계수의 정의를 이끌어 낸다.

정의 7.12

$f(x, y)$가 점 (x_0, y_0) 근방에서 정의된 이변수함수일 때, 극한

$$f_x(x_0, y_0) \equiv \lim_{h\to 0}\frac{f(x_0+h, y_0)-f(x_0, y_0)}{h}$$

가 존재하면, $f_x(x_0, y_0)$를 (x_0, y_0)**에서** x**에 관한** f**의 편미분계수**(partial derivative of f with respect to x at (x_0, y_0))라 한다. 또 극한

$$f_y(x_0, y_0) \equiv \lim_{h\to 0}\frac{f(x_0, y_0+h)-f(x_0, y_0)}{h}$$

가 존재하면, $f_x(x_0, y_0)$를 (x_0, y_0)**에서** y**에 관한** f**의 편미분계수**(partial derivative of f with respect to y at (x_0, y_0))라 한다.

일변수함수에 대하여 미분계수로부터 도함수를 정의한 것처럼 편미분계수를 함수값으로 하는 새로운 함수를 정의할 수 있다.

$$f_x(x, y) = \lim_{h\to 0}\frac{f(x+h, y)-f(x, y)}{h},$$

$$f_y(x, y) = \lim_{h\to 0}\frac{f(x, y+h)-f(x, y)}{h}$$

를 각각 f**의** x**에 관한 편도함수**(partial derivative of f with respect to x), f의 y에 **관한 편도함수**(partial derivative of f with respect to y)라 부른다.

편도함수는 $\frac{\partial f}{\partial x} = f_x = f_x(x, y)$, $\frac{\partial f}{\partial y} = f_y = f_y(x, y)$로 나타내며, $z = f(x, y)$로 함수를 표시하면 $\frac{\partial z}{\partial x} = f_x$, $\frac{\partial z}{\partial y} = f_y$ 등으로 쓰기도 한다. 편미분계수는 $\left.\frac{\partial f}{\partial x}\right|_{(x_0, y_0)}$, $\left.\frac{\partial f}{\partial y}\right|_{(x_0, y_0)}$ 등으로 나타낸다. 편도함수를 구하는 일을 **편미분**(partial differentiation)이라 한다.

예제 3.1

점 (1, 2)에서 다음 함수의 편미분계수를 구하라.

$$f(x, y) = 2x^2 - xy + y^2$$

풀이

$$\begin{aligned}\left.\frac{\partial f}{\partial x}\right|_{(1,2)} &= f_x(1, 2) = \lim_{h\to 0}\frac{f(1+h, 2) - f(1, 2)}{h} \\ &= \lim_{h\to 0}\frac{2(1+h)^2 - (1+h)(2) + 2^2 - [(2)(1)^2 - (1)(2) + 2^2]}{h} \\ &= \lim_{h\to 0}\frac{2h + 2h^2}{h} \\ &= \lim_{h\to 0}(2 + 2h) = 2\end{aligned}$$

$$\begin{aligned}\left.\frac{\partial f}{\partial y}\right|_{(1,2)} &= f_y(1, 2) = \lim_{h\to 0}\frac{f(1, 2+h) - f(1, 2)}{h} \\ &= \lim_{h\to 0}\frac{(2)(1)^2 - (1)(2+h) + (2+h)^2 - [(2)(1)^2 - (1)(2) + 2^2]}{h} \\ &= \lim_{h\to 0}\frac{3h + h^2}{h} \\ &= \lim_{h\to 0}(3 + h) = 3\end{aligned}$$

실제로 이변수함수 편도함수를 구하는 일이 일변수함수의 도함수를 구하는 것보다 더 어려운 것은 아니다. 한 변수는 고정하여 상수처럼 취급하므로 사실상 일변수함수를 미분하는 것과 같다. 따라서 정리 4.6의 미분공식은 편미분에서도 유효하다.

정리 7.13

함수 $f(x, y)$와 $g(x, y)$가 편도함수를 가지고 c가 상수일 때 다음 편미분 공식들이 성립한다.

(1) $(f+g)_x = f_x + g_x$, $(f+g)_y = f_y + g_y$

(2) $(cf)_x = cf_x$, $(cf)_y = cf_y$

(3) $(f-g)_x = f_x - g_x$, $(f-g)_y = f_y - g_y$

(4) $(fg)_x = f_x g + f g_x$, $(fg)_y = f_y g + f g_y$

(5) $g(x, y) \neq 0$일 때

$$\left(\frac{f}{g}\right)_x = \frac{f_x g - f g_x}{g^2} \ , \quad \left(\frac{f}{g}\right)_y = \frac{f_y g - f g_y}{g^2}$$

예제 3.2

다음 함수의 편도함수 f_x, f_y와 편미분계수 $f_x(0, 0)$, $f_y(1, 2)$를 구하라.

$$f(x, y) = x^3y^2 + 2x + 5y + 4$$

풀이 $f_x(x, y) = 3x^2y^2 + 2$, $f_y(x, y) = 2x^3y + 5$이므로 $f_x(0, 0) = 2$, $f_y(1, 2) = 9$이다.

예제 3.3

다음 함수의 편도함수를 구하라.

$$f(x, y) = \begin{cases} \dfrac{xy}{x^2+y^2} \ , & (x, y) \neq (0, 0) \\ 0 \ , & (x, y) = (0, 0) \end{cases}$$

풀이 먼저 $(x, y) \neq (0, 0)$일 때는 정리 7.13를 사용하여 편미분계수를 구할 수 있다.

$$f_x(x, y) = \frac{(y)(x^2+y^2)-(xy)(2x)}{(x^2+y^2)^2} = \frac{y^3-x^2y}{(x^2+y^2)^2}$$
$$f_y(x, y) = \frac{(x)(x^2+y^2)-(xy)(2y)}{(x^2+y^2)^2} = \frac{x^3-xy^2}{(x^2+y^2)^2}$$

다음 $(x, y)=(0, 0)$일 때 위에서 구한 $f_x(x, y)$나 $f_y(x, y)$에 $(0, 0)$을 대입하여 $f_x(0, 0)$와 $f_y(0, 0)$을 구할 수는 없다. 그러므로 편미분계수의 정의에 따라 직접 계산한다.

$$f_x(0, 0) = \lim_{h\to 0}\frac{f(0+h, 0)-f(0, 0)}{h} = \lim_{h\to 0}\frac{1}{h}\left(\frac{(h)(0)}{h^2+0^2}-0\right) = 0,$$
$$f_y(0, 0) = \lim_{h\to 0}\frac{f(0, 0+h)-f(0, 0)}{h} = \lim_{h\to 0}\frac{1}{h}\left(\frac{(0)(h)}{0^2+h^2}-0\right) = 0.$$

예제 3.3의 함수 $f(x, y)$는 평면상의 모든 점에서 정의되는 편도함수를 가진다. 그러나 $f(x, y)$는 $(x, y)=(0, 0)$에서 연속이 아니다. 이것은 편도함수의 존재가 이변수함수의 연속성을 보장하는 것은 아님을 뜻한다. 그러나 도함수를 가지는 일변수함수는 연속이다(정리 4.3).

정리 7.14

이변수함수 $f(x, y)$의 편도함수 $f_x(x, y)$, $f_y(x, y)$가 (x_0, y_0)에서 연속이면, $f(x, y)$도 (x_0, y_0)에서 연속이다.

증명은 생략한다. 예제 3.3에서 편도함수 f_x와 f_y는 $(0, 0)$에서 연속이 아님에 주목하자.

이변수함수 $f(x, y)$의 편도함수 $f_x(x, y)$와 $f_y(x, y)$도 이변수함수이다. f_x나 f_y가 편도함수를 가지면 이를 f의 **2계 편도함수** (2nd order partial derivative)라 하고 다음과 같이 나타낸다.

$$\frac{\partial}{\partial x}\left(\frac{\partial f}{\partial x}\right) = \frac{\partial^2 f}{\partial x^2} = f_{xx}, \quad \frac{\partial}{\partial y}\left(\frac{\partial f}{\partial x}\right) = \frac{\partial^2 f}{\partial y \partial x} = f_{xy},$$

$$\frac{\partial}{\partial x}\left(\frac{\partial f}{\partial y}\right) = \frac{\partial^2 f}{\partial x \partial y} = f_{yx}, \quad \frac{\partial}{\partial y}\left(\frac{\partial f}{\partial y}\right) = \frac{\partial^2 f}{\partial y^2} = f_{yy}.$$

같은 방법으로 $n \geq 3$에 대하여 n계 편도함수를 정의할 수 있다.

$$\frac{\partial}{\partial x}\left(\frac{\partial^2 f}{\partial x^2}\right) = \frac{\partial^3 f}{\partial x^3} = f_{xxx},$$

$$\frac{\partial}{\partial x}\left(\frac{\partial^2 f}{\partial y \partial x}\right) = \frac{\partial^3 f}{\partial x \partial y \partial x} = f_{xyx}, \quad \cdots$$

예제 3.4

다음 함수의 2계 편도함수를 구하라.

$$f(x, y) = x^3y^2 + 2x + 5y + 4$$

풀이 $f_x(x, y) = 3x^2y^2 + 2$, $f_y(x, y) = 2x^3y + 5$이므로

$f_{xx}(x, y) = 6xy^2$, $f_{xy}(x, y) = 6x^2y$,

$f_{yx}(x, y) = 6x^2y$, $f_{yy}(x, y) = 2x^3$.

예제 3.5

다음 함수의 2계 편미분계수 $f_{xy}(0, 0)$과 $f_{yx}(0, 0)$을 구하라.

$$f(x, y) = \begin{cases} \dfrac{xy(x^2 - y^2)}{x^2 + y^2}, & (x, y) \neq (0, 0) \\ 0, & (x, y) = (0, 0) \end{cases}$$

풀이 $(x, y) \neq (0, 0)$일 때는 정리 7.13를 사용하여 편미분계수를 구할 수 있다.

$$f_x(x, y) = y\left\{\frac{x^2 - y^2}{x^2 + y^2} + \frac{4x^2y^2}{(x^2 + y^2)^2}\right\},$$

$$f_y(x, y) = x\left\{\frac{x^2 - y^2}{x^2 + y^2} - \frac{4x^2y^2}{(x^2 + y^2)^2}\right\}.$$

특히 $f_x(0, y) = -y$, $f_y(x, 0) = x$이다. $(0, 0)$에서는 편미분계수의 정의로부터 다음을 얻는다.

$$f_x(0, 0) = \lim_{h \to 0} \frac{f(h, 0) - f(0, 0)}{h} = 0,$$

$$f_y(0, 0) = \lim_{k \to 0} \frac{f(0, k) - f(0, 0)}{k} = 0.$$

따라서 구하는 2계 편미분계수는 다음과 같다.

$$f_{xy}(0\,,0) = \lim_{k\to 0}\frac{f_x(0\,,k)-f_x(0\,,0)}{k} = \lim_{k\to 0}\frac{-k}{k} = -1\ ,$$

$$f_{yx}(0\,,0) = \lim_{h\to 0}\frac{f_y(h\,,0)-f_y(0\,,0)}{h} = \lim_{h\to 0}\frac{h}{h} = 1\ .$$

위 예제에서 보는 바와 같이 f_{xy}와 f_{yx}는 일반적으로 일치하지 않는다. 다음 정리는 f_{xy}와 f_{yx}가 일치할 조건을 제시한다. 그 증명은 일변수함수의 평균치정리를 이용하여 증명할 수 있으나 여기서는 생략하기로 한다.

정리 7.15

점 $(x_0\,,y_0)$의 근방에서 이변수함수 $f(x,y)$와 편도함수 f_x, f_y, f_{xy}가 존재하고 연속이면, f_{yx}도 존재하고 $f_{yx}(x_0\,,y_0) = f_{xy}(x_0\,,y_0)$이다.

음함수로 정의된 이변수함수의 편미분을 구하는 방법도 일변수함수일 때와 비슷하다.

예제 3.6

z가 x, y의 함수이고 다음 식을 만족한다고 하자.

$$x^3 - xy^2 + yz^2 - z^3 = 5$$

편도함수 $z_x = \frac{\partial z}{\partial x}$, $z_y = \frac{\partial z}{\partial y}$ 존재한다고 하면 z_x와 z_y를 구하라.

풀이 양변을 x에 관하여 미분하면

$$3x^2 - y^2 + 2yz\frac{\partial z}{\partial x} - 3z^2\frac{\partial z}{\partial x} = 0\ .$$

$\frac{\partial z}{\partial x}$에 관하여 풀면 다음과 같다.

$$z_x = \frac{\partial z}{\partial x} = \frac{y^2-3x^2}{2yz-3z^2} \quad (2yz \neq 3z^2)$$

같은 방법으로 y에 관하여 미분하여 $\frac{\partial z}{\partial y}$에 관하여 풀면 다음

결과를 얻는다.

$$-2xy + z^2 + 2yz\frac{\partial z}{\partial y} - 3z^2\frac{\partial z}{\partial y} = 0 .$$

$$z_y = \frac{\partial z}{\partial y} = \frac{2xy - z^2}{2yz - 3z^2} \quad (2yz \neq 3z^2) .$$

예제 3.7

u와 v가 x, y의 이변수함수이고 다음을 만족한다고 할 때, u_x와 v_x를 구하라.

$$u^2 - v^2 = x , \quad 2uv = y .$$

풀이 x에 관하여 미분하면

$$2uu_x - 2vv_x = 1 , \quad vu_x + uv_x = 0 .$$

크레이머의 공식을 이용하여 u_x와 v_x를 구하면

$$u_x = \frac{\begin{vmatrix} 1 & -2v \\ 0 & u \end{vmatrix}}{\begin{vmatrix} 2u & -2v \\ v & u \end{vmatrix}} = \frac{u}{2(u^2+v^2)}$$

$$v_x = \frac{\begin{vmatrix} 2u & 1 \\ v & 0 \end{vmatrix}}{\begin{vmatrix} 2u & -2v \\ v & u \end{vmatrix}} = \frac{-v}{2(u^2+v^2)} .$$

이변수함수나 다변수함수에 대해서도 연쇄율을 적용할 수 있다. 그러나 일변수함수와는 달리 합성함수를 만드는 방법이 매우 다양하므로 연쇄율도 여러 가지 형태로 나타난다.

$x = g(r, s)$, $y = h(r, s)$이고 $z = f(x, y)$이면 z는 r과 s의 함수가 된다. 이 때는

$$\frac{\partial z}{\partial r} = \frac{\partial z}{\partial x}\frac{\partial x}{\partial r} + \frac{\partial z}{\partial y}\frac{\partial y}{\partial r} , \quad \frac{\partial z}{\partial s} = \frac{\partial z}{\partial x}\frac{\partial x}{\partial s} + \frac{\partial z}{\partial y}\frac{\partial y}{\partial s} .$$

일반적으로 $x_1 = f_1(r_1, r_2, \cdots, r_m)$, $\cdots$, $x_n = f_n(r_1, r_2, \cdots, r_m)$이고 $y = F(x_1, x_2, \cdots, x_n)$이면

$$\frac{\partial y}{\partial r_k} = \frac{\partial y}{\partial x_1}\frac{\partial x_1}{\partial r_k} + \frac{\partial y}{\partial x_2}\frac{\partial x_2}{\partial r_k} + \cdots + \frac{\partial y}{\partial x_n}\frac{\partial x_n}{\partial r_k} , \quad k = 1, 2, \cdots, m .$$

특히 x_1, x_2, $\cdots$, x_n이 변수 r하나에만 종속되는 변수이면

$$\frac{dy}{dr} = \frac{\partial y}{\partial x_1}\frac{dx_1}{dr} + \frac{\partial y}{\partial x_2}\frac{dx_2}{dr} + \cdots + \frac{\partial y}{\partial x_n}\frac{dx_n}{dr} .$$

예제 3.8

$x = 3r^2 + 2s$, $y = 4r - 2s^3$이고 $z = 2x^2 - 3y^2$일 때 $\frac{\partial z}{\partial r}$과 $\frac{\partial z}{\partial s}$를 구하라.

풀이 $\frac{\partial z}{\partial x} = 4x$, $\frac{\partial z}{\partial y} = -6y$, $\frac{\partial x}{\partial r} = 6r$,

$\frac{\partial x}{\partial s} = 2$, $\frac{\partial y}{\partial r} = 4$, $\frac{\partial y}{\partial s} = -6s^2$

이므로 연쇄율을 써서 다음과 같이 구할 수 있다.

$$\begin{aligned}\frac{\partial z}{\partial r} &= \frac{\partial z}{\partial x}\frac{\partial x}{\partial r} + \frac{\partial z}{\partial y}\frac{\partial y}{\partial r}\\ &= (4x)(6r) + (-6y)(4)\\ &= 24r(3r^2+2s) - 24(4r-2s^3) = 72r^3 + 48s^3 + 48rs - 96r ,\end{aligned}$$

$$\begin{aligned}\frac{\partial z}{\partial s} &= \frac{\partial z}{\partial x}\frac{\partial x}{\partial s} + \frac{\partial z}{\partial y}\frac{\partial y}{\partial s}\\ &= (4x)(2) + (-6y)(-6s^2)\\ &= 8(3r^2+2s) + 36s^2(4r-2s^3) = 24r^2 + 16s + 144rs^2 - 72s^5 .\end{aligned}$$

연습문제 7.3

1. 다음 함수의 편도함수와 2계 편도함수를 구하라.

(1) $f(x, y) = 4x^3 - 6x^2y^3 + y^5$ (2) $f(x, y) = \tan^{-1}\frac{x}{y^2} \quad (y \neq 0)$

(3) $f(x, y) = e^{-x}\cos(xy)$

2. 예제 3.7에서 u_y와 v_y를 구하라.

3. 다음 함수에 대하여 $\frac{\partial F}{\partial r}$, $\frac{\partial F}{\partial \theta}$를 구하여라.

$$F(x, y) = x^3 - xy + y^3, \quad x = r\cos\theta, \quad y = r\sin\theta$$

4. 다음 함수에 대하여 $\left.\frac{\partial F}{\partial t}\right|_{t=0}$를 구하여라.

$$F(x, y) = 2x^2 - yz + xz^2, \quad x = 2\sin t, \quad y = t^2 - t + 1, \quad z = 3e^{-t}$$

연습문제 풀이 및 해답

1. (1) $f_x = 12x^2 - 12xy^3$, $f_y = -18x^2y^2 + 5y^4$, $f_{xx} = 24x - 36y^2$,

$f_{xy} = -36xy^2 = f_{yx}$, $f_{yy} = -36x^2y + 20y^3$

(2) $f_x = \frac{1}{y^2}\frac{1}{1+\left(\frac{x}{y^2}\right)^2} = \frac{y^2}{x^2+y^4}$, $f_y = \frac{-2xy}{x^2+y^4}$,

$f_{xy} = \frac{2x^2y - 2y^5}{(x^2+y^4)^2}$, $f_{yx} = \frac{2x^2y - 2y^5}{(x^2+y^4)^2}$

(3) $f_x = -e^{-x}\cos xy - xe^{-x}\sin xy$

2. $u_y = \frac{v}{2(u^2+v^2)}$, $v_y = \frac{u}{2(u^2+v^2)}$

3. $\frac{\partial F}{\partial r} = 3y^2(\cos^3\theta + \sin^3\theta) - 2r\sin\theta\cos\theta$,

$\frac{\partial F}{\partial \theta} = 3r^3\sin\theta\cos\theta(\sin\theta - \cos\theta) + r^2(\sin^2\theta - \cos^2\theta)$

4. $\left.\frac{\partial F}{\partial t}\right|_{t=0} = 24$

7.4 편미분의 응용

이 절에서는 편미분을 이용하여 이변수함수의 최대값과 최소값을 구하는 방법을 알아보자. 먼저 이변수함수의 평균치 정리를 증명한다.

정리 7.16 이변수함수의 평균값 정리(Mean value Theorem)

이변수함수 $f(x, y)$가 닫힌 영역 R에서 연속이고 R의 내부(즉, 경계선을 제외하고)에서 1계 편도함수를 가질 때 다음을 만족하는 $\theta(0<\theta<1)$가 존재한다.

$$f(x_0+h, y_0+k)-f(x_0, y_0)=hf_x(x_0+\theta h, y_0+\theta k)+kf_y(x_0+\theta h, y_0+\theta k).$$

여기서 두 점 (x_0, y_0)와 (x_0+h, y_0+k)는 영역 R에 속하고 두 점을 잇는 선분은 R의 내부에 속한다.

증명 t가 구간 $[0, 1]$의 점일 때 $F(t)=f(x_0+ht, y_0+kt)$로 두면, 일변수함수의 평균값 정리(정리 4.11)에 의하여 다음을 만족하는 θ가 존재한다.

$$F(1)-F(0)=F'(\theta), \quad 0<\theta<1 \qquad (1)$$

여기서 $x=x_0+ht$, $y=y_0+kt$로 두면, $F(t)=f(x, y)$이다. 연쇄율에 의하여 $F'(t)$는 다음과 같다.

$$F'(t)=\frac{\partial f}{\partial x}\frac{\partial x}{\partial t}+\frac{\partial f}{\partial y}\frac{\partial y}{\partial t}=hf_x+kf_y.$$

따라서 $t=\theta$이면 $F'(\theta)$는 다음과 같다.

$$F'(\theta)=hf_x(x_0+\theta h, y_0+\theta k)+kf_y(x_0+\theta h, y_0+\theta k).$$

그러므로 $0<\theta<1$인 θ에 대하여 식 (1)을 다시 쓰면 다음을 얻는다.

$$f(x_0+h, y_0+k)-f(x_0, y_0)=hf_x(x_0+\theta h, y_0+\theta k)+kf_y(x_0+\theta h, y_0+\theta k). \blacksquare$$

정리 7.17 **Taylor의 평균치 정리(Taylor's Mean value Theorem)**

점 (x_0, y_0)를 포함하는 닫힌 영역에서 함수 $f(x, y)$의 모든 n계 편도함수들이 연속이고, 경계선을 제외한 내부에서 $(n+1)$계 편도함수들이 존재하면 다음 식이 성립한다.

$$\begin{aligned} f(x_0+h, y_0+k) &= f(x_0, y_0) + \left(h\frac{\partial}{\partial x}+k\frac{\partial}{\partial y}\right)f(x_0, y_0) \\ &+ \frac{1}{2!}\left(h\frac{\partial}{\partial x}+k\frac{\partial}{\partial y}\right)^2 f(x_0, y_0) + \cdots \\ &+ \frac{1}{n!}\left(h\frac{\partial}{\partial x}+k\frac{\partial}{\partial y}\right)^n f(x_0, y_0) + R_n \qquad (2) \end{aligned}$$

여기서 R_n은 n항 이후의 나머지로서 다음과 같다.

$$R_n = \frac{1}{(n+1)!}\left(h\frac{\partial}{\partial x}+k\frac{\partial}{\partial y}\right)^{n+1} f(x_0+\theta h, y_0+\theta k), \quad 0<\theta<1.$$

그리고 식 (2)에서 쓴 편미분 기호는 다음을 뜻한다.

$$\left(h\frac{\partial}{\partial x}+k\frac{\partial}{\partial y}\right)f(x_0, y_0) = hf_x(x_0, y_0) + kf_y(x_0, y_0),$$

$$\begin{aligned} \left(h\frac{\partial}{\partial x}+k\frac{\partial}{\partial y}\right)^2 f(x_0, y_0) &= \left(h^2\frac{\partial^2}{\partial x^2}+2hk\frac{\partial^2}{\partial x\partial y}+k^2\frac{\partial^2}{\partial y^2}\right)f(x_0, y_0) \\ &= h^2 f_{xx}(x_0, y_0) + 2hkf_{xy}(x_0, y_0) + k^2 f_{yy}(x_0, y_0), \end{aligned}$$

$\left(h\frac{\partial}{\partial x}+k\frac{\partial}{\partial y}\right)^n$은 이항전개를 하는 것처럼 전개하여 해당되는 편미분 기호로 해석하면 된다.

위의 정리는 $F(t) = f(x_0+ht, y_0+kt)$로 두고 $F(t)$를 Taylor 다항식으로 전개하여 증명할 수 있다.

다음은 이변수함수의 최대값과 최소값을 구하는 것을 알아보자.

정의 7.18

(x_0, y_0)가 이변수함수 $f(x, y)$의 정의역에 속하는 점이라 하자. f

의 정의역의 모든 점 (x, y)에 대하여 $f(x, y) \le f(x_0, y_0)$이면 f는 (x_0, y_0)에서 **최대값을 가진다**고 하고 $f(x_0, y_0)$를 f의 **최대값**(maximum)이라 한다. 또 f의 정의역의 모든 점 (x, y)에 대하여 $f(x, y) \ge f(x_0, y_0)$이면 f는 (x_0, y_0)에서 **최소값을 가진다**고 하고 $f(x_0, y_0)$를 f의 **최소값**(minimum)이라 한다.

(x_0, y_0)의 근방 N이 존재해서 N의 모든 점 (x, y)에 대하여 $f(x, y) \le f(x_0, y_0)$(또는 $f(x, y) \ge f(x_0, y_0)$)이면, f는 (x_0, y_0)에서 **극대값**(또는 **극소값**)을 **가진다**고 하고, $f(x_0, y_0)$를 **극대값**(또는 **극소값**)이라 한다. 극대값 또는 극소값을 **극값**(extremum)이라고 한다.

정리 7.19

이변수함수 $f(x, y)$가 (x_0, y_0)에서 극대값 또는 극소값을 가지고, 편미분계수가 모두 존재하면 다음이 성립한다.

$$f_x(x_0, y_0) = 0, \quad f_y(x_0, y_0) = 0 .$$

증명 $f(x_0, y_0)$가 $f(x, y)$의 극값이면, 일변수함수 $\varphi(x) = f(x, y_0)$와 $\psi(x) = f(x_0, y)$에 대하여도 극값이 된다. φ와 ψ가 $x = x_0$와 $y = y_0$에서 각각 극값을 가지면 정리 4.9에 의하여 $\varphi'(x) = f_x(x_0, y_0) = 0$이고 $\psi'(x) = f_y(x_0, y_0) = 0$이다. ■

함수 $f(x, y)$의 정의역에 속하는 점 (x_0, y_0)에서 f의 편미분 계수가 모두 존재하여 $f_x(x_0, y_0) = f_y(x_0, y_0) = 0$이거나 적어도 하나의 편미분 계수가 존재하지 않을 때, (x_0, y_0)를 f의 **임계점**(critical point)이라고 한다. 정리 7.19는 극값은 임계점에서만 존재할 수 있음을 의미한다.

정리 7.20

이변수함수 $f(x, y)$와 1계 편도함수, 2계 편도함수가 점 (x_0, y_0)를 포함하는 영역 R에서 모두 연속이고,

$$f_x(x_0, y_0) = f_y(x_0, y_0) = 0$$

이라 하자. 이때

$$\triangle = f_{xx}(x_0, y_0)f_{yy}(x_0, y_0) - f_{xy}^2(x_0, y_0)$$

로 두면

① $\triangle > 0$, $f_{xx}(x_0, y_0) < 0$이면 $f(x_0, y_0)$는 극대값이고,

② $\triangle > 0$, $f_{xx}(x_0, y_0) > 0$이면 $f(x_0, y_0)$는 극소값이고,

③ $\triangle < 0$이면 (x_0, y_0)는 $f(x, y)$의 **안장점**(saddle point)이다.

④ $\triangle = 0$이면 f는 (x_0, y_0)에서 극대, 극소, 안장점을 가질 수도 있고 아무것도 가지지 않을 수도 있다.

증명 $\triangle > 0$, $f_{xx}(x_0, y_0) < 0$인 경우만 증명하기로 한다.

$n=1$일 때 Taylor의 평균치 정리는 다음과 같다.

$$\begin{aligned} f(x_0+h, y_0+k) &= f(x_0, y_0) + hf_x(x_0, y_0) + kf_y(x_0, y_0) \\ &\quad + \frac{1}{2}\{h^2 f_{xx}(x_0+\theta h, y_0+\theta k) + 2hkf_{xy}(x_0+\theta h, y_0+\theta k) \\ &\quad + k^2 f_{yy}(x_0+\theta h, y_0+\theta k)\}, \end{aligned}$$

여기서 $0 < \theta < 1$이다. $f_x(x_0, y_0) = f_y(x_0, y_0) = 0$이므로

$$f(x_0+h, y_0+k) - f(x_0, y_0) = \frac{1}{2} f_{xx}\left\{\left(h + \frac{f_{xy}}{f_{xx}}k\right)^2 + \left(\frac{f_{xx}f_{yy} - f_{xy}^2}{f_{xx}^2}\right)k^2\right\}.$$

여기서 $f_{xx}(x_0, y_0) < 0$이면 f_{xx}의 연속성에 의하여 $f_{xx}(x, y) < 0$인 (x_0, y_0)의 근방이 존재한다. 마찬가지로

$$\triangle = f_{xx}(x_0, y_0)f_{yy}(x_0, y_0) - f_{xy}^2(x_0, y_0) > 0$$

이면, (x_0, y_0)의 근방에서 중괄호 속의 합 > 0 이다.

따라서 절대값이 충분히 작은 h와 k에 대하여 다음이 성립한다.

$$f(x_0+h, y_0+k) \le f(x_0, y_0)$$

즉, $f(x_0, y_0)$는 극대값이다. ■

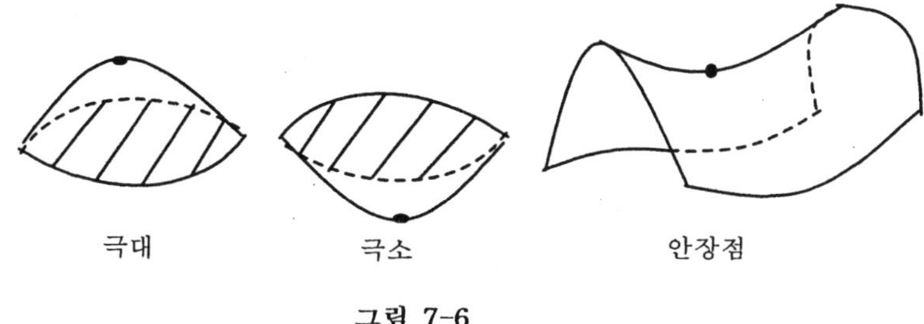

그림 7-6

R이 유계인 닫힌 영역이고, f가 R에 속하는 점 (x, y_0)에서 극값을 가지면 (x_0, y_0)는 f의 임계점이거나 영역 R의 경계점이다. 영역 R에서 f의 최대값(또는 최소값)은 임계점에서의 함수값과 R의 경계선에서의 f의 극값 중에서 가장 큰(또는 작은) 값이다.

예제 4.1

$f(x, y) = x^2 + y^2$의 극값을 구하라.

풀이 $f_x = 2x$, $f_y = 2y$이므로 임계점은 $(0,0)$이다. 또, $f_{xx} = 2$, $f_{yy} = 2$, $f_{xy} = f_{yx} = 0$이므로 $(0,0)$에서 $\Delta = f_{xx}f_{yy} - f_{xy}^2 = 4 > 0$이다. $f_{xx} = 2 > 0$이므로 $f(0,0) = 0$은 극소값이다. 실제로 $(0,0)$은 f의 유일한 임계점이므로 $f(0,0) = 0$은 f의 최소값이 된다.

예제 4.2

$f(x, y) = xy$의 임계점을 조사하여라.

풀이 $f_x = y$, $f_y = x$이므로 임계점은 $(0,0)$이다. 그리고 $f_{xx} = f_{yy} = 0$, $f_{xy} = f_{yx} = 1$이므로 $\Delta = -1 < 0$이다. 따라서 $(0,0)$은 f의 안장점이다.

연습문제 7.4

1. 점 (0,0)은 다음 함수의 임계점이다. 극대, 극소 또는 안장점을 판별하여라.

(1) $f(x, y) = x^4 + y^4$

(2) $f(x, y) = y^4 - x^4$

(3) $f(x, y) = y^2 - x^2$

(4) $f(x, y) = x^5 + x^3 + y^3$

2. 다음 함수의 극대값과 극소값을 구하여라.

$f(x, y) = x^3 + y^3 - 3x - 12y + 20$

연습문제 풀이 및 해답

1. (1) 극소 (2) 안장점 (3) 안장점 (4) 아무것도 아님

2. $f_x = 3x^2 - 3 = 0$이면 $x = \pm 1$, $f_y = 3y^2 - 12 = 0$이면 $y = \pm 2$이다.
따라서 임계점은 $(1, 2)$, $(-1, 2)$, $(1, -2)$, $(-1, -2)$이다. $f_{xx} = 6x$, $f_{yy} = 6y$, $f_{xy} = 0$이므로 $\triangle = f_{xx}f_{yy} - f_{xy}{}^2 = 36xy$이다. $(-1, 2)$와 $(1, -2)$에서 $\triangle < 0$이므로 $(-1, 2)$와 $(1, -2)$에서 안장점을 가진다. $(1, 2)$와 $(-1, -2)$에서는 $\triangle > 0$이고 $f_{xx}(1, 2) > 0$, $f_{xx}(-1, -2) < 0$이므로 $f(1, 2) = 2$는 극소값이고 $f(-1, -2) = 38$은 극대값이다.

중적분과 선적분

Multiple Integrals and Line Integrals

8.1 이중적분

8.2 삼중적분

8.3 선적분

8.4 면적분

제8장에서는 제5장에서 공부한 정적분을 확장하여 이중적분, 삼중적분, 선적분과 면적분을 다루고 이 적분의 계산에 유용한 적분정리들을 알아보기로 한다.

8.1 이중적분

정의 8.1

R이 xy-평면의 영역일 때 R의 **분할**(partition) P는 다음과 같이 정의한다.

$$P = \{R_1, R_2, \cdots, R_n\}$$

$$\bigcup_{k=1}^{n} R_k = R \ , \ \sum_{k=1}^{n} \triangle A_k = A(R) \ , \ \triangle A_k = A(R_k)$$

$$A(R_i \cap R_j) = 0 \ , \ i \neq j \ , \ i \ , j \in \{1, 2, \cdots, n\}$$

여기서 $A(\cdot)$는 평면집합의 면적을 나타내는 기호이다. 부분영역 $R_k\,(k = 1, 2, \cdots, n)$에 포함되는 선분의 길이 중에서 가장 긴 것을 $d(R_k)$로 나타내면 분할 P의 **노음**(norm)은

$$\|P\| = \max\{d(R_k) \mid k = 1, 2, \cdots, n\}$$

으로 정의한다.

정의 8.2

$F(x, y)$가 xy-평면의 닫힌 영역 R에서 정의된 함수라 하자. $P = \{R_1, R_2, \cdots, R_n\}$을 R의 분할이라 할 때 각 부분영역 $R_k\,(k=1, 2, \cdots, n)$에서 임의로 한 점 (ξ_k, η_k)를 택하여 다음과 같이 **리만 합**을 만든다.

$$S(F, P) = \sum_{k=1}^{n} F(\xi_k, \eta_k) \triangle A_k \ .$$

극한 $\lim_{\|P\|\to 0} S(F, P)$가 존재하면 그 값을 **영역** R **위에서** $F(x, y)$**의 이중적분**(double integral)이라 하고 다음과 같이 나타낸다.

$$\int\int_R F(x, y)\,dA = \lim_{\|P\|\to 0} \sum_{k=1}^{n} F(\xi_k, \eta_k)\triangle A_k .$$

함수 $F(x, y)$가 닫힌 영역 R에서 연속이면 이중적분이 존재한다.

함수 $f_1(x)$와 $f_2(x)$가 구간 $[a, b]$에서 연속이고, 영역 R의 경계선이 두 곡선 $y=f_1(x)$와 $y=f_2(x)$로 이루어진다고 하자. $[a, b]$에서 $f_1(x) \le f_2(x)$라 하면 R은 다음과 같이 나타낼 수 있다.

$$R = \{(x, y) \mid a \le x \le b,\ f_1(x) \le y \le f_2(x)\} .$$

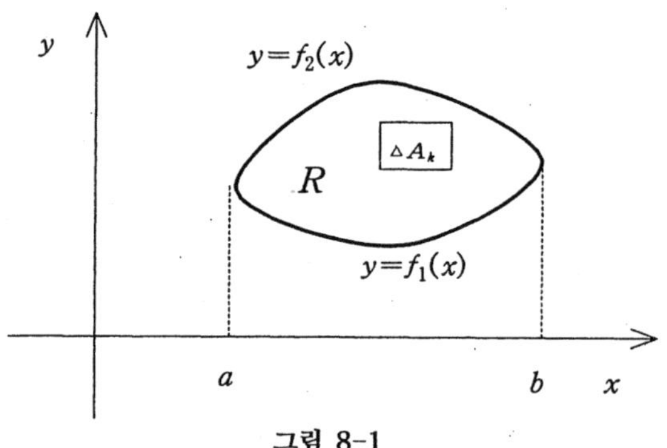

그림 8-1

영역 R을 각각 x축과 y축에 평행인 격자선(grid)으로 분할할 때 부분영역 중에서 직사각형이 되는 부분영역 R_k의 면적 $\triangle A_k$는

$$\triangle A_k = A(R_k) = \triangle x_k \triangle y_k$$

와 같이 나타낼 수 있다. 그러면 R 위에서 $F(x, y)$의 이중적분은 다음과 같이 구할 수 있다.

$$\iint_R F(x, y)\,dA = \iint_R F(x, y)\,dx\,dy$$
$$= \int_{x=a}^{b}\int_{y=f_1(x)}^{f_2(x)} F(x, y)dy\,dx$$
$$= \int_{x=a}^{b}\left\{\int_{y=f_1(x)}^{f_2(x)} F(x, y)dy\right\}dx \qquad (1)$$

여기서 중괄호 속의 적분은 x를 상수로 취급하여 y에 관한 정적분을 계산하면 된다. 그 결과는 x의 함수로 나타나므로 x에 관하여 적분하면 $F(x, y)$의 이중적분을 얻는다. 즉, 이중적분의 계산을 일변수함수의 정적분을 두 번 행하는 것으로 바꿀 수 있다. 이를 **반복적분**(iterated integral)이라 한다.

영역 R의 경계선이 두 곡선 $x = g_1(y)$, $x = g_2(y)$ $(c \leq y \leq d)$로 이루어질 때는 다음과 같은 반복적분으로 이중적분을 계산할 수 있다.

$$\iint_R F(x, y)\,dA = \int_{y=c}^{d}\int_{x=g_1(y)}^{g_2(y)} F(x, y)dx\,dy$$
$$= \int_{y=c}^{d}\left\{\int_{x=g_1(y)}^{g_2(y)} F(x, y)dx\right\}dy \qquad (2)$$

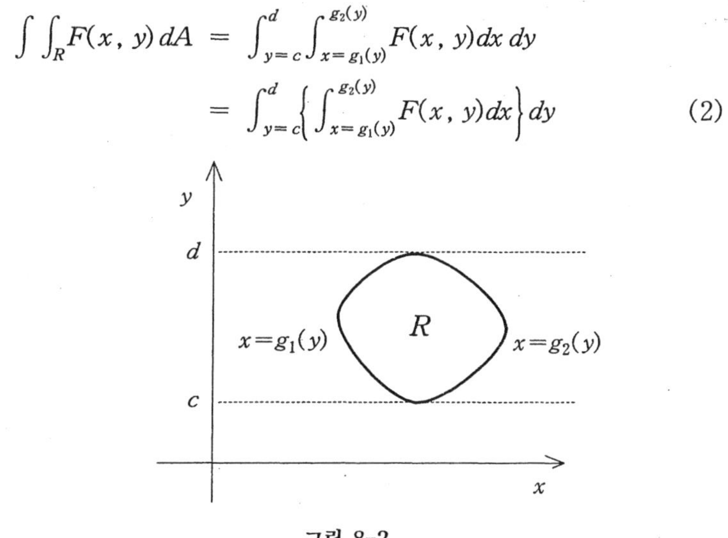

그림 8-2

이중적분 $\iint_R F(x, y)\,dA$가 존재하고, 영역 R을 (1)과 (2)처럼 두 가지로 표현할 수 있으면 두 반복적분의 값은 일치한다. 영역 R이 (1)이나 (2)처럼 나타나지 않으면, (1)이나 (2) 형태의 부분영역으로 나누어서 생각하면 된다. 즉, $\{R_1, R_2\}$가 R의 분할이면 $\int\int_R F(x, y)dA = \int\int_{R_1} F(x, y)dA + \int\int_{R_2} F(x, y)dA$이다.

예제 1.1 (1992. 임용고사)

영역 R이 $0 \le x \le 1$, $0 \le y \le x^2$일 때 이중적분 $\int\int_R e^{\frac{y}{x}} dydx$의 값을 구하라.

풀이 $\int\int_R e^{\frac{y}{x}} dydx = \int_0^1 \int_0^{x^2} e^{\frac{y}{x}} dydx = \int_0^1 \left[xe^{\frac{y}{x}} \right]_{y=0}^{x^2} dx = \int_0^1 (xe^x - x)\, dx = \frac{1}{2}$

예제 1.2

R이 $y = x^2$, $x = 2$, $y = 1$로 둘러싸인 영역일 때 R에서 $F(x, y) = x + y$의 이중적분을 구하라.

풀이 (1) $R = \{(x, y) \mid 1 \le x \le 2,\ 1 \le y \le x^2\}$으로 나타내면

$$\begin{aligned}\int\int_R F(x, y)\, dA &= \int_{x=1}^{2} \int_{y=1}^{x_2} (x + y) dy\, dx \\ &= \int_{x=1}^{2} \left[xy + \frac{y^2}{2} \right]_{y=1}^{x^2} dx \\ &= \int_1^2 \left(x^3 + \frac{x^4}{2} - x - \frac{1}{2} \right) dx = \frac{97}{20}\end{aligned}$$

(2) $R = \{(x, y) \mid 1 \le y \le 4,\ \sqrt{y} \le x \le 2\}$로 나타내면

$$\begin{aligned}\int\int_R F(x, y)\, dA &= \int_{y=1}^{4} \int_{x=\sqrt{y}}^{2} (x + y) dx\, dy \\ &= \int_{y=1}^{4} \left[\frac{x^2}{2} + xy \right]_{\sqrt{y}}^{2} dy \\ &= \int_1^4 \left(2 + 2y - \frac{y}{2} - y^{\frac{3}{2}} \right) dy \\ &= \int_1^4 \left(2 + \frac{3}{2} y - y^{\frac{3}{2}} \right) dy = \frac{97}{20}\end{aligned}$$

예제 1.3

$F(x, y) = \dfrac{x - y}{(x + y)^3}$이고 $R = \{(x, y) \mid 0 \le x \le 1,\ 0 \le y \le 1\}$일 때,

반복적분 $\int_0^1\left\{\int_0^1 F(x, y)dy\right\}dx$와 $\int_0^1\left\{\int_0^1 F(x, y)dx\right\}dy$를 구하라.

풀이
$$\int_0^1\int_0^1 \frac{x-y}{(x+y)^3}\,dy\,dx = \int_0^1\int_0^1 \frac{2x-(x+y)}{(x+y)^3}\,dy\,dx$$
$$= \int_0^1\int_0^1\left(\frac{2x}{(x+y)^3} - \frac{1}{(x+y)^2}\right)dy\,dx$$
$$= \int_0^1\left[\frac{-x}{(x+y)^2} + \frac{1}{(x+y)}\right]_{y=0}^1 dx$$
$$= \int_0^1 \frac{dx}{(x+1)^2} = \frac{-1}{x+1}\Big|_0^1 = \frac{1}{2}$$

위 반복적분에서 x와 y를 서로 바꾸면

$$\int_0^1\int_0^1 \frac{y-x}{(x+y)^3}\,dx\,dy = \frac{1}{2}$$

이므로, 양변에 -1을 곱하면

$$\int_0^1\int_0^1 \frac{x-y}{(x+y)^3}\,dx\,dy = -\frac{1}{2}\ .$$

위의 예제처럼 반복적분에서 적분의 순서를 바꾸면 그 값이 다를 수도 있다. 실제로 이중적분 $\int\int_R \frac{x-y}{(x+y)^3}\,dA$가 존재하지 않으며, $R = \{(x, y) \mid 0 \le x \le 1,\ 0 \le y \le 1\}$에서 $F(x, y) = \frac{x-y}{(x+y)^3}$는 연속이 아니다.

예제 1.4 (1998. 임용고사)

반복적분 $I = \int_0^1\int_{y^{\frac{1}{3}}}^1 6\sqrt{1+x^4}\,dx\,dy$의 값을 구하여라.

풀이 이변수함수 $F(x, y) = 6\sqrt{1+x^4}$는 $R = \{(x, y) \mid 0 \le y \le 1,\ y^{\frac{1}{3}} \le x \le 1\}$에서 연속이므로 이중적분 $\int\int_R 6\sqrt{1+x^4}\,dx\,dy$가 존재한다. 그러므로 반복적분의 순서를 바꾸어도 그 값은 변하지 않는다. $R = \{(x, y) \mid 0 \le x \le 1,\ 0 \le y \le x^3\}$으로 나타낼 수 있으므로 구하는 반복적분 I는 다음과 같이 계산할 수 있다.

$$I=\int_0^1\int_0^{x^3}6\sqrt{1+x^4}\,dydx=\int_0^1 6x^3\sqrt{1+x^4}\,dx=\frac{3}{2}\int_1^2\sqrt{u}\,du\ (u=1+x^4\text{로 치환})$$
$$=\frac{3}{2}\left[\frac{2}{3}u^{\frac{3}{2}}\right]_1^2=2\sqrt{2}-1$$

예제 1.5

두 원통(cylinder) $x^2+y^2=a^2$과 $x^2+z^2=a^2$이 만나는 부분의 부피를 구하라.

풀이 구하는 부피를 V라 하면 $\frac{V}{8}$는

$R=\{(x,y)\mid 0\le x\le a,\ 0\le y\le\sqrt{a^2-x^2}\}$에서 함수 $z=\sqrt{a^2-x^2}$을 적분한 것과 같다. 따라서

$$V=8\int_{x=0}^{a}\int_{y=0}^{\sqrt{a^2-x^2}}z\,dydx=8\int_0^a\int_{y=0}^{\sqrt{a^2-x^2}}\sqrt{a^2-x^2}\,dydx$$
$$=8\int_0^a(a^2-x^2)dx=\frac{16a^3}{3}$$

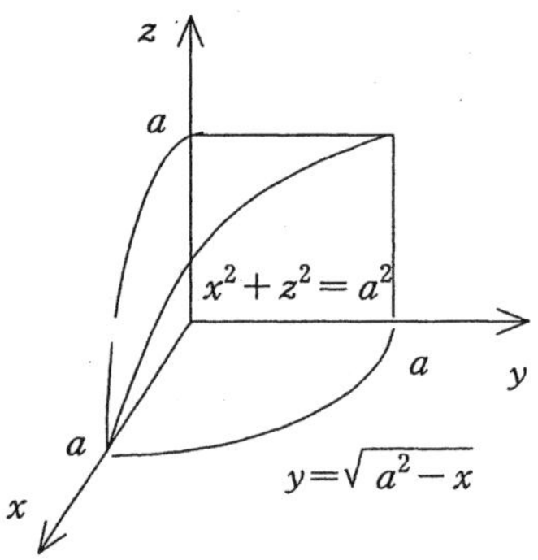

그림 8-3

이중적분의 변수 x, y를 함수 $x=f(u,v)$, $y=g(u,v)$에 의하여 변수 u, v로 바꾸면, xy-평면의 적분영역 R은 uv-평면의 영역 R'로 대응된다고 하자. 그러면 이중적분은

$$\int\int_R F(x,y)\,dxdy=\int\int_{R'}G(u,v)\left|\frac{\partial(x,y)}{\partial(u,v)}\right|dudv$$

로 쓸 수 있다. 여기서 $G(u,v)=F(f(u,v),g(u,v))$이고,

$$\frac{\partial(x, y)}{\partial(u, v)} = \begin{vmatrix} \frac{\partial x}{\partial u} & \frac{\partial x}{\partial v} \\ \frac{\partial y}{\partial u} & \frac{\partial y}{\partial v} \end{vmatrix}$$

는 x, y의 u, v에 관한 **Jacobian 행렬식**이다.

예제 1.6

R이 곡선 $x^2-y^2=1$과 $x^2-y^2=9$, $xy=2$, $xy=4$로 둘러싸인 xy-평면의 영역일 때 $\int\int_R (x^2+y^2)dxdy$를 계산하라.

풀이 $u=x^2-y^2$, $v=2xy$로 치환하면 xy-평면의 영역 R은 uv-평면의 영역 $R'=\{(u, v) \mid 1 \le u \le 9, 4 \le v \le 8\}$로 대응된다. Jacobian행렬식은 $\frac{\partial(x, y)}{\partial(u, v)} = \frac{1}{4\sqrt{u^2+v^2}}$ 이므로

$$\begin{aligned} \int\int_R (x^2+y^2)dxdy &= \int\int_{R'} (x^2+y^2)\left|\frac{\partial(x, y)}{\partial(u, v)}\right|dudv \\ &= \int\int_{R'} \sqrt{u^2+v^2}\frac{dudv}{4\sqrt{u^2+v^2}} \\ &= \frac{1}{4}\int_{u=1}^{9}\int_{v=4}^{8} dudv = 8 \end{aligned}$$

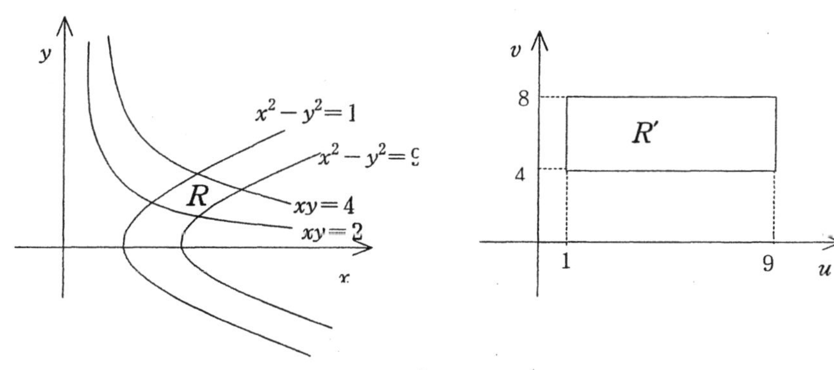

그림 8-4

예제 1.7 (1999. 임용고사)

$R=\{(x, y) \mid 1 \le xy \le 2,\ 1 \le xy^2 \le 3\}$일 때 이중적분 $I=\int\int_R y dA$ 를 구하여라.

풀이 $u=xy,\ v=xy^2$으로 치환하면 xy-평면의 영역 R은 uv-평면의 영역 R'로 대응된다.

$$R' = \{(u, v) \mid 1 \le u \le 2,\ 1 \le v \le 3\}$$

그리고 Jacobian행렬식은 $\dfrac{\partial(u, v)}{\partial(x, y)} = \begin{vmatrix} y & x \\ y^2 & 2xy \end{vmatrix} = xy^2 = v$이므로

$\dfrac{\partial(x, y)}{\partial(u, v)} = \dfrac{1}{\dfrac{\partial(u, v)}{\partial(x, y)}} = \dfrac{1}{v}$이다. 따라서

$$\begin{aligned} I &= \int\int_R y dA = \int\int_{R'} \frac{v}{u}\frac{1}{v}\, du dv = \int\int_{R'} \frac{1}{u}\, du dv \\ &= \int_1^3 \int_1^2 \frac{1}{u}\, du dv = \int_1^3 (\ln 2 - \ln 1) dv = 2\ln 2 \end{aligned}$$

연습문제 8.1

1. 함수 $F(x, y)$와 영역 R이 다음과 같을 때 이중적분 $\int\int_R F(x, y)dA$를 계산하라.

(1) $F(x, y) = x+y$, R: 직선 $y=2x$, $x=0$, $y=4$로 둘러싸인 영역

(2) $F(x, y) = x$, R: 곡선 $y=x^2$과 $y=\sqrt{x}$로 둘러싸인 영역

2. 평면 $z=x+y$, $z=6$, $x=0$, $y=0$, $z=0$으로 둘러싸인 입체의 부피를 구하라.

3. R이 $x^2+y^2=4$와 $x^2+y^2=9$로 둘러싸인 xy-평면의 영역일 때 이중적분 $\int\int_R \sqrt{x^2+y^2}\,dxdy$를 구하라(힌트. $x=r\cos\theta$, $y=r\sin\theta$로 치환).

4. 영역 R이 $x^2+y^2\le 1$로 주어질 때 이중적분 $\int\int_R e^{-(x^2+y^2)}dxdy$를 계산하라.

연습문제 풀이 및 해답

1. (1) $\int\int_R F(x, y)dA = \int_0^2 \int_{y=2x}^4 (x+y)\,dydx = \int_0^2 (-4x^2+4x+8)dx = \frac{40}{3}$

(2) $\int\int_R F(x, y)dA = \int_0^1 \int_{x^2}^{\sqrt{x}} xdydx = \int_0^1 (x^{\frac{3}{2}} - x^3)dx = \frac{7}{20}$

2. 구하는 부피 $= \int_{x=0}^6 \int_{y=0}^{6-x} \{6-(x+y)\}dydx = 36$

3. $R=\{(x, y) \mid 4\le x^2+y^2\le 9\}$, $x=r\cos\theta$, $y=r\sin\theta$로 치환하면 $\left|\frac{\partial(x, y)}{\partial(r, \theta)}\right| = r$이고 $R'=\{(r, \theta) \mid 2\le r\le 3, 0\le\theta\le 2\pi\}$가 된다.

$$\int\int_R \sqrt{x^2+y^2}\,dxdy = \int\int_{R'} \sqrt{x^2+y^2}\left|\frac{\partial(x, y)}{\partial(r, \theta)}\right| drd\theta$$

$$= \int\int_{R'} r\cdot rdrd\theta = \int_{\theta=0}^{2\pi}\int_{r=2}^{3} r^2 drd\theta = \frac{38\pi}{3}$$

4. 3번과 같은 치환으로 $\int\int_R e^{-x^2+y^2}dxdy = \int_0^{2\pi}\int_0^1 e^{-r^2} r\,drd\theta = \pi\left(1-\frac{1}{e}\right)$.

8.2 삼중적분

이중적분과 비슷한 방법으로 3차원 공간 $\mathbb{R}^3$에서 삼중적분을 정의할 수 있다.

정의 8.3

$F(x, y, z)$가 3차원의 닫힌 영역 R에서 정의된 연속함수라 하자. R을 n개의 부분영역 $R_1, R_2, \cdots, R_n$으로 분할하여 각 부분영역의 부피를 $\triangle V_k (k=1, 2, \cdots, n)$이라 할 때 각 R_k에서 임의로 한 점 (ξ_k, η_k, ζ_k)를 택해 리만 합을 만들면 극한 $\lim_{\|P\|\to 0} \sum_{k=1}^{n} F(\xi_k, \eta_k, \zeta_k)\triangle V_k$이 존재한다. 이 값을 R에서 $F(x, y, z)$의 **삼중적분**(triple integral)이라 하고

$$\iiint_R F(x, y, z)dV = \lim_{\|P\|\to 0} \sum_{k=1}^{n} F(\xi_k, \eta_k, \zeta_k)\triangle V_k$$

로 쓴다. 여기서 $P=\{R_1, R_2, \cdots, R_n\}$이고, $\|P\| = \max_{1\le k\le n} d(R_k)$이다.

영역 R이 $a\le x\le b$, $g_1(x)\le y\le g_2(x)$, $f_1(x, y)\le z\le f_2(x, y)$와 같이 주어지면 삼중적분을 반복적분으로 나타낼 수 있다.

$$\iiint_R F(x, y, z)dx\,dy\,dz = \int_{x=a}^{b}\left\{\int_{y=g_1(x)}^{g_2(x)}\left\{\int_{z=f_1(x,y)}^{f_2(x,y)} F(x, y, z)dz\right\}dy\right\}dx$$

여기서 $g_1(x)$와 $g_2(x)$는 구간 $[a, b]=\{x \mid a\le x\le b\}$에서 연속인 함수이고, $f_1(x, y)$와 $f_2(x, y)$는 $a\le x\le b$와 곡선 $y=g_1(x)$, $y=g_2(x)$로 둘러싸인 평면영역 위에 정의된 연속함수를 뜻한다. 영역 R은 두 곡면 $z=f_1(x, y)$와 $z=f_2(x, y)$ 사이에 있다. 영역 R은 x, y, z를 적당한 순서로 바꾸어서 다른 연속함수들로 표현할 수 있다.

예제 2.1

평면 $x+y+z=6$과 좌표평면 $x=0$, $y=0$, $z=0$으로 둘러싸인 3차원 영역 R에서 삼중적분 $\iiint_R x\,dV$를 구하라.

풀이

$$\begin{aligned}\iiint_R x\,dV &= \int_{x=0}^{6}\int_{y=0}^{6-x}\int_{z=0}^{6-x-y} xdz\,dy\,dx \\ &= \int_{x=0}^{6}\int_{y=0}^{6-x}[xz]_0^{6-x-y}dy\,dx \\ &= \int_0^6\int_0^{6-x}(6x-x^2-xy)dy\,dx \\ &= \int_0^6\left[6xy-x^2y-\frac{xy^2}{2}\right]_0^{6-x}dx \\ &= \int_0^6\left(\frac{x^3}{2}-6x^2+18x\right)dx = 54.\end{aligned}$$

R이 3차원의 닫힌 영역일 때 삼중적분 $\iiint_R dV$는 영역 R의 부피를 나타낸다.

함수 f, g, h가 연속이고, 연속인 1계 편도함수들을 가질 때 $x=f(u,v,w)$, $y=g(u,v,w)$, $z=h(u,v,w)$로 치환하면 $\mathbb{R}^3$의 직교좌표계(xyz-좌표계)는 uvw-좌표계로 바뀐다. xyz-공간의 영역 R이 uvw-공간의 R'에 대응될 때, 삼중적분은

$$\iiint_R F(x,y,z)\,dx\,dy\,dz = \iiint_{R'} G(u,v,w)\left|\frac{\partial(x,y,z)}{\partial(u,v,w)}\right|du\,dv\,dw$$

로 쓸 수 있다. 여기서

$$G(u,v,w)=F(f(u,v,w),\ g(u,v,w),\ h(u,v,w))$$

이고, $\dfrac{\partial(x,y,z)}{\partial(u,v,w)}$는 x, y, z의 u, v, w에 관한 Jacobian행렬식

$$\frac{\partial(x,y,z)}{\partial(u,v,w)} = \begin{vmatrix}\dfrac{\partial x}{\partial u} & \dfrac{\partial x}{\partial v} & \dfrac{\partial x}{\partial w}\\ \dfrac{\partial y}{\partial u} & \dfrac{\partial y}{\partial v} & \dfrac{\partial y}{\partial w}\\ \dfrac{\partial z}{\partial u} & \dfrac{\partial z}{\partial v} & \dfrac{\partial z}{\partial w}\end{vmatrix}$$

이다.

예제 2.2

xy-평면과 포물면 $z=x^2+y^2$, 원통 $x^2+y^2=a^2(a>0)$으로 둘러싸인 입체 R의 부피 V를 구하라.

풀이 $x=r\cos\theta$, $y=r\sin\theta$, $z=z$로 치환하여 직교좌표 (x, y, z)를 원통좌표 (r, θ, z)로 변환하면 포물면은 $z=r^2$로, 원통은 $r=a$로 된다. Jacobian 행렬식은 $\frac{\partial(x, y, z)}{\partial(u, v, w)} = r$이다. R의 $x\geq 0$, $y\geq 0$인 부분의 체적은 $\frac{V}{4}$이므로

$$\frac{V}{4} = \int_{\theta=0}^{\frac{\pi}{2}}\int_{r=0}^{a}\int_{z=0}^{r^2} rdz\,dr\,d\theta$$

$$= \int_{\theta=0}^{\frac{\pi}{2}}\int_{r=0}^{a} r^3 dr\,d\theta = \int_{\theta=0}^{\frac{\pi}{2}} \frac{a^4}{4}\,d\theta = \frac{\pi a^4}{8}$$

따라서 $V=\frac{\pi a^4}{2}$이다.

예제 2.3 **(1993. 임용고사)**

포물면 $z=4-x^2-y^2$과 xy-평면으로 둘러싸인 영역 R의 부피 V를 구하여라.

풀이 영역 R은 다음과 같이 나타낼 수 있다.

$$R: 0\leq x\leq 2,\ 0\leq y\leq \sqrt{4-x^2},\ 0\leq z\leq 4-x^2-y^2$$

직교좌표 (x, y, z)를 원통좌표 (r, θ, z)로 바꾸면

$x=r\cos\theta$, $y=r\sin\theta$, $z=z$, $\left|\frac{\partial(x, y, z)}{\partial(r, \theta, z)}\right| = r$이고 영역 R은 새로운 영역 R'에 대응된다.

$$R' : 0\leq r\leq 2,\ 0\leq \theta\leq 2\pi,\ 0\leq z\leq 4-r^2$$

구하는 부피 V는 다음과 같이 계산된다.

$$V = \int_0^{2\pi}\int_0^2\int_0^{4-r^2} 1\cdot rdzdrd\theta = \int_0^{2\pi}\int_0^2 r(4-r^2)drd\theta$$

$$= \int_0^{2\pi} d\theta \int_0^2 (4-r^2)rdr = 2\pi\cdot 4 = 8\pi$$

연습문제 8.2

1. $F(x, y, z)=xyz$, $R=\{(x, y, z) \mid 0\le x\le 1, 0\le y\le 1, \sqrt{x^2+y^2}\le z\le 2\}$일 때 $\int\int\int_R F(x, y, z)dV$를 계산하라.

2. 곡면 $z=4-x^2$과 평면 $x=0$, $y=0$, $y=6$, $z=0$들로 둘러싸인 영역의 부피를 구하라.

3. 구면좌표 $x=r\sin\theta\cos\phi$, $y=r\sin\theta\sin\phi$, $z=r\cos\theta$를 이용하여 반지름 a인 공의 부피를 구하라.

4. 곡면 $z=\sqrt{x^2+y^2}$과 곡면 $z=x^2+y^2$들로 둘러싸인 영역의 부피를 구하라.

연습문제 풀이 및 해답

1. $\int\int\int_R F(x, y, z)dV = \int_0^1\int_0^1\int_{\sqrt{x^2+y^2}}^{z=2} xyz\, dz\, dy\, dx = \frac{3}{8}$

2. $V = \int\int\int_R dV = \int_{x=0}^{2}\int_{y=0}^{6}\int_{z=0}^{4-x^2} dz\, dy\, dx = 32$

3. $\frac{\partial(x, y, z)}{\partial(r, \theta, \phi)} = r^2\sin\theta$이므로 구하는 부피는

$$V = 8\int_0^a\int_0^{\frac{\pi}{2}}\int_0^{\frac{\pi}{2}} a^2\sin\theta dr dy d\phi = \frac{4}{3}\pi a^3$$

4. $V = 4\int_0^1\int_0^{\sqrt{1-x^2}}\int_{x^2+y^2}^{\sqrt{x^2+y^2}} dz\, dy\, dx = \frac{\pi}{6}$

8.3 선적분

이중적분과 삼중적분은 변수의 수를 늘려서 정적분을 확장한 것으로 볼 수 있다. 이 절에서는 정적분의 또 다른 확장인 선적분을 공부하자. 정적분은 x축 상의 구간 $[a, b]$에서 적분을 정의하였으나 선적분은 평면 또는 공간 속의 곡선 위에서 적분을 정의한다.

$\boldsymbol{i}$, $\boldsymbol{j}$가 각각 단위벡터 $(1, 0)$, $(0, 1)$를 나타낼 때 C가 벡터함수 $\boldsymbol{r}(t) = x(t)\,\boldsymbol{i} + y(t)\,\boldsymbol{j}$, $t \in [a, b]$로 표현되는 평면곡선이라 하자. 이 때 도함수

$$\boldsymbol{r}'(t) = x'(t)\,\boldsymbol{i} + y'(t)\,\boldsymbol{j}$$

가 구간 $[a, b]$에서 연속이고 $\boldsymbol{r}'(t) \neq 0$이면, C를 구간 $[a, b]$에서 정의된 **매끄러운 곡선**(smooth curve)이라 한다. 곡선 C는 평면 상의 점 $(x(a), y(a))$에서 점 $(x(b), y(b))$까지 연결한다. 곡선 C는 매개변수 방정식으로 $C: x = x(t),\ y = y(t),\ t \in [a, b]$ 와 같이 나타내기도 한다. 구간 $[a, b]$의 분할이 주어질 때 각 부분구간에서 $\boldsymbol{r}(t)$가 매끄러운 곡선을 정의하면 C를 **구분적으로 매끄러운 곡선**(piecewise smooth curve)이라 한다.

곡선 C가 $\boldsymbol{r}(t)$로 표현될 때 C위의 점 (x, y)에서 정의되는 실함수 f를 $f(x, y)$, $f(\boldsymbol{r}(t))$ 또는 $f(\boldsymbol{r})$로 나타내기로 한다.

정의 8.4

C가 구간 $[a, b]$에서 정의된 구분적으로 매끄러운 곡선이고

$f(x, y)$가 C 위에서 정의되는 유계 실함수라 하자.

$P = \{a = t_0, t_1, \cdots, t_n = b\}$가 $[a, b]$의 분할이면 곡선 C도 P에 따라서 분할된다. 즉,

$$\boldsymbol{r}_0 = \boldsymbol{r}(t_0), \quad \boldsymbol{r}_1 = \boldsymbol{r}(t_1), \quad \cdots, \quad \boldsymbol{r}_n = \boldsymbol{r}(t_n).$$

여기서 $\boldsymbol{r}_k$의 성분은 각각 $x_k = x(t_k)$, $y_k = y(t_k)$, $(k = 0, 1, \cdots, n)$이다. 각 부분구간 $[t_{k-1}, t_k]$에서 임의로 한 점 ξ_k를 선택하여

합 $S(f, P, x) = \sum_{k=1}^{n} f(\boldsymbol{r}(\xi_k)) \triangle x_k$를 만든다. 여기서

$f(\boldsymbol{r}(\xi_k)) = f(x(\xi_k), y(\xi_k))$ 이고, $\triangle x_k = x_k - x_{k-1} = x(t_k) - x(t_{k-1})$이다. J가 실수일 때 임의의 $\varepsilon > 0$에 대하여 $\delta > 0$가 존재하여

$$\|P\| < \delta \text{ 이면 } |S(f, P, x) - J| < \varepsilon$$

이면, J는 합 $S(f, P, x)$의 극한이라 한다. 이를 **곡선 C 위에서 f의 x에 관한 선적분**(line integral)이라 하고 다음과 같이 나타낸다.

$$\int_C f(\boldsymbol{r})dx = \int_C f(x, y)dx = J = \lim_{\|P\| \to 0} S(f, P, x) .$$

같은 방법으로 $\triangle y_k = y_k - y_{k-1} = y(t_k) - y(t_{k-1})$ 이라 할 때

합 $S(f, P, y) = \sum_{k=1}^{n} f(\boldsymbol{r}(\xi_k)) \triangle y_k$의 극한이 존재하면, 이 극한을 **곡선 C 위에서 f의 y에 관한 선적분**이라 하고

$$\int_C f(\boldsymbol{r})dy = \int_C f(x, y)dy$$

로 나타낸다. 곡선 C를 **적분경로**(path of integration)라고 한다.

다음 정리는 선적분이 존재할 충분조건을 제시하고, 그 조건 하에서 선적분을 정적분으로 바꾸어 계산할 수 있음을 보인다.

정리 8.5

C가 구간 $[a, b]$에서 정의된 구분적으로 매끄러운 곡선이고 f

가 C 위에서 연속이면, 선적분 $\int_C f(\boldsymbol{r})dx$가 존재하고

$$\int_C f(\boldsymbol{r})dx = \int_C f(x, y)dx = \int_a^b f(x(t), y(t))\, x'(t)dt.$$

증명 C가 매끄러운 곡선일 때 증명하면 충분하다. C가 매끄러운 곡선이면 우변의 정적분의 피적분 함수는 연속이므로 우변의 적분이 존재한다. 이 적분값을 J라 하자. 구간 $[a, b]$의 임의의 분할 P에 대하여

$$\begin{aligned} S(f, P, x) &= \sum_{k=1}^{n} f(\boldsymbol{r}(\xi_k))\triangle x_k \\ &= \sum_{k=1}^{n} f(\boldsymbol{r}(\xi_k))\frac{x(t_k)-x(t_{k-1})}{t_k-t_{k-1}}\triangle t_k \\ &= \sum_{k=1}^{n} f(\boldsymbol{r}(\xi_k))x'(\tau_k)\triangle t_k \quad . \end{aligned}$$

여기서 $\triangle t_k = t_k - t_{k-1}$이고, $\tau_k \in [t_{k-1}, t_k]$는 평균값 정리를 따른다. S_p를 ξ_k를 써서 우변의 적분을 정하는 리만 합이라 하자. 즉,

$$S_p = \sum_{k=1}^{n} f(\boldsymbol{r}(\xi_k))x'(\xi_k)\triangle t_k \ .$$

그러면 $S(f, P, x) - S_p = \sum_{k=1}^{n} f(\boldsymbol{r}(\xi_k))[x'(\tau_k) - x'(\xi_k)]\triangle t_k$.

그런데 f가 유계이고 ($|f| \le M$이라 하자). x'이 $[a, b]$에서 균등연속이므로, 임의의 $\varepsilon > 0$에 대하여 t와 τ가 같은 부분구간에 속하면 $|x'(t) - x'(\tau)| < \varepsilon$이다. 따라서

$$|S(f, P, x) - S_p| \le M\varepsilon \sum_{k=1}^{n} \triangle t_k = M\varepsilon(b-a) \ .$$

그러므로 $\|P\| \to 0$이면,

$$|S(f, P, x) - J| \le |S(f, P, x) - S_p| + |S_p - J| \to 0 \ .$$

이로써 매끄러운 곡선에 대한 증명이 되었으며, 정적분의 성질(정리 5.19)에 의하여 구분적으로 매끄러운 곡선에 대해서도 바로 증명된다. ■

정리 8.5는 변수 y에 관해서도 성립한다. 즉,

$$\int_C f(\boldsymbol{r})dy = \int_C f(x, y)dy = \int_a^b f(x(t), y(t))\, y'(t)dt.$$

선적분의 계산에서는 $f(x, y)$와 $g(x, y)$가 C 위에서 정의되는 함수일 때 $\int_C f(x, y)dx + \int_C g(x, y)dy$ 꼴의 선적분을 많이 접하게 되는데 이를 간단히

$$\int_C f(x, y)dx + g(x, y)dy$$

로 쓰기로 한다.

예제 3.1

곡선 C가 $(0, 0)$에서 $(1, 1)$까지의 선분일 때 선적분 $I = \int_C (x+y)dx+(2y+x)dy$를 구하라.

풀이 먼저 C는 $\boldsymbol{r}(t) = t\boldsymbol{i}+t\boldsymbol{j}$, $t\in[0, 1]$ 또는
$C: x(t)=t,\ y(t)=t,\ 0\le t\le 1$로 나타낼 수 있다. 따라서
$x'(t)=y'(t)=1$이고

$$I = \int_0^1 [2t\cdot 1\cdot dt+3t\cdot 1\cdot dt] = \int_0^1 (2t+3t)dt = \frac{5}{2}.$$

예제 3.2

곡선 C가 $(0, 0)$에서 $(1, 3)$까지 $y=3x^2$에 의해 정의되는 곡선일 때 선적분 $I = \int_C x^2ydx+(x^2-y^2)dy$를 구하라.

풀이 적분경로를 $C: x=t,\ y=3t^2\ (0\le t\le 1)$로 나타내면 구하는 선적분은 다음과 같다.

$$\begin{aligned} I &= \int_0^1 [t^2(3t^2)dt + (t^2 - 9t^4)(6t)dt] \\ &= \int_0^1 (3t^4 + 6t^3 - 54t^5)dt = -\frac{69}{10} . \end{aligned}$$

적분경로 C의 방향을 바꾸면 적분값에 영향을 미친다. 그러므로 C는 **유향곡선**(directed curve)이다.

예제 3.3

곡선 C가 $(1, 3)$에서 $(0, 0)$까지 $y=3x^2$을 따르는 곡선일 때 선적분 $I = \int_C x^2 y dx + (x^2 - y^2)dy$를 구하라.

풀이 $C: x=1-t,\ y=3(1-t)^2,\ (0 \le t \le 1)$이라 두면 $x'(t)=-1,\ y'(t)=-6(1-t)$이므로

$$\begin{aligned} I &= \int_0^1 [(1-t)^2 3(1-t)^2](-1)dt \\ &\qquad + [(1-t)^2 - 9(1-t)^4](-6)(1-t)dt \\ &= \int_0^1 \{3(1-t)^4 + 6[(1-t)^3 - 9(1-t)^5]\}d(1-t). \end{aligned}$$

여기서 $u=1-t$로 치환하면

$$I = \int_1^0 (3u^4 + 6u^3 - 54u^5)du = \frac{69}{10} .$$

예제 3.2와 예제 3.3에서 나타난 성질은 다음의 정리로 쓸 수 있다.

정리 8.6

$\int_C f(\boldsymbol{r})dx$가 존재하고, $-C$가 C의 방향을 바꾼 유향곡선을 나타내면, $\int_{-C} f(\boldsymbol{r})dx = -\int_C f(\boldsymbol{r})dx$이다.

증명 C에 대하여 분할점 $x_k = x(t_k)$, $k = 0, 1, \cdots, n$이라 하면 $-C$에 대응하는 분할점은 $x_k' = x(t_{n-k}) = x_{n-k}$이다. 따라서

$$\begin{aligned}\triangle x_k' &= x_k' - x_{k-1}' = x_{n-k} - x_{n-k+1} \\ &= -(x_{n-k+1} - x_{n-k}) = -\triangle x_{n-k}\,.\end{aligned}$$

그러므로

$$\begin{aligned}\sum_{k=1}^{n} f(\boldsymbol{r}(\xi_k))\triangle x_k' &= -\sum_{k=1}^{n} f(\boldsymbol{r}(\xi_{n-k}))\triangle x_{n-k} \\ &= -\sum_{m=1}^{n} f(\boldsymbol{r}(\xi_m))\triangle x_m\,.\end{aligned}$$ ■

정리 8.6은 같은 방법으로 y에 관하여

$$\int_{-C} f(\boldsymbol{r})dy = -\int_C f(\boldsymbol{r})dy$$

가 성립한다.

곡선 C가 벡터함수 $\boldsymbol{r}(t) = x(t)\,\boldsymbol{i} + y(t)\,\boldsymbol{j}$, $t \in [a, b]$로 표현될 때, $\boldsymbol{r}(a) = \boldsymbol{r}(b)$이면 C를 **폐곡선**(closed curve)이라 한다. 적분경로 C가 폐곡선이면 $\int_C$ 를 $\oint_C$ 로 쓰기도 한다.

예제 3.4

곡선 C가 원 $x^2 + y^2 = 1$이고

① 양의 방향(반시계방향)일 때, ② 음의 방향(시계방향)일 때

선적분 $I = \oint_C ydx - 2xdy$를 구하라.

풀이 ① C: $x = \cos t$, $y = \sin t$, $(0 \le t \le 2\pi)$로 두면 $x'(t) = -\sin t$, $y'(t) = \cos t$ 이므로 다음과 같이 계산한다.

$$\begin{aligned} I &= \int_0^{2\pi} (\sin t)(-\sin t)dt - 2(\cos t)(\cos t)dt \\ &= \int_0^{2\pi} (-\sin^2 t - 2\cos^2 t)dt \\ &= -\int_0^{2\pi} (1+\cos^2 t)dt \\ &= -\left(t + \frac{t}{2} + \frac{\sin 2t}{4}\right)\Bigg|_0^{2\pi} = -3\pi \end{aligned}$$

② $C: x=\cos(-t)$, $y=\sin(-t)$, $(0 \le t \le 2\pi)$이라 두면 C는 시계방향으로 원을 그리게 된다.

$x=\cos t,\ y=-\sin t,\ x'(t)=-\sin t,\ y'(t)=-\cos t$이므로 구하는 선적분은 다음과 같다.

$$\begin{aligned} I &= \int_0^{2\pi} (-\sin t)(-\sin t)dt - 2(\cos t)(-\cos t)dt \\ &= \int_0^{2\pi} (\sin^2 t + 2\cos^2 t)dt \\ &= 3\pi \end{aligned}$$

선적분은 정리 8.5을 이용하여 정적분으로 바꾸어서 계산하므로 정리 5.17과 같은 선형성이 성립한다. 그리고 정리 5.19로부터 아래 정리 8.7을 얻는다.

C_1이 구간 $[a, c]$에서 정의된 구분적으로 매끄러운 곡선이고 C_2가 구간 $[c, b]$에서 정의된 구분적으로 매끄러운 곡선일 때, 두 곡선을 연결한 곡선은 구간 $[a, b]$에서 정의된다. 이 곡선을 $C = C_1 + C_2$로 나타낸다.

정리 8.7

선적분 $\int_C f(\mathbf{r})dx$가 존재하고 $C = C_1 + C_2$이면 다음이 성

립한다.

$$\int_C f(\boldsymbol{r})dx = \int_{C_1+C_2} f(\boldsymbol{r})dx = \int_{C_1} f(\boldsymbol{r})dx + \int_{C_2} f(\boldsymbol{r})dx.$$

정리 8.7은 변수 y에 관해서도 성립한다. 즉,

$$\int_C f(\boldsymbol{r})dy = \int_{C_1+C_2} f(\boldsymbol{r})dy = \int_{C_1} f(\boldsymbol{r})dy + \int_{C_2} f(\boldsymbol{r})dy.$$

예제 3.5

곡선 C가 $(0, 0)$에서 $(1, 2)$까지 $y=2x$로, $(1, 2)$에서 $(2, 5)$까지 $y=x^2+1$로 정의되는 곡선일 때 선적분

$I=\int_C xydx+(x^2+y^2)dy$를 구하라.

풀이 곡선을

$C_1: x=t,\ y=2t\ (0 \le t \le 1),\ \ C_2: x=t,\ y=t^2+1\ (1 \le t \le 2)$,

$C=C_1+C_2$로 나타내면,

$$\begin{aligned} I_1 = \int_{C_1} xydx+(x^2+y^2)dy &= \int_0^1 [(t)(2t)dt+(t^2+4t^2)(2dt)] \\ &= \int_0^1 12t^2dt = 4, \end{aligned}$$

$$\begin{aligned} I_2 = \int_{C_2} xydx+(x^2+y^2)dy &= \int_1^2 [(t)(t^2+1)dt+(t^2+(t^2+1)^2)(2tdt)] \\ &= \int_1^2 (2t^5+7t^3+3t)dt = \frac{207}{4} \end{aligned}$$

이므로

$$I = I_1 + I_2 = 4 + \frac{207}{4} = \frac{223}{4}.$$

적분경로 C를 나타내는 매개변수를 곡선의 길이 s로 하면 조

금 다른 모양의 선적분을 정의할 수 있다.

평면곡선 C가 $\boldsymbol{r}(t)=x(t)\,\boldsymbol{i}+y(t)\,\boldsymbol{j}$, $t\in[a, b]$로 정의될 때 a에서 t_0 $(a\le t_0\le b)$까지의 곡선의 길이는 다음과 같다(정의 5.35 참조).

$$s(t_0)=\int_a^{t_0}|\boldsymbol{r}'(t)|\,dt=\int_a^{t_0}\left[\left(\frac{dx}{dt}\right)^2+\left(\frac{dy}{dt}\right)^2\right]^{\frac{1}{2}}dt.$$

곡선 C 위에서 f의 선적분을 곡선의 길이에 관하여 정의하려면 먼저 리만 합

$$S(f, P, s)=\sum_{k=1}^{n}f(\boldsymbol{r}(\xi_k))\triangle s_k$$

을 정한다. 여기서 $P=\{t_0, t_1, \cdots, t_n\}$은 $[a, b]$의 분할이고 $\triangle s_k=s(t_k)-s(t_{k-1})$이다. J가 실수일 때 임의의 $\varepsilon>0$에 대하여 $\delta>0$가 존재하여

$$\|P\|<\delta \text{ 이면 } |S(f, P, s)-J|<\varepsilon$$

이면, J를 합 $S(f, P, s)$의 극한이라 한다. 이 극한을 **곡선 C 위에서 f의 곡선의 길이 s에 관한 선적분**(line integral)이라 하고 다음과 같이 나타낸다.

$$\int_C f(\boldsymbol{r})ds=\int_C f(x, y)ds=J=\lim_{\|P\|\to 0}S(f, P, s).$$

정리 8.5와 마찬가지로 f가 C에서 연속이면 이 선적분이 존재하고 다음과 같이 계산할 수 있다.

$$\int_C f(\boldsymbol{r})ds=\int_a^b f(x(t), y(t))\left[\left(\frac{dx}{dt}\right)^2+\left(\frac{dy}{dt}\right)^2\right]^{\frac{1}{2}}dt.$$

예제 3.6

곡선 C가 $(0, 1)$에서 $\left(\frac{\pi}{2}, 0\right)$까지 $y=\cos x$로 정의되는 곡선일 때 $I=\int_C y\sqrt{1+\sin^2 x}\,ds$를 구하라.

풀이 곡선을 $C: x=t,\ y=\cos t,\ (0 \le t \le \frac{\pi}{2})$로 나타내면

$\frac{dx}{dt}=1,\ \frac{dy}{dt}=\sin t$이므로

$ds=\sqrt{\left(\frac{dx}{dt}\right)^2+\left(\frac{dy}{dt}\right)^2}\,dt=\sqrt{1+\sin^2 t}\,dt$이다. 그리고

$\sin^2 x=\sin^2\left(\frac{\pi}{2}-t\right)=\cos^2 t$ 이므로 구하는 선적분은 다음과 같다.

$$I=\int_0^{\frac{\pi}{2}}(\cos t)\sqrt{1+\sin^2 t}\sqrt{1+\sin^2 t}\,dt$$

$$=\int_0^{\frac{\pi}{2}}(1+\sin^2 t)\,d(\sin t)=\int_0^1(1+u^2)du=\frac{4}{3}\ .$$

곡선의 길이 s에 관한 선적분은 적분경로의 방향에 영향을 받지 않는다.

예제 3.7

곡선 C가 $\left(\frac{\pi}{2},0\right)$에서 $(0,1)$까지 $y=\cos x$로 정의되는 곡선일 때 $I=\int_C y\sqrt{1+\sin^2 x}\,ds$를 구하라.

풀이 곡선을 $C: x=\frac{\pi}{2}-t,\ y=\cos(\frac{\pi}{2}-t)=\sin t,\ (0 \le t \le \frac{\pi}{2})$로 나타내면 $\frac{dx}{dt}=-1,\ \frac{dy}{dt}=\cos t$이므로

$ds=\sqrt{\left(\frac{dx}{dt}\right)^2+\left(\frac{dy}{dt}\right)^2}\,dt=\sqrt{1+\cos^2 t}\,dt$이다. 그리고

$\sin^2 x=\sin^2(\frac{\pi}{2}-t)=\cos^2 t$이므로 구하는 선적분은 다음과 같다.

$$I = \int_0^{\frac{\pi}{2}} (\sin t)\sqrt{1+\cos^2 t}\sqrt{1+\cos^2 t}\, dt$$

$$= -\int_0^{\frac{\pi}{2}} (1+\cos^2 t)\, d(\cos t) = -\int_1^0 (1+u^2)du = \frac{4}{3}.$$

곡선 C가 벡터함수 $\boldsymbol{r}(t)=x(t)\,\boldsymbol{i}+y(t)\,\boldsymbol{j}$, $t\in[a, b]$로 표현되는 폐곡선일 때 C의 벡터함수 $\boldsymbol{r}(t)$가 개구간 (a, b)에서 단사함수이면, C를 **단순폐곡선**(simple closed curve)라 한다. 영역 R의 경계선이 단순폐곡선이면 R을 **단순연결영역**(simply connected region)이라 한다.

다음은 단순 폐곡선 위의 선적분을 이중적분으로 바꾸어 계산할 수 있게 해주는 Green 정리를 알아보기로 한다.

정리 8.8 **Green 정리**

평면영역 R이 단순연결영역이고 그 경계선 C는 단순폐곡선이라 하자. 함수 $P(x, y)$, $Q(x, y)$, $\frac{\partial P}{\partial y}$, $\frac{\partial Q}{\partial x}$가 R위에서 모두 연속이면 다음 식이 성립한다.

$$\oint_C Pdx+Qdy = \int\int_R\left(\frac{\partial Q}{\partial x} - \frac{\partial P}{\partial y}\right)dx\,dy$$

여기서 C의 방향은 반시계방향이다.

증명 다음 두 등식을 증명하면 충분하다.

$$\oint_C P(x, y)dx = -\int\int_R \frac{\partial P}{\partial y}\, dx\,dy, \tag{1}$$

$$\oint_C Q(x, y)dy = \int\int_R \frac{\partial Q}{\partial x}\, dx\,dy. \tag{2}$$

위의 두 등식의 증명은 비슷하므로 (1)만 증명하기로 한다.

영역 R이 $a\le x\le b$, $f_1(x)\le y\le f_2(x)$로 표현되는 경우를 가정하기

로 하고(그림 8-1 참조), C가 R의 경계선이고 반시계방향이라 하자. 그러면 (1)은 다음과 같이 계산된다.

$$\iint_R \frac{\partial P}{\partial y}\, dx\, dy = \int_{x=a}^{b} \int_{y=f_1(x)}^{f_2(x)} \frac{\partial P}{\partial y}\, dy\, dx$$
$$= \int_a^b P(x, y)\Big|_{y=f_1(x)}^{f_2(x)} dx$$
$$= \int_a^b [P(x, f_2(x)) - P(x, f_1(x))] dx$$
$$= -\left\{ \int_a^b P(x, f_1(x))\, dx - \int_a^b P(x, f_2(x))\, dx \right\}$$
$$= -\oint_C P(x, y) dx$$

즉 $\oint_C P(x, y) dx = -\iint_R \frac{\partial P}{\partial y}\, dx\, dy$이다. ■

예제 3.8

C가 곡선 $y = x^2$과 $y^2 = x$로 둘러싸인 영역의 경계선일 때 다음 선적분을 계산하라.

$$I = \oint_C (2xy - x^2) dx + (x + y^2) dy$$

풀이 $P(x, y) = 2xy - x^2$, $Q(x, y) = x + y^2$으로 두면

$$\frac{\partial Q}{\partial x} - \frac{\partial P}{\partial y} = \frac{\partial}{\partial x}(x + y^2) - \frac{\partial}{\partial y}(2xy - x^2) = 1 - 2x$$

이므로, Green 정리에 의하여

$$I = \iint_R \left(\frac{\partial Q}{\partial x} - \frac{\partial P}{\partial y} \right) dx dy = \iint_R (1 - 2x)\, dx\, dy$$
$$= \int_{x=0}^{1} \int_{y=x^2}^{\sqrt{x}} (1 - 2x)\, dy dx = \int_0^1 [y - 2xy]\Big|_{y=x^2}^{\sqrt{x}} dx$$
$$= \int_0^1 (x^{\frac{1}{2}} - 2x^{\frac{3}{2}} - x^2 + 2x^3) dx = \frac{1}{30}.$$

선적분 $\int_C Pdx + Qdy$의 값이 적분경로 C의 모양과 관계없이 C의 양끝점에 의하여 결정될 때 선적분이 **적분경로에 무관하다**

(independent of path)고 한다. 다음은 선적분 $\int_C Pdx + Qdy$가 적분경로에 무관하게 될 조건을 알아보자.

정리 8.9

평면영역 R이 단순연결영역이고 함수 $P(x, y)$, $Q(x, y)$, $\frac{\partial P}{\partial y}$, $\frac{\partial Q}{\partial x}$가 R위에서 연속이라 하자. C가 R안의 임의의 단순폐곡선일 때, $\oint_C Pdx + Qdy = 0$일 필요충분조건은 R에 속하는 모든 점에서 $\frac{\partial P}{\partial y} = \frac{\partial Q}{\partial x}$가 성립하는 것이다.

증명 (충분조건) $\frac{\partial P}{\partial y} = \frac{\partial Q}{\partial x}$라고 가정하면, Green 정리에 의해서 다음이 성립한다.

$$\oint_C Pdx + Qdy = \int\int_{R_0}\left(\frac{\partial Q}{\partial x} - \frac{\partial P}{\partial y}\right)dx\,dy = 0$$

여기서 R_0는 C로 둘러싸이는 영역이다.

(필요조건) R의 내부에 있는 임의의 단순폐곡선 에 대해서 $\oint_C Pdx + Qdy = 0$이고, $(x_0, y_0) \in R$에서 $\frac{\partial Q}{\partial x} - \frac{\partial P}{\partial y} > 0$이라 가정하자. 그러면 (x_0, y_0)의 근방 $R_0 \subset R$이 존재하여 R_0에 속하는 모든 점에서 $\frac{\partial Q}{\partial x} - \frac{\partial P}{\partial y} > 0$이다. R_0의 경계선을 C라고 하면 Green 정리에 의해서 다음을 얻는다.

$$\oint_C Pdx + Qdy = \int\int_{R_0}\left(\frac{\partial Q}{\partial x} - \frac{\partial P}{\partial y}\right)dx\,dy > 0$$

이것은 가정에 모순이다. $\frac{\partial Q}{\partial x} - \frac{\partial P}{\partial y} < 0$으로 가정하여도 같은 모순에 이르게 된다. ■

정리 8.10

평면영역 R이 단순연결영역이고 함수 $P(x, y)$, $Q(x, y)$, $\frac{\partial P}{\partial y}$, $\frac{\partial Q}{\partial x}$가 R위에서 연속이라 하자. A와 B가 R의 임의의 두 점일 때 A에서 B까지 연결하는 R 속의 곡선을 C라 하면, $\int_C Pdx + Qdy$가 적분경로 C에 무관할 필요충분조건은 R의 모든 점에서 $\frac{\partial P}{\partial y} = \frac{\partial Q}{\partial x}$가 성립하는 것이다.

증명 (충분조건) $\frac{\partial P}{\partial y} = \frac{\partial Q}{\partial x}$이면 정리 8.9에 의해서 $\oint_{ADBEA} Pdx + Qdy = 0$ 이다(그림 8-5 참조). 간단히 하기 위해서 $Pdx + Qdy$를 생략하고 쓰면,

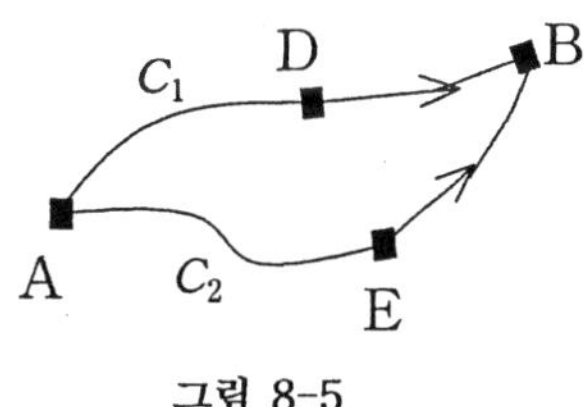

그림 8-5

$$\int_{C_1} - \int_{C_2} = \int_{C_1} + \int_{(-C_2)} = \int_{ADB} + \int_{BEA} = \int_{ADBEA} = 0\,.$$

즉 $\int_{C_1} Pdx + Qdy = \int_{C_2} Pdx + Qdy$이므로 적분경로에 무관하다.

(필요조건) 선적분 $\int_C Pdx + Qdy$가 적분경로에 무관하다고 가정하자. C_1과 C_2가 A에서 B까지 연결하는 임의의 곡선이라 하면, 다음을 얻는다.

$$\int_{C_1} = \int_{C_2} \;\Rightarrow\; \int_{ADB} = \int_{AEB} \;\Rightarrow\; \int_{ADBEA} = 0$$

따라서 정리 8.9에 의해서 $\frac{\partial P}{\partial y} = \frac{\partial Q}{\partial x}$ 이다. ■

곡선 C가 A에서 B까지 연결하고, $\int_C Pdx + Qdy$가 적분경로에 무관하면 다음과 같이 쓰는 것이 편하다.

$$\int_C Pdx + Qdy = \int_A^B Pdx + Qdy$$

예제 3.9

선적분 $\int_{(1,2)}^{(3,4)} (6xy^2 - y^3)dx + (6x^2y - 3xy^2)dy$가 적분경로에 무관함을 보이고, 적분을 구하라.

풀이 모든 (x, y)에 대하여

$$\frac{\partial}{\partial y}(6xy^2 - y^3) = 12xy - 3y^2 = \frac{\partial}{\partial x}(6x^2y - 3xy^2)$$

이므로 정리 8.10에 의하여 주어진 선적분은 점 $(1, 2)$, $(3, 4)$를 포함하는 임의의 영역에서 적분경로에 무관하다. 적분값은 적분경로에 무관하므로 가장 계산하기 쉬운 경로를 택하여 계산하면 된다.

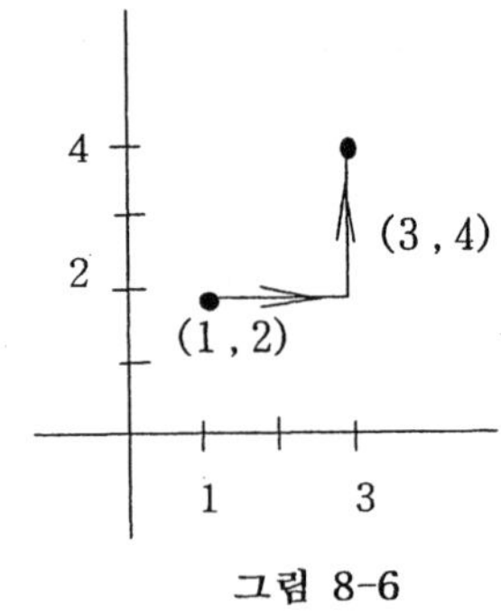

그림 8-6

예컨대, C를

$$C = C_1 + C_2, \quad C_1: 1 \le x \le 3, \ y = 2; \quad C_2: x = 3, \ 2 \le y \le 4$$

로 두면 구하는 적분은 다음과 같이 계산된다.

$$\int_{x=1}^{3} (24x - 8)\,dx + \int_{y=2}^{4} (54y - 9y^2)dy = 236 \ .$$

3차원 공간의 곡선 위에서 정의되는 삼변수 실함수에 대해서도 선적분을 정의할 수 있음을 알아보고 이 절을 마치기로 한다.

$\boldsymbol{i}$, $\boldsymbol{j}$, $\boldsymbol{k}$가 각각 단위벡터 $(1, 0, 0)$, $(0, 1, 0)$, $(0, 0, 1)$를 나타낼 때 C가 벡터함수 $\boldsymbol{r}(t) = x(t)\boldsymbol{i} + y(t)\boldsymbol{j} + z(t)\boldsymbol{k}$, $t \in [a, b]$로 표현되는 공간곡선이라 하자. 이 때

$$\boldsymbol{r}'(t) = x'(t)\boldsymbol{i} + y'(t)\boldsymbol{j} + z'(t)\boldsymbol{k}$$

가 연속이고 $\boldsymbol{r}'(t) \neq 0$이면 C는 매끄러운 곡선을 나타낸다.

f가 구분적으로 매끄러운 곡선 C 위의 점 (x, y, z)에서 정의되는 실함수일 때, f를 $f(x, y, z)$, $f(\boldsymbol{r})$ 또는 $f(\boldsymbol{r}(t))$로 나타내기로 한다.

C가 구간 $[a, b]$에서 정의된 구분적으로 매끄러운 공간곡선이고 $f(x, y, z)$가 C 위에서 정의되는 유계함수라 하자.
$P = \{a = t_0, t_1, \cdots, t_n = b\}$가 $[a, b]$의 분할이면 곡선 C도 P에 따라서 분할된다. 즉,

$$\boldsymbol{r}_0 = \boldsymbol{r}(t_0), \quad \boldsymbol{r}_1 = \boldsymbol{r}(t_1), \quad \cdots, \quad \boldsymbol{r}_n = \boldsymbol{r}(t_n).$$

여기서 $\boldsymbol{r}_k$의 각 성분은 x_k, y_k, z_k이고 $x_k = x(t_k)$, $y_k = y(t_k)$, $z_k = z(t_k)$ $(k = 0, 1, \cdots, n)$이다. 각 부분구간 $[t_{k-1}, t_k]$에서 임의로 한 점 ξ_k를 선택하여 합 $S(f, P, x) = \sum_{k=1}^{n} f(\boldsymbol{r}(\xi_k)) \triangle x_k$를 만든다. 여기서 $f(\boldsymbol{r}(\xi_k)) = f(x(\xi_k), y(\xi_k), z(\xi_k))$ 이고,
$\triangle x_k = x_k - x_{k-1} = x(t_k) - x(t_{k-1})$이다. J가 실수일 때 임의의 $\varepsilon > 0$에 대하여 $\delta > 0$가 존재하여

$$\|P\| < \delta \text{ 이면 } |S(f, P, x) - J| < \varepsilon$$

이면, J는 합 $S(f, P, x)$의 극한이라 한다. 이를 **곡선 C 위에서 f의 x에 관한 선적분**(line integral)이라 하고 다음과 같이 나타낸다.

$$\int_C f(\boldsymbol{r})dx = \int_C f(x, y, z)dx = J = \lim_{\|P\| \to 0} S(f, P, x).$$

같은 방법으로 y와 z에 관한 선적분도

$$\triangle y_k = y_k - y_{k-1} = y(t_k) - y(t_{k-1}),\ \triangle z_k = z_k - z_{k-1} = z(t_k) - z(t_{k-1})$$

이라 할 때 합

$$S(f, P, y) = \sum_{k=1}^{n} f(\boldsymbol{r}(\xi_k))\triangle y_k,\ \ S(f, P, z) = \sum_{k=1}^{n} f(\boldsymbol{r}(\xi_k))\triangle z_k$$

의 극한으로 각각

$$\int_C f(x, y, z)dy = \lim_{\|P\|\to 0} S(f, P, y),$$

$$\int_C f(x, y, z)dz = \lim_{\|P\|\to 0} S(f, P, z).$$

와 같이 정의한다.

C가 구간 $[a, b]$에서 정의된 구분적으로 매끄러운 공간곡선이고 f가 C위에서 연속이면 선적분 $\int_C f(x, y, z)dx$와 $\int_C f(x, y, z)dy$, $\int_C f(x, y, z)dz$가 존재하고, 각각 다음과 같이 정적분으로 바꾸어 계산할 수 있다.

$$\int_C f(x, y, z)dx = \int_a^b f(x(t), y(t), z(t))x'(t)dt,$$

$$\int_C f(x, y, z)dy = \int_a^b f(x(t), y(t), z(t))y'(t)dt,$$

$$\int_C f(x, y, z)dz = \int_a^b f(x(t), y(t), z(t))z'(t)dt.$$

삼변수 함수의 선적분의 계산에서 자주 접하는

$$\int_C f(x, y, z)dx + \int_C g(x, y, z)dy + \int_C h(x, y, z)dz$$

꼴의 선적분도 간단히

$$\int_C f(x, y, z)dx + g(x, y, z)dy + h(x, y, z)dz$$

로 나타낸다.

예제 3.10

곡선 C가 $(0,0,0)$에서 $(1,1,1)$까지

$\boldsymbol{r}(t) = t\,\boldsymbol{i} + t^2\,\boldsymbol{j} + t^3\,\boldsymbol{k}$, $(0 \le t \le 1)$ 로 주어지는 나선(helix)일 때

선적분 $I = \int_C (x+y)\,dx + (2y+z)\,dy + (3z+x)\,dz$를 구하라.

풀이 먼저 C를 $x(t)=t$, $y(t)=t^2$, $z(t)=t^3$, $0 \le t \le 1$로 나타내면

$x'(t)=1$, $y'(t)=2t$, $z'(t)=3t^2$ 이다.

$$
\begin{aligned}
I &= \int_0^1 [\,(t+t^2)dt + (2t^2+t^3)(2t)dt + (3t^3+t)(3t^2)dt] \\
&= \int_0^1 (9t^5 + 2t^4 + 7t^3 + t^2 + t)dt \\
&= \frac{9}{6} + \frac{2}{5} + \frac{7}{4} + \frac{1}{3} + \frac{1}{2} = \frac{269}{60}.
\end{aligned}
$$

연습문제 8.3

1. 적분경로 C가 다음과 같을 때 선적분을 구하라.

$$\int_C (x^2 - y)\,dx + (y^2 + x)\,dy$$

(1) $(0,1)$에서 $(1,2)$까지 선분

(2) $(0,1)$에서 $(1,1)$까지 선분, 이어서 $(1,1)$에서 $(1,2)$까지 선분

(3) 포물선 $x=t$, $y=t^2+1$, $0 \le t \le 1$

2. 선적분 $\int_C (2xy - x^2)dx + (x+y^2)dy$ 를 Green 정리를 쓰지 않고 구하라. (단, C는 곡선 $y=x^2$과 $y^2=x$, $(0,0)$에서 $(1,1)$까지)

3. 단순폐곡선 C가 단순연결영역 R의 경계선일 때 R의 면적이 $\frac{1}{2}\oint_C x\,dy - y\,dx$와 같음을 보여라.

4. 곡선 C가 $y=2\sqrt{x}\,(3 \le x \le 24)$로 주어질 때 선적분 $\int y\,ds$를 계산하라.

5. 곡선 C가 원 $x^2+y^2=4$(반시계방향)일 때 선적분 $\int_C ydx+xydy$를 계산하라.

6. 선적분 $\int_{(1,0)}^{(2,1)}(2xy-y^4+3)dx+(x^2-4xy^3)dy$가 적분경로에 무관함을 보이고, 적분을 계산하라.

7. 적분경로 C가 다음과 같을 때 선적분을 구하라.

$$\int_C yzdx+zxdy+xydz$$

(1) $(0,0,0)$에서 $(1,1,1)$까지 선분

(2) $(0,0,0)$에서 $(1,0,0)$까지 선분, 이어서 $(1,0,0)$에서 $(1,1,0)$까지 선분, 또 이어서 $(1,1,0)$에서 $(1,1,1)$까지 선분

연습문제 풀이 및 해답

1. (1) $\frac{5}{3}$ (2) $\frac{8}{3}$ (3) 2 2. $\frac{1}{30}$

3. Green 정리를 이용하라. 4. 156 ($ds=\sqrt{1+(y')^2}=\sqrt{1+\frac{1}{x}}\,dx$를 이용할 것)

5. -4π 6. $\frac{\partial}{\partial y}(2xy-y^4+3)=2x-4y^3=\frac{\partial}{\partial x}(x^2-4xy^3)$, 적분값은 5.

7. (1) $C: x(t)=t,\ y(t)=t^2,\ z(t)=t^3,\ 0\le t\le 1$, 적분값은 1. (2) 1

8.4 면적분

곡선 위에서 함수의 선적분을 정의한 것처럼 3차원 공간의 곡면 위에서 면적분을 정의할 수 있다.

곡면(surface) S가 xy-평면의 영역 R에 속하는 모든 점 (x, y)에서 정의되는 연속함수 $z=f(x, y)$로 주어진다고 하자. 영역 R을 면적이 각각 $\triangle A_k (k=1, 2, \cdots, n)$인 n개의 부분영역 $R_1, R_2, \cdots, R_n$으로 분할하고, $R_k (k=1, 2, \cdots, n)$을 밑면으로 하는 수직기둥을 세울 때 곡면 S와 만나는 부분을 S_k라 하고 그 면적을 $\triangle S_k$로 나타내기로 한다. 분할을 $P=\{R_1, R_2, \cdots, R_n\}$로 쓰기로 한다.

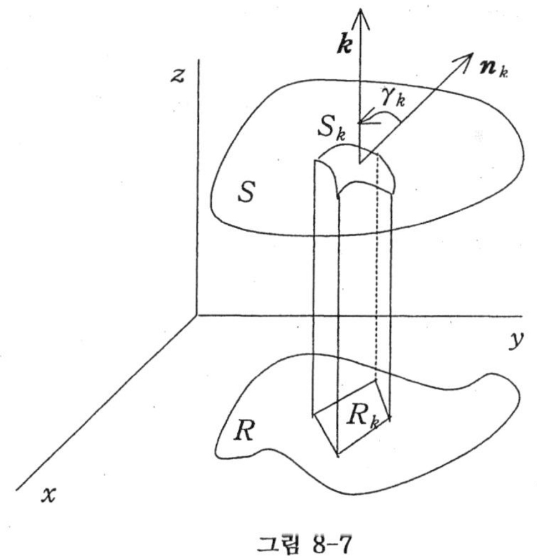

그림 8-7

$\varphi(x, y, z)$가 곡면 S의 모든 점에서 정의되는 연속함수라 하자. 각 S_k에서 임의로 한점 (ξ_k, η_k, ζ_k)를 택하여 리만 합 $\sum_{k=1}^{n} \varphi(\xi_k, \eta_k, \zeta_k) \triangle S_k$를 만들어 $\|P\| \to 0$일 때 극한이 존재하면,

즉 J가 실수일 때 임의의 $\varepsilon>0$에 대하여 $\delta>0$가 존재하여 $\|P\|<\delta$ 이면 $\left|\sum_{k=1}^{n}\phi(\xi_k, \eta_k, \zeta_k)\triangle S_k - J\right|<\varepsilon$일 때 J를 S에서 $\varphi(x, y, z)$의 **면적분**(surface integral)이라 하고 다음과 같이 쓴다.

$$\int\int_S \varphi(x, y, z)dS = \lim_{\|P\|\to 0}\sum_{k=1}^{n}\varphi(\xi_k, \eta_k, \zeta_k)\triangle S_k . \qquad (1)$$

면적분의 계산은 이중적분으로 바꾸어 할 수 있다. 점 (ξ_k, η_k, ζ_k)에서 곡면 S_k에 수직인 직선과 양의 z축이 이루는 각을 γ_k라 할 때 충분히 작은 $\triangle A_k$에 대하여 $\triangle S_k \approx |\sec\gamma_k|\triangle A_k$ 이므로 (1)의 우변의 극한은 다음의 이중적분이 된다.

$$\int\int_R \varphi(x, y, z)|\sec\gamma|\,dA . \qquad (2)$$

$\boldsymbol{n}_k$가 S_k의 법선벡터이고 $\boldsymbol{k}$가 단위벡터 $(0,0,1)$일 때 $|\sec\gamma|$는 다음 식으로 주어진다.

$$|\sec\gamma| = \frac{1}{|\boldsymbol{n}_k\cdot\boldsymbol{k}|} = \sqrt{1+\left(\frac{\partial z}{\partial x}\right)^2+\left(\frac{\partial z}{\partial y}\right)^2} .$$

$z=f(x,y)$의 편도함수 $\frac{\partial z}{\partial x}$와 $\frac{\partial z}{\partial y}$가 R에서 연속(또는 구분적으로 연속)이라고 하면 (2)는 다음과 같이 쓸 수 있다.

$$\int\int_R \varphi(x, y, z)\sqrt{1+\left(\frac{\partial z}{\partial x}\right)^2+\left(\frac{\partial z}{\partial y}\right)^2}\,dx\,dy . \qquad (3)$$

곡면 S의 방정식이 $F(x, y, z) = 0$으로 주어지면 (3)은 다음과 같이 쓸 수 있다.

$$\int\int_R \varphi(x, y, z)\frac{\sqrt{(F_x)^2+(F_y)^2+(F_z)^2}}{|F_z|}\,dx\,dy . \qquad (4)$$

예제 4.1

곡면 S가 포물선(paraboloid) $z=2-(z^2+y^2)$ 중에서 xy-평면 위로 올라온 부분일 때 S에서 다음 함수의 면적분을 구하라.

① $\varphi(x, y, z)=1$　　　② $\varphi(x, y, z)=x^2+y^2$

③ $\varphi(x, y, z)=3z$

풀이 곡면 S를 xy-평면 위의 사영 R은 다음의 원판이다.

$$R = \{(x, y) \mid x^2+y^2 \le 2\}$$

$z_x=-2x$, $z_y=-2y$이므로 구하는 면적분은 다음과 같다.

$$\iint_S \varphi(x, y, z)dS = \iint_R \varphi(x, y, z)\sqrt{1+4x^2+4y^2}\,dx\,dy$$

① $\varphi(x, y, z)=1$이면 면적분은 다음과 같다.

$$\iint_S \varphi(x, y, z)dS = \iint_R \sqrt{1+4x^2+4y^2}\,dx\,dy$$

우변의 적분을 극좌표 (r, θ)로 변환하면

$$\int_0^{2\pi}\int_0^{\sqrt{2}} \sqrt{1+4r^2}\,r\,dr\,d\theta = \int_0^{2\pi} \frac{1}{12}(1+4r^2)^{\frac{3}{2}}\Big|_0^{\sqrt{2}} d\theta$$
$$= \frac{13}{3}\pi$$

② $\varphi(x, y, z)=x^2+y^2$이면 면적분은 다음과 같다.

$$\iint_S \varphi(x, y, z)dS = \iint_R (x^2+y^2)\sqrt{1+4x^2+4y^2}\,dx\,dy$$
$$= \int_0^{2\pi}\int_0^{\sqrt{2}} r^2\sqrt{1+4r^2}\,r\,dr\,d\theta$$

r에 관한 적분은 $\sqrt{1+4r^2} = u$로 치환하면

$$\int_0^{\sqrt{2}} r^2\sqrt{1+4r^2}\,r\,dr = \int_0^3 \frac{1}{16}(u^4-u^2)du = \frac{99}{40}$$

따라서 $\iint_S \varphi(x, y, z)dS = \frac{99}{20}\pi$이다.

③ $\varphi(x, y, z)=3z=3\{2-(x^2+y^2)\}$이면 면적분은 다음과 같다.

$$\iint_S \varphi(x, y, z)dS = \iint_R 3\{2-(x^2+y^2)\}\sqrt{1+4x^2+4y^2}\,dx\,dy$$
$$- \int_0^{2\pi}\int_0^{\sqrt{2}} 3r(2-r^2)\sqrt{1+4r^2}\,dr\,d\theta$$
$$= \frac{111}{10}\pi$$

예제 4.2 (1999. 임용고사)

곡면 $z=1-x^2-y^2$에서 $z \ge 0$인 부분을 S라 할 때 S 위에서 면

적분 $I=\int\int_S \frac{1}{\sqrt{5-4z}}\,ds$를 계산하라.

풀이 곡면 S를 xy-평면으로 사영한 상은 $R=\{(x, y) \mid x^2+y^2\le 1\}$이다. $\frac{\partial z}{\partial x}=-2x$, $\frac{\partial z}{\partial y}=-2y$이므로

$\sqrt{1+\left(\frac{\partial z}{\partial x}\right)^2+\left(\frac{\partial z}{\partial y}\right)^2}=\sqrt{1+4x^2+4y^2}=\sqrt{1+4(1-z)}=\sqrt{5-4z}$이다.

따라서 구하는 면적분은 다음과 같다.

$$\begin{aligned} I &= \int\int_R \frac{1}{\sqrt{5-4z}}\sqrt{1+\left(\frac{\partial z}{\partial x}\right)^2+\left(\frac{\partial z}{\partial y}\right)^2}\,dx\,dy \\ &= \int\int_R \frac{1}{\sqrt{5-4z}}\sqrt{5-4z}\,dx\,dy \\ &= \int\int_R dx\,dy=\int_0^{2\pi}\int_0^1 r\,dr\,d\theta=\pi \end{aligned}$$

예제 4.3

S가 곡면 $z=1-x^2-y^2$에서 $z\ge 0$인 부분을 S라 할 때 S의 면적을 구하라.

풀이 구하는 면적은 $A(S)=\int\int_S dS$이므로 예제 4.2의 결과를 이용하여 계산할 수 있다.

$$\begin{aligned} A(S) &= \int\int_S dS=\int\int_R \sqrt{1+\left(\frac{\partial z}{\partial x}\right)^2+\left(\frac{\partial z}{\partial y}\right)^2}\,dx\,dy \\ &= \int\int_R \sqrt{1+4x^2+4y^2}\,dx\,dy \\ &= \int_0^{2\pi}\int_0^1 \sqrt{1+4r^2}\,r\,dr\,d\theta \\ &= \int_0^{2\pi} d\theta \int_0^1 \sqrt{1+4r^2}\,r\,dr \\ &= 2\pi\cdot\frac{1}{12}(1+4r^2)^{\frac{3}{2}}\Big|_0^1=\frac{\pi}{6}(5^{\frac{3}{2}}-1) \end{aligned}$$

다음은 Green 정리의 확장이면서 면적분과 삼중적분을 서로 변환하는 발산정리와 면적분과 선적분을 연결해주는 Stokes 정리를 알아보기로 하자. 두 정리의 증명은 공간벡터의 성질에 더 익

숙해야 하므로 여기서는 생략하기로 한다.

정리 8.11 **Gauss 발산정리**

3차원공간의 닫힌 영역 V의 경계곡면 S가 매끄럽다고 하자(즉, S를 표현하는 방정식의 1계 편도함수들이 연속이다). 벡터함수 $\boldsymbol{A}(x, y, z) = A_1(x, y, z)\boldsymbol{i} + A_2(x, y, z)\boldsymbol{j} + A_3(x, y, z)\boldsymbol{k}$가 V에서 정의되고, 그 편도함수들이 연속이면 다음 식이 성립한다.

$$\int\int\int_V \nabla \cdot \boldsymbol{A} dV = \int\int_S \boldsymbol{A} \cdot \boldsymbol{n}\, dS \tag{5}$$

여기서 $\boldsymbol{n}$은 S의 **외향법선벡터**(outward normal vector)이다.

정리 8.11에서 벡터 $\boldsymbol{n}$이 x축, y축, z축과 이루는 각을 α, β, γ라 하면 $\boldsymbol{n} = \boldsymbol{i}\cos\alpha + \boldsymbol{j}\cos\beta + \boldsymbol{k}\cos\gamma$이고 $\nabla \cdot \boldsymbol{A}$는 $\dfrac{\partial A_1}{\partial x} + \dfrac{\partial A_2}{\partial y} + \dfrac{\partial A_3}{\partial z}$를 나타낸다. 이것을 (5)에 사용하면 다음 식을 얻는다.

$$\int\int\int_V \left(\frac{\partial A_1}{\partial x} + \frac{\partial A_2}{\partial y} + \frac{\partial A_3}{\partial z}\right)dV$$
$$= \int\int_S (A_1\cos\alpha + A_2\cos\beta + A_3\cos\gamma)\, dS\ . \tag{6}$$

식 (6)의 면적분을 계산하기 위해서 식 (2)을 이용하면 다음을 얻는다.

$$\int\int_S (A_1\cos\alpha + A_2\cos\beta + A_3\cos\gamma)\, dS$$
$$= \int\int_S (A_1 dy dz + A_2 dz dx + A_3 dx dy)\, dS\ . \tag{7}$$

식 (6)과 (7)을 이용하여 면적분을 삼중적분으로 바꾸어 계산하는 예를 하나 살펴보자.

예제 4.4

곡면 S가 반지름이 a인 구면의 북반구와 중심을 지나는 원판, 즉, $z=\sqrt{a^2-x^2-y^2}$과 $z=0$으로 둘러싸인 영역의 경계곡면일 때,

다음 면적분을 계산하라.

$$I=\int\int_S xz^2\, dydz+(x^2y-z^3)\, dzdx+(2xy+y^2)\, dxdy$$

풀이 $A(x, y, z)=xz^2\boldsymbol{i}+(x^2y-z^3)\boldsymbol{j}+(2xy+y^2z)k,$

$\boldsymbol{n}=\boldsymbol{i}\cos\alpha+\boldsymbol{j}\cos\beta+\boldsymbol{k}\cos\gamma$

라 두면, $dydz=dS\cos\alpha$, $dzdx=dS\cos\beta$, $dxdy=dS\cos\gamma$이므로 구하는 면적분은 다음과 같다.

$$I=\int\int_S \boldsymbol{A}\cdot \boldsymbol{n}dS$$

따라서 발산정리에 의해서 다음과 같이 계산할 수 있다.

$$\begin{aligned} I &= \int\int\int_V \nabla\cdot \boldsymbol{A}dV \\ &= \int\int\int_V\left\{\frac{\partial}{\partial x}(xz^2)+\frac{\partial}{\partial y}(x^2y-z^3)\frac{+\partial}{\partial z}(2xy+y^2z)\right\}dV \\ &= \int\int\int_V(x^2+y^2+z^2)dV, \text{ (구면좌표로 변환)} \\ &=4\int_0^{\frac{\pi}{2}}\int_0^{\frac{\pi}{2}}\int_0^a r^2(r^2\sin\theta)drd\theta d\phi=\frac{2\pi a^5}{5} \end{aligned}$$

정리 8.12 **Stokes 정리**

단순폐곡선 C가 매끄러운 곡면 S의 경계선이라 하자. 벡터함수

$$\boldsymbol{A}(x, y, z)=A_1(x, y, z)\boldsymbol{i}+A_2(x, y, z)\boldsymbol{j}+A_3(x, y, z)\boldsymbol{k}$$

가 S 위에서 정의되고, 1계 편도함수들이 연속이면 다음 식이 성립한다.

$$\oint_C \boldsymbol{A}\cdot d\boldsymbol{r}=\int\int_S(\nabla\times \boldsymbol{A})\cdot \boldsymbol{n}\, dS \tag{8}$$

여기서 $\boldsymbol{r}$은 C의 방정식이고 $\boldsymbol{n}$은 곡면 S의 법선벡터이다. 곡선 C의 방향과 $\boldsymbol{n}$의 방향은 오른손법칙을 따른다. 식 (8)의 기호 $\nabla\times\boldsymbol{A}$는 $\left(\frac{\partial A_3}{\partial y}-\frac{\partial A_2}{\partial z}\right)\boldsymbol{i}+\left(\frac{\partial A_1}{\partial z}-\frac{\partial A_3}{\partial y}\right)\boldsymbol{j}+\left(\frac{\partial A_2}{\partial x}-\frac{\partial A_1}{\partial y}\right)\boldsymbol{k}$를 나타낸다. 따라서 식 (8)을 다시 쓰면 다음과 같다.

$$\oint_C A_1dx + A_2dy + A_3dz$$
$$= \int\int_S \left[\left(\frac{\partial A_3}{\partial y} - \frac{\partial A_2}{\partial z}\right)\cos\alpha + \left(\frac{\partial A_1}{\partial z} - \frac{\partial A_3}{\partial y}\right)\cos\beta + \left(\frac{\partial A_2}{\partial x} - \frac{\partial A_1}{\partial y}\right)\cos\gamma\right] dS$$

예제 4.5

곡면 S가 $2z = x^2 + y^2$과 $z=2$로 둘러싸인 포물면이고 C가 S의 경계선일 때 다음 벡터함수로 Stokes 정리를 확인하라.

$$\boldsymbol{A}(x, y, z) = 3y\boldsymbol{i} - xz\boldsymbol{j} + yz^2\boldsymbol{k}$$

풀이 곡선 C는 다음과 같이 쓸 수있다.

$$C: x = 2\cos t,\ y = 2\sin t,\ z = 2\ (0 \leq t < 2\pi)$$

그러면

$$\oint_C \boldsymbol{A}\cdot d\boldsymbol{r} = \oint_C 3ydx - xzdy + yz^2dz$$
$$= \int_{2\pi}^{0} 3(2\sin t)(-2\sin t)dt - (2\cos t)(2)(2\cos t)dt$$
$$= \int_0^{2\pi}(12\sin^2 t + 8\cos^2 t)dt = 20\pi$$

$\nabla\times\boldsymbol{A} = (z^2 + x)\boldsymbol{i} - (z+3)\boldsymbol{k}$이고

$$\boldsymbol{n} = \frac{\nabla(x^2+y^2-2z)}{|\nabla(x^2+y^2-2z)|} = \frac{x\boldsymbol{i} + y\boldsymbol{j} - \boldsymbol{k}}{\sqrt{x^2+y^2+1}}$$

이므로

$$\int\int_S (\nabla\times\boldsymbol{A})\cdot\boldsymbol{n}\,dS = \int\int_R (\nabla\times\boldsymbol{A})\cdot\boldsymbol{n}\frac{dxdy}{|\boldsymbol{n}\cdot\boldsymbol{k}|}$$
$$= \int\int_R (xz^2 + x^2 + z + 3)dxdy$$
$$= \int\int_R x\left(\frac{x^2+y^2}{2}\right)^2 + x^2 + \frac{x^2+y^2}{2} + 3\Big)dxdy$$

여기서 R은 S를 xy-평면에 사영한 상이고, 마지막 적분은 극좌표로 바꾸어 계산하면 다음과 같다.

$$\int_0^{2\pi}\int_0^2\left(r\cos\theta\frac{r^4}{2} + r^2\cos^2\theta + \frac{r^2}{2} + 3\right)rdrd\theta = 20\pi\ .$$

연습문제 8.4

1. S가 원뿔면 $z^2=3(x^2+y^2)$, 평면 $z=0$와 $z=3$으로 둘러싸인 곡면일 때, 면적분 $\int\int_S (x^2+y^2)dS$를 구하라.

2. $\boldsymbol{A}(x, y, z)=(2xy+z)\,\boldsymbol{i}+y^2\boldsymbol{j}-(x+3y)\,\boldsymbol{k}$를 평면

$$2x+2y+z=6\ ,\ x=0\ ,\ y=0\ ,\ z=0$$

으로 둘러싸인 입체영역 V에서 발산정리를 확인해 보라.

3. 발산정리를 써서 다음 면적분을 계산하라.

$$\int\int_S 4xz\,dydz\ -\ y^2\,dzdx\ +\ yz\,dxdy$$

여기서 S는 $x=0$, $y=0$, $z=0$, $x=1$, $y=1$, $z=1$로 둘러싸인 정육면체의 표면이다.

연습문제 풀이 및 해답

1. 9π 2. 27 3. $\dfrac{3}{2}$

함수열과 함수급수

Sequences and Series of Functions

9.1 함수열의 점마다 수렴과 균등수렴

9.2 균등수렴의 중요성

9.3 함수급수의 점마다 수렴과 균등수렴

제2장과 6장에서 우리는 실수의 수열과 급수의 수렴에 관하여 연구하였다. 9장에서는 실수값 함수의 수열을 생각하고자 한다. 실수값 함수의 수열은 정의역의 한 점마다 그 실수값에 의해서 수열이 생기므로 수열의 극한으로부터 함수의 수열과 함수의 급수의 극한을 확장하여 생각한다. 특히 함수들이 특정한 성질을 가질 때 함수의 수열의 극한이 그 성질을 보존할 것인지의 문제를 생각할 것이다.

9.1 함수열의 점마다 수렴과 균등수렴

각 자연수 n에 대하여 집합 X에서 $\mathbb{R}$로의 함수 f_n들로 이루어진 수열 $\{f_n\}_{n=1}^{\infty}$을 X 위에서 **실수값 함수열**(sequence of real valued functions)이라 한다. 이 장에서는 실수값 함수열을 함수열이라 하겠다. 여기서 $X \neq \emptyset$ 이다.

정의 9.1

$\{f_n\}_{n=1}^{\infty}$은 X 위에서 함수열이라 하고 함수 $f: X \to \mathbb{R}$이 주어져 있다고 하자. X의 각 점 x에 대해서

$$\lim_{n\to\infty} f_n(x) = f(x)$$

일 때 함수열 $\{f_n\}$은 X 위에서 f에 **점마다 수렴**(converges pointwise)한다고 한다. 각 점 $x \in X$에 대해서 실수열 $\{f_n(x)\}$가 실수 $f(x)$에 수렴하는 경우이다. 즉, 임의의 $\varepsilon > 0$과 각 점 $x \in X$에 대해서 자연수 N이 존재하여 다음을 만족하는 것이다.

$$n \geq N, \ |f_n(x) - f(x)| < \varepsilon \ .$$

이 때 N은 ε과 x에 의해서 결정된다.

예제 1.1

각 $n\in\mathbb{N}$에 대하여 $f_n : [0,1] \to \mathbb{R}$, $f_n(x)=x^n$이고 $f: [0,1] \to \mathbb{R}$는 다음과 같이 정의된 함수라 하자.

$$f(x) = \begin{cases} 0, & x\in[0,1) \\ 1, & x=1 \end{cases}$$

함수열 $\{f_n\}$은 $[0,1]$ 위에서 함수 f에 점마다 수렴한다.

풀이 $x=1$이면 모든 $n\in\mathbb{N}$에 대하여 $f_n(x)=1$이므로 $\lim_{n\to\infty} f_n(x)=1=f(x)$이다. $x\in[0,1)$이면 $\lim_{n\to\infty} x^n=0$이므로 $\lim_{n\to\infty} f_n(x)=\lim_{n\to\infty} x^n=0=f(x)$이다.

예제 1.2

각 $n\in\mathbb{N}$에 대해서 $g_n : [0,\infty) \to \mathbb{R}$, $g_n(x)=\frac{x}{1+nx}$이고 $g : [0,\infty) \to \mathbb{R}$, $g(x)=0$이라 하면 $\{g_n\}$은 $[0,\infty)$ 위에서 함수 g에 점마다 수렴한다.

풀이 만일 $x>0$이면 $0\le g_n(x)=\frac{x}{1+nx}<\frac{x}{nx}=\frac{1}{n}$이므로 $\lim_{n\to\infty} g_n(x)=0$이다. $x=0$이면 모든 n에 대해서 $g_n(x)=0$이다. 그러므로 $\{g_n\}$은 $[0,\infty)$ 위에서 함수 g에 점마다 수렴한다.

정의 9.2

$\{f_n\}$은 X 위에서 함수열이고 f는 X에서 $\mathbb{R}$로의 함수라 하자. 주어진 $\varepsilon>0$에 대해서 다음 식을 만족하는 자연수 N이 존재할 때 $\{f_n\}$은 X 위에서 f에 **균등수렴**(converges uniformly)한다고 한다.

$$x\in X,\ n\ge N,\quad |f_n(x)-f(x)|<\varepsilon$$

이 경우 N은 ε에만 관계되고 $x\in X$에는 무관하다.

앞 예제 1.2에서 $0 \le g_n(x) < \frac{1}{n}$ 이므로, 주어진 $\varepsilon > 0$에 대해서 $\frac{1}{\varepsilon} < N$ 되는 자연수 N을 잡으면 모든 $x \in X$에 대하여 다음을 만족한다.

$$x \in X, \quad n \ge N, \quad g_n(x) < \frac{1}{n} \le \frac{1}{N} < \varepsilon$$

이 때 N은 오직 ε에 의해서 결정되고 x와는 무관하다. 그러므로 $\{g_n\}$은 $[0, \infty)$ 위에서 상수함수 0에 균등수렴 한다.

그러나 앞 예제 1.1에서 다룬 수열 $\{f_n\}$은 $[0, 1]$ 위에서 f에 균등수렴하지 않는다. 왜냐하면, $\varepsilon = \frac{1}{2}$일 때 $n \ge N$과 모든 $x \in [0, 1]$에 대해서 다음을 만족하는 자연수 N을 잡을 수가 없기 때문이다.

$$|f_n(x) - f(x)| < \frac{1}{2}$$

만약 위 식을 만족하는 자연수 N이 존재한다면 다음이 성립해야 한다.

$$x \in [0, 1), \quad n \ge N, \quad x^n < \frac{1}{2}$$

그러나 $\lim_{x \to 1} x^n = 1$이므로 $1 \le \frac{1}{2}$ 되어 모순이다.

함수열이 균등수렴하면 점마다 수렴한다. 그러나 위의 예제로부터 역은 성립하지 않음을 알 수 있다.

X 위에서 함수열 $\{f_n\}$이 X에서 $\mathbb{R}$로의 상수함수 0에 균등수렴 한다면, 임의의 $\varepsilon > 0$에 대해서 자연수 N이 존재해서 다음을 만족한다.

$$x \in X, \quad n \ge N, \quad |f_n(x)| < \frac{\varepsilon}{2}$$

그러면 다음이 성립한다.

$$n \ge N, \quad \operatorname{lub}_{x \in X} |f_n(x)| < \varepsilon$$

그러므로 $\lim_{n\to\infty} \mathrm{lub}_{x\in X}|f_n(x)|=0$이다. 그리고 이 역도 성립한다 이 사실로부터 다음의 정리를 얻는다.

정리 9.3

X 위에서 함수열 $\{f_n\}$이 X에서 $\mathbb{R}$로의 함수 f에 균등수렴할 필요충분조건은 $\lim_{n\to\infty} \mathrm{lub}_{x\in X}|f_n(x)-f(x)|=0$이다.

예제 1.3

$[0, \infty)$ 위에서 함수열을 다음과 같이 정의할 때 균등수렴하는지 점마다 수렴하는지를 조사하라.

$$n=1, 2, \cdots,\ x\in[0, \infty),\ f_n(x)=\frac{nx}{1+n^2x^2}$$

풀이 각 점 $x\in[0, \infty)$에 대해서는

$$|f_n(x)-0|=\frac{nx}{1+n^2x^2}<\frac{nx}{n^2x^2}=\frac{1}{nx}$$

이므로 $\lim_{n\to\infty} f_n(x)=0$이다. 그러므로 $\{f_n\}$은 $[0, \infty)$ 위에서 $[0, \infty)$에서 $\mathbb{R}$로의 상수함수 0에 점마다 수렴한다.

$n=1, 2, \cdots,$에 대하여 $\left|f_n(\frac{1}{n})\right|=\frac{1}{1+1}=\frac{1}{2}$이다. 따라서

$\mathrm{lub}_{x\in[0, \infty)}|f_n(x)|\geq\frac{1}{2}$이다. 그러므로 $\lim_{n\to\infty} \mathrm{lub}_{x\in[0, \infty)}|f_n(x)|\geq\frac{1}{2}$이고 정리 9.3에 의하여 $\{f_n\}$은 $[0, \infty)$ 위에서 상수함수 0에 균등수렴하지 않는다.

예제 1.4 (1995. 임용고사)

실수 집합 $\mathbb{R}$에서 정의된 다음 함수열 $\{f_n\}$중에서 $f(x)$로 균등수렴하는 것은?

㉠ $f_n(x)=\dfrac{x}{n}$, $f(x)=0$

㉡ $f_n(x)=\dfrac{x^2+nx}{n}$, $f(x)=x$

㉢ $f_n(x)=\dfrac{1}{n}\sin(nx+n)$, $f(x)=0$

풀이 ㉠ $|f_n(x)| = \left|\dfrac{x}{n}\right| = \dfrac{|x|}{n}$ 이므로 $|f_n(n)|=1$이고 $\lim_{n\to\infty} \text{lub}_{x\in\mathbb{R}} |f_n(x)| \neq 0$이다. 그러므로 정리 9.3에 의하여 $\{f_n\}$은 $\mathbb{R}$ 위에서 f에 균등수렴하지 않는다.

㉡ $|f_n(x)-f(x)| = \left|\dfrac{x^2+nx}{n}-x\right| = \left|\dfrac{x^2+nx-nx}{n}\right| = \dfrac{x^2}{n}$ 이므로 $|f_n(n)-f(n)|=n$이다. 그러므로 $\lim_{n\to\infty} \text{lub}_x |f_n(x)-f(x)| \neq 0$이므로 정리 9.3에 의하여 $\{f_n\}$은 $\mathbb{R}$ 위에서 f에 균등수렴하지 않는다.

㉢ 모든 $x\in\mathbb{R}$에 대해서

$|f_n(x)| = \left|\dfrac{1}{n}\sin(nx+n)\right| \leq \dfrac{1}{n} \to 0\ (n\to\infty)$이므로 $\{f_n\}$은 $\mathbb{R}$ 위에서 f에 균등수렴 한다.

예제 1.5 (2001. 임용고사)

자연수 n에 대하여 $f_n : [0\,,1] \to \mathbb{R}$을 $f_n(x) = n(1-x)x^n$으로 정의할 때 다음 물음에 답하여라.

(1) 함수열 $\{f_n\}$이 점마다 수렴하는 함수 f를 구하시오.

(2) 함수열 $\{f_n\}$이 f로 균등수렴하는지를 판별하시오.

풀이 (1) 만약 $x\in[0\,,1]$에 대해서 $\lim_{n\to\infty} nx^n$이 존재한다면 극한의 성질로부터 다음이 성립하므로 $\lim_{n\to\infty} nx^n$의 존재성을 보이자.

$$\lim_{n\to\infty} n(1-x)x^n = (1-x)\lim_{n\to\infty} nx^n$$

i) $x=0$ 또는 $x=1$이면 명백하다.

ii) $x\in(0\,,1)$이라 하자.

$\frac{(n+1)x^{n+1}}{nx^n} = \frac{n+1}{n}x$이고 아르키메데스 성질에 의하여 다음을 만족하는 자연수 N가 존재한다.

$$\frac{x}{1-x} < N$$

따라서

$$n \ge N, \quad \frac{n+1}{n}x = \left(x + \frac{x}{n}\right) \le (x+1-x) = 1$$

따라서 수열 $\{nx^n\}$은 자연수 N번째 이상에서 단조감소수열이다. 즉 아래로 유계이고 단조감소수열이므로 $\lim_{n\to\infty} nx^n$이 존재한다.

$\lim_{n\to\infty} nx^n = 0$임을 보이자.

$L = \lim_{n\to\infty} nx^n$이라 두면 다음이 성립한다.

$$L = \lim_{n\to\infty}(n+1)x^{n+1} = \lim_{n\to\infty} nx^{n+1} + \lim_{n\to\infty} x^{n+1} = x \lim_{n\to\infty} nx^n = xL$$

여기서 $x \in (0, 1)$, 즉 $x \ne 0$이므로 $L = 0$이다.

(2) 함수열 $\{f_n\}$이 $f = 0$로 균등수렴하지는 않는다.

왜냐하면 $f_n'(x) = n^2x^{n-1} - n(n+1)x^n = 0$이므로 $x = \frac{n}{n+1}$이다.

$\frac{n}{n+1}$은 $[0, 1]$에서 f_n의 유일한 극점이고 $f''\left(\frac{n}{n+1}\right) < 0$이므로

$f_n\left(\frac{n}{n+1}\right) = \left(1 - \frac{1}{n+1}\right)^{n+1}$은 $f_n(x)$의 최대값이다. 다음 식에 의하여 $f = 0$로 균등수렴하지는 않는다.

$$\lim_{n\to\infty} \text{lub}_x |f_n(x) - 0| = \lim_{n\to\infty}\left(1 - \frac{1}{n+1}\right)^{n+1} = 1 \cdot \frac{1}{e} \ne 0$$

예제 1.6 **(2007. 임용고사)**

함수 $f(x) = \ln(1+x)$에 대하여 Taylor 다항식 $f_n(x)$를 구하고 나머지 $r_n(x) = f(x) - f_n(x)$를 이용하여 구간 $[0, 1]$에서 f_n이 f로 균등수렴함을 보이시오.

풀이 6.4절의 예제 4.2에 의하여

$f_n(x)=x-\frac{x^2}{2}+\frac{x^3}{3}-\cdots+(-1)^{n+1}\frac{x^n}{n}$ 이고 정리 6.35에 의하여 $r_n(x)=f(x)-f_n(x)=\frac{f^{(n+1)}(c)}{(n+1)!}x^{n+1}$ 이다.

여기서 $x\in[0,1]$ 이고, $c\in(0,x)$ 이다.

$|x|\leq 1$ 이므로 $|r_n(x)|\leq\frac{f^{(n+1)}(c)}{(n+1)!}$ 이고, $\lim_{n\to\infty}\frac{f^{(n+1)}(c)}{(n+1)!}=0$ 이므로 $0\leq x\leq 1$ 인 모든 x 에 대하여

$\lim_{n\to\infty}\text{lub}_{x\in[0,1]}|f(x)-f_n(x)|=\lim_{n\to\infty}\text{lub}_{x\in[0,1]}|r_n(x)|=0$ 이다. 따라서 정리 9.3에 의하여 구간 $[0,1]$ 에서 $f_n(x)$ 는 $f(x)$ 로 균등수렴한다.

연습문제 9.1

1. $\chi_n : \mathbb{R} \to \mathbb{R}$은 $[-n, n]$에서 특성함수라 하자. 그러면 $\{\chi_n\}$은 $\mathbb{R}$ 위에서 상수함수 1에 점마다 수렴하지만 균등수렴하지는 않음을 증명하라.
2. $[0, 1]$에서 정의된 함수 $f_n(x) = \dfrac{\sin nx}{n}$에 대해서 $\{f_n\}$이 $[0, 1]$ 위에서 상수함수 0에 균등수렴함을 증명하라.
3. $[0, \infty)$에서 정의된 함수 $f_n(x) = x^2 e^{-nx}$에 대하여 $\{f_n\}$은 $[0, \infty)$ 에서 균등수렴 함을 증명하라.
4. X 위에서 함수열 $\{f_n\}$과 $\{g_n\}$이 X 위에서 각각 f, g에 균등수렴 한다고 하면 $\{f_n + g_n\}$, $\{cf_n\}$, $\{f_n g_n\}$이 X 위에서 $f+g$, cf, fg 에 각각 균등수렴 함을 증명하라.
5. [코시 판정법] $\{f_n\}$이 X 위에서 함수열이라 하자. $\{f_n\}$이 X 위에서 f 에 균등수렴할 필요충분조건은 모든 $\varepsilon > 0$에 대해서 자연수 N이 존재해서 다음을 만족하는 것이다.

$$x \in X,\ n, m \geq N,\ |f_n(x) - f_m(x)| < \varepsilon$$

6. $[0, 1]$ 위에서 연속함수열 $\{f_n\}$이 $[0, 1]$ 위에서 균등수렴하면 **균등유계**(uniformly bounded)이다. 즉, 한 실수 $M > 0$이 있어서 모든 $n \in \mathbb{N}$과 모든 $x \in [0, 1]$에 대해서 $|f_n(x)| \leq M$ 이다.

연습문제 풀이 및 해답

1. $x \in \mathbb{R}$이면 $|x| < N$을 만족하는 자연수 N을 잡는다. 만약 $n \geq N$이면 $x \in [-n, n]$이므로 $\chi_n(x) = 1$이다. 즉 $x \in \mathbb{R}$, $\lim_{n\to\infty} \chi_n(x) = 1$이므로 $\{\chi_n\}$은 $\mathbb{R}$ 위에서 상수함수 1에 점마다 수렴한다. 그러나 $\varepsilon = \dfrac{1}{2}$일 때 다음을 만족하는 자연수 N은 잡을 수 없다.

$$n \geq N,\ x \in \mathbb{R},\ |\chi_n(x) - 1| < \frac{1}{2}$$

왜냐하면 위의 식을 만족하는 N이 있다면 다음을 만족하여야한다.

$$n \geq N,\ x \in \mathbb{R},\ \chi_n(x) = 1$$

이것은 모순이다.

2. $x \in [0, 1]$, $|f_n(x)| = \left|\dfrac{\sin nx}{n}\right| \leq \dfrac{1}{n}$ 이므로 명백하다.
5. 함수열 $\{f_n\}$이 X 위에서 함수 f에 균등수렴 한다고 하자. 그러면 임의의 $\varepsilon > 0$에 대해서 다음이 만족되는 자연수 N이 존재한다.

$$n \geq N,\ x \in X,\ |f_n(x) - f(x)| < \frac{\varepsilon}{2}$$

그러므로 $n,\ m \geq N$이면 다음이 만족된다.

$$x \in X,\ |f_n(x) - f_m(x)| = |f_n(x) - f(x) + f(x) - f_m(x)|$$

$$\leq |f_n(x) - f(x)| + |f(x) - f_m(x)| < \frac{\varepsilon}{2} + \frac{\varepsilon}{2} = \varepsilon$$

역으로, $\varepsilon > 0$에 대해서 자연수 N이 존재하여 다음이 만족된다고 하자.

$$n,\ m \geq N,\ x \in X,\ |f_n(x) - f_m(x)| < \varepsilon$$

그러면 각 $x \in X$에 대해서 $\{f_n(x)\}$은 실수의 Cauchy 수열이므로 수렴한다. 그 극한치를 $f(x)$라 하자. 그러면 f는 X에서 $\mathbb{R}$로의 함수이고 $\{f_n\}$은 X 위에서 f에 점마다 수렴한다. 이제 $\{f_n\}$이 X 위에서 f에 균등수렴함을 보이자. $\varepsilon > 0$이 주어지면 다음을 만족하는 N이 존재한다.

$$n,\ m \geq N,\ x \in X,\ |f_n(x) - f_m(x)| < \frac{\varepsilon}{2}$$

각각의 $x \in X$에 대해서 $\{f_n(x)\}$가 $f(x)$에 수렴하므로 자연수 $N_x (> N)$가 존재하여 다음을 만족한다.

$$|f_{N_x}(x) - f(x)| < \frac{\varepsilon}{2}$$

그러므로 $n > N$이면 모든 $x \in X$에 대해서 다음을 만족한다.

$$|f_n(x) - f(x)| = |f_n(x) - f_{N_x}(x) + f_{N_x}(x) - f(x)|$$

$$\leq |f_n(x) - f_{N_x}(x)| + |f_{N_x}(x) - f(x)| < \frac{\varepsilon}{2} + \frac{\varepsilon}{2} = \varepsilon$$

따라서 $\{f_n\}$은 f에 X 위에서 균등수렴 한다.

역의 다른 증명

역으로, $\varepsilon > 0$에 대해서 자연수 N이 존재하여 다음이 만족된다고 하자.

$$n,\ m \geq N,\ x \in X,\ |f_n(x) - f_m(x)| < \varepsilon$$

그러면 각 $x \in X$에 대해서 $\{f_n(x)\}$은 실수의 Cauchy 수열이므로 수렴한다. 그 극한치를 $f(x)$라 하자. 그러면 f는 X에서 $\mathbb{R}$로의 함수이고 $\{f_n\}$은 X 위에서 f에 점마다 수렴한다. 이제 $\{f_n\}$이 X 위에서 f에 균등수렴함을 보이자. $\varepsilon > 0$이 주어지면 다음이 만족하는 N이 존재한다.

$$n,\ m \geq N,\ x \in X,\ |f_n(x) - f_m(x)| < \frac{\varepsilon}{2}$$

각 $x \in X$와 $n \geq N$을 고정하고 극한을 취하면 다음과 같다.

$$|f_n(x) - f(x)| = |f_n(x) - \lim_{m \to \infty} f_m(x)| = \lim_{m \to \infty} |f_n(x) - f_m(x)| \leq \frac{\varepsilon}{2} < \varepsilon$$

그러므로 $n \geq N$, $\operatorname{lub}_{x \in X} |_n(x) - f(x)| < \varepsilon$이다. 즉

$\lim_{n \to \infty} \operatorname{lub}_{x \in X} |f_n(x) - f(x)| = 0$.

9.2 균등수렴의 중요성

$[0, 1]$에서 정의된 함수 $f_n(x)=x^n$은 모든 $n\in\mathbb{N}$에 대해서 연속이다. 그러나 함수열 $\{f_n\}$이 $[0,1]$ 위에서 점마다 수렴하는 함수 f는 연속이 아니다. 연속인 함수의 함수열이 수렴하는 함수가 연속이 되기 위해서는 점마다 수렴으로는 약한 조건이며 그 보다는 강한 균등수렴일 때 만족함을 다음 정리에서 볼 수 있다.

정리 9.4

X에서 정의된 함수열 $\{f_n\}$이 X 위에서 f에 균등수렴한다고 가정하자. 만약 각 f_n이 $a\in X$에서 연속이면 f도 a에서 연속이다. 즉 $\lim\limits_{x\to a}\lim\limits_{n\to\infty} f_n(x) = f(a) = \lim\limits_{n\to\infty}\lim\limits_{x\to a} f_n(x)$이다.

증명 $\varepsilon>0$이 주어져 있을 때 $\{f_n\}$이 X 위에서 f에 균등수렴하므로 자연수 N이 있어서 다음을 만족한다.

$$x\in X,\ n\geq N,\ |f_n(x)-f(x)|<\frac{\varepsilon}{3}$$

f_N이 a에서 연속이므로 $\delta>0$가 존재해서 다음을 만족한다.

$$0<|x-a|<\delta \Rightarrow |f_N(x)-f_N(a)|<\frac{\varepsilon}{3}$$

만약 $0<|x-a|<\delta$이면

$$\begin{aligned}|f(x)-f(a)| &\leq |f(x)-f_N(x)|+|f_N(x)-f_N(a)|+|f_N(a)-f(a)|\\ &<\frac{\varepsilon}{3}+\frac{\varepsilon}{3}+\frac{\varepsilon}{3}=\varepsilon\end{aligned}$$

그러므로 f는 a에서 연속이다. ■

따름정리 9.5

X에서 정의된 함수열 $\{f_n\}$이 X 위에서 f에 균등수렴할 때 각 f_n이 X 위에서 연속이면 f도 X 위에서 연속이다.

예제 2.1 **(2006. 임용고사)**

실수의 집합을 $\mathbb{R}$이라할 때, 모든 자연수 n에 대하여 함수 f_n을 다음과 같이 정의하자.

$f_n : [0,2] \to \mathbb{R}$, $f_n(x) = \dfrac{3x^n}{2x^n+1}$.

함수열 $\{f_n\}$의 극한함수 f를 구하고, $\{f_n\}$이 f로 균등수렴하는지 판정하라.

풀이 $0 \le x < 1$이면 $\lim_{n\to\infty} 3x^n = 0$, $\lim_{n\to\infty}(2x^n+1) = 1$이므로 $\lim_{n\to\infty} f_n(x) = 0$이고, $x=1$이면 $f_n(x)=1$이므로 $\lim_{n\to\infty} f_n(x) = 1$이다. 그리고 $1 < x \le 2$이면 $\lim_{n\to\infty} x^n = \infty$이므로 $\lim_{n\to\infty} f_n(x) = \dfrac{3}{2}$이다. 따라서 극한함수 f는

$$f(x) = \begin{cases} 0, & 0 \le x < 1 \\ 1, & x = 1 \\ \dfrac{3}{2}, & 1 < x \le 2 \end{cases}$$

이고, f는 연속함수가 아니다. 그러므로 따름정리 9.5에 의하여 $\{f_n\}$은 f로 수렴하지만 균등수렴하지는 않는다.

다음은 적분가능한 함수열이 점마다 수렴하는 경우에 수렴하는 함수가 적분가능한가 하는 문제를 생각한다.

예제 2.2

$\{r_1, r_2, \cdots\}$은 $[0,1]$ 내의 모든 유리수의 집합이라 하자. 각 $n \in \mathrm{N}$에 대해서 f_n은 $[0,1]$에서 다음과 같이 정의한다.

$$f_n(x) = 0 \quad x \in \{r_1, r_2, \cdots, r_n\}$$

$$f_n(x) = 1 \quad x \in [0, 1] \setminus \{r_1, r_2, \cdots, r_n\}$$

그러면 각 f_n은 $[0, 1]$ 위에서 적분가능한 함수이고 $\{f_n\}$은 $[0, 1]$ 위에서 f에 점마다 수렴한다. 여기서

$$f(x) = 0 \quad x \in [0, 1] \cap \mathbb{Q}$$

$$f(x) = 1 \quad x \in [0, 1] \cap (\mathbb{R} \setminus \mathbb{Q})$$

그러나 f는 리만적분 가능한 함수가 아니다

적분가능한 함수열이 균등수렴하는 함수는 적분가능함을 다음 정리에서 보여준다.

정리 9.6

$\{f_n\}$이 $[a, b]$ 위에서 적분가능한 함수열이고 $[a, b]$ 위에서 함수 f에 균등수렴한다면 f는 적분가능하고 다음을 만족한다.

$$\lim_{n\to\infty} \int_a^b f_n(x)\, dx = \int_a^b f(x)\, dx = \int_a^b \lim_{n\to\infty} f_n(x)\, dx$$

증명 먼저 f가 $[a, b]$ 위에서 적분가능함을 보이자. 주어진 $\varepsilon > 0$에 대하여 분할 P가 존재하여 다음을 만족함을 보여야 한다.

$$U(f, P) - L(f, P) < \varepsilon$$

$\{f_n\}$은 $[a, b]$ 위에서 f에 균등수렴하므로 자연수 N이 있어서 모든 $x \in [a, b]$에 대해서 다음을 만족한다.

$$n \geq N, \ x \in [a, b], \quad |f_n(x) - f(x)| < \frac{\varepsilon}{3(b-a)}$$

f_N은 적분가능 하므로 $[a, b]$의 분할 $P = \{x_0, x_1, \cdots, x_n\}$가 존재해서 다음을 만족한다.

$$U(f_N, P) - L(f_N, P) < \frac{\varepsilon}{3}$$

$x \in [x_{i-1}, x_i]$에 대하여 다음과 같이 정의한다.

$$M_i = \sup f(x) \quad , \quad m_i = \inf f(x)$$

$$M_i' = \sup f_N(x) \quad , \quad m_i' = \inf f_N(x)$$

그러면 모든 x에 대해서

$$f_N(x) - \frac{\varepsilon}{3(b-a)} < f(x) < f_N(x) + \frac{\varepsilon}{3(b-a)}$$

을 만족하므로, $i=1, 2, \cdots, n$에 대해서 다음이 성립한다.

$$m_i' - \frac{\varepsilon}{3(b-a)} \le m_i \le M_i \le M_i' + \frac{\varepsilon}{3(b-a)}$$

그러므로

$$\begin{aligned}
U(f, P) - L(f, P) &= \sum_{i=1}^{n} M_i(x_i - x_{i-1}) - \sum_{i=1}^{n} m_i(x_i - x_{i-1}) \\
&\le \sum_{i=1}^{n}\left[M_i' + \frac{\varepsilon}{3(b-a)}\right](x_i - x_{i-1}) - \sum_{i=1}^{n}\left[m_i' - \frac{\varepsilon}{3(b-a)}\right](x_i - x_{i-1}) \\
&\le \sum_{i=1}^{n} M_i'(x_i - x_{i-1}) + \frac{\varepsilon}{3} - \sum_{i=1}^{n} m_i'(x_i - x_{i-1}) + \frac{\varepsilon}{3} \\
&= U(f_N, P) - L(f_N, P) + \frac{2}{3}\varepsilon \\
&< \frac{\varepsilon}{3} + \frac{2\varepsilon}{3} = \varepsilon
\end{aligned}$$

그러므로 f는 $[a, b]$ 위에서 적분가능하다.

이제 $\lim_{n\to\infty} \int_a^b f_n(x)\,dx = \int_a^b f\,dx$임을 증명하자.

$\varepsilon > 0$이 주어져 있으면 $\{f_n\}$이 $[a, b]$ 위에서 f에 균등수렴하므로 다음을 만족하는 자연수 N가 있다.

$$x \in [a, b], \quad n \ge N, \quad |f_n(x) - f(x)| < \frac{\varepsilon}{(b-a)}$$

그러면 모든 $n \ge N$에 대해서 다음이 성립한다.

$$\begin{aligned}
\left| \int_a^b f_n(x)dx - \int_a^b f(x)dx \right| &= \left| \int_a^b (f_n(x) - f(x))dx \right| \\
&\le \int_a^b |f_n(x) - f(x)|dx \\
&\le \int_a^b \frac{\varepsilon}{b-a}\,dx = \varepsilon
\end{aligned}$$

그러므로 $\lim_{n\to\infty} \int_a^b f_n(x)\,dx = \int_a^b f(x)dx$이다. ■

미분가능한 함수열이 수렴하는 함수의 미분가능성을 어떻게 보장할 수 있는가? 이 경우는 연속이나 적분가능의 경우와 같이 균등수렴만으로는 성립하지 않는다.

예제 2.3

다음의 함수열을 생각하여 보자.

$$n \in \mathrm{N}\ ,\ x \in [0\ ,1]\ ,\quad f_n(x) = \frac{x^n}{n}$$

함수열 $\{f_n\}$은 $[0\ ,1]$에서 상수함수 $f=0$에 균등수렴한다 $\left(\mathrm{lub}_{\ x\in[0\ ,1]}|f_n(x)| \le \frac{1}{n}\right)$. 그러나 모든 $n \in \mathrm{N}$에 대해서 $f_n{}'(1) = 1$이므로 $\{f_n{}'(1)\}$은 $f(1)$에 수렴하지 않는다. 즉 $\lim_{n\to\infty} f_n{}'(1) \neq (\lim_{n\to\infty} f_n)'(1)$이다.

다음 정리에서 미분가능 함수에 관한 성질을 소개한다.

정리 9.7

$[a\ ,b]$에서 정의된 미분가능한 함수열 $\{f_n\}$이 주어져 있다.

i) 각 $n \in \mathrm{N}$ 대해서 $f_n{}'$은 $[a\ ,b]$ 위에서 연속이다.

ii) $\{f_n\}$은 $[a\ ,b]$ 위에서 f에 점마다 수렴한다.

iii) $\{f_n{}'\}$는 $[a\ ,b]$ 위에서 g에 균등수렴 한다.

그러면 f는 미분가능하며 $f' = g$이다.

즉 $x \in [a\ ,b]$, $\lim_{n\to\infty} f_n{}'(x) = f'(x) = (\lim_{n\to\infty} f_n)'(x)$

증명 모든 $n \in \mathrm{N}$에 대하여 $f_n{}'$은 각각이 연속이고, 함수열 $\{f_n{}'\}$은 $[a\ ,b]$ 위에서 g에 균등수렴하므로 g는 $[a\ ,b]$ 위에서 연속이다. 임의의 $y \in [a\ ,b]$에 대해서 $\{f_n{}'\}$는 $[a\ ,y]$ 위에서 g에

균등수렴 한다. 정리 9.6에 의해서

$$\lim_{n\to\infty}\int_a^y f_n'(x)\,dx = \int_a^y g(x)\,dx$$

이다. 그러므로 $\lim_{n\to\infty}[f_n(y)-f_n(a)] = \int_a^y g(x)\,dx.$

가정 ii)에 의하여 $\lim_{n\to\infty} f_n(y) = f(y)$, $\lim_{n\to\infty} f_n(a) = f(a)$ 이므로

$$y\in[a\,,\,b]\,,\quad f(y)-f(a)=\int_a^y g(x)\,dx$$

이 식의 양변을 미분하면

$$y\in[a\,,\,b]\,,\quad f'(y)=g(y)$$

이다. 그러므로 $f'=g$이다. ■

연습문제 9.2

1. $[0, 1]$ 위에서 함수열 $\left\{\dfrac{\sin nx}{n}\right\}$이 0에 균등수렴함을 살펴보았다. 이 함수열의 미분한 함수열은 0에 수렴하지 않음을 보여라.

2. g는 $[a, b]$ 위에서 연속이고, 함수열 $\{f_n\}$은 $[a, b]$ 위에서 f에 균등수렴하면 $\lim\limits_{n\to\infty}\int_a^b f_n g = \int_a^b fg$ 임을 증명하라.

3. $[0, 1]$ 위의 모든 점에서 불연속이나 $[0, 1]$ 위에서 연속인 함수에 균등수렴하는 함수열을 구하여라.

4. 각 자연수 n에 대해서 $x\in[0, 2]$, $f_n(x)=\dfrac{1-x}{1+x^n}$가 정의되어 있다. 그러면 $\{f_n\}$이 $[0, 2]$ 위에서 균등수렴하는 극한함수 f를 구하라.

5. $[-1, 1]$ 위에서 $f_n(x)=\dfrac{x}{1+nx^2}$가 정의되어 있다. 함수열 $\{f_n\}$은 $[-1, 1]$ 위에서 상수함수 0에 균등수렴하지만 $\lim\limits_{n\to\infty}f_n' = (\lim\limits_{n\to\infty}f_n)'$가 성립하지 않음을 보여라.

6. $\{f_n\}$이 $[0, 1]$ 위에서 f에 점마다 수렴하고 $\lim\limits_{n\to\infty}\int_0^1 f_n \neq \int_0^1 f$ 되는 함수열을 구하라.

7. 함수 $f: \mathbb{R} \to \mathbb{R}$은 균등연속이고 $f_n: \mathbb{R} \to \mathbb{R}$은 다음과 같이 정의한다.

$$f_n(x)=f\left(x+\frac{1}{x}\right),\quad n\in\mathrm{N}$$

그러면 $\{f_n\}$은 $\mathbb{R}$ 위에서 f에 균등수렴함을 보여라.

8. $[0, 1]$ 위에서 함수열 $\left\{\dfrac{nx}{1+nx}\right\}$는 적분가능한 함수 f에 균등수렴하고,

$\int_0^1 f(x)dx = \lim_{n\to\infty}\int_0^1 f_n(x)\,dx$임을 증명하라.

연습문제 풀이 및 해답

2. $f_n g$가 $[0,1]$ 위에서 균등수렴함을 증명하면 된다.

3. 모든 자연수 n에 대해서 다음과 같이 정의된 함수는 조건을 만족한다.

$$f_n(x) = \frac{1}{n},\ x\in[0,1]\cap\mathbb{Q},\quad f_n(x) = 0,\ x\in[0,1]\cap(\mathbb{R}\setminus\mathbb{Q})$$

4. $x\in[0,1]$, $f(x) = 1-x$, $x\in[1,2]$, $f(x) = 0$이라 두면

$$|f_n(x)-f(x)| = \left|\frac{(1-x)x^n}{1+x^n}\right| \le (1+x)x^n,\ x\in[0,1]$$
$$|f_n(x)-f(x)| = \left|\frac{x-1}{1+x^n}\right| \le \frac{x-1}{x^n},\ x\in[1,2]$$

이다. 각 구간에서 최대값을 찾음으로 $\{f_n\}$이 $[0,2]$ 위에서 f에 균등수렴함을 알 수 있다.

5. $f_n(0)=0$이고 $\text{lub}_{x\in[-1,1]}|f_n(x)| = \text{lub}_{x\in[-1,1]}\left|\frac{x}{1+nx^2}\right| \to 0\ (n\to\infty)$이므로 $\{f_n\}$은 $[-1,1]$ 위에서 상수함수 $f=0$에 균등수렴 한다. $f_n'(0)=1$이고 $f(0)=0$이므로 $\{f_n'\}$이 f'에 수렴하지 않는다. 즉 $\lim_{n\to\infty} f_n'(0) \neq f'(0)$이다.

6. $[0,1]$에서 $\{f_n\}$을 다음과 같이 정의하자.

$$0<x<\frac{1}{n},\quad f_n(x) = n,$$
$$x=0 \text{ 혹은 } \frac{1}{n}\le x\le 1,\quad f_n(x) = 0$$

그러면 $\{f_n\}$은 $[0,1]$ 위에서 $f=0$에 점마다 수렴한다. 그러나 $\int_0^1 f_n = 1$이고 $\int_0^1 f = 0$이므로 $\lim_{n\to\infty}\int_0^1 f_n = 1 \neq 0 = \int_0^1 f$이다.

9.3 함수급수의 점마다 수렴과 균등수렴

실수의 급수와 마찬가지로 함수열의 급수에 관하여 수렴성을 다음과 같이 정의한다.

정의 9.8

$\{f_n\}$은 $X \subset \mathbb{R}$에서 정의된 함수열이라 하자. 각 $n \in \mathrm{N}$에 대해서

$$s_n = f_1 + f_2 + \cdots + f_n = \sum_{k=1}^{n} f_k$$

이라 두자. 만약 $\{s_n\}$이 X 위에서 f에 점마다 수렴하면 함수급수 $\sum_{n=1}^{\infty} f_n$은 X 위에서 f에 **점마다 수렴한다**고 한다. $\{s_n\}$이 X 위에서 f에 균등수렴하면 $\sum_{n=1}^{\infty} f_n$은 X 위에서 f에 균등수렴한다고 한다.

예제 3.1

$(-1, 1)$에서 $f_n(x) = x^n$ 일 때 $\sum_{n=1}^{\infty} f_n$은 다음과 같이 정의된 함수 f에 점마다 수렴한다.

$$x \in (-1, 1), \quad f(x) = \frac{x}{1-x}$$

풀이 $x \in (-1, 1), \quad \sum_{n=1}^{\infty} f_n(x) = \sum_{n=1}^{\infty} x^n = \frac{x}{1-x} = f(x).$

정리 9.9

X에서 정의된 연속함수 f_n의 함수급수 $\sum_{n=1}^{\infty} f_n$이 X 위에서 f에 균등수렴하면 f는 X 위에서 연속이다.

증명 각 $n \in \mathbb{N}$에 대해서 f_n이 연속이면 $s_n = f_1 + f_2 + \cdots + f_n$도 연속이다. $\sum_{n=1}^{\infty} f_n$이 f에 균등수렴하므로 $\{s_n\}$이 f에 균등수렴하고 따름정리 9.5에 의하여 f는 연속이다. ■

예제 3.2

$[0, 1]$에서 함수급수 $\sum_{n=0}^{\infty} x(1-x)^n$는 점마다 수렴하지만 균등수렴하지 않음을 보여라.

증명 $x=0$ 혹은 $x=1$이면 $\sum_{n=0}^{\infty} x(1-x)^n = 0$이고 $0<x<1$이면

$$\sum_{n=0}^{\infty} x(1-x)^n = x \sum_{n=0}^{\infty} (1-x)^n = x\left[\frac{1}{1-(1-x)}\right] = 1$$

그러므로

$$f(x) = \begin{cases} 1, & 0<x<1 \\ 0, & x=0 \text{ 또는 } 1 \end{cases}$$

이라 하면 $\sum_{n=0}^{\infty} x(1-x)^n$은 $[0, 1]$ 위에서 f에 점마다 수렴한다. 각 n에 대해서 $f_n(x) = x(1-x)^n$은 $[0, 1]$ 위에서 연속함수이다. 그러나 f는 $[0, 1]$ 위에서 연속이 아니므로 정리 9.9에 의하여 $\sum_{n=0}^{\infty} f_n$은 $[0, 1]$ 위에서 f에 균등수렴하지 않는다.

따름정리 9.10

$\{f_n\}$은 $[a, b]\,(a < b)$ 위에서 적분가능한 함수열이라 하자. $\sum_{n=1}^{\infty} f_n$이 $[a, b]$ 위에서 f에 균등수렴하면 f는 적분가능한 함수이고 $\int_a^b \sum_{n=0}^{\infty} f_n(x)\, dx = \sum_{n=1}^{\infty} \int_a^b f_n(x)\, dx$이다.

증명 정리 9.6 과 정의 9.8에 의해서 명백하다. ■

따름정리 9.11

$[a, b]\,(a < b)$ 위에서 미분가능한 함수열 $\{f_n\}$이 있다.

(i) 각 $n\in\mathbb{N}$에 대해서 f_n'는 연속이다.

(ii) $\sum_{n=1}^{\infty} f_n$은 (a, b) 위에서 f에 점마다 수렴한다.

(iii) $\sum_{n=1}^{\infty} f_n'$는 (a, b) 위에서 균등수렴한다.

그러면 f는 (a, b) 위에서 미분가능한 함수이고 모든 $x\in(a, b)$에 대해서 다음이 성립한다.

$$\sum_{n=1}^{\infty} f_n'(x) = f'(x)$$

증명 정리 9.7과 정의 9.8에 의하면 자명하다. ■

정리 9.12 Weierstrass M-test

$\sum_{n=1}^{\infty} f_n$은 X에서 $\mathbb{R}$로의 함수의 급수이다. 만약 양의 실수의 수열 $\{M_n\}$이 존재하여서 $\sum_{n=1}^{\infty} M_n < \infty$이고, 모든 $n\in\mathbb{N}$과 $x\in X$에 대해서 $|f_n(x)|\le M_n$이면 $\sum_{n=1}^{\infty} f_n$은 X 위에서 균등수렴한다.

증명 $s_n = \sum_{k=1}^{n} f_k$, $t_n = \sum_{k=1}^{n} M_k$라 두자. $\sum_{n=1}^{\infty} M_n$은 수렴하므로 적당한 N_1이 있어서 $m > n \ge N_1$이면 $|t_m - t_n| < \varepsilon$이다. 모든 $x\in X$에 대하여

$$\begin{aligned} |s_m(x) - s_n(x)| &= \left|\sum_{k=n+1}^{m} f_k(x)\right| \\ &\le \sum_{k=n+1}^{m} |f_k(x)| \\ &\le \sum_{k=n+1}^{m} M_k = |t_m - t_n| < \varepsilon \end{aligned}$$

연습문제 9.1의 4번에 의하여 함수열 $\{s_n\}$은 X 위에서 균등수

렴한다. 그러므로 $\sum_{n=1}^{\infty} f_n$은 X 위에서 균등수렴한다. ■

예제 3.3 **(2001. 임용고사)**

함수급수 $\sum_{n=0}^{\infty} \frac{1}{2^n} \cos(3^n x)$에 대하여 다음 물음에 답하시오.

(1) $\sum_{n=0}^{\infty} \frac{1}{2^n} \cos(3^n x)$가 실수 $\mathbb{R}$ 위에서 균등수렴함을 보이시오.

(2) $f(x) = \sum_{n=0}^{\infty} \frac{1}{2^n} \cos(3^n x)$라 할 때 f의 리만적분 가능성을 판별하고 $\int_0^{2\pi} f(x)dx$를 구하시오.

풀이 (1) $f_n(x) = \sum_{k=0}^{n} \frac{1}{2^k} \cos(3^k x)$라 하면 $\left|\frac{1}{2^n} \cos(3^n x)\right| \leq \left(\frac{1}{2}\right)^n$이고, $\sum_{n=0}^{\infty}\left(\frac{1}{2}\right)^n$은 2로 수렴하므로, 정리 9.12에 의해서 함수열 $\{f_n\}$은 $\mathbb{R}$ 위에서 균등수렴한다.

(2) 따름정리 9.10에 의해서 $f(x)$는 적분가능하고 다음이 성립한다.

$$\int_0^{2\pi} f(x)dx = \int_0^{2\pi} \sum_{n=0}^{\infty} f_n(x)\,dx = \sum_{n=0}^{\infty} \int_0^{2\pi} f_n(x)\,dx$$

그런데 $\int_0^{2\pi} f_n(x)\,dx = \sum_{n=0}^{\infty} \frac{1}{2^n} \int_0^{\pi} \cos(3^n x)dx = 0$이므로

$\int_0^{2\pi} f(x)dx = 0$이다.

항들이 변수인 멱급수에서는 급수가 수렴하는 변수의 범위를 구하는 것이 문제이다. 앞의 결과를 이용하여 멱급수를 수렴반경 내에서 항별로 적분 또는 미분할 수 있음을 다음 정리에서 증명한다.

정리 9.13

멱급수 $\sum_{n=0}^{\infty} c_n(x-a)^n$의 수렴반경을 R이라 하고 $|x-a|<R$에 대해서 $f(x)=\sum_{n=0}^{\infty} c_n(x-a)^n$이라 하자. $0<r<R$이면 $\sum_{n=0}^{\infty} c_n(x-a)^n$는 $[a-r, a+r]$에서 f로 균등수렴하고 f는 $(a-R, a+R)$에서 연속이다.

증명 $0<r<R$일 때 $|x-a|\le r$이면 $|c_n(x-a)^n|\le |c_n|r^n$이고, $0<r<R$이므로 $\sum_{n=0}^{\infty}|c_n|r^n$는 수렴한다. 정리 9.12에 의해서 멱급수 $\sum_{n=0}^{\infty} c_n(x-a)^n$는 $[a-r, a+r]$에서 균등수렴한다. $0<r<R$이면 $f_n(x)=\sum_{k=0}^{n} c_k(x-a)^k$는 $[a-r, a+r]$에서 연속이다. 그러면 정리 9.9에 의하여 균등수렴함수 $f(x)=\sum_{n=0}^{\infty} c_n(x-a)^n$는 $[a-r, a+r]$에서 연속이다. f는 $0<r<R$이 되는 모든 r에 대하여 $[a-r, a+r]$에서 연속이므로 f는 $(a-R, a+R)$에서 연속이다. ■

정리 9.14

멱급수 $f(x)=\sum_{n=0}^{\infty} c_n(x-a)^n$의 수렴반경을 $R>0$이라 하면, $s, t\in(a-R, a+R)$에 대해서 $\sum_{n=0}^{\infty} c_n\int_s^t (x-a)^n dx$는 수렴하며

$$\int_s^t f(x)dx = \sum_{n=0}^{\infty} c_n\int_s^t (x-a)^n dx$$이다.

증명 따름정리 9.10에서 분명하다. ■

정리 9.15

멱급수 $f(x)=\sum_{n=0}^{\infty} c_n(x-a)^n$는 수렴반경을 $R>0$을 갖는다고 하면,

구간 $(a-R, a+R)$에서 $f(x)$는 모든 차수의 도함수를 가지며 계수 c_n는 다음과 같다.

$$c_n = \frac{f^{(n)}(a)}{n!}$$

증명 i) 각 $n \in \mathrm{N}$에 대하여 $nc_n(x-a)^{n-1}$은 $(a-R, a+R)$에서 연속이다.

ii) 정리 9.13에서 $\sum_{n=0}^{\infty} c_n(x-a)^n$은 $(a-R, a+R)$에서 균등수렴한다.

iii) 제2장 예제 2.10에 의하여

$$\lim_{n\to\infty} n^{\frac{1}{n}} = 1 \text{이므로 } \lim_{n\to\infty} \sup |nc_n|^{\frac{1}{n}} = \lim_{n\to\infty} \sup |c_n|^{\frac{1}{n}}$$

이고 따라서 $\sum_{n=1}^{\infty} nc_n(x-a)^n$은 $(a-R, a+R)$에서 균등수렴한다.
따름정리 9.11에 의하여 $f(x)$는 $(a-R, a+R)$에서 미분가능하고, $|x-a|<R$이면 $f'(x) = \sum_{n=1}^{\infty} nc_n(x-a)^{n-1}$이다.
한편 $(a-R, a+R)$에서 $f(x)$를 계속해서 미분하면
$f^{(k)}(x) = \sum_{n=k}^{\infty} n(n-1)\cdots(n-k+1)c_n(x-a)^{n-k}$이다. 만약 $x=a$이면 $f^{(n)}(a) = c_n n!$이므로 $c_n = \frac{f^{(n)}(a)}{n!}$이다. ■

연습문제 9.3

1. $[0, \infty)$ 위에서 함수급수 $\sum_{n=1}^{\infty} \frac{1}{n^2+x^2}$은 균등수렴함을 증명하라.

2. 멱급수 $\sum_{n=1}^{\infty} a_n x^n$이 $x=a$에서 수렴하면 $\sum_{n=1}^{\infty} a_n x^n$은 $[-y, y]$에서 균등수렴 한다 $(0<y<|a|)$.

3. 자연수 $n\in \mathbb{N}$과 $x\in X$ 에 대하여 $|f_n(x)|\le|g_n(x)|$이고 $\sum_{n=1}^{\infty}|g_n|$이 X에서 균등수렴하면 $\sum_{n=1}^{\infty}f_n$도 균등수렴함을 증명하라. 여기서 $X\subset\mathbb{R}$ $(X\neq\varnothing)$이다.

4. $0<a<\pi$ 일 때 $\lim_{n\to\infty}\int_a^{\pi}\frac{\sin nx}{nx}dx$를 계산하라.

5. 급수 $\sum_{n=0}^{\infty}a_n$이 절대수렴하면, $|x|<1$일 때 $\sum_{n=1}^{\infty}a_nx^n$은 균등수렴함을 증명하라. 여기서 $X\subset\mathbb{R}$ $(X\neq\varnothing)$이다.

6. 다음 멱급수의 수렴반경을 구하라.

(1) $\sum_{k=1}^{\infty}\frac{2^n}{n^2}x^n$ (2) $\sum_{k=1}^{\infty}\frac{2^n}{n!}x^n$

(3) $\sum_{k=1}^{\infty}\frac{n^n}{n!}x^n$ (4) $\sum_{k=1}^{\infty}\frac{1}{n^n}x^n$

연습문제 풀이 및 해답

4. $f_n(x)=\begin{cases}\frac{\sin nx}{nx} & (x\neq0)\\ 1 & (x=0)\end{cases}$ 이면 $f_n(0)=\lim_{x\to0}\frac{\sin nx}{nx}=1$이므로 f_n은 $x=0$에서 연속함수이다. $f(x)=\lim_{n\to\infty}\frac{\sin nx}{nx}=\begin{cases}0 & (x\neq0)\\ 1 & (x=0)\end{cases}$이다. $\varepsilon>0$에 대해서 $\frac{1}{Na}<\varepsilon$되는 자연수 N을 잡는다. 그러면

$$n\ge N,\ x\ge a,\quad \left|\frac{\sin nx}{nx}-0\right|\le\frac{1}{nx}\le\frac{1}{Na}<\varepsilon$$

그러므로 $\{f_n\}$은 $[a,\pi]$에서 0으로 균등수렴한다. 따라서

$$\lim_{n\to\infty}\int_a^{\pi}\frac{\sin nx}{nx}dx=\int_a^{\pi}0\,dx=0$$

이다.

제 10 장 거리공간

Metric Spaces

10.1 거리공간

10.2 Cauchy-Schwarz 부등식

10.3 거리공간에서의 수열

10.4 열린 집합과 닫힌 집합

10.5 거리공간에서의 연속함수

10.1 거리공간(Metric spaces)

수직선위의 두 점 x, y 간의 거리는 $|x-y|$로 주어진다. 이 값은 하나의 함수 $|\cdot| : \mathbb{R}\times\mathbb{R} \to [0, \infty)$로서 다음의 성질을 만족한다.

$$|x-y| \geq 0$$

$$|x-x| = 0$$

$$|x-y| = |y-x|$$

$$|x-y| \leq |x-z| + |z-y|$$

실수 위에서 정의된 거리는 임의의 거리공간에서 두 점 사이의 거리 개념으로 확장할 수 있다.

정의 10.1

M을 집합이라 하자 ($M\neq\varnothing$). 함수 $d: M\times M \to [0, \infty)$가 다음 조건을 만족할 때 d를 M 위에서 **거리함수**(distance function, metric function) 또는 **거리**(metric)라 한다.

(i) $x, y\in M, x\neq y, d(x, x) = 0, d(x, y) > 0$

(ii) $x, y\in M, d(x, y) = d(y, x)$

(iii) $x, y, z\in M, d(x, y) \leq d(x, z) + d(z, y)$

집합 M이 거리함수 d를 가질 때 (M, d)를 **거리공간**(metric space)이라 한다.
(iii)의 성질을 **삼각부등식**(triangle inequality)이라 부른다.

(i)번 성질은 다음과 같이 적을 수도 있다.

$$x,\ y\in M,\ d(x,y)\geq 0,\quad \text{단 } d(x,y)=0 \iff x=y$$

예제 1.1

서두에서 다룬 $\mathbb{R}$ 위의 두 실수 x, y의 차의 절대값 $|x-y|$는 $\mathbb{R}$ 위에서 거리함수가 된다.

$$d:\ \mathbb{R}\times\mathbb{R}\to[0,\infty),\ d(x,y)=|x-y|$$

예제 1.2

M을 집합이라 하자 ($M\neq\varnothing$). $\rho:\ M\times M\to[0,\infty)$를 다음과 같이 정의하자.

$$x\in M,\ \rho(x,x)=0$$

$$x,\ y\in M,\ x\neq y,\ \rho(x,y)=1$$

ρ는 M 위에서 거리함수임을 보여라. 이때 ρ를 **이산거리**(discrete metric)라 한다.

풀이 거리함수의 조건 (i)과 (ii)는 명백하므로 삼각부등식만 증명하겠다. x, y, z를 M의 원소라 하자.

$x=y=z$이면 $\rho(x,z)=0=\rho(x,y)+\rho(y,z)$이다.

$x=y$, $y\neq z$ 또는 $x\neq y$, $y=z$이면

$$\rho(x,z)=1=\rho(x,y)+\rho(y,z)\text{이다.}$$

$x\neq y$, $y\neq z$, $x\neq z$이면

$$\rho(x,z)=1<1+1=\rho(x,y)+\rho(y,z)\text{이다.}$$

예제 1.3

함수 $d:\ \mathbb{R}^2\times\mathbb{R}^2\to[0,\infty)$를 다음과 같이 정의하자.

$$x=(x_1,x_2),\ y=(y_1,y_2)\in\mathbb{R}^2,\quad d(x,y)=[(x_1-y_1)^2+(x_2-y_2)^2]^{\frac{1}{2}}$$

d는 $\mathbb{R}^2$ 위에서 거리함수이다.

풀이 (i) $d(x,y)\geq 0$이고

$$d(x, y) = [(x_1 - y_1)^2 + (x_2 - y_2)^2]^{\frac{1}{2}} = 0 \Leftrightarrow x_1 = y_1 , x_2 = y_2$$
$$\Leftrightarrow x = y$$

(ii) $d(x, y) = [(x_1 - y_1)^2 + (x_2 - y_2)^2]^{\frac{1}{2}}$

$= [(y_1 - x_1)^2 + (y_2 - x_2)^2]^{\frac{1}{2}}$

$= d(y, x)$

(iii) 삼각부등식을 증명하겠다.

$x = (x_1, x_2)$, $y = (y_1, y_2)$, $z = (z_1, z_2)$가 $\mathbb{R}^2$의 점이면 다음 부등식을 증명하여야 한다.

$$[(x_1 - z_1)^2 + (x_2 - z_2)^2]^{\frac{1}{2}}$$
$$\leq [(x_1 - y_1)^2 + (x_2 - y_2)^2]^{\frac{1}{2}} + [(y_1 - z_1)^2 + (y_2 - z_2)^2]^{\frac{1}{2}}$$

$a_i = x_i - y_i$, $b_i = y_i - z_i$ $(i = 1, 2)$라 두면 $a_i + b_i = x_i - z_i$ 이다. 따라서 다음을 보여야 한다.

$$[(a_1 + b_1)^2 + (a_2 + b_2)^2]^{\frac{1}{2}} \leq (a_1^2 + a_2^2)^{\frac{1}{2}} + (b_1^2 + b_2^2)^{\frac{1}{2}}$$

양변을 제곱하여 정리하면 얻어지는 식으로부터, 모든 실수 a_1, a_2, b_1, b_2에 대해서 다음을 증명하면 삼각부등식이 증명된다.

$$|a_1 b_1 + a_2 b_2| \leq [a_1{}^2 + a_2{}^2]^{\frac{1}{2}} [b_1{}^2 + b_2{}^2]^{\frac{1}{2}}$$

모든 실수 a_1, a_2, b_1, b_2에 대해서

$$(a_1 b_2 - a_2 b_1)^2 \geq 0$$

이므로 다음이 성립한다.

$$2 a_1 b_1 a_2 b_2 \leq a_1{}^2 b_2{}^2 + a_2{}^2 b_1{}^2$$

위 식의 양변에 $a_1^2 b_1^2$, $a_2^2 b_2^2$을 더하면 다음이 성립한다.

$$\begin{aligned}(a_1b_1 + a_2b_2)^2 &\le a_1^2b_1^2 + a_1^2b_2^2 + a_2^2b_1^2 + a_2^2b_2^2 \\ &= (a_1^2 + a_2^2)(b_1^2 + b_2^2)\end{aligned}$$

즉 $|a_1b_1 + a_2b_2| \le [a_1^2 + a_2^2]^{\frac{1}{2}}[b_1^2 + b_2^2]^{\frac{1}{2}}$는 모든 실수 a_1, a_2, b_1, b_2에 대하여 성립한다. ■

앞 예제 1.3에서 정의된 거리함수 d를 평면위의 두 점 사이의 거리를 나타내는 **보통거리함수**(usual metric function)라 한다. 이 거리함수는 $\mathbb{R}^n$ 위의 두 점 사이에서도 정의되고 증명도 같은 방법으로 할 수 있다. 즉,

$$x=(x_1, x_2, \cdots, x_n),\ \ y=(y_1, y_2, \cdots, y_n)\in\mathbb{R}^n$$

이면 $d(x, y) = \left[\sum_{i=1}^{n}(x_i - y_i)^2\right]^{\frac{1}{2}}$로 정의된 d는 $\mathbb{R}^n$ 위에서 거리함수이다(정리 10.2의 Cauchy-Schwarz 부등식을 이용하면 증명된다).

예제 1.4

$\ell^1 = \left\{ \{x_i\} \mid \{x_i\}\text{는 실수열},\ \sum_{i=1}^{\infty}|x_i| < \infty \right\}$일 때 d_1을 다음과 같이 정의하자.

$$x=\{x_i\}\in\ell^1,\ \ y=\{y_i\}\in\ell^1,\ \ d_1(x, y) = \sum_{i=1}^{\infty}|x_i - y_i|$$

d_1는 ℓ^1 위에서 거리함수이다.

풀이 먼저 d_1이 잘 정의됨을 보이자.

$|x_i - y_i| \le |x_i| + |y_i|$, $\sum_{i=1}^{\infty}|x_i| < \infty$, $\sum_{i=1}^{\infty}|y_i| < \infty$이므로 다음이 성립한다.

$$n\in\mathrm{N},\ \ \sum_{i=1}^{n}|x_i - y_i| \le \sum_{i=1}^{n}|x_i| + \sum_{i=1}^{n}|y_i| \le \sum_{i=1}^{\infty}|x_i| + \sum_{i=1}^{\infty}|y_i|$$

그러므로 다음이 성립한다.

$$\sum_{i=1}^{\infty}|x_i - y_i| \le \sum_{i=1}^{\infty}|x_i| + \sum_{i=1}^{\infty}|y_i| < \infty$$

따라서 d_1은 잘 정의된다.

(i) $d_1(x, y) \ge 0$이고

$$d_1(x, y) = \sum_{i=1}^{\infty}|x_i - y_i| = 0 \Leftrightarrow i \in \mathrm{N},\ x_i = y_i$$
$$\Leftrightarrow x = y$$

(ii) $d_1(x, y) = \sum_{i=1}^{\infty}|x_i - y_i| = \sum_{i=1}^{\infty}|y_i - x_i| = d_1(y, x)$

(iii) $z = \{z_i\} \in \ell^1$, $|x_i - z_i| = |x_i - y_i + (y_i - z_i)|$

$$\le |x_i - y_i| + |y_i - z_i|$$

이므로 다음이 성립한다.

$$\sum_{i=1}^{n}|x_i - z_i| \le \sum_{i=1}^{n}|x_i - y_i| + \sum_{i=1}^{n}|y_i - z_i|$$
$$\le \sum_{i=1}^{\infty}|x_i - y_i| + \sum_{i=1}^{\infty}|y_i - z_i|$$

따라서 다음이 성립한다.

$$d_1(x, z) = \lim_{n\to\infty}\sum_{i=1}^{n}|x_i - z_i| \le d_1(x, y) + d_1(y, z)$$

그러므로 d_1은 ℓ^1 위에서 거리함수이다.

예제 1.5

$\ell^{\infty} = \{\ \{x_i\} \mid \{x_i\}$는 유계수열이다 $\}$일 때 d_{∞}를 다음과 같이 정의하자.

$$x = \{x_i\} \in \ell^{\infty},\ y = \{y_i\} \in \ell^{\infty},\quad d_{\infty}(x, y) = \mathrm{lub}_{i \in \mathrm{N}}|x_i - y_i|$$

d_{∞}는 ℓ^{∞} 위에서 거리함수이다.

풀이 d_{∞}는 실수의 완비성공리에 의하여 잘 정의되고 거리함수의 조건 (i)과 (ii)를 만족한다.

(iii) $|x_i - z_i| \le |x_i - y_i| + |y_i - z_i|$이므로 다음이 성립한다.

$$d_\infty(x, z) = \text{lub}_i |x_i - z_i|$$
$$\leq \text{lub}_i |x_i - y_i| + \text{lub}_i |y_i - z_i| \quad (\text{연습문제}1.3.3)$$
$$= d_\infty(x, y) + d_\infty(y, z)$$

그러므로 d_∞는 ℓ^∞ 위에서 거리함수이다.

예제 1.6

$C[a, b] = \{ f \mid f: [a, b] \to \mathbb{R}$는 연속함수이다$\}$라 하자.
ρ을 다음과 같이 정의하자.

$$f, g \in C[a, b], \quad \rho(f, g) = \text{lub}_{x\in[a, b]} |f(x) - g(x)|$$

그러면 ρ는 $C[a, b]$ 위에서 거리함수이다.
특별한 언급이 없으면 $C[a, b]$ 위에서는 이 ρ가 주어져있다고 생각하고 이때 $C[a, b]$를 **연속함수공간**(continuous function space)이라 부른다.

풀이 ρ는 연속함수의 최대최소정리에 의해서 잘 정의되고 (i), (ii)는 쉽게 증명된다.

(iii) $f, g, h \in C[a, b]$이면 모든 $x \in [a, b]$에 대해서 다음이 성립한다.

$$|f(x) - h(x)| \leq |f(x) - g(x)| + |g(x) - h(x)|$$
$$\leq \text{lub}_{x\in[a, b]} |f(x) - g(x)| + \text{lub}_{x\in[a, b]} |g(x) - h(x)|$$

따라서 다음이 성립한다.

$$\rho(f, h) = \text{lub}_{x\in[a, b]} |f(x) - h(x)|$$
$$\leq \rho(f, g) + \rho(g, h)$$

그러므로 $(C[a, b], \rho)$는 거리공간이다.

연습문제 10.1

1. 정리 10.2의 Cauchy-Schwarz 부등식을 이용하여 $\mathbb{R}^n$ 위에서 보통거리함수 d가 잘 정의됨을 보여라.

2. C_0 는 0 에 수렴하는 실수열의 집합이라 한다. $x=\{x_n\}$, $y=\{y_n\}\in C_0$ 에 대해서 $\rho(x, y) = \text{lub}_{n\in\mathbb{N}} |x_n - y_n|$ 으로 정의된 함수 ρ는 C_0 위에서 거리함수가 됨을 밝혀라.

3. d가 거리공간 M위에서 거리함수이면 $kd(k\in\mathbb{R}, k>0)$도 거리함수임을 증명하라.

4. d_1와 d_2가 집합 M위에서 거리함수이면 d_1+d_2도 거리함수임을 증명하라.

5. (M_1, d_1), (M_2, d_2) 가 거리공간일 때 (x_1, x_2), $(y_1, y_2)\in M_1\times M_2$에 대해서
$$d((x_1, x_2), (y_1, y_2)) = d_1(x_1, y_1) + d_2(x_2, y_2)$$
로 정의된 함수 d는 $M_1\times M_2$ 위에서 거리함수임을 증명하라.
이 때 $(M_1\times M_2, d)$는 **적거리공간**(product metric space)라 한다.

연습문제 풀이 및 해답

2. $\{x_n\}$, $\{y_n\}\in C_0$이면 $\{x_n\}$, $\{y_n\}$은 유계수열이 되므로 $\{x_n\}$, $\{y_n\}\in \ell^\infty$이다. 그러므로 ℓ^∞에서 정의된 거리함수와 같이 잘 정의된다.

5. (x_1, x_2), (y_1, y_2), (z_1, z_2)는 $M_1\times M_2$의 원소들이라 하자.
(i) $d((x_1, x_2), (y_1, y_2)) = d_1(x_1, y_1) + d_2(x_2, y_2) \geq 0$
$$0 = d((x_1, x_2), (y_1, y_2)) = d_1(x_1, y_1) + d_2(x_2, y_2)$$
$$\Leftrightarrow\ d_1(x_1, y_1) = 0,\quad d_2(x_2, y_2) = 0$$
$$\Leftrightarrow\ x_1 = y_1,\quad x_2 = y_2\ \Leftrightarrow\ (x_1, y_1) = (x_2, y_2)$$
(ii) $d((x_1, x_2), (y_1, y_2)) = d_1(x_1, y_1) + d_2(x_2, y_2)$
$$= d_1(y_1, x_1) + d_2(y_2, x_2) = d((y_1, y_2), (x_1, x_2))$$
(iii) $d((x_1, x_2), (z_1, z_2)) = d_1(x_1, z_1) + d_2(x_2, z_2)$
$$\leq d_1(x_1, y_1) + d_1(y_1, z_1) + d_2(x_2, y_2) + d_2(y_2, z_2)$$
$$= d_1(x_1, y_1) + d_2(x_2, y_2) + d_1(y_1, z_1) + d_2(y_2, z_2)$$
$$= d((x_1, x_2), (y_1, y_2)) + d((y_1, y_2), (z_1, z_2))$$

10.2 Cauchy-Schwarz 부등식

앞 절의 예제 1.3의 증명에서 우리는 다음 부등식을 증명하였다. 임의의 실수 a_i, $b_i (i=1, 2)$에 대해서

$$|a_1b_1 + a_2b_2| \le [a_1^2 + a_2^2]^{\frac{1}{2}}[b_1^2 + b_2^2]^{\frac{1}{2}}$$

이 부등식은 $i=1, 2, \cdots, n$에 대해서도 만족하는 것을 보일 수 있다.

정리 10.2 $\mathbb{R}^n$ 위에서 Cauchy-Schwarz 부등식

실수 $a_1, a_2, \cdots, a_n, b_1, b_2, \cdots, b_n$에 대하여 다음이 만족된다.

$$\left|\sum_{i=1}^{n} a_ib_i\right| \le \left(\sum_{i=1}^{n} a_i^2\right)^{\frac{1}{2}}\left(\sum_{i=1}^{n} b_i^2\right)^{\frac{1}{2}}$$

증명 $b_i=0\ (i=1, 2, \cdots, n)$이면 양변은 0이 되어 성립한다.

b_i들 중 0 아닌 것이 있다고 하자. 그러면 다음이 성립한다.

$$\sum_{i=1}^{n} b_i^2 > 0$$

임의의 실수 x에 대해서 $\sum_{i=1}^{n}(a_i - xb_i)^2 \ge 0$이므로 다음이 성립한다.

$$\sum_{i=1}^{n} a_i^2 - 2x\sum_{i=1}^{n} a_ib_i + x^2\sum_{i=1}^{n} b_i^2 \ge 0$$

$A = \sum_{i=1}^{n} a_i^2$, $B = \sum_{i=1}^{n} b_i^2$, $C = \sum_{i=1}^{n} a_ib_i$ 그리고 $x=\frac{C}{B}$라 두면

$$A - 2\frac{C}{B}C + \left(\frac{C}{B}\right)^2 B \ge 0$$

이다. 그러므로 $AB - C^2 \ge 0$이다. 따라서 다음이 성립한다.

$$\left(\sum_{i=1}^{n} a_ib_i\right)^2 \le \left(\sum_{i=1}^{n} a_i^2\right)\left(\sum_{i=1}^{n} b_i^2\right) \qquad \blacksquare$$

$\mathbb{R}^n$위에서 보통거리를 주는 것과 같은 방법으로 수열의 집합 위에서 보통거리함수를 줄 수 있다. 수열들 위에서 보통거리함수를

주기 위하여 먼저 몇 가지 정리를 소개하고 증명한다.

정리 10.3 ℓ^2에 관한 Cauchy-Schwarz 부등식

집합 ℓ^2를 다음과 같이 두자.

$$\ell^2 = \left\{ \{x_n\} \mid \sum_{n=1}^{\infty} x_n^2 < \infty \right\}$$

만약 두 수열 $\{a_n\}$, $\{b_n\}$이 ℓ^2의 원소이면 다음 부등식이 성립한다.

$$\left| \sum_{n=1}^{\infty} a_n b_n \right| \leq \left(\sum_{n=1}^{\infty} a_n^2 \right)^{\frac{1}{2}} \left(\sum_{n=1}^{\infty} b_n^2 \right)^{\frac{1}{2}}$$

증명 정리 10.2에 의하면 임의의 자연수 n에 대해서 다음이 성립한다.

$$\left(\sum_{i=1}^{n} a_i b_i \right)^2 \leq \left(\sum_{i=1}^{n} a_i^2 \right) \left(\sum_{i=1}^{n} b_i^2 \right)$$

a_i와 b_i 대신에 $|a_i|$, $|b_i|$를 대입하면 다음 식을 얻는다.

$$\begin{aligned} \sum_{i=1}^{n} |a_i b_i| &\leq \left(\sum_{i=1}^{n} a_i^2 \right)^{\frac{1}{2}} \left(\sum_{i=1}^{n} b_i^2 \right)^{\frac{1}{2}} \\ &\leq \left(\sum_{n=1}^{\infty} a_n^2 \right)^{\frac{1}{2}} \left(\sum_{n=1}^{\infty} b_n^2 \right)^{\frac{1}{2}} \end{aligned}$$

$\{a_n\}$, $\{b_n\}$은 ℓ^2의 원소이므로 $\left\{ \sum_{i=1}^{n} |a_i b_i| \right\}$는 위로 유계이다. 그러므로 정리 6.9에 의하여 $\sum_{i=1}^{\infty} |a_i b_i| < \infty$이고 다음이 성립한다.

$$\left| \sum_{n=1}^{\infty} a_n b_n \right| \leq \left(\sum_{n=1}^{\infty} a_n^2 \right)^{\frac{1}{2}} \left(\sum_{n=1}^{\infty} b_n^2 \right)^{\frac{1}{2}} \quad \blacksquare$$

정리 10.4 Minkowski 부등식

$\{a_n\}$, $\{b_n\}$이 ℓ^2의 원소이면 $\{-a_n\}$과 $\{a_n + b_n\}$은 ℓ^2의 원소이며 다음 부등식이 성립한다.

$$\left[\sum_{n=1}^{\infty} (a_n \pm b_n)^2 \right]^{\frac{1}{2}} \leq \left(\sum_{n=1}^{\infty} a_n^2 \right)^{\frac{1}{2}} + \left(\sum_{n=1}^{\infty} b_n^2 \right)^{\frac{1}{2}}$$

증명 $\{a_n\}$, $\{b_n\}$이 ℓ^2의 원소이므로 $\sum_{n=1}^{\infty} a_n^2 < \infty$, $\sum_{n=1}^{\infty} b_n^2 < \infty$이다.

정리 10.3에 의해서 $\sum_{n=1}^{\infty} a_n b_n < \infty$ 이다.

$(a_n + b_n)^2 = a_n^2 + 2a_nb_n + b_n^2$이므로 다음이 성립한다.

$$\sum_{n=1}^{\infty}(a_n + b_n)^2 = \sum_{n=1}^{\infty} a_n^2 + 2\sum_{n=1}^{\infty} a_nb_n + \sum_{n=1}^{\infty} b_n^2 < \infty$$

따라서 $\{a_n + b_n\}$은 ℓ^2의 원소이다. 정리 10.3를 사용하면 다음이 성립한다.

$$\sum_{n=1}^{\infty}(a_n + b_n)^2 \le \sum_{n=1}^{\infty} a_n^2 + 2\left(\sum_{n=1}^{\infty} a_n^2\right)^{\frac{1}{2}}\left(\sum_{n=1}^{\infty} b_n^2\right)^{\frac{1}{2}} + \sum_{n=1}^{\infty} b_n^2$$
$$\le \left[\left(\sum_{n=1}^{\infty} a_n^2\right)^{\frac{1}{2}} + \left(\sum_{n=1}^{\infty} b_n^2\right)^{\frac{1}{2}}\right]^2$$

그러므로 다음 부등식이 성립한다.

$$\left[\sum_{n=1}^{\infty}(a_n + b_n)^2\right]^{\frac{1}{2}} \le \left(\sum_{n=1}^{\infty} a_n^2\right)^{\frac{1}{2}} + \left(\sum_{n=1}^{\infty} b_n^2\right)^{\frac{1}{2}}$$

$\{b_n\}$이 ℓ^2의 원소이면 $\{-b_n\}$도 ℓ^2의 원소이므로 $\{a_n - b_n\}$은 ℓ^2의 원소이다. 따라서 다음이 성립한다.

$$\left[\sum_{n=1}^{\infty}(a_n - b_n)^2\right]^{\frac{1}{2}} \le \left(\sum_{n=1}^{\infty} a_n^2\right)^{\frac{1}{2}} + \left(\sum_{n=1}^{\infty} b_n^2\right)^{\frac{1}{2}} \quad \blacksquare$$

정리 10.4를 이용하면 ℓ^2 위에서 거리함수를 정의할 수 있고 다음 정리를 증명할 수 있다.

정리 10.5

ℓ^2의 두 원소 $\{a_n\}$, $\{b_n\}$에 대해서 d를 다음과 같이 정의하자.

$$d(\{a_n\}, \{b_n\}) = \left[\sum_{n=1}^{\infty}(a_n - b_n)^2\right]^{\frac{1}{2}}$$

d는 ℓ^2 위에서 거리함수(usual metric function)이다.

연습문제 10.2

1. $\ell^1 \subsetneq \ell^2 \subsetneq C_0$ 임을 증명하라.

2. 다음의 수열들이 ℓ^2에 속하는지 속하지 않는지 밝혀라.

(1) $\left\{\frac{1}{\sqrt{n}}\right\}_{n=1}^{\infty}$

(2) $\left\{\frac{1}{n}\right\}_{n=1}^{\infty}$

(3) $\{\sin n\pi\}_{n=1}^{\infty}$

3. $\{a_n\} \in \ell^1$이고 $\{b_n\} \in \ell^\infty$이면 $\{a_n b_n\} \in \ell^1$ 임을 증명하라.

4. $\{a_n\} \in C_0$이고 $\{b_n\} \in \ell^\infty$이면 $\{a_n b_n\} \in C_0$ 임을 증명하고, $\{a_n\} \in C_0$이고 $\{b_n\} \in \ell^\infty$이지만 $\{a_n b_n\} \not\in \ell^2$ 되는 수열 $\{a_n\}$, $\{b_n\}$을 구하라.

5. ℓ^∞ 에 속하는 수열 $\{a_n\}$, $\{b_n\}$에 대해서 $\{a_n b_n\}$은 ℓ^∞에 속함을 증명하고 $\{a_n b_n\}$이 C_0에는 속하지 않는 ℓ^∞의 수열을 구하라.

연습문제 풀이 및 해답

1. (1) $\{x_n\} \in \ell^1$이면 $\sum_{n=1}^{\infty} |x_n| < \infty$이므로 $\lim_{n\to\infty} |x_n| = 0$이다. 그러므로 다음 식을 만족하는 자연수 N이 있다.

$$n \geq N, \quad |x_n| < 1$$

따라서 $n \geq N$, $|x_n|^2 < 1|x_n| < 1$이다.

$$\sum_{n=1}^{\infty}|x_n|^2 < \sum_{n=1}^{N-1}|x_n|^2 + \sum_{n=N}^{\infty}|x_n|^2 < \sum_{n=1}^{N-1}|x_n|^2 + \sum_{n=N}^{\infty}|x_n| < \infty$$

그러므로 $\{x_n\}\in \ell^2$이고 $\ell^1 \subset \ell^2$이다. $\left\{\frac{1}{n}\right\}$는 ℓ^2에는 속하지만 ℓ^1에는 속하지 않으므로 $\ell^1 \subsetneq \ell^2$이다.

(1) $\{x_n\}\in \ell^2$이면 $\sum_{n=1}^{\infty}|x_n|^2 < \infty$이므로 $\lim_{n\to\infty}|x_n|^2 = 0$이다. 그러므로 $\lim_{n\to\infty}x_n = 0$이고 $\{x_n\}\in C_0$이다. $\left\{\frac{1}{\sqrt{n}}\right\}$은 C_0에는 속하지만 ℓ^2에는 속하지 않으므로 $\ell^2 \subsetneq C_0$이다.

2. (1) $\sum_{n=1}^{\infty}\frac{1}{n}$은 발산하므로 $\left\{\frac{1}{\sqrt{n}}\right\}\notin \ell^2$이다.

(2) $\sum_{n=1}^{\infty}\frac{1}{n^2} < \infty$이므로 $\left\{\frac{1}{n}\right\}\in \ell^2$이다.

(3) 모든 자연수 n에 대하여 $\sin n\pi = 0$이므로 $\{\sin n\pi\}\in \ell^2$이다.

3. 실수 M이 있어서 모든 자연수 n에 대하여 $|b_n|\le M$이므로

$$\sum_{k=1}^{n}|a_kb_k| = \sum_{k=1}^{n}|a_k|\,|b_k| \le M\sum_{k=1}^{n}|a_k|$$

이고 $\{a_n\}\in \ell^1$이므로 $\sum_{k=1}^{\infty}|a_kb_k| < \infty$이다.

4. $\lim_{n\to\infty}a_n = 0$이고 $\{b_n\}$이 유계이면 $\lim_{n\to\infty}a_nb_n = 0$이다. $a_n = \frac{1}{\sqrt{n}}$, $b_n = (-1)^n$이면 $\{a_n\}\in C_0$이고 $\{b_n\}\in \ell^{\infty}$이지만 $\{a_nb_n\}$은 ℓ^2에 속하지 않는다.

10.3 거리공간에서의 수열(Sequences on Metric Spaces)

우리는 실수 위에서 정의된 거리개념을 일반화하여 거리공간을 정의하였고, 2장에서는 실수열의 극한에 관하여 연구하였다. 이 절에서는 실수열의 극한에 관한 개념을 거리공간에서 일반화하여 정의하고 그 성질들에 관하여 살펴본다.

정의 10.6

(M, d)는 거리공간 $\{x_n\}$은 M의 원소의 수열, x를 M의 원소라 하자. 임의의 $\varepsilon > 0$에 대해서 한 자연수 N이 존재하여 모든 $n \geq N$에 대하여 다음을 만족한다고 하자.

$$d(x_n, x) < \varepsilon$$

이 때 수열 $\{x_n\}$은 x에 **수렴한다**(converges to x) 또는 수열 $\{x_n\}$는 극한 x를 가진다고 말한다. 이 사실을 다음과 같이 적는다.

$$\lim_{n\to\infty} x_n = x \quad \text{혹은} \quad a_n \to x\,(n \to \infty)$$

수열 $\{x_n\}$이 수렴하지 않을 때 **발산한다**(diverge)고 말한다.

예제 3.1

$\mathbb{R}$ 위에 보통거리함수 d를 주었을 때 수열의 극한에 관한 정의는 2장에서 정의한 실수열의 극한의 정의와 일치한다.

예제 3.2

(M, ρ)를 이산거리공간이라 하고 $\{x_n\}$은 M의 원소의 수열이라 하자. $\{x_n\}$이 한 점 $x \in M$에 수렴할 필요충분조건은 자연수 N이 존재해서 모든 $n \geq N$에 대하여 다음을 만족하는 것이다.

$$x_n = x$$

풀이 먼저 $\{x_n\}$이 x에 수렴한다고 가정하면, $\varepsilon = \frac{1}{2}$에 대해서 자연수 N이 존재하여 모든 $n \geq N$에 대하여 다음을 만족한다.

$$\rho(x_n, x) < \frac{1}{2}$$

ρ가 이산거리이므로 모든 $n \geq N$에 대하여 $\rho(x_n, x) = 0$이어야 한다.
따라서 모든 $n \geq N$에 대하여 $x_n = x$이다.
역으로 모든 $n \geq N$에 대하여

$$x_n = x$$

이면 모든 $n \geq N$에 대하여 $\rho(x_n, x) = 0$이므로 $\lim_{n\to\infty} x_n = x$이다.

예제 3.3

제10장 예제 1.3에서 정의된 거리공간 $(\mathbb{R}^2, d)$를 생각하자. $\mathbb{R}^2$의 원소의 수열 $\{x^{(n)}\}$(여기서 $x^{(n)} = (x_1^{(n)}, x_2^{(n)})$)과 $y = (y_1, y_2) \in \mathbb{R}^2$에 대해서, 다음이 성립한다.

$$\lim_{n\to\infty} x^{(n)} = y \iff \lim_{n\to\infty} x_1^{(n)} = y_1, \quad \lim_{n\to\infty} x_2^{(n)} = y_2$$

풀이 $(\Rightarrow)$ $\lim_{n\to\infty} x^{(n)} = y$라고 가정하고 $\varepsilon > 0$이 주어졌다고 하면 자연수 N이 존재해서 모든 $n \geq N$에 대하여 다음이 성립한다.

$$d(x^{(n)}, y) = \left[(x_1^{(n)} - y_1)^2 + (x_2^{(n)} - y_2)^2 \right]^{\frac{1}{2}} < \varepsilon$$

따라서 모든 $n \geq N$에 대하여 다음이 성립한다.

$$|x_1^{(n)} - y_1| < \varepsilon, \quad |x_2^{(n)} - y_2| < \varepsilon$$

따라서 다음이 성립한다.

$$\lim_{n\to\infty} x_1^{(n)} = y_1, \quad \lim_{n\to\infty} x_2^{(n)} = y_2$$

$(\Leftarrow)$ $\lim_{n\to\infty} x_1^{(n)} = y_1$, $\lim_{n\to\infty} x_2^{(n)} = y_2$라 가정하자. $\varepsilon > 0$이 주어지면 자연수 N_1가 존재해서 모든 $n \geq N_1$에 대하여 다음이 성립한다.

$$|x_1^{(n)} - y_1| < \frac{\varepsilon}{\sqrt{2}}$$

자연수 N_2가 존재해서 모든 $n \geq N_2$에 대하여 다음이 성립한다.

$$|x_2^{(n)} - y_2| < \frac{\varepsilon}{\sqrt{2}}$$

$N = \max\{N_1, N_2\}$라 두면 모든 $n \geq N$에 대하여 다음이 성립한다.

$$d(x^{(n)}, y) = [(x_1^{(n)} - y_1)^2 + (x_2^{(n)} - y_2)^2]^{\frac{1}{2}}$$
$$\leq \sqrt{\frac{\varepsilon^2}{2} + \frac{\varepsilon^2}{2}} = \varepsilon$$

그러므로 $\lim_{n\to\infty} x^{(n)} = y$. ■

제10장 예제 3.3과 같은 방법으로 $\mathbb{R}^k$ 위에서 보통거리함수에 관하여 다음정리를 증명할 수 있다.

정리 10.7

$n \in \mathrm{N}$에 대해서 $x^{(n)} = (x_1^{(n)}, x_2^{(n)}, \cdots, x_m^{(n)}) \in \mathbb{R}^m$ 일 때 수열 $\{x^{(n)}\}_{n=1}^{\infty}$이 $y = (y_1, y_2, \cdots, y_m) \in \mathbb{R}^m$에 수렴할 필요충분조건은 $k = 1, 2, \cdots, m$에 대해서 $\lim_{n\to\infty} x_k^{(n)} = y_k$이다.

예제 3.4

$\lim_{n\to\infty}\left(1+\frac{1}{n}\right)^n = e$이고 $\lim_{n\to\infty}\frac{n}{n+1} = 1$이므로

$\lim_{n\to\infty}\left(\left(1+\frac{1}{n}\right)^n, \frac{n}{n+1}\right) = (e, 1)$이다.

정리 10.7에서 $m = \infty$인 경우에도 성립할 것인가? 이 문제는

수열의 집합 $\{x^{(n)}\}_{n=1}^{\infty}$이 수렴할 필요충분조건이 각 항별로 수렴하느냐? 하는 것이다. 그러나 이 사실은 일반적으로 성립하지 않고, 거리공간 (C_0 , ℓ^1, ℓ^2, ℓ^∞)에 따라서 문제가 달라진다.

예제 3.5

$\{x^{(n)}\}_{n=1}^{\infty}$을 ℓ^1 위에서 다음과 같이 정의된 수열이라 하고 $x=(0,0,0,\cdots)$라 하자.

$$\begin{aligned} x^{(1)} &= (1,0,0,0,\cdots) \\ x^{(2)} &= (0,1,0,0,\cdots) \\ x^{(3)} &= (0,0,1,0,\cdots) \\ &\cdots \end{aligned}$$

(1) $k=1,2,\cdots$에 대하여, $\lim_{n\to\infty} x_k^{(n)} = 0$ 이다.

여기서 $x_k^{(n)}$은 수열 $x^{(n)}$의 k번째 원소이다.

(2) ℓ^1 위에서 $\{x^{(n)}\}_{n=1}^{\infty}$은 x에 수렴하지 않는다.

풀이 (2) $n=1,2,\cdots$에 대해서

$$d_1(x^{(n)}, x) = \sum_{k=1}^{\infty}|x_k^{(n)} - x_k| = \sum_{k=1}^{\infty}|x_k^{(n)} - 0| = 1$$

따라서 $\lim_{n\to\infty} x^{(n)} \neq x$.

거리공간 C_0 , ℓ^1, ℓ^2 위에서 다음 정리가 성립한다.

정리 10.8

수열 $\{x^{(n)}\}_{n=1}^{\infty}$이 $\ell^1(C_0, \ell^2, \ell^\infty)$위에서 $x=\{x_k\}\in \ell^1(C_0, \ell^2, \ell^\infty)$에 수렴하면 모든 자연수 k에 대해서 $\lim_{n\to\infty} x_k^{(n)} = x_k$이다. 여기서 $x^{(n)} = (x_1^{(n)}, x_2^{(n)}, \cdots, x_k^{(n)}, \cdots)$이다.

증명 $\lim_{n\to\infty} x^{(n)} = x$이므로 $\varepsilon>0$ 이 주어지면, 자연수 N이 존재해서 모든

$n \geq N$에 대하여 다음이 성립한다.

$$d_1(x^{(n)}, x) = \sum_{k=1}^{\infty} |x_k^{(n)} - x_k| < \varepsilon$$

그러므로 모든 $n \geq N$에 대하여 다음이 성립한다.

$$|x_k^{(n)} - x_k| < \varepsilon$$

이것은 모든 자연수 k에 대해서 다음이 성립한다.

$$\lim_{n\to\infty} x_k^{(n)} = x_k \qquad \blacksquare$$

실수열에 대하여 Cauchy 수열을 정의한 것과 유사하게 거리공간에서도 Cauchy 수열을 다음과 같이 정의한다.

정의 10.9

(M, d)를 거리공간이라 하고 $\{x_n\}$을 M의 원소의 수열이라 하자. $\varepsilon > 0$에 대하여 자연수 N이 존재하여 모든 $m, n \geq N$에 대하여 다음 조건을 만족할 때 수열 $\{x_n\}$을 **Cauchy 수열**이라 부른다.

$$d(x_m, x_n) < \varepsilon$$

위의 정의로부터 거리공간에서도 수렴하는 수열이 Cauchy 수열이 됨은 분명하다.

정리 10.10

(M, d)가 거리공간이고 M의 원소의 수열 $\{x_n\}$이 M에서 수렴하면 $\{x_n\}$은 Cauchy 수열이다.

실수열에 관하여는 정리 10.10의 역도 성립함을 보였다. 그러

나 이 사실은 모든 거리공간으로 일반화되지 않음을 다음 예제를 통하여 보여준다.

예제 3.6

$\mathbb{R}^2$ 위에서 보통거리함수 d를 가지는 집합 M이 다음과 같이 주어져있다고 하자.

$$M = \{ (x , y) \mid x^2 + y^2 < 1 \}$$

M의 원소의 수열 $\{x^{(n)}\} = \left\{\left(0 , \frac{n}{n+1}\right)\right\}$은 Cauchy 수열이지만 M에서 수렴하지 않는다.

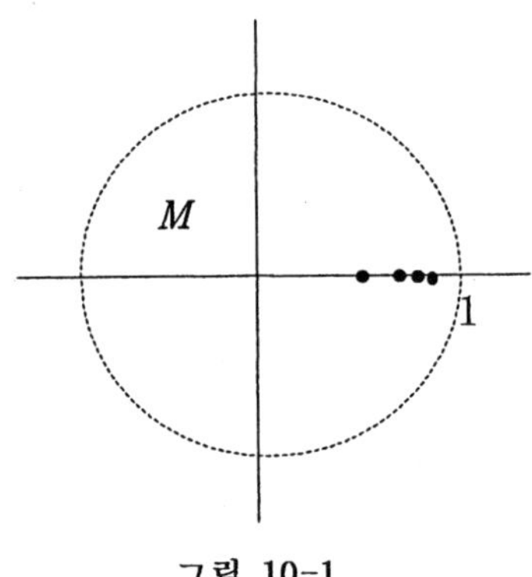

그림 10-1

연습문제 10.3

1. 거리공간 (M, d)에서 각 자연수 n에 대해서 $x_n = x$이면 $\lim_{n\to\infty} x_n = x$ 임을 증명하라.

2. 거리공간 (M, d)에서 수렴하는 수열의 모든 부분수열은 수렴함을 보여라.

3. 이산 거리공간에서 수열 $\{x_n\}$이 x에 수렴하면 유한개를 제외한 모든 항이 x 임을 증명하라.

4. 정리 10.8의 내용을 C_0, ℓ^2, ℓ^∞ 위에서 증명하라.

5. 제10장 연습문제 10.1의 5번에서 정의된 적거리공간 $(M_1 \times M_2, d)$의 원소의 수열 $\{(x_n, y_n)\}$이 $(x, y) \in M_1 \times M_2$라 할 때 다음을 증명하라.

$$\lim_{n\to\infty}(x_n, y_n) = (x, y) \iff \lim_{n\to\infty} = x, \quad \lim_{n\to\infty} y_n = y$$

10.4 열린 집합과 닫힌 집합(Open sets and Closed sets)

실수체에서 개구간과 폐구간을 정의하듯 거리공간에서도 개집합, 폐집합을 정의하고 연속함수의 성질들을 다루는데 사용하고자 한다.

정의 10.11

(M, d)는 거리공간이고 $x \in M$, r은 양의 실수라 하자.

$$B(x, r) = \{ y \in M \mid d(x, y) < r \}$$

을 중심이 x이고 반경이 r인 **열린 공**(open ball)이라 한다.

실수체 $\mathbb{R}$에서 열린 공은 $B(x, r) = (x-r, x+r)$으로 열린 구간이다. $\mathbb{R}^2$에서 열린 공은 원의 내부이고, $\mathbb{R}^3$에서 열린 공은 열린 구의 내부이다.

정의 10.12

(M, d)는 거리공간이고 U는 M의 부분집합이라 하자. 임의의 원소 $x \in U$에 대해서 $\varepsilon > 0$이 존재해서 $B(x, \varepsilon) \subset U$를 만족할 때 U는 거리공간 (M, d)에서 **열린 집합**(open set)이라 한다.

예제 4.1

임의의 $a, b \in \mathbb{R}$ $(a < b)$에 대해 (a, b)는 $\mathbb{R}$에서 열린 집합이다.

풀이 $x \in (a, b)$일 때 $\varepsilon = \min\{b-x, x-a\}$이라 하면, $\varepsilon > 0$이고

$B(x, \varepsilon) = (x-\varepsilon, x+\varepsilon) \subset (a, b)$이다.

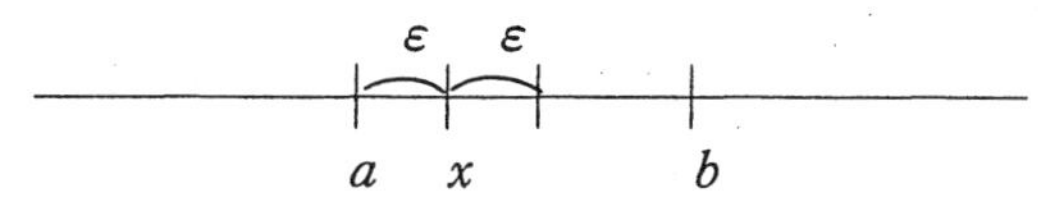

예제 4.2

이산거리공간 (M, ρ)에서는 각 점 $x \in M$에 대해서 $B\left(x, \frac{1}{2}\right) = \{x\} \subset \{x\}$이므로 $\{x\}$는 열린 집합이다. 그러나 실수체 $\mathbb{R}$에 대해서 $x \in \mathbb{R}$이면 $\{x\}$는 어떤 열린 공도 포함할 수 없으므로 $\{x\}$는 열린 집합이 아니다.

정리 10.13

거리공간 (M, d)의 모든 열린 공은 열린 집합이다.

증명 $x \in M$, $\varepsilon > 0$에 대해서 $y \in B(x, \varepsilon)$이라 하면 $d(x, y) < \varepsilon$이다. $\delta = \varepsilon - d(x, y)$로 두면 $\delta > 0$이고 $B(y, \delta) \subset B(x, \varepsilon)$이다. 왜냐하면 $z \in B(y, \delta)$이면 $d(z, y) < \delta$이다.

$$d(z, x) \leq d(z, y) + d(y, x) < \delta + (\varepsilon - \delta) = \varepsilon$$

이므로 $z \in B(x, \varepsilon)$이다. ■

정리 10.14

$\varnothing$와 M은 거리공간 (M, d)의 열린 집합이다.

증명 $x \in M$이면 모든 열린 공 $B(x, \varepsilon)$은 M의 부분집합이므로 M은 열린 집합이다. $\varnothing$가 열린 집합이 아니면 공집합 $\varnothing$는 모든 $\varepsilon > 0$에 대해서 $B(x, \varepsilon) \not\subset \varnothing$ 되는 점 x를 포함해야 한다. 그러나 $x \notin \varnothing$이므로 이것은 모순이다. ■

정리 10.15

임의의 열린 집합의 합집합은 열린 집합이다.

증명 거리공간 (M, d)에서 $\mathcal{U}$를 열린 집합의 집합족이라 하자. $x \in \bigcup \mathcal{U}$ 이면 $\mathcal{U}$의 열린 집합 U가 있어서 $x \in U$이다. U는 열린 집합이므로 실수 $\varepsilon > 0$이 존재하여

$$x \in B(x, \varepsilon) \subset U \subset \bigcup \mathcal{U}$$

이다. 그러므로 $\bigcup \mathcal{U}$는 열린 집합이다. ■

따름정리 10.16

이산거리공간 (M, ρ)의 임의의 부분집합은 열린 집합이다.

증명 $X \subset M$이면 $X = \bigcup_{x \in X} \{x\}$이고 각 $\{x\}$은 열린 집합이므로 X는 열린 집합이다. ■

정리 10.17

거리공간 (M, d)의 두 열린 집합 U와 V의 교집합은 열린 집합이다.

증명 $x \in U \cap V$이면 $x \in U$이고 $x \in V$이다. 그러면 $\delta_1, \delta_2 > 0$가 존재해서 $B(x, \delta_1) \subset U$이고 $B(x, \delta_2) \subset V$된다. $\delta = \min\{\delta_1, \delta_2\}$라 두고 $y \in B(x, \delta)$라고 하면 $d(x, y) < \delta$이므로 $y \in U \cap V$이다. 그러므로 $B(x, \delta) \subset U \cap V$이다. ■

교집합에 대한 성질은 유한개까지 확장된다. 즉, 유한개의 열린 집합의 교집합은 열린 집합이다. 그러나 무한개의 열린 집합의 교집합에 대하여는 보장할 수 없다.

예제 4.3

실수에서 모든 자연수 n에 대하여 $\left(-\frac{1}{n}, \frac{1}{n}\right)$은 열린 집합이다. 그러나 $\bigcap_{n=1}^{\infty}\left(-\frac{1}{n}, \frac{1}{n}\right) = \{0\}$이므로 열린 집합이 아니다.

정의 10.18

X는 거리공간 (M, d)의 부분집합이고 $x \in M$에 수렴하는 X의 원소의 수열 $\{x_n\}$이 존재할 때 x는 X의 **극한점**(limit point)이라 한다. X의 모든 극한점의 집합을 $\overline{X}$라 적고, $\overline{X}$를 X의 **폐포**(closure)라 한다.

$X \subset M$, $x \in X$이면 $n = 1, 2, \cdots$, $x_n = x$라 둘 때 $\lim_{n \to \infty} x_n = x$ 이므로 X안의 모든 점들은 X의 극한점이고 $X \subset \overline{X}$이다.

예제 4.4

$(0, 1) \subset \mathbb{R}$에 대하여 $\lim_{n \to \infty} \frac{1}{n} = 0$이고 $\lim_{n \to \infty}\left(1 - \frac{1}{n}\right) = 1$이므로 $\overline{(0, 1)} = [0, 1]$이다.

정의 10.19

X가 거리공간 (M, d)의 부분집합이고 X의 모든 극한점이 X의 원소가 될 때, 즉 $\overline{X} \subset X$이면 X는 **닫힌 집합**(closed set)이라 한다.

$X \subset \overline{X}$이므로 X가 닫힌 집합일 필요충분조건은 $\overline{X} = X$이다. 앞 예제 4.4에서 보면 $(0, 1)$은 닫힌 집합이 아니다. 임의의 거리

공간 (M, d)에서 한 점으로 이룬 집합은 닫힌 집합이다. 실수체 $\mathbb{R}$에서 닫힌 구간 $[a, b]$도 닫힌 집합임을 알 수 있다.

정리 10.20

X를 거리공간 (M, d)의 부분집합이라 하자. $x \in M$가 X의 극한점이 될 필요충분조건은 x의 임의의 열린 공이 X의 점을 적어도 하나 가지는 것이다.

증명 만약 x가 X의 극한점이라면 X의 원소의 수열 $\{x_n\}$이 존재하여 $\lim_{n\to\infty} x_n = x$가 된다. 임의의 열린 공 $B(x, \varepsilon)$에 대하여, $\lim_{n\to\infty} x_n = x$이므로 자연수 N이 존재하여 모든 $n \geq N$에 대하여 다음을 만족 한다.

$$d(x_n, x) < \varepsilon$$

따라서 $B(x, \varepsilon) \cap X \neq \emptyset$ 이다.

역으로 임의의 $\varepsilon > 0$에 대해서 $B(x, \varepsilon)$가 X의 점을 갖는다고 가정하자. 그러면 모든 자연수 n대해서 $B\left(x, \frac{1}{n}\right)$은 X의 점을 가진다. 이 점을 x_n이라 하자. $x_n \in B\left(x, \frac{1}{n}\right) \cap X$이다. 그러면 $\{x_n\}$은 X의 원소의 수열이고 $\lim_{n\to\infty} x_n = x$이므로 x는 X의 극한점이 된다. ■

열린 집합과 닫힌 집합은 중요한 관계를 갖고 있다. 다음은 그 관계를 보여주는 정리이다.

정리 10.21

U가 거리공간 M의 열린 부분집합이면 $M \setminus U$는 닫힌 집합이다. 역으로 닫힌 집합의 여집합은 열린 집합이다.

증명 x가 열린 집합 U의 한 원소라면 U에 포함되는 한 열린 공 $B(x, \varepsilon)$이 존재한다. 따라서 $B(x, \varepsilon)\cap(M\backslash U) = \varnothing$이다. 그러므로 U의 어떤 원소도 $M\backslash U$의 극한점이 될 수 없다. 그러면 $M\backslash U$는 자신의 모든 극한점은 포함해야하므로 $M\backslash U$는 닫힌 집합이다.
역으로 만일 C가 닫힌 집합이라 하고 C에 속하지 않는 점 x를 잡으면 C와 만나지 않는 열린 공 $B(x, \varepsilon)$이 존재한다. 즉 $B(x, \varepsilon)\subset M\backslash C$이다. 그러므로 $M\backslash C$는 열린 집합이다. ■

정리 10.14와 정리 10.21에 의하여 다음 정리의 증명은 분명하다.

정리 10.22
M과 $\varnothing$는 (M, d)의 닫힌 부분집합이다.

정리 10.23
두 개의 닫힌 집합의 합집합은 닫힌 집합이다.

증명 X와 Y를 거리공간 M의 열린 집합이라 하면, 정리 10.21에 의하여, $M\backslash X$와 $M\backslash Y$는 열린 집합이다. 정리 10.17에 의하여 $(M\backslash X)\cap(M\backslash Y)$는 열린 집합이고,
$M\backslash(X\cup Y)=(M\backslash X)\cap(M\backslash Y)$이므로 정리 10.22에 의하면, $X\cup Y$는 닫힌 집합이다. ■

따름정리 10.24
유한 개 닫힌 집합의 합집합은 닫힌 집합이다.

예제 4.5

(M, d)를 거리공간, $x \in M$라 하자. $\{x\}$는 닫힌 집합이다.

풀이 y가 $\{x\}$의 극한점이라면 $y = \lim_{n\to\infty} x_n$, $x_n = x$이어야 하므로 $y = x$이다. 이것은 $\{x\}$의 폐포가 $\{x\}$임을 의미하므로 $\{x\}$는 닫힌 집합이다.

예제 4.6

$n \geq 2$인 각 자연수에 대해서 $\left[\frac{1}{n}, \frac{n}{n+1}\right]$은 닫힌 집합이다. 그러나 $\bigcup_{n=2}^{\infty}\left[\frac{1}{n}, \frac{n}{n+1}\right] = (0, 1)$이고 $(0, 1)$은 닫힌 집합이 아니다.

따름정리 10.24와 예제 4.5, 그리고 예제 4.6으로부터 다음 정리를 얻을 수 있다.

따름정리 10.25

거리공간의 유한 부분집합은 닫힌 집합이다. 그러나 무한개 닫힌 집합의 합집합은 닫힌 집합이 될 필요는 없다.

정리 10.26

임의의 개수의 닫힌 집합의 교집합은 닫힌 집합이다.

증명 $\mathscr{A}$는 닫힌 부분집합의 모임이라 하자. x를 $(\bigcap \mathscr{A})^c = \bigcup\{U^c \mid U \in \mathscr{A}\}$이고 각 U^c는 열린 집합이므로, 정리 10.15에 의하여, $(\bigcap \mathscr{A})^c$는 열린 집합이다. 그러므로 $\bigcap \mathscr{A}$는 닫힌 집합이다. ■

정리 10.27

X가 거리공간 M의 부분집합이면 $\overline{X}$는 닫힌 집합이다. 즉 $\overline{X} = \overline{\overline{X}}$이다.

증명 $\overline{\overline{X}} \subset \overline{X}$만 증명하면 된다. x가 $\overline{\overline{X}}$의 원소라 하면 x의 임의의 열린 공 $B(x, \varepsilon)$은 $\overline{X}$의 원소를 포함한다. $y \in B(x, \varepsilon) \cap \overline{X}$라 하면 $d(x, y) < \varepsilon$이고 $y \in \overline{X}$이다. $\delta = \frac{1}{2}(\varepsilon - d(x, y))$라 두면,
$B(y, \delta) \cap X \neq \varnothing$ 이다. $z \in B(y, \delta) \cap X$라 하면
$d(y, z) < \delta < \varepsilon - d(x, y)$이므로 다음이 성립한다.

$$d(x, z) \leq d(x, y) + d(y, z) < d(x, y) + (\varepsilon - d(x, y)) = \varepsilon$$

그러므로 $z \in B(x, \varepsilon) \cap X \neq \varnothing$ 이다. 즉 $x \in \overline{X}$이다. ■

연습문제 10.4

1. 따름정리 10.24를 증명하라.

2. 따름정리 10.25를 증명하라.

3. X, Y가 거리공간 (X, d)의 부분집합이면 다음이 성립함을 보여라.
   (1) $X \subset Y \Rightarrow \overline{X} \subset \overline{Y}$
   (2) $\overline{X \cup Y} = \overline{X} \cup \overline{Y}$
   (3) $\overline{X \cap Y} \subset \overline{X} \cap \overline{Y}$
   (4) $\overline{X}$는 X를 포함하는 가장 작은 닫힌 집합이다.
   (5) (3)번에서 $\overline{X \cap Y} \neq \overline{X} \cap \overline{Y}$인 예를 들어라.

4. X, Y가 $\mathbb{R}$의 닫힌 집합이면 $X \times Y$는 $\mathbb{R}^2$의 닫힌 집합이다.

연습문제 풀이 및 해답

2. $X=\{x_1, x_2, \cdots x_n\}$이라면 $X=\bigcup_{i=1}^{n}\{x_i\}$이다. 예제 4.5에서 각 $\{x_i\}$는 닫힌집합이고 따름정리 10.24에 의해서 X는 닫힌 집합이다.

3. (1) $x\in\overline{X}$이면 X의 원소의 수열 $\{x_n\}$이 있어서 $\lim_{n\to\infty}x_n=x$이다. $X\subset Y$이므로 $\{x_n\}$은 Y의 수열이므로 $x\in\overline{Y}$이다.

(2) 정리 10.22에 의해서 $\overline{\overline{X}\cup\overline{Y}}=\overline{X}\cup\overline{Y}$이다. $X\cup Y\subset\overline{X}\cup\overline{Y}$이므로 $\overline{X\cup Y}\subset\overline{\overline{X}\cup\overline{Y}}=\overline{X}\cup\overline{Y}$이다. X, $Y\subset X\cup Y$이므로 $\overline{X}\subset\overline{X\cup Y}$, $\overline{Y}\subset\overline{X\cup Y}$이다. 따라서 $\overline{X}\cup\overline{Y}\subset\overline{X\cup Y}$이다. 그러므로 $\overline{X\cup Y}=\overline{X}\cup\overline{Y}$이다.

(3) $X\cap Y\subset X$, Y이므로 (1)에 의하여 $\overline{X\cap Y}\subset\overline{X}$, $\overline{Y}$이다.
따라서 $\overline{X\cap Y}\subset\overline{X}\cap\overline{Y}$이다.

(4) $\mathscr{A}$를 X를 포함하는 모든 닫힌 집합의 모임이라 하자. 정리 10.26에 의하여 $\bigcap\mathscr{A}$는 X를 포함하는 가장 작은 닫힌 집합이다. $X\subset\overline{X}$이고 $\overline{X}$는 닫힌 집합이므로 $\bigcap\mathscr{A}\subset\overline{X}$이다. $\mathscr{A}$의 모든 원소는 X를 포함하므로 $X\subset\bigcap\mathscr{A}$이다. 따라서 $\overline{X}\subset\overline{\bigcap\mathscr{A}}$ 이다. 정의 10.19와 정리 10.26에 의하여 $\overline{\bigcap\mathscr{A}}=\bigcap\mathscr{A}$이므로 $\overline{X}\subset\bigcap\mathscr{A}$이다. 따라서 $\overline{X}=\bigcap\mathscr{A}$이다.

(5) $X=[-1, 0)$, $Y=(0, 1]$이면 $\overline{X}=[-1, 0]$, $\overline{Y}=[0, 1]$이므로
$\overline{X\cap Y}=\overline{\varnothing}=\varnothing$이고 $\overline{X}\cap\overline{Y}=\{0\}$이다.

10.5 거리공간에서의 연속함수(Continuous functions on a metric space)

3장에서 우리는 실변수 함수의 연속에 관하여 연구하였다. 이 절에서는 실변수 함수의 극한과 연속에 관한 이론을 거리공간으로 옮겨서 생각하고자 한다.

정의 10.28

함수 f는 거리공간 (M_1, d_1)에서 (M_2, d_2)로의 함수라 하고 $a \in M_1$, $y \in M_2$라 하자. 임의의 $\varepsilon > 0$에 대해서 적당한 $\delta > 0$가 존재해서 다음을 만족한다고 하자.

$$0 < d_1(x, a) < \delta \Rightarrow d_2(f(x), y) < \varepsilon$$

이 때 x가 a에 가까이 갈 때 $f(x)$는 y에 **수렴한다**(converges to y)고 하고 $\lim_{x \to a} f(x) = y$ 또는 $f(x) \to y\,(x \to a)$로 적는다.

정의 10.29

함수 $f: (M_1, d_1) \to (M_2, d_2)$가 주어져있고 $a \in M_1$이라 하자. $\lim_{x \to a} f(x) = f(a)$이면 f는 a에서 **연속**(continuous at a)이라 한다. M_1의 모든 점에서 f가 연속일 때 f는 M_1에서 **연속**(continuous on M_1)이라고 한다.

예제 5.1

함수 $f: \ell^1 \to \mathbb{R}$는 다음과 같이 정의된 함수라 하고 d_1은 10장 예제 1.4에서 정의된 ℓ^1 위에서 거리함수라 하자.

$$a = \{a_n\} \in \ell^1, \quad f(a) = a_1$$

f가 ℓ^1 위에서 연속임을 보여라.

풀이 ℓ^1의 임의의 원소 $a = \{a_n\}$을 주면 $\sum_{n=1}^{\infty} |a_n| < \infty$이다. 임의의 $\varepsilon > 0$에 대해서 $\delta = \varepsilon$으로 두자.

$$0 < d_1(\{x_n\}, \{a_n\}) = \sum_{n=1}^{\infty} |x_n - a_n| < \delta$$

이므로 다음 부등식이 성립한다.

$$|f(\{x_n\}) - f(\{a_n\})| = |x_1 - a_1| \le \sum_{n=1}^{\infty} |x_n - a_n| < \delta = \varepsilon$$

그러므로 f는 ℓ^1 위에서 연속이다.

다음 정리들은 3장에서 실변수 함수에서 다룬 내용과 같은 방법으로 거리공간에서도 증명할 수 있으므로 정리만 기술한다.

정리 10.30

$f: (M_1, d_1) \to (M_2, d_2)$는 함수이고 $a \in M_1$이다. f가 a에서 연속일 필요충분조건은 a에 수렴하는 M_1의 원소의 수열 $\{x_n\}$에 대해서 $\{f(x_n)\}$이 $f(a)$에 수렴하는 것이다. 즉 a에 수렴하는 M의 원소의 수열 $\{x_n\}$에 대하여 $\lim_{n\to\infty} f(x_n) = f(a) = f(\lim_{n\to\infty} x_n)$이다.

아래 함수의 정의는 제3장의 함수의 점마다 연산을 보라.

정리 10.31

$f, g: (M, d) \to \mathbb{R}$가 연속함수라 하자.

(1) $f \pm g$는 M에서 연속이다.

(2) cf는 M에서 연속이다.(c는 실수)

(3) $|f|$는 M에서 연속함수이다.

(4) $f \cdot g$는 M에서 연속이다.

(5) $\frac{f}{g}$가 정의되면 연속이다 ($x \in M$, $g(x) \neq 0$).

정리 10.32

$f: (M_1, d_1) \rightarrow (M_2, d_2)$, $g: (M_2, d_2) \rightarrow (M_3, d_3)$가 연속함수이면 $g \circ f: (M_1, d_1) \rightarrow (M_3, d_3)$도 연속함수이다.

연속함수의 정의에 따르면 다음과 같은 동치조건을 구할 수 있다.

정리 10.33

$f: (M_1, d_1) \rightarrow (M_2, d_2)$가 함수일 때 다음은 동치이다.

(1) f는 M_1 위에서 연속이다.

(2) M_2에서 닫힌 집합 C에 대해서 $f^{-1}(C)$는 닫힌 집합이다.

(3) M_2에서 열린 집합 U에 대해서 $f^{-1}(U)$는 열린 집합이다.

증명 (1)⇒(2)

f는 M_1 위에서 연속이라 하자. C는 M_2 위에서 닫힌 집합이라 하고 a가 $f^{-1}(C)$의 극한점이라 하면 $f^{-1}(C)$의 원소의 수열 $\{a_n\}$이 있어서 $\lim_{n\to\infty} a_n = a$이다. f가 연속이므로 $\lim_{n\to\infty} f(a_n) = f(a)$이다. 모든 자연수 n에 대해서 $f(a_n) \in C$이고 C

는 닫힌 집합이므로 $f(a)\in C$이다. 즉 $a\in f^{-1}(C)$이다. 따라서 $f^{-1}(C)$는 닫힌 집합이다.

(2)⇒(3)

U가 M_2 위에서 열린 집합이라 하면 $M_2\setminus U$는 닫힌 집합이다. (2)의 가정에 의하여 $f^{-1}(M_2\setminus U)=M_1\setminus f^{-1}(U)$가 닫힌 집합이므로 정리 10.21에 의하여 $f^{-1}(U)$는 열린 집합이다.

(3)⇒(1)

$a\in M_1$이고 $\varepsilon>0$이 주어져 있다. 그러면 $B(f(a),\varepsilon)$은 M_2에서 열린 집합이므로 $f^{-1}[B(f(a),\varepsilon)]$은 M_1에서 열린 집합이다. $a\in f^{-1}[B(f(a),\varepsilon)]$이므로 $\delta>0$가 있어서 다음이 성립한다.

$$B(a,\delta)\subset f^{-1}[B(f(a),\varepsilon)]$$

만약 $d_1(x,a)<\delta$이면 $x\in f^{-1}[B(f(a),\varepsilon)]$이다. 그러므로 $f(x)\in B(f(a),\varepsilon)$이고 $d_2(f(x),f(a))<\varepsilon$이다. ■

정리 10.34

$f\in C[a,b]$이고 $\{f_n\}$이 연속함수공간 $C[a,b]$의 원소의 수열이라 하자. $C[a,b]$ 위에서 $\{f_n\}$이 f에 수렴할 필요충분조건은 $\{f_n\}$이 $[a,b]$ 위에서 f에 균등수렴하는 것이다.

증명 $\{f_n\}$이 거리공간 $C[a,b]$에서 f에 수렴한다고 하면 임의의 $\varepsilon>0$에 대해서 적당한 자연수 N이 존재하여 모든 $n\ge N$에 대하여 다음을 만족한다.

$$\rho(f_n,f)<\varepsilon$$

여기서 ρ는 제10장 예제 1.6에서 정의된 $C[a,b]$ 위에서 거리 함수이다. 그러면 모든 $n\ge N$에 대하여

$$\rho(f_n,f)=\operatorname{lub}_{x\in[a,b]}|f_n(x)-f(x)|<\varepsilon$$

이다. 이것은 모든 $n\ge N$에 대하여

$$x \in [a, b], \quad |f_n(x) - f(x)| < \varepsilon$$

이므로 $\{f_n\}$은 $[a, b]$에서 f에 균등수렴 한다.

역으로 $\{f_n\}$은 $C[a, b]$의 원소의 수열이라 하고 $[a, b]$ 위에서 f에 균등수렴 한다고 하자. $C[a, b]$ 위에서 $\{f_n\}$이 f에 수렴함을 보이자.

$\varepsilon > 0$에 대하여 $\{f_n\}$이 f에 균등수렴하므로 자연수 N이 존재하여 모든 $n \geq N$에 대하여 다음을 만족한다.

$$x \in [a, b], \quad |f_n(x) - f(x)| < \frac{\varepsilon}{2}$$

만약 $n \geq N$이면 $\frac{\varepsilon}{2}$은 다음 집합의 상계가 된다.

$$\{|f_n(x) - f(x)| \mid x \in [a, b]\}$$

그러므로 모든 $n \geq N$에 대하여 $\rho(f_n, f) \leq \frac{\varepsilon}{2} < \varepsilon$

이것은 $C[a, b]$ 위에서 $\{f_n\}$이 f에 수렴함을 의미한다. ■

연습문제 10.5

1. 정리 10.31를 증명하라.

2. 정리 10.32을 증명하라.

3. (M_1, d_1), (M_2, d_2)는 거리공간이고 모든 $x \in M_1$에 대하여 $f(x) = c \in M_2$로 정의된 상수함수 f는 M_1에서 연속임을 증명하라.

4. $f, g : \mathbb{R} \to \mathbb{R}$가 연속함수이고 함수 $h : \mathbb{R}^2 \to \mathbb{R}^2$가 다음과 같이 정의하자,
$$(x, y) \in \mathbb{R}^2, \quad h(x, y) = (f(x), g(y))$$
그러면 h는 $\mathbb{R}^2$에서 연속함수임을 증명하라.

5. 거리공간 (M, d)의 한점 $a \in M$에 대해서 M에서 $\mathbb{R}$로의 함수 f를 다음과 같이 정의하자.
$$x \in M, \quad f(x) = d(x, a)$$
f는 M에서 연속함수임을 증명하라.

6. $\mathbb{R}^2$에서 $\mathbb{R}^2$로의 함수 f가 다음과 같이 정의되었다.
$$(x, y) \in \mathbb{R}^2, \quad f(x, y) = (y, x)$$
그러면 f는 $\mathbb{R}^2$에서 연속임을 증명하라.

연습문제 풀이 및 해답

3. $x \in M_1$이고 M_1의 원소의 수열 $\{x_n\}$이 $\lim_{n \to \infty} x_n = x$이면, 다음을 만족한다.
$$\lim_{n \to \infty} f(x_n) = \lim_{n \to \infty} c = c = f(x)$$
그러므로 f는 M_1에서 연속이다.

4. $(x, y)\in\mathbb{R}^2$이고 $\mathbb{R}^2$의 원소의 수열 $\{(x_n, y_n)\}$이 $\lim_{n\to\infty}(x_n, y_n)=(x, y)$이면 $\lim_{n\to\infty}x_n=x$이고 $\lim_{n\to\infty}y_n=y$ 이고 f, g가 연속이므로 다음이 성립한다.

$$\lim_{n\to\infty}f(x_n)=f(x)\ ,\quad \lim_{n\to\infty}g(y_n)=g(y)$$

그리고

$$\begin{aligned}\lim_{n\to\infty}h(x_n, y_n) &= \lim_{n\to\infty}(f(x_n), g(y_n))\\ &= (f(x), g(y)) = h(x, y)\end{aligned}$$

그러므로 h는 $\mathbb{R}^2$에서 연속이다.

5. $x\in M$이라 하고 임의의 실수 $\varepsilon>0$을 주자.

$d(x, a) \le d(x, y) + d(y, a)$

이므로 $f(x)-f(y) = d(x, a)-d(y, a) \le d(x, y)$이다. 같은 방법으로 $f(y)-f(x) = d(y, a)-d(x, a) \le d(y, x)$이다. 그러므로 $|f(x)-f(y)| \le d(x, y)$이다. $\delta=\varepsilon$으로 두면 다음이 성립한다.

$$d(x, y) < \delta \Rightarrow |f(x)-f(y)| \le d(x, y) < \delta = \varepsilon$$

그러므로 f는 x에서 연속이다. 따라서 f는 M에서 연속이다.

6. $(x, y)\in\mathbb{R}^2$이고 $\{(x_n, y_n)\}$은 $\mathbb{R}^2$의 원소의 수열로서 $\lim_{n\to\infty}(x_n, y_n)=(x, y)$이면 정리 10.7에 의해서 $\lim_{n\to\infty}x_n=x$이고 $\lim_{n\to\infty}y_n=y$ 이다.

$$\begin{aligned}\lim_{n\to\infty}f(x_n, y_n) &= \lim_{n\to\infty}(y_n, x_n)\ (f\text{의 정의})\\ &= (y, x)\ (\text{정리 }10.7)\\ &= f(x, y)\ (f\text{의 정의})\end{aligned}$$

그러므로 f는 (x, y)에서 연속이다. 따라서 f는 $\mathbb{R}^2$에서 연속이다.

LEBESGUE 적분

Lebesgue Integrations

11.1 확장된 실수 및 집합대수

11.2 Lebesgue 측도

11.3 가측함수

11.4 Lebesgue 적분

제5장에서 유계함수의 정적분(Riemann 적분)을 공부하였고 이상적분은 유계함수의 적분의 극한으로 정의하였다. 그리고 유계함수이더라도 Riemann 적분이 가능하지 않은 함수가 존재함을 보였다. 제5장의 말미에 Riemann 적분의 확장의 한가지로 Riemann-Stieltjes 적분을 소개하였다. 제11장에서는 유계가 아니거나 Riemann 적분이 가능하지 않은 함수를 더 많이 "적분가능"하도록 하기위해서 적분의 개념을 확장한 Lebesgue 적분을 공부하기로 한다. 지금까지 기호로만 사용해온 $+\infty$와 $-\infty$를 수와 같이 취급하면 유계가 아닌 함수를 좀 더 쉽게 다룰 수 있으므로 실수계를 확장하는 일부터 시작하도록 한다.

11.1 확장된 실수 및 집합대수

$\mathbb{R}$이 제1장에서 정의된 실수계(real number system)일 때 집합 $\mathbb{R}^* = \mathbb{R} \cup \{-\infty, +\infty\}$ 위에서 실수의 덧셈과 곱셈, 비교(부등호)를 다음과 같이 정의한다.

$x \in \mathbb{R} = (-\infty, +\infty)$에 대하여,

1) $-\infty < x < +\infty$

2) $x + (+\infty) = +\infty$, $x + (-\infty) = -\infty$

3) $x > 0$이면, $x \cdot (+\infty) = +\infty$, $x \cdot (-\infty) = -\infty$,
$x < 0$이면, $x \cdot (+\infty) = -\infty$, $x \cdot (-\infty) = +\infty$, $0 \cdot (\pm\infty) = 0$

4) $(+\infty) + (+\infty) = +\infty$, $(-\infty) + (-\infty) = -\infty$

5) $(+\infty) \cdot (\pm\infty) = \pm\infty$, $(-\infty) \cdot (\pm\infty) = \mp\infty$ (부호는 동순).

위와 같이 연산이 확장된 집합 $\mathbb{R}^*$를 **확장된 실수계**(extended real number system)라 하고 $[-\infty, +\infty]$로 쓰기도 한다. $\mathbb{R}^*$의 원소를 **확장된 실수**(extended real number)라 한다.

주의 1) $(+\infty) - (+\infty)$는 정의하지 않는다.

2) 앞으로 $+\infty$를 ∞로 쓰기로 한다.

제1장에서 공부한 상한과 하한의 정의는 자연스럽게 $\mathbb{R}^*$로 확장되므로 여기에 다시 소개한다.

X가 확장된 실수체 $\mathbb{R}^*$의 공집합이 아닌 부분집합이고 a, b를 $\mathbb{R}^*$의 원소라 하면

$$a = \sup X \quad \Leftrightarrow \begin{cases} \text{i) } x \in X, \ x \le a \\ \text{ii) } x \in X, \ x \le c \ \Rightarrow a \le c, \end{cases}$$

$$b = \inf X \quad \Leftrightarrow \begin{cases} \text{i) } x \in X, \ b \le x \\ \text{ii) } x \in X, \ d \le x \ \Rightarrow d \le b. \end{cases}$$

정의로부터 다음 사실은 자명하다. $\infty \in X$이면 $\sup X = \infty$이고, $-\infty \in X$이면 $\inf X = -\infty$이다. 그리고

$$\sup X = -\infty \quad \Leftrightarrow \quad X = \{-\infty\},$$

$$\inf X = \infty \quad \Leftrightarrow \quad X = \{\infty\}.$$

수열 $\{a_n\}$(수렴할 필요는 없다)에 대한 극한개념의 일반화인 **상극한**과 **하극한**을 다음과 같이 정의한다.

정의 11.1

$\{a_n\}$이 수열일 때, 각 자연수 n에 대하여

$A_n = \sup_{k \ge n}\{a_k\} = \sup\{a_n, a_{n+1}, \cdots\}$,

$B_n = \inf_{k \ge n}\{a_k\} = \inf\{a_n, a_{n+1}, \cdots\}$으로 나타내면 A_n과 B_n은 $\mathbb{R}^*$의 원소이다. $\inf_n\{A_n\}$을 수열 $\{a_n\}$의 **상극한**(limit superior)이라하고 $\limsup_{n\to\infty} a_n$ 또는 $\overline{\lim}\, a_n$라 쓴다. $\sup_n\{B_n\}$을 수열

$\{a_n\}$의 **하극한**(limit inferior)이라 하고 $\liminf_{n\to\infty} a_n$ 또는 $\underline{\lim}\, a_n$ 라 쓴다. 즉,

$$\limsup_{n\to\infty} a_n = \overline{\lim}\, a_n = \inf_n \sup_{k\ge n}\{a_k\},$$

$$\liminf_{n\to\infty} a_n = \underline{\lim}\, a_n = \sup_n \inf_{k\ge n}\{a_k\}.$$

예제 1.1

각 자연수 n에 대하여 $a_n = \begin{cases} -n, & n\text{이 짝수} \\ 0, & n\text{이 홀수} \end{cases}$ 으로 정의된 수열 $\{a_n\}$에 대하여 $\limsup_{n\to\infty} a_n$과 $\liminf_{n\to\infty} a_n$을 구하라.

풀이 각 자연수 n에 대하여

$$\sup\{a_n, a_{n+1}, \cdots\} = 0, \quad \inf\{a_n, a_{n+1}, \cdots\} = -\infty$$

이므로 $\limsup_{n\to\infty} a_n = 0$이고 $\liminf_{n\to\infty} a_n = -\infty$이다. 이 수열 $\{a_n\}$에 대하여 극한이 존재하지 않음을 안다.

예제 1.2

각 자연수 n에 대해서 $a_n = \dfrac{1}{n}$으로 정의된 수열 $\{a_n\}$에 대하여 $\overline{\lim}\, a_n$과 $\underline{\lim}\, a_n$을 구하라.

풀이 각 자연수 n에 대하여

$$\sup\{a_n, a_{n+1}, \cdots\} = \frac{1}{n}, \quad \inf\{a_n, a_{n+1}, \cdots\} = 0$$

이므로 $\overline{\lim}\, a_n = 0$이고 $\underline{\lim}\, a_n = 0$이다. 이 수열 $\{a_n\}$에 대하여 $\lim_{n\to\infty} a_n = 0$임을 안다.

정리 11.2

수열 $\{a_n\}$에 대하여, 다음이 성립한다.

$$\lim_{n\to\infty} \inf a_n \le \lim_{n\to\infty} \sup a_n$$

증명 수열 $\{a_n\}$이 위로 유계가 아니면,

$\lim_{n\to\infty} \inf a_n \le \infty$, $\lim_{n\to\infty} \sup a_n = +\infty$이므로 $\underline{\lim}\, a_n \le \overline{\lim}\, a_n$이다.

수열 $\{a_n\}$이 아래로 유계가 아니면 $\underline{\lim}\, a_n = -\infty$이므로 $\underline{\lim}\, a_n \le \overline{\lim}\, a_n$이다. ■

증명없이 다음 정리를 소개하겠다.

정리 11.3

수열 $\{a_n\}$에 대하여 ℓ이 확장된 실수일 때 $\lim_{n\to\infty} a_n = \ell$일 필요충분조건은 $\underline{\lim}\, a_n = \overline{\lim}\, a_n = \ell$이다.

$P(X)$를 집합 X의 멱집합이라 하고 $\mathcal{A} \subset P(X)$라 하자.

정의 11.4

1) $\mathcal{A}$의 두 원소 A, B에 대하여 $A \cup B$가 $\mathcal{A}$의 원소이고 $\mathcal{A}$의 원소 E에 대하여 E'가 $\mathcal{A}$에 속할 때 $\mathcal{A}$를 X 위의 **집합대수**(algebra of sets)라 부른다. 여기서 $E' = X \setminus E$이다.

2) $\mathcal{A}$의 원소 $A_1, A_2, \cdots$에 대하여 $\bigcup_{i=1}^{\infty} A_i$가 $\mathcal{A}$의 원소이고 $\mathcal{A}$의 원소 F에 대하여 F'가 $\mathcal{A}$의 원소일 때 $\mathcal{A}$를 **σ-대수**(σ-algebra) 또는 **Borel 체**(Borel field)라 부른다.

주의 $\mathscr{A}$를 집합 X의 멱집합 $P(X)$의 부분집합이라하고 $\mathscr{A}$의 원소 E에 대하여 E'가 $\mathscr{A}$의 원소이라 가정하면, De Morgan의 법칙에 의하여 정의 11.4의 1), 2)의 시작을 다음과 같이 바꿀수 있다.

1) $\mathscr{A}$의 두 원소 A, B에 대하여 $A \cap B$가 $\mathscr{A}$의 원소이고

2) $\mathscr{A}$의 원소 $A_1, A_2, \cdots$에 대하여 $\bigcap_{i=1}^{\infty} A_i$가 $\mathscr{A}$의 원소이고

앞으로 집합대수를 간단히 대수라고 한다. 다음의 예제는 정의로부터 바로 증명할 수 있으므로 풀이는 생략한다.

예제 1.3

1) X가 집합이면 $P(X)$는 σ-대수이다.

2) $\mathcal{T}$를 집합 X 위의 위상이라 하고 $\mathcal{T}$의 모든 원소가 개집합인 동시에 폐집합이면 $\mathcal{T}$는 σ-대수이다.

정리 11.5

첨수집합 $\Gamma(\Gamma \neq \emptyset)$의 각 원소 α에 대하여 $\mathscr{A}_\alpha$가 집합 X 위의 대수(또는 σ-대수)이면 $\bigcap_{\alpha} \mathscr{A}_\alpha$는 X 위의 대수(또는 σ-대수)이다.

위의 정리는 대수(또는 σ-대수)의 정의로부터 바로 증명이 되므로 증명은 생략한다.

따름정리 11.6

X를 집합, $\mathscr{B} \subseteq P(X)(\mathscr{B} \neq \emptyset)$라 하면 $\mathscr{B}$를 포함하는 가장 작은 대수(또는 σ-대수)가 존재한다.

위 따름정리는 정리 11.5에 의하여 바로 대수(또는 σ-대수) $\mathcal{A}$를 구성할 수 있으므로 증명을 생략한다.

정리 11.7

$\mathcal{A}$를 집합 X 위의 대수라 하고 $\{A_i\}$가 $\mathcal{A}$의 원소의 수열이라 하자. 자연수 $n \neq m$에 대하여 $B_n \cap B_m = \varnothing$ 이고 $\bigcup_{i=1}^{\infty} A_i = \bigcup_{i=1}^{\infty} B_i$인 $\mathcal{A}$의 원소의 수열 $\{B_i\}$가 있다.

증명 $A_1 = B_1$이라 둔다.

$1 < n$인 자연수 n에 대하여, B_n을 다음과 같이 정의하자.

$$B_n = A_n \setminus \left(\bigcup_{i=1}^{n-1} A_i \right) = A_n \cap A_1' \cap A_2' \cap \cdots \cap A_{n-1}'.$$

대수의 정의에 의하여 각 자연수 n에 대하여 B_n는 $\mathcal{A}$의 원소이고 $B_n \subseteq A_n$이다. 두 자연수 n, m에 대하여 $m < n$이라 가정하면, $B_m \subseteq A_m$이므로

$$\begin{aligned} B_m \cap B_n &\subseteq A_m \cap B_n \\ &= A_m \cap A_n \cap A_1' \cap A_2' \cap \cdots \cap A_m' \cap \cdots \cap A_{n-1}' \\ &= (A_m \cap A_m') \cap \cdots \\ &= \varnothing \cap \cdots \\ &= \varnothing \,. \end{aligned}$$

각 자연수 i에 대하여 $B_i \subseteq A_i$이므로 $\bigcup_{i=1}^{\infty} B_i \subseteq \bigcup_{i=1}^{\infty} A_i$이다.

$x \in \bigcup_{i=1}^{\infty} A_i$이면, x는 A_i들 중 한 집합의 원소이다. n을 x를 포함하는 집합 A_i의 첨수 i의 최소값이라 하면 $x \in B_n$이므로 $x \in \bigcup_{i=1}^{\infty} B_i$이다. 따라서 $\bigcup_{i=1}^{\infty} A_i \subseteq \bigcup_{i=1}^{\infty} B_i$이다.

그러므로 $\bigcup_{i=1}^{\infty} A_i = \bigcup_{i=1}^{\infty} B_i$이다. ■

주의 수열 $\{A_i\}$가 유한수열이면 마지막 항 다음의 모든 항을 $\varnothing$라 두면 된다.

연습문제 11.1

1. 정리 11.3, 정리 11.5와 따름정리 11.6을 증명하라.

2. 수열 $\{a_n\}$, $\{b_n\}$에 대하여 다음을 보여라.

$$\begin{aligned}\overline{\lim}\, a_n + \underline{\lim}\, b_n &\le \overline{\lim}\,(a_n + b_n)\\ &\le \overline{\lim}\, a_n + \overline{\lim}\, b_n\end{aligned}$$

3. 각 n에 대하여 $x_n \ge 0$, $y_n \ge 0$인 수열 $\{x_n\}$과 $\{y_n\}$에 대하여 $\overline{\lim}\,(x_n y_n) \le (\overline{\lim}\, x_n)(\overline{\lim}\, y_n)$임을 보여라.(단, 우변의 곱은 $0 \cdot \infty$형이 아니다.)

4. 수열 $\{x_n\}$에 대하여, $\overline{\lim}\, x_n = \infty$일 필요충분조건은 주어진 $r>0$와 각 자연수 n에 대하여 $r < x_k$인 n보다 큰 자연수 k가 존재하는 것임을 보여라.

5. $\mathcal{T}$가 집합 $X(X \ne \emptyset)$ 위의 위상일 때 $\mathcal{T}$를 포함하는 가장 작은 대수를 구성해 보라.

연습문제 풀이 및 해답

2. 모든 $n = 1, 2, \cdots$에 대하여 $a_n + b_n \le \sup_{k\ge n} a_k + \sup_{k \ge n} b_k$이므로 $a_n + b_n \le \overline{\lim} a_n + \overline{\lim} b_n$이다. 따라서 $\sup_{k\ge n}(a_k + b_k) \le \overline{\lim} a_n + \overline{\lim} b_n$이고 $\overline{\lim}(a_n + b_n) = \inf_n \sup_{k \ge n}(a_k + b_k) \le \overline{\lim} a_n + \overline{\lim} b_n$이다. 한편,

$$\begin{aligned}\overline{\lim} a_n &= \overline{\lim}(a_n + b_n - b_n)\\ &\le \overline{\lim}(a_n + b_n) + \overline{\lim}(-b_n)\\ &= \overline{\lim}(a_n + b_n) - \underline{\lim} b_n\end{aligned}$$

이므로 $\overline{\lim} a_n + \underline{\lim} b_n \le \overline{\lim}(a_n + b_n)$이다.

3. 모든 자연수 n에 대하여 $x_n y_n \le (\sup_{k\ge n} x_k)(\sup_{k \ge n} y_k)$이므로 $x_n y_n \le (\overline{\lim}\, x_k)(\overline{\lim}\, y_k)$이다. 따라서 $\sup_{k\ge n} x_n y_n \le (\overline{\lim}\, x_k)(\overline{\lim}\, y_k)$이고 $\overline{\lim}\,(x_n y_n) = \inf_n \sup_{k \ge n} x_k y_k \le (\overline{\lim}\, x_n)(\overline{\lim}\, y_n)$이다.

4.

$\overline{\lim}\, x_n = \infty \Leftrightarrow \lim_{n\to\infty} \sup\{x_n, x_{n+1}, \cdots\} = \infty$
$\Leftrightarrow$ 모든 자연수 n에 대하여, $\sup\{x_n, x_{n+1}, \cdots\} = \infty$
$\Leftrightarrow$ 모든 자연수 n에 대하여, $\{x_n, x_{n+1}, \cdots\}$이 위로 유계가 아니다.
$\Leftrightarrow$ 모든 자연수 n과 $r>0$에 대하여, $y>r$인 $y \in \{x_n, x_{n+1}, \cdots\}$가 존재한다.
$\Leftrightarrow$ 모든 자연수 n과 $r>0$에 대하여, $x_k > r$인 $k(\ge n)$이 존재한다.

11.2 Lebesgue 측도

외측도

실수 a, $b(a<b)$와 유계함수 $f: [a, b] \to \mathbb{R}$에 대하여 Riemann 적분 $\int_a^b f(x)\,dx$를 정의할 때 구간 $[a, b]$의 분할 $P=\{x_0=a, x_1, \cdots, x_n=b\}$을 생각하고 $\Delta k=x_k-x_{k-1}(k=1,2,\cdots,n)$을 사용하였다. 즉 부분구간의 길이를 사용하였다.

이 장에서 공부할 Lebesgue 적분을 정의할 때는 적분구간을 구간이 아닌 부분집합으로 분할하기도 하므로 $\mathbb{R}$의 임의의 부분집합에 대하여 길이의 개념을 확장할 필요가 있다.

a, $b(a<b)$를 실수라 하고 I를 a와 b를 끝점으로 가지는 구간이라 할 때 I의 길이 $\ell(I)$를 $b-a$로 정의한다. 즉 $\ell(I)=b-a$이다. $a=-\infty$ 또는 $b=+\infty$이면 $\ell(I)=\infty$로 정의하고 $\ell(\varnothing)=0$, $\ell(\{a\})=0$로 정의한다.

정리 11.8

I, J를 구간이라 하자.

1) $0 \le \ell(I) \le \infty$.

2) $I \subset J$이면 $\ell(I) \le \ell(J)$.

3) 실수 c에 대하여

$I+c=\{x+c \mid x \in I\}$라 하면 $\ell(I+c)=\ell(I)$.

4) $-I=\{-x \mid x \in I\}$라 하면 $\ell(I)=\ell(-I)$.

5) $\bigcup_{n=1}^{\infty} I_n$이 구간인 구간열 $\{I_n\}$에 대하여

$$\ell\left(\bigcup_{n=1}^{\infty} I_n\right) \le \bigcup_{n=1}^{\infty} \ell(I_n).$$

만약 $I_n \cap I_m=\varnothing\ (n \ne m)$이면 $\ell\left(\bigcup_{n=1}^{\infty} I_n\right)=\sum_{n=1}^{\infty} \ell(I_n)$이다.

증명 1), 2), 4)는 길이의 정의로부터 분명하므로 3)과 5)를 증명한다.

3) $I=(a, b)$이면 $I+c=(a+c, b+c)$이므로

$\ell(I+c)=(b+c)-(a+c)=b-a=\ell(I)$이다.

5) 각 자연수 $n=1,2,\cdots$에 대하여 I_n을 $a_n, b_n(a_n < b_n)$를 끝점으로 가지는 구간이라 하고 $\bigcup_{n=1}^{\infty} I_n$를 $a, b(a<b)$을 끝점으로 가지는 구간이라 하자. a는 a_n들 중 하나, b는 b_n들 중 하나이다.

따라서 $\ell\left(\bigcup_{n=1}^{\infty} I_n\right)=b-a \leq \sum_{n=1}^{\infty}(b_n-a_n)=\sum_{n=1}^{\infty}\ell(I_n)$.

만약 $I_n \cap I_m=\varnothing\ (n \neq m)$이면

$$\ell\left(\bigcup_{n=1}^{\infty} I_n\right)=b-a=\sum_{n=1}^{\infty}(b_n-a_n)=\sum_{n=1}^{\infty}\ell(I_n). \quad \blacksquare$$

정의 11.9

A를 $\mathbb{R}$의 부분집합이라 하고 각 자연수 n에 대하여 I_n을 개구간이라 하자.

1) $\bigcup_{n=1}^{\infty} I_n \supset A$일 때 $\{I_n\}_{n=1}^{\infty}$을 A의 **덮개**(cover)라 부른다.(정의 3.18을 참고하라.)

2) $\ell(I_n)$을 구간 I_n의 길이라 하면 A의 덮개 $\{I_n\}_{n=1}^{\infty}$에 대하여 $\sum_{n=1}^{\infty}\ell(I_n)$은 확장된 실수계에서 존재한다.

$\inf\left\{\sum_{n=1}^{\infty}\ell(I_n): A\subset \bigcup_{n=1}^{\infty} I_n,\ I_n\text{는 개구간}\,(n=1,2,\cdots)\right\}$을 A의 **외측도**(outer measure)라 부르고 $m^*(A)$로 나타낸다.

$\inf\left\{\sum_{n=1}^{\infty}\ell(I_n): A\subset \bigcup_{n=1}^{\infty} I_n,\ I_n\text{는 개구간}\,(n=1,2,\cdots)\right\}$을 간단히 $\inf_{A\subset \cup I_n}\sum \ell(I_n)$으로 나타내겠다. 즉 $m^*(A)=\inf_{A\subset \cup I_n}\sum\ell(I_n)$이다.

예제 2.1

1) $m^*\varnothing=0$

2) 임의의 실수 a에 대하여, $m^*\{a\}=0$이다.

풀이 1) n을 자연수라 하면 $\varnothing\subset\left(-\frac{1}{n}, \frac{1}{n}\right)$이고 $\ell\left(-\frac{1}{n}, \frac{1}{n}\right)=\frac{2}{n}$이므로 $m^*\varnothing\leq\frac{2}{n}$이다. n이 임의의 자연수이므로 $m^*\varnothing=0$이다.

2) 각 자연수 n에 대하여, $\{a\}\subset\left(a-\frac{1}{n}, a+\frac{1}{n}\right)$이고

$\ell\left(a-\frac{1}{n}, a+\frac{1}{n}\right)=\frac{2}{n}$이므로 1)과 마찬가지로 $m^*\{a\}=0$이다.

정리 11.10

A, B를 $A\subset B$인 $\mathbb{R}$의 부분집합이라 하자. $m^*A\leq m^*B$이다.

증명 A, B를 $A\subset B$인 $\mathbb{R}$의 부분집합이라 하자. $\{I_n\}_{n=1}^{\infty}$가 B의 개구간의 덮개이면 $\{I_n\}_{n=1}^{\infty}$는 A의 덮개이므로 $m^*A\leq m^*B$이다.

■

정리 11.11

I를 구간이라 하면 $m^*A=\ell(I)$이다.

증명 a, $b(a<b)$를 실수라 하고 $I=[a, b]$인 경우를 생각하자. 각 자연수 n에 대하여 개구간 $\left(a-\frac{1}{n}, b+\frac{1}{n}\right)$에 대하여

$I\subset\left(a-\frac{1}{n}, b+\frac{1}{n}\right)$이고 $m^*[a, b]\leq\ell\left(a-\frac{1}{n}, b+\frac{1}{n}\right)=b-a+\frac{2}{n}$

이므로 $m^*[a, b]\leq b-a$이다.

$m^*[a, b]\geq b-a$임을 보이면 $m^*[a, b]=b-a$이다.

$m^*[a, b] \geq b-a$임을 보이기 위하여 $[a, b]$의 임의의 개구간의 덮개 $\{I_n\}_{n=1}^{\infty}$에 대하여

$$\sum \ell(I_n) \geq b-a \cdots\cdots\cdots (1)$$

임을 보이면 된다. Heine-Borel 정리(정리 3.19)에 의하면 $[a, b]$의 개구간의 덮개 $\{I_n\}_{n=1}^{\infty}$에 대하여 유한부분덮개를 가진다. 유한부분덮개의 길이의 합은 원덮개에 속하는 개구간의 길이의 합보다 적거나 같으므로 $[a, b]$의 개구간의 유한부분덮개 $\{I_n\}$에 대하여 (1)을 보이면 된다. $\{I_n\}$을 $[a, b]$의 개구간의 유한부분덮개라 하자. 즉 $[a, b] \subset \cup I_n$이므로 I_n들 중 a를 포함하는 것이 있다. 이것을 (a_1, b_1)이라 하자. $a \in (a_1, b_1)$이므로 $a_1 < a < b_1$이다. 만약 $b \leq b_1$이면 $a_1 < a < b \leq b_1$이므로 $\sum \ell(I_n) \geq b_1 - a_1 \geq b-a$이다. $b_1 \leq b$이면 $b_1 \in [a, b]$이고 $b_1 \notin (a_1, b_1)$이므로 I_n들 중 b_1를 포함하는 것이 있다. 이것을 (a_2, b_2)이라 하자. 즉 $b_1 \in (a_2, b_2)$이고 $a_2 < b_1 < b_2$이다. $(a_1, b_1) \cup (a_2, b_2) \supset [a, b]$이면 $\sum \ell(I_n) \geq b-a$이다.
$[a, b] \not\subset (a_1, b_1) \cup (a_2, b_2)$이면 즉 $b \leq b_2$이면 위 방법을 계속한다. 이때 $\{I_n\}$에서 $a_i < b_{i-1} < b_i$인 개구간 (a_1, b_1), (a_2, b_2), $\cdots$, (a_k, b_k)을 얻을 수 있다. $\{I_n\}$이 $[a, b]$의 유한덮개이므로 이 과정은 유한번에서 끝난다. 즉 적당한 자연수 k에 대하여 b가 (a_k, b_k)의 원소가 된다. 이때

$$\begin{aligned} \sum \ell(I_n) &\geq \sum_{i=1}^{k} \ell(a_i, b_i) \\ &= (b_k - a_k) + (b_{k-1} - a_{k-1}) + \cdots + (b_1 - a_1) \\ &= b_k - (a_k - b_{k-1}) - (a_{k-1} - b_{k-2}) - \cdots - (a_2 - b_1) - a_1 \\ &> b_k - a_1 , \end{aligned}$$

$b_k > b$이고 $a_1 < a$이므로 $b_k - a_1 > b-a$이다.
따라서 $\sum \ell(I_n) > b-a$이다. 그러므로 $\sum \ell(I_n) = b-a$이다.

$I=(a, b)$이라 하자. 각 자연수 n에 대하여, $\ell(J) \geq \ell(I)-\frac{1}{n}$ 이고 $I \subset J$인 닫힌구간 J가 있다. 따라서 $\ell(I)-\frac{1}{n} < \ell(J) = m^*J \leq m^*I = m^*[a, b] = \ell(I)$이다. 각 자연수 n에 대하여 $\ell(I)-\frac{1}{n} < m^*I \leq \ell(I)$ 이므로 $\ell(I) < m^*I \leq \ell(I)$이다. 즉 $m^*I = \ell(I)$이다. ■

정리 11.12

각 자연수 n에 대하여 $A_n \subset \mathbb{R}$라 하면 다음이 성립한다.

$$m^*\left(\bigcup_{n=1}^{\infty} A_n\right) \leq \sum_{n=1}^{\infty} m^*A_n$$

증명 A_n들 중 $m^*A_n = \infty$인 것이 있으면 정리의 부등식은 성립한다. 모든 자연수 n에 대하여 $m^*A_n < \infty$라 가정하자. 각 자연수 n에 대하여 $m^*A_n < \infty$이므로, m^*A_n의 정의로부터 임의의 양수 ε에 대하여 다음을 만족하는 개구간들 $\{I_{n,i}\}_{i=1}^{\infty}$가 있다.

$A_n \subset \bigcup_{i=1}^{\infty} I_{n,i}$이고 $\sum_i \ell(I_{n,i}) < m^*A_n + \frac{\varepsilon}{2^n}$이다. 이때 $\{I_{n,i}\}_{i=1}^{\infty}$은 $\bigcup_{n=1}^{\infty} A_n$을 덮고 다음이 성립한다.

$$\begin{aligned} m^*(\bigcup A_n) \leq \sum_{n,i} \ell(I_{n,i}) &= \sum_n \sum_i \ell(I_{n,i}) \\ &= \sum_n \left(m^*A_n + \frac{\varepsilon}{2^n}\right) \\ &= \sum_n m^*A_n + \varepsilon\ . \end{aligned}$$

ε이 임의의 양수이므로 $m^*\left(\bigcup_{n=1}^{\infty} A_n\right) \leq \sum_{n=1}^{\infty} m^*A_n$이다. ■

예제 2.2

1) A가 $A \subset \mathbb{R}$이고 가산집합이면 $m^*A=0$임을 보여라.

2) 폐구간 $[0, 1]$은 가산집합이 아님을 보여라.

3) $m^*\mathbb{Q}$와 $m^*[a, \infty)$를 구하라.

4) $m^*\mathbb{R}$와 $m^*(\mathbb{R} \setminus \mathbb{Q})$를 구하라.

풀이 1) $A=\{a_1, a_2, \cdots\} \subset \mathbb{R}$이라 하면 정리 11.12에 의하여

$0 \le m^*A \le \sum_{n=1}^{\infty} m^*\{a_n\}=0$이므로 $m^*A=0$이다.

2) $m^*[0, 1]=\ell[0, 1]=1$이므로 1)에 의하여 가산이 아니다.

3) $\mathbb{Q}$는 가산집합이므로 1)에 의하여 $m^*\mathbb{Q}=0$이다.

각 자연수 n에 대하여 $[0, n] \subset [0, \infty)$이므로

$m^*[0, n]=n \le m^*[0, \infty)$이다. 따라서 $m^*[0, \infty)=\infty$이다.

4) 각 자연수 n에 대하여 $A_n=(-n, n)$라 두면 정리 11.11에 의하여 $A_n \subset \mathbb{R}$이므로 $m^*A_n=2n \le m^*\mathbb{R}$이다. 따라서 $m^*\mathbb{R}=\infty$이다.

$\infty=m^*\mathbb{R}=m^*(\mathbb{Q} \cup (\mathbb{R} \setminus \mathbb{Q})) \le m^*\mathbb{Q}+m^*(\mathbb{R} \setminus \mathbb{Q})=m^*(\mathbb{R} \setminus \mathbb{Q})$

이므로 $m^*(\mathbb{R} \setminus \mathbb{Q})=\infty$이다.

예제 2.3

각 자연수 n에 대하여 $A_n=\left[0, 1-\frac{1}{n}\right]$라 할때 다음을 보여라.

$$m^*(\cup A_n) < \sum m^*A_n .$$

풀이 $\cup A_n \subset [0, 1]$이므로 $m^*(\cup A_n) \le 1$이다.

$\sum m^*A_n=\frac{1}{2}+\frac{2}{3}+\frac{3}{4}+\frac{4}{5}+\cdots$이므로 $\sum m^*A_n > 1 \ge m^*(\cup A_n)$.

Lebesgue 가측집합과 Lebesgue 측도

정리 11.8(5)에서 $\{I_n\}$을 서로소인 구간열이고 $\bigcup_{n=1}^{\infty} I_n$가 구간이면 $\ell\left(\bigcup_{n=1}^{\infty} I_n\right)=\sum_{n=1}^{\infty} \ell(I_n)$이지만 $\{A_n\}$들이 서로소인 $\mathbb{R}$의 부분집합의 수열이더라도 $m^*\left(\bigcup_{n=1}^{\infty} A_n\right)=\sum_{n=1}^{\infty} m^*A_n$이 성립하지 않는 집합열 $\{A_n\}$이 있다. 이러한 $\mathbb{R}$의 부분집합의 수열은 정리 11.25 후에 만들 수 있는데 학부 수준을 넘으므로 언급만 해 둔다. Riemann 적분을 위하여 성립하는 이 성질이 Lebesgue 적분을 위한 측도에서도 성립되기를 요구하므로 Lebesgue 외측도의 정의역을 위 성질이 성립하는 범위로 줄일 필요가 있다. 이 작업을 위하여 가측집합을 정의한다.

정의 11.13

m^*를 Lebesgue 외측도, E를 $\mathbb{R}$의 부분집합이라 하자. $\mathbb{R}$의 모든 부분집합 A에 대하여

$$m^*(A)=m^*(A\cap E)+m^*(A\cap E')$$

일 때 E를 **Lebesgue 가측집합**(Lebesgue measurable set)이라 부른다. Lebesgue 가측집합을 간단히 **가측집합**이라 부른다.

정의 11.13에서 $A=A\cap\mathbb{R}=A\cap(E\cup E')=(A\cap E)\cup(A\cap E')$이므로 정리 11.10에 의하여
$m^*A=m^*((A\cap E)\cup(A\cap E'))\leq m^*(A\cap E)+m^*(A\cap E')$이다. 따라서 E가 Lebesgue 가측집합일 필요충분조건은 $\mathbb{R}$의 모든 부분집합 A에 대하여 $m^*A\geq m^*(A\cap E)+m^*(A\cap E')$이다.

예제 2.4

1) $E\subset\mathbb{R}$ 이고 $m^*E=0$이면 E는 가측집합이다.

2) $E\subset\mathbb{R}$ 이고 E가 가산집합이면 E는 가측집합이다.

3) $\varnothing$, $\mathbb{R}$ 는 가측집합이다.

풀이 1) $A\subset\mathbb{R}$ 이면 $A\cap E\subset E$이므로 $m^*(A\cap E)\le m^*E=0$이다. 따라서 $m^*(A\cap E)=0$이다. $A\cap E'\subset A$이므로 $m^*(A\cap E')\le m^*A$이다. 따라서 $m^*(A\cap E)+m^*(A\cap E')\le m^*A$이므로 E는 가측집합이다.

2) 1)과 예제 2.2 1)에 의하여 E가 가산집합이면 E는 가측집합이다.

3) $A\subset\mathbb{R}$ 에 대하여 $A\cap\varnothing=\varnothing$ 이고 $A\cap\varnothing'=A\cap\mathbb{R}=A$이므로 $m^*(A\cap\varnothing)+m^*(A\cap\varnothing')=m^*\varnothing+m^*A=m^*A$이고 따라서 $\varnothing$는 가측집합이다. $\mathbb{R}'=\varnothing$ 이므로 $\varnothing$가 가측집합임을 증명하는 경우와 같이 $\mathbb{R}$는 가측집합이다.

정리 11.14

E, F가 가측집합이면 $E\cup F$도 가측집합이다.

증명 $A\subset\mathbb{R}$ 이라 하자.

$A\cap(E\cup F)=(A\cap E)\cup(A\cap F)=(A\cap E)\cup(A\cap F\cap E')$이므로 $m^*(A\cap(E\cup F))\le m^*(A\cap E)+m^*(A\cap F\cap E')$이다. F가 가측집합이므로, $m^*(A\cap E')\ge m^*(A\cap E'\cap F)+m^*(A\cap E'\cap F')$이다. 따라서

$$\begin{aligned} m^*(A\cap(E\cup F)) &+ m^*(A\cap E'\cap F') \\ &\le m^*(A\cap E)+m^*(A\cap F\cap E')+m^*(A\cap E'\cap F') \\ &\le m^*(A\cap E)+m^*(A\cap E') \\ &\le m^*A \quad (E\text{가 가측집합이므로}). \end{aligned}$$

그러므로 $E\cup F$는 가측집합이다. ■

가측집합의 정의에 의하여 E가 가측집합이면 E'도 가측집합이므로 다음 정리를 얻을 수 있다.

정리 11.15

$\mathscr{M}$을 가측집합의 모임이라 하면 $\mathscr{M}$은 대수이다.

정리 11.16

$E_1, E_2, \cdots, E_n$을 서로소인 가측집합이라 하자. $\mathbb{R}$의 임의의 부분집합 A에 대하여 $m^*\left(A\cap\left(\bigcup_{i=1}^{n}E_i\right)\right)=\sum_{i=1}^{n}m^*(A\cap E_i)$이다. $A=\mathbb{R}$이면 $m^*\left(\bigcup_{i=1}^{n}E_i\right)=\sum_{i=1}^{n}m^*E_i$이다.

증명 귀납법을 사용하여 정리를 증명한다.
$i=1$일 때 성립하므로 $i=k<n$일 때
$m^*\left(A\cap\left(\bigcup_{i=1}^{k}E_i\right)\right)=\sum_{i=1}^{k}m^*(A\cap E_i)$이라 가정하자. $i=k+1$일 때 E_{k+1}이 가측집합이므로

$$\begin{aligned}m^*\left(A\cap\left(\bigcup_{i=1}^{k+1}E_i\right)\right)&=m^*\left(\left(A\cap\left(\bigcup_{i=1}^{k+1}E_i\right)\right)\cap E_{k+1}\right)\\&\quad+m^*\left(\left(A\cap\left(\bigcup_{i=1}^{k+1}E_i\right)\right)\cap E'_{k+1}\right)\\&=m^*(A\cap E_{k+1})+m^*\left(A\cap\left(\bigcup_{i=1}^{k}E_i\right)\right)\\&=m^*(A\cap E_{k+1})+\sum_{i=1}^{k}m^*(A\cap E_i)\quad.\end{aligned}$$

따라서 $m^*\left(A\cap\left(\bigcup_{i=1}^{n}E_i\right)\right)=\sum_{i=1}^{n}m^*(A\cap E_i)$이다. ■

정리 11.17

$E_1, E_2, \cdots$ 가 가측집합이면 $\bigcup_{n=1}^{\infty} E_n$가 가측집합이다.

증명 $E_1, E_2, \cdots$ 가 가측집합이라 하자. 정리 11.15에 의하여 $\mathscr{M}$는 대수이므로 정리 11.7에 의하여 서로소인 가측집합열 $\{F_n\}$가 존재하고 $\bigcup_{n=1}^{\infty} E_n = \bigcup_{n=1}^{\infty} F_n$이다. A를 $\mathbb{R}$의 임의의 부분집합이라 하자. 각 자연수 n에 대하여 $\bigcup_{i=1}^{n} F_i$가 가측집합이므로 정리 11.16에 의하여

$$\begin{aligned} m^*A &= m^*\left(A\cap\left(\bigcup_{i=1}^{n} F_i\right)\right) + m^*\left(A\cap\left(\bigcup_{i=1}^{n} F_i\right)'\right) \\ &= \sum_{i=1}^{n} m^*(A\cap F_i) + m^*\left(A\cap\left(\bigcup_{i=1}^{n} F_i\right)'\right). \end{aligned}$$

$m^*A < \infty$인 경우와 $m^*A = \infty$인 경우로 나누어 생각하자.

$m^*A < \infty$인 경우, 각 자연수 n에 대하여 $x_n = \sum_{i=1}^{n} m^*(A\cap F_i)$라 두면 수열 $\{x_n\}$은 단조증가유계수열이므로 $\lim_{n\to\infty} x_n$이 존재하고 $\lim_{n\to\infty} x_n = \sum_{i=1}^{\infty} m^*(A\cap F_i)$이다. 따라서

$$\begin{aligned} m^*A &\geq \sum_{i=1}^{\infty} m^*(A\cap F_i) + m^*\left(A\cap\left(\bigcup_{i=1}^{\infty} F_i\right)'\right) \\ &\geq m^*\left(A\cap\left(\bigcup_{i=1}^{\infty} F_i\right)\right) + m^*\left(A\cap\left(\bigcup_{i=1}^{\infty} F_i\right)'\right). \end{aligned}$$

$m^*A = \infty$이면 위 부등식이 성립한다. 따라서 $\bigcup_{i=1}^{\infty} E_i = \bigcup_{i=1}^{\infty} F_i$는 가측집합이다. ■

따름정리 11.18

$\mathscr{M}$은 σ-대수이다.

정리 11.19

$\{E_n\}$를 서로소인 가측집합열이라 하면 $m^*\left(\bigcup_{n=1}^{\infty} E_n\right) = \sum_{n=1}^{\infty} m^*E_n$.

증명 $\{E_n\}$를 서로소인 가측집합열이라 하면 정리 11.12에 의하여 $m^*\left(\bigcup_{n=1}^{\infty} E_n\right) \le \sum_{n=1}^{\infty} m^*E_n$이다. 각 자연수 $n=1,2,\cdots$에 대하여 정리 11.10에 의하여 $m^*\left(\bigcup_{n=1}^{\infty} E_n\right) \ge m^*\left(\bigcup_{i=1}^{n} E_i\right) = \sum_{i=1}^{n} m^*E_i$이다. 따라서 $m^*\left(\bigcup_{n=1}^{\infty} E_n\right) \ge \sum_{n=1}^{\infty} m^*E_n$이다. ■

예제 2.5

1) a가 실수이면 (a, ∞)는 가측집합이다. 따라서 $[a, \infty)$도 가측집합이다.

2) a, b가 $a<b$인 실수일 때 (a, b)는 가측집합이다.

풀이 1) A를 임의의 $\mathbb{R}$의 부분집합이라 하고 $A_1 = A\cap(a, \infty)$, $A_2 = A\cap(-\infty, a]$라 두자. $m^*A \ge m^*A_1 + m^*A_2$임을 보이면 (a, ∞)는 가측집합이다. $m^*A = \infty$이면 위 식이 분명히 성립하므로 $m^*A < \infty$인 경우 위 식을 증명한다.

임의의 양수 ε에 대하여 m^*A의 정의에 의하여 A는 덮는 개구간의 수열 $\{I_n\}$이 존재하여 $\sum_{n=1}^{\infty} \ell(I_n) \le m^*A + \varepsilon$이다. 각 자연수 $n=1,2,\cdots$에 대하여 $J_n = I_n\cap(a, \infty)$, $K_n = I_n\cap(-\infty, a]$라 두자. 이 때 J_n, K_n은 구간 또는 $\varnothing$이 되고

$\ell(I_n) = \ell(J_n) + \ell(K_n) = m^*J_n + m^*K_n$이다.

$A_1 \subset \bigcup_{n=1}^{\infty} J_n$이므로 $m^*A_1 \le m^*\left(\bigcup_{n=1}^{\infty} J_n\right) \le \sum_{n=1}^{\infty} m^*J_n$.

$A_2 \subset \bigcup_{n=1}^{\infty} K_n$이므로 $m^*A_2 \le m^*\left(\bigcup_{n=1}^{\infty} K_n\right) \le \sum_{n=1}^{\infty} m^*K_n$이다. 따라서

$$\begin{aligned} m^*A_1 + m^*A_2 &\le \sum_{n=1}^{\infty} m^*J_n + \sum_{n=1}^{\infty} m^*K_n \\ &= \sum_{n=1}^{\infty} (m^*J_n + m^*K_n) \\ &= \sum_{n=1}^{\infty} \ell(I_n) \\ &\le m^*A + \varepsilon . \end{aligned}$$

ε이 임의의 양수이므로 $m^*A_1 + m^*A_2 \le m^*A$이다. 따라서 (a, ∞)는 가측집합이다. $[a, \infty) = \{a\} \cup (a, \infty)$이므로 $[a, \infty)$도 가측집합이다.

2) $\mathscr{M}$이 σ-대수이므로 1)에 의하여 $[b, \infty)' = (-\infty, b)$는 가측집합이다. 따라서 $(a, b) = (a, \infty) \cap (-\infty, b)$는 가측집합이다.

정의 11.20

m^*를 Lebesgue 외측도, $\mathscr{M}$을 Lebesgue 가측집합의 모임이라 하자. $m^*|_M = m$이라 하자. 즉 임의의 가측집합 E에 대하여 m^*E를 mE로 정의하고 $m: \mathscr{M} \to [-\infty, \infty]$을 **Lebesgue 측도** (Lebesgue measure)라 부른다. $(\mathbb{R}, \mathscr{M})$을 **Lebesgue 가측공간** (Lebesgue measurable space), $(\mathbb{R}, \mathscr{M}, m)$을 **Lesbeque 측도공간**(Lebesgue measure space)이라 부른다.

---

m^*에 관한 성질을 m에 관한 것으로 바꾸면 다음 정리가 성립한다.

정리 11.21

$m: \mathscr{M} \to [-\infty, \infty] \to [-\infty, \infty]$을 Lebesgue 측도라 하자.

1) 각 구간 I에 대하여 $I \in \mathscr{M}$이고 $mI = \ell(I)$이다.
2) 각 $E \in \mathscr{M}$에 대하여 $0 \le mE \le \infty$이다.
3) $m\emptyset = 0$, 각 $a \in \mathbb{R}$에 대하여 $\{a\} \in \mathscr{M}$이고 $m\{a\} = 0$이다.
4) $E, F \in \mathscr{M}$, $E \subset F$이면 $mE \le mF$이다.
5) $E \in \mathscr{M}$와 $a \in \mathbb{R}$에 대하여 $E + a \in \mathscr{M}$이고 $m(E+a) = mE$이다.
6) $\mathscr{M}$의 원소의 수열 $\{E_n\}$에 대하여

$$m\left(\bigcup_{n=1}^{\infty} E_n\right) \le \sum_{n=1}^{\infty} mE_n$$

$\{E_n\}$이 서로소인 수열이면, $m\left(\bigcup_{n=1}^{\infty} E_n\right) = \sum_{n=1}^{\infty} mE_n$이다.

정리 11.22

$\{E_n\}$을 가측집합의 수열이라 하자.

1) $\{E_n\}$이 단조증가수열이면, $m(\lim_{n\to\infty} E_n) = \lim_{n\to\infty} mE_n$이다.

여기서 $\lim_{n\to\infty} E_n = \bigcup_{n=1}^{\infty} E_n$이다.

2) $\{E_n\}$이 단조감소수열이고 $mE_1 < \infty$이면,

$m(\lim_{n\to\infty} E_n) = \lim_{n\to\infty} mE_n$이다. 여기서 $\lim_{n\to\infty} E_n = \bigcap_{n=1}^{\infty} E_n$이다.

증명 1) $F_1 = E_1$, $F_n = E_n \setminus E_{n-1}$ $(n = 2, 3, \cdots)$라 두면, $\{F_n\}$는 서로소인 가측집합의 수열이고 $\bigcup_{i=1}^{\infty} E_i = \bigcup_{i=1}^{\infty} F_i$, $E_n = \bigcup_{i=1}^{n} F_i$이다. 정리 11.19에 의하여

$$\begin{aligned} m(\lim_{n\to\infty} E_n) &= m\left(\bigcup_{i=1}^{\infty} E_i\right) = m\left(\bigcup_{i=1}^{\infty} F_i\right) \\ &= \sum_{i=1}^{\infty} mF_i = \lim_{n\to\infty} \sum_{i=1}^{n} mF_i = \lim_{n\to\infty} m\left(\bigcup_{i=1}^{n} F_i\right) = \lim_{n\to\infty} mE_n . \end{aligned}$$

2) $F_1 = E_1$, $F_n = E_1 \setminus E_n$ $(n = 2, 3, \cdots)$라 두면, $\{F_n\}$는 가측집합의

단조증가수열이다.

$E_1 = (\lim_{n\to\infty} E_n) \cup (\lim_{n\to\infty} F_n)$, $(\lim_{n\to\infty} E_n) \cap (\lim_{n\to\infty} F_n) = \varnothing$ 이다.

1)과 정리 11.21 6)에 의하여

$mE_1 = m(\lim_{n\to\infty} E_n) + \lim_{n\to\infty} mF_n = m(\lim_{n\to\infty} E_n) + m(\lim_{n\to\infty} F_n)$이다.

모든 자연수 $n = 1, 2, \cdots$에 대하여 $mE_n \le mE_1 < \infty$이므로,

$mF_n = m(E_1 \setminus E_n) = mE_1 - mE_n$이다.

따라서 $mE_1 = m(\lim_{n\to\infty} E_n) + mE_1 - \lim_{n\to\infty} mE_n$이고 $mE_1 < \infty$이므로

$m(\lim_{n\to\infty} E_n) = \lim_{n\to\infty} mE_n$이다. ■

$\mathbb{R}$ 위의 통상위상(usual topology)에 대하여 잘 알고있는 독자들을 위하여 Lindelöf 정리를 소개한다.

정리 11.23 (Lindelöf 정리)

O를 $\mathbb{R}$ 위의 통상위상에 대한 개집합이라 하면 서로소인 개구간열 $\{I_n\}$이 존재하여 $O = \bigcup_{n=1}^{\infty} I_n$이다.

정리 11.24

O를 $\mathbb{R}$ 위의 통상위상에 대한 개집합이라 하면 O는 가측집합이다.

"$\mathbb{R}$의 부분집합으로서 Lebesgue 가측집합이 아닌 집합이 있는가?" 라는 의문을 가질 수 있다. 이 질문에 대한 대답은 증명없이 아래 정리로 답하겠다.

정리 11.25

[0, 1]의 부분집합으로서 Lebesgue 가측집합이 아닌 집합이 있다.

연습문제 11.2

1. E, F를 $\mathbb{R}$의 부분집합이라 하자.

   1) $m^*E=0$이면 $m^*(E\cup F)=m^*F$이다.

   2) $E\subset F$이고 $m^*E<\infty$ 이면 $m^*(F\setminus E)\geq m^*F-m^*E$이다.

2. $\ell\left(\bigcup_{n=1}^{\infty}\left[-\frac{1}{n}, \frac{1}{n}\right]\right)$를 구하라.

3. E, F를 Lebesgue 가측집합이라 하자. $m^*(E\cup F)+m^*(E\cap F)=m^*E+m^*F$.

4. 각 자연수 n에 대해서 $E_n\subset\mathbb{R}$이고 $m^*E_n=0$라 하면 $\bigcup_{n=1}^{\infty}E_n$는 가측집합임을 보여라.

5. m^*는 이동에 의하여 불변임을 보여라. 즉 $E\subset\mathbb{R}$, $c\in\mathbb{R}$이면 $m^*E=m^*(E+c)$이다. 여기서 $E+c=\{x+c\mid x\in E\}$.

6. $E\subset\mathbb{R}$, $c>0$에 대하여 $cE=\{cx\mid x\in E\}$ 이라 할 때

   1) $m^*(cE)=c\,m^*E$

   2) E가 가측이면 cE도 가측이다.

연습문제 풀이 및 해답

1. 1) $F \subset E \cup F$이므로 $m^*F \le m^*(E \cup F)$이고,
$m^*(E \cup F) \le m^*E + m^*F = 0 + m^*F = m^*F$ 이다. 따라서 $m^*(E \cup F) = m^*F$이다.
2) $F = (F \setminus E) \cup E$이므로 $m^*F = m^*((F \setminus E) \cup E) \le m^*(F \setminus E) + m^*E$. $m^*E < \infty$ 이므로 $\infty - \infty$형을 피할수 있고 $m^*F - m^*E \le m^*(F \setminus E)$ 이다.

2. $\bigcup_{n=1}^{\infty}\left[-\frac{1}{n}, \frac{1}{n}\right] = [-1, 1]$이므로 $\ell\left(\bigcup_{n=1}^{\infty}\left[-\frac{1}{n}, \frac{1}{n}\right]\right) = \ell([-1, 1]) = 2$.

3. E가 가측집합이므로 $m^*F = m^*(F \cap E) + m^*(F \cap E')$, F가 가측집합이므로 $m^*E = m^*(E \cap F) + m^*(E \cap F')$. 가측집합의 모임은 집합대수이므로 $E \cap F'$와 $E \cap F$, $F \cap E'$은 모두 가측이고, 각각 서로소이다.
$E \cup F = (E \cap F') \cup (E \cap F) \cup (F \cap E')$이므로
정리 11.19에 의하여 $m^*(E \cup F) = m^*(E \cap F') + m^*(E \cap F) + m^*(F \cap E')$. 양변에 $m^*(E \cap F)$를 더하면

$$\begin{aligned} m^*(E \cup F) + m^*(E \cap F) &= m^*(E \cap F) + m^*(E \cap F') + m^*(E \cap F) + m^*(F \cap E') \\ &= m^*E + m^*F \ . \end{aligned}$$

4. $m^*\left(\bigcup_{n=1}^{\infty} E_n\right) \le \sum_{n=1}^{\infty} m^*E_n = 0$이므로 $m^*\left(\bigcup_{n=1}^{\infty} E_n\right) = 0$이다. 예제 2.4 1)에 의하여 $\bigcup_{n=1}^{\infty} E_n$은 가측집합이다.

5. I가 무한구간이면 $\ell(I) = \infty$이고, $I + c$도 무한구간이므로 $\ell(I + c) = \infty$. I가 유한구간이면 (a, b), $[a, b)$, $(a, b]$, $[a, b]$, $(a < b)$ 중 하나이면 $\ell(I) = b - a$ 이고 $\ell(I + c) = (b + c) - (a + c) = b - a$. 따라서 I가 구간이면
$m^*I = \ell(I) = \ell(I + c) = m^*(I + c)$. 이제 $E \subset \mathbb{R}$ 이고 $\{I_n\}$이 E의 개구간의 덮개라 하면 $\{I_n + c\}$는 $E + c$의 덮개이다. 모든 n에 대하여 $\ell(I_n) = \ell(I_n + c)$이므로 $\sum \ell(I_n) = \sum \ell(I_n + c)$이다. 역으로 $\{J_n\}$이 $E + c$의 개구간의 덮개라 하면 $\{J_n - c\}$는 E의 개구간의 덮개이고 $\sum \ell(J_n) = \sum \ell(J_n - c)$이다. 그러므로 $\inf_{E \subset \cup I_n} \sum \ell(I_n) = \inf_{E + c \subset \cup J_n} \sum \ell(J_n)$, 즉, $m^*E = m^*(E + c)$이다.

6. 1) $c > 0$이고 $E \subset \cup I_n$이면 $cE \subset \cup cI_n$이므로 5번과 같이 $m^*(cE) = c\, m^*E$ 임을 보일 수 있다.

2) $A \subset \mathbb{R}$ 이면 $A = cA_0(A_0 \subset \mathbb{R})$로 나타낼 수 있다. $(cE)' = cE'$임을 주목하면

$$\begin{aligned} m^*(A \cap (cE)) + m^*(A \cap (cE)') &= m^*(cA_0 \cap cE) + m^*(cA_0 \cap cE') \\ &= m^*(c(A_0 \cap E)) + m^*(c(A_0 \cap E')) \\ &= c\{m^*(A_0 \cap E) + m^*(A_0 \cap E')\} \quad (\text{1)에 의해서}) \\ &= cm^*A_0 \quad (E\text{가 가측이므로}) \\ &= m^*(cA_0) \quad (\text{1)에 의해서}) \\ &= m^*A \quad . \end{aligned}$$

따라서 cE도 가측이다.

11.3 가측함수

$\mathbb{R}$의 부분집합이 모두 가측집합은 아니므로 어떤 과정을 통해서 만들어진 집합이 가측인지 아닌지 아는 것은 매우 흥미롭고 중요하다. 이 절에서는 함수로부터 생겨나는 집합의 가측성에 대하여 조사한다. 이 성질들은 다음 절에서 다루는 Lebesgue 적분의 정의의 근간이 된다.

정리 11.26

E를 가측집합, $\mathbb{R}^*=[-\infty,\infty]$, $f: E \to \mathbb{R}^*$라 하면 아래 사실들은 서로 동치이다. a를 임의의 실수라 하자.

1) $\{x \mid f(x) > a\}$는 가측집합이다.

2) $\{x \mid f(x) \geq a\}$는 가측집합이다.

3) $\{x \mid f(x) < a\}$는 가측집합이다.

4) $\{x \mid f(x) \leq a\}$는 가측집합이다.

위 사실 중 하나가 성립하면 임의의 확장된 실수 a에 대하여

5) $\{x \mid f(x) = a\}$는 가측집합이다.

증명 $\{x \mid f(x) \leq a\} = E \setminus \{x \mid f(x) > a\}$이므로 따름정리 11.18에 의하여 ($E$, F가 가측이고 $E \subset F$이면 $F \setminus E = F \cap E'$는 가측집합이다) 1)⇒4)이다.

위와 같은 이유로 4)⇒1)이고 2)⇔3)이다.

1) ⇒ 2).

$\{x \mid f(x) \geq a\} = \bigcap_{n=1}^{\infty} \{x \mid f(x) > a - \frac{1}{n}\}$이고 1)에 의하여 각 자연수 n에 대하여 $\{x \mid f(x) > a - \frac{1}{n}\}$이 가측집합이므로 따름정리 11.20에 의하여 $\{x \mid f(x) \geq a\}$는 가측집합이다.

2) ⇒ 1).

$\{x \mid f(x) > a\} = \bigcup_{n=1}^{\infty} \{x \mid f(x) \geq a + \frac{1}{n}\}$이고 2)에 의하여 모든 자연수 n에 대하여 $\{x \mid f(x) \geq a + \frac{1}{n}\}$이 가측집합이므로 따름정리 11.20에 의하여 $\{x \mid f(x) > a\}$는 가측집합이다.

5)에 대하여 $a \in \mathbb{R}$ 이면

$\{x \mid f(x) = a\} = \{x \mid f(x) \geq a\} \cap \{x \mid f(x) \leq a\}$이므로 2)와 4)에 의하여 5)는 성립한다.

$a = \infty$이면 $\{x \mid f(x) = \infty\} = \bigcap_{n=1}^{\infty} \{x \mid f(x) \geq n\}$이므로 2)에 의하여 5)는 성립한다.

$a = -\infty$이면 $\{x \mid f(x) = -\infty\} = \bigcap_{n=1}^{\infty} \{x \mid f(x) \leq -n\}$이므로 2)에 의하여 5)는 성립한다. ■

정의 11.2

가측집합 E와 함수 $f: E \to \mathbb{R}^*$에 대하여 정리 11.26에 서술된 네 가지 성질 중 하나가 만족될 때 f를 **Lebesgue 가측함수**(Lebesgue measurable function) 또는 간단히 **가측함수**(measurable function)라 부른다.

예제 3.1

함수 $f: E \to \mathbb{R}^*$가 가측이라 하자. $\{x \mid f(x) < \infty\}$, $\{x \mid f(x) > -\infty\}$, $\{x \mid f(x) = \infty\}$, $\{x \mid f(x) = -\infty\}$는 가측집합이다.

풀이 $\{x \mid f(x) < \infty\} = \bigcup_{n=1}^{\infty} \{x \mid f(x) < n\}$, $\{x \mid f(x) > -\infty\} = \bigcup_{n=1}^{\infty} \{x \mid f(x) > -n\}$ 이므로 정리 11.26에 의하여 두 집합은 가측이다.

$\{x \mid f(x) = +\infty\} = \{x \mid f(x) < \infty\}'$, $\{x \mid f(x) = -\infty\} = \{x \mid f(x) > -\infty\}'$

이므로 이 두 집합도 가측이다.

예제 3.2 (1995. 임용고사)

가측(measurable) 공간 X 위에서 정의된 함수 f에 관한 다음 성질 중 동치인 것을 모두 고르면 ?

㉠ 모든 실수 a에 대하여 $\{x \mid f(a) > a\}$는 가측집합이다.

㉡ 모든 실수 a에 대하여 $\{x \mid f(a) \geq a\}$는 가측집합이다.

㉢ 모든 실수 a에 대하여 $\{x \mid f(a) < a\}$는 가측집합이다.

예제 3.3

항등함수 $f(x) = x$, $x \in \mathbb{R}$은 가측함수이다.

풀이 각 실수 a에 대해서 집합 $\{x \mid f(x) > a\} = \{x \mid x > a\} = (a, \infty)$는 가측이므로 f는 가측함수이다.

예제 3.4

E를 가측집합이라 하고 $f: E \to \mathbb{R}^*$는 모든 $x \in E$에 대하여 $f(x) = c$인 상수함수라 하자. f는 가측함수이다.

풀이 c가 실수인 경우 각 실수 a에 대하여 $\{x \mid f(x) > a\} = \begin{cases} \varnothing : a \geq c \\ E : a < c \end{cases}$ 이므로 f는 가측이다. $c = +\infty$인 경우 임의의 실수 a에 대하여 $\{x \mid f(x) > a\} = E$, $c = -\infty$인 경우 임의의 실수 a에 대하여 $\{x \mid f(x) > a\} = \varnothing$ 이므로 f는 가측이다.

이 책에서 연속함수를 생각할 때 $\mathbb{R}$ 위에서 위상은 늘 통상위상이다.

예제 3.5

E를 가측집합이라 하고 $f: E \to \mathbb{R}$가 연속이면 f는 가측함수이다.

풀이 f가 연속이므로 임의의 실수 a에 대하여 $\{x|f(x)>a\}=f^{-1}((a,\infty))$는 E의 개집합이다. Lindelöf 정리에 의하여

$\{x|f(x)>a\}=E\cap\left(\bigcup_{n=1}^{\infty}I_n\right)=\bigcup_{n=1}^{\infty}(E\cap I_n)$이다. 여기서 각 I_n는 개구간이다. 따름정리 11.18에 의하여 $\{x|f(x)>a\}$는 가측집합이므로 f는 가측함수이다.

정리 11.28

E를 가측집합, $f, g: E\to\mathbb{R}^*$를 가측함수라 하면 아래 1), 2), 3)은 가측집합이다.

1) $\{x|f(x)>g(x)\}$

2) $\{x|f(x)\ge g(x)\}$

3) $\{x|f(x)=g(x)\}$

증명 $\{x|f(x)>g(x)\}=\varnothing$이면 $\varnothing$는 가측집합이다.

$\{x|f(x)>g(x)\}\ne\varnothing$이면 $f(x)>g(x)$인 각 x에 대하여

$f(x)>r>g(x)$인 유리수 r가 있다. 위 식을 만족하는 유리수 전체의 집합을 $\{r_n\}\subset\mathbb{Q}$이라고 하면

$$\{x|f(x)>g(x)\}=\bigcup_n(\{x|f(x)>r_n\}\cap\{x|g(x)<r_n\})$$

이므로 $\{x|f(x)>g(x)\}$는 가측집합이다.

2) $\{x|f(x)\ge g(x)\}=\{x|f(x)<g(x)\}'$이므로 1)과 따름정리 11.18에 의하여 $\{x|f(x)\ge g(x)\}$는 가측집합이다.

3) $\{x|f(x)=g(x)\}=\{x|f(x)\ge g(x)\}\setminus\{x|f(x)>g(x)\}$이므로 1)과 2)에 의하여 $\{x|f(x)=g(x)\}$는 가측집합이다. ■

정리 11.29

E를 가측집합, c를 실수, $f: E \to \mathbb{R}^*$를 가측함수라 하면 $f+c$, cf, f^2은 가측함수이다.

증명 임의의 실수 a에 대하여 $\{x \mid f(x)+c > a\} = \{x \mid f(x) > a-c\}$이므로 $f+c$는 가측함수이다. 함수 cf에 대하여는 c가 양수, 음수, 0인 경우로 나누어서 생각하자.

$c>0$인 경우 $\{x \mid cf(x) > a\} = \{x \mid f(x) > \frac{a}{c}\}$.

$c<0$인 경우 $\{x \mid cf(x) > a\} = \{x \mid f(x) < \frac{a}{c}\}$.

$c=0$인 경우 $cf=0$이므로 $a \geq 0$이면 $\{x \mid cf(x) > 0\} = \varnothing$.
$a<0$이면 $\{x \mid cf(x) > a\} = E$이므로 cf는 가측함수이다.
임의의 실수 a에 대하여, $a \geq 0$이면

$$\begin{aligned}
&\{x \mid f^2(x) > a\} \\
&= \{x \mid f(x) = \infty\} \cup \{x \mid f(x) = -\infty\} \cup \{x \mid a < f^2(x) < \infty\} \\
&= \{x \mid f(x) = \infty\} \cup \{x \mid f(x) = -\infty\} \\
&\qquad \cup \{x \mid f(x) > \sqrt{a}\} \cup \{x \mid f(x) < -\sqrt{a}\},
\end{aligned}$$

$a < 0$이면 $\{x \mid f^2(x) > a\} = E$ 이므로 f^2 은 가측함수이다. ■

정리 11.30

함수 $f, g: E \to \mathbb{R}^*$를 가측함수라 하자.

1) $f+g$, $f-g$가 $\infty - \infty$형태의 값을 취하지 않으면 $f+g$, $f-g$는 가측함수이다.

2) fg 는 가측함수이다.

3) $g \neq 0$이면 $\frac{1}{g}$은 가측함수이다. 따라서 2)에 의하여 $\frac{f}{g}$는 가측함수이다.

증명 1) 모든 실수 a에 대하여,

$$\{x \mid f(x)+g(x) > a\} = \{x \mid f(x) \in \mathbb{R},\ g(x) \in \mathbb{R},\ f(x) > a - g(x)\}$$
$$\cup (\{x \mid f(x)=\infty\} \setminus \{x \mid g(x) = -\infty\})$$
$$\cup (\{x \mid g(x)=\infty\} \setminus \{x \mid f(x) = -\infty\})$$

이므로 정리 11.28과 예제 3.1에 의하여 $\{x \mid f(x)+g(x) > a\}$는 가측집합이다. 따라서 $f+g$는 가측함수이다. g가 가측함수이면 정리 11.29에 의하여 $-g$도 가측함수이다. 따라서 $f+(-g)=f-g$는 가측함수이다.

2) 모든실수 a에 대하여

$$\{x \mid f(x)\,g(x) > a\} = \{x \mid a < f(x)g(x) < \infty\} \cup \{x \mid f(x)g(x) = \infty\},$$

$$\{x \mid f(x)\,g(x) = \infty\}$$
$$= \{x \mid f(x)=\infty,\ g(x)=\infty\} \cup \{x \mid f(x)>0,\ g(x)=\infty\}$$
$$\cup \{x \mid g(x)>0,\ f(x)=\infty\} \cup \{x \mid f(x)<0,\ g(x)=-\infty\}$$
$$\cup \{x \mid g(x)<0,\ f(x)=-\infty\} \cup \{x \mid f(x)=-\infty,\ g(x)=-\infty\},$$

$\{x \mid f(x)>0,\ g(x)=\infty\} = \{x \mid f(x)>0\} \cap \{x \mid g(x)=\infty\}$는 f와 g가 가측함수이므로 가측집합이다.

$$\{x \mid f(x)=\infty,\ g(x)=\infty\} = \{x \mid f(x)=\infty\} \cap \{x \mid g(x)=\infty\},$$
$$\{x \mid f(x)=-\infty,\ g(x)=-\infty\} = \{x \mid f(x)=-\infty\} \cap \{x \mid g(x)=-\infty\}$$

이므로 예제 3.1에 의하여 $\{x \mid f(x)\,g(x)=\infty\}$는 가측집합이다. 나머지 경우도 같은 방법으로 가측집합임을 보일 수 있다.

$\{x \mid a < f(x)g(x) < \infty\}$가 가측집합임을 증명하자. 이 경우는 $f,\ g : F \to \mathbb{R}$인 함수이다. 여기서 $F = E \setminus \{x \mid f(x)g(x)=\infty\}$이다. $fg = \frac{1}{2}((f+g)^2 - f^2 - g^2)$이므로 정리 11.29에 의하여 fg는 가측함수이다. 따라서 $\{x \mid a < f(x)g(x) < \infty\}$는 가측집합이다.

그러므로 fg는 가측함수이다.

3) 모든 실수 a에 대하여,

$0 < a$이면 $\left\{x \mid \dfrac{1}{g(x)} > a\right\} = \left\{x \mid g(x) < \dfrac{1}{a}\right\}.$

$a < 0$이면

$$\left\{x \mid \frac{1}{g(x)} > a\right\}$$
$$=\left\{x \mid g(x) > 0,\ \frac{1}{g(x)} > a\right\} \cup \left\{x \mid g(x) < 0,\ \frac{1}{g(x)} > a\right\}$$
$$=\left\{x \mid g(x) > 0,\ g(x) > \frac{1}{a}\right\} \cup \left\{x \mid g(x) < 0,\ g(x) < \frac{1}{a}\right\}.$$

$a=0$이면 $\left\{x \mid \frac{1}{g(x)} > 0\right\} = \{x \mid g(x) > 0\}$. 따라서 각 경우 가측집합이므로 $\frac{1}{g}$는 가측함수이다. ■

예제 3.6

1) $f: E \to \mathbb{R}^*$가 가측함수이면 $\mathbb{R}$의 임의의 개집합 O에 대하여 $\{x \mid f(x) \in O\}$는 가측집합이다.
2) 함수 $g: E \to \mathbb{R}$, $f: \mathbb{R} \to \mathbb{R}$에 대하여 f는 연속, g가 가측함수이면 $f \circ g$는 가측함수이다.
3) $\mathbb{R}$의 부분집합 E에 대하여 χ_E를 특성함수(characteristic function)이라 하자. 즉

$$\chi_E(x) = \begin{cases} 1 : x \in E \\ 0 : x \in E' \end{cases}$$

다음의 i)과 ii)는 동치이다.
i) χ_E가 가측함수이다.
ii) E가 가측집합이다.

풀이 1) O가 개집합이므로 $O = \bigcup_{n=1}^{\infty} I_n$인 서로소인 개구간열 $\{I_n\}$이 존재한다. 각 자연수 n에 대하여 $I_n = (a_n, b_n)$이라 두면

$$\{x \mid f(x) \in O\} = f^{-1}\left(\bigcup_{n=1}^{\infty} I_n\right) = \bigcup_{n=1}^{\infty} f^{-1}(I_n)$$
$$= \bigcup_{n=1}^{\infty} \{x \mid f(x) > a_n\} \cap \{x \mid f(x) < b_n\}$$

이므로 $\{x \mid f(x) \in O\}$는 가측집합이다.
2) 임의의 실수 a에 대하여 $(f \circ g)^{-1}((a, \infty)) = g^{-1}(f^{-1}(a, \infty))$

이다. f가 연속이므로 $f^{-1}((a,\infty))$는 개집합이다. 1)에 의하여 $g^{-1}(f^{-1}((a,\infty))$는 가측집합이므로 $f\circ g$는 가측함수이다.

3) i) ⇒ ii). $\{x \mid \chi_E(x)=1\}=E$이고 χ_E가 가측함수이므로 E는 가측집합이다.

ii) ⇒ i). 임의의 실수 a에 대하여 $a<0$이면 $\{x \mid \chi_E(x)>a\}=\mathbb{R}$, $0\le a<1$이면 $\{x \mid \chi_E(x)>a\}=E$, $1\le a$이면 $\{x \mid \chi_E(x)>a\}=\varnothing$. $\varnothing$, E, $\mathbb{R}$가 가측집합이므로 χ_E는 가측함수이다.

정의 11.31

$X(X\neq\varnothing)$를 $\mathbb{R}$의 부분집합이라 하고 X의 각 원소 x에 대하여 $p(x)$를 x에 관한 명제라 하자. "명제 $p(x)$가 X의 원소들 x에 대하여 $a.e$(almost everywhere)**로 성립한다**" 함은 $p(x)$가 성립하지 않는 점의 집합의 외측도가 0임을 의미한다.

정리 11.32

함수 $f, g: E\to\mathbb{R}^*$에 대하여 f가 가측이고 $f=g$ $a.e$이면 g도 가측함수이다.

증명 $F=\{x \mid f(x)\neq g(x)\}$라 하면 $f=g$ $a.e$이므로 $mF=0$이다. 임의의 실수 a에 대하여

$\{x \mid g(x)>a\}=(\{x \mid f(x)>a\}\cup(\{x\in F \mid g(x)>a\}\setminus(\{x\in F \mid g(x)\le a\})$.

f가 가측함수이므로 $\{x \mid f(x)>a\}$는 가측집합이고

$\{x\in F \mid g(x)>a\}$와 $\{x\in F \mid g(x)\le a\}$는 E의 부분집합이고

$mF=0$이므로 두 집합은 가측집합이다. 따라서 $\{x \mid g(x)>a\}$는 가측집합이고 g도 가측함수이다. ■

예제 3.6 (1996. 임용고사)

실수전체의 집합을 $\mathbb{R}$이라 할때 함수 $f: \mathbb{R} \to \mathbb{R}$는 연속이고, $f=0$ $a.e.$ 이때 f가 항등적으로 0임을 보여라.

증명 실수 a에 대하여 $f(a)\neq 0$라면 f가 a에서 연속이므로 $\varepsilon=\frac{|f(a)|}{2}$에 대하여 양수 δ가 존재하여 $|a-x|<\delta$이면 $|f(x)-f(a)|<\varepsilon$. $m(a-\delta, a+\delta)=2\delta$이므로 $f=0$ $a.e$에 모순이다. 따라서 $f=0$이다.

정리 11.3

각 자연수 n에 대하여 $f_n: E \to \mathbb{R}^*$를 가측함수라 하자.

1) $\sup_{1\le i\le n} f_i$와 $\inf_{1\le i\le n} f_i$는 가측함수이다.

2) $\sup_{1\le n} f_n$와 $\inf_{1\le n} f_n$는 가측함수이다.

3) $\limsup_{n\to\infty} f_n$와 $\liminf_{n\to\infty} f_n$는 가측함수이다.

증명 1) 임의의 실수 a에 대하여

$\{x \mid \sup_{1\le i\le n} f_i(x)>a\}=\bigcup_{i=1}^{n}\{x \mid f_i(x)>a\}$. $i=1,2,\cdots,n$에 대하여 f_i가 가측함수이므로 $\{x \mid f_i(x)>a\}$는 가측집합이다. 따라서 $\{x \mid \sup_{1\le i\le n} f_i(x)>a\}$는 가측집합이고 $\sup_{1\le i\le n} f_i$는 가측함수이다. 비슷한 방법으로 $\inf_{1\le i\le n} f_i$의 경우에도 증명된다.

2) 임의의 실수 a에 대하여

$\{x \mid \sup_{1\le n} f_n(x)>a\}=\bigcup_{n=1}^{\infty}\{x \mid f_n(x)>a\}$. 각 자연수 n에 대하여 $\{x \mid f_n(x)>a\}$가 가측집합이므로 $\{x \mid \sup_{1\le n} f_n(x)>a\}$는 가측집합이고 $\sup_{1\le n} f_n$는 가측함수이다. 같은 방법으로 $\inf_{1\le n} f_n$의 경우도 증명할 수 있다.

3) 1)과 2)를 사용하면 3)의 경우를 증명할 수 있다. ■

정리 11.34

E는 가측집합, $mE<\infty$, 자연수 $n=1,2,\cdots$에 대하여 $f_n: E\to \mathbb{R}^*$는 가측함수, $f: E\to\mathbb{R}$는 함수이다. 모든 x에 대하여 $\lim_{n\to\infty} f_n(x)=f(x)$이면, 임의의 양수 ε과 δ에 대하여 E의 가측부분집합 A와 자연수 N가 존재하여 $x\notin A$이고 $n\geq N$이면 $|f_n(x)-f(x)|<\varepsilon$이다.

증명 $\varepsilon>0$과 $\delta>0$가 주어졌다 하자. 각 자연수 n과 i에 대하여 G_n과 E_i을 다음과 같이 두자.

$$G_n=\{x\in E \mid |f_n(x)-f(x)|\geq\varepsilon\},\quad E_i=\bigcup_{n=i}^{\infty} G_n$$

이때 각 i에 대하여 $E_{i+1}\subset E_i$이다. $x\in E$, $\lim_{n\to\infty} f_n(x)=f(x)$이므로 각 x에 대하여 x를 포함하지 않는 i가 있다. 따라서 $\bigcap_{i=1}^{\infty} E_i=\varnothing$. 정리 11.22 2)에 의하여 $\lim mE_i=0$. 따라서 주어진 $\delta>0$에 대하여 $mE_N<\delta$인 N가 있다. 즉

$m\{x\in E \mid N$보다 큰 적당한 n에 대하여 $|f_n(x)-f(x)|\geq\varepsilon\}<\delta$.

$E_N=A$라 두면 $mA<\delta$이고 $x\notin A$와 $n\geq N$에 대하여,

$|f_n(x)-f(x)|<\varepsilon$이다. ■

연습문제 11.3

1. 가측함수열 $\{f_n\}$에 대하여 $\lim_{n\to\infty} f_n=f$ $a.e$이면 f가 가측함수임을 밝혀라.

2. 함수 $\phi: \mathbb{R}\to\mathbb{R}$가 유한개의 값을 취할 때, 즉 $\phi(E)$가 유한집합일 때 ϕ를 단

순함수(simple function)라 부른다.

i) $\phi: \mathbb{R} \to \mathbb{R}$를 단순함수라 하자. 여기서 $\phi(\mathbb{R})=\{a_1, a_2, \cdots, a_n\}$일 때 $A_i=\{x \mid \phi(x)=a_i\}\ (i=1,2,\cdots,n)$라 두면

a) $\phi=\sum_{i=1}^{n} a_i \chi_{A_i}$이다. 이 표현을 ϕ의 표준표현이라 부른다.

b) ϕ가 가측일 필요충분조건은 각 $A_i\ (i=1,2,\cdots,n)$가 가측집합이다.

c) i)의 표현이 유일한 것이 아님을 보여라.

ii) 두 단순함수 ϕ, ψ와 실수 c에 대하여 $\phi+c$, $c\phi$, $\phi+\psi$가 단순함수임을 보이고 각 함수의 표준표현을 구하라.

3. 두 특성함수 χ_A, χ_B 에 대하여 $\chi_A \cdot \chi_B = \chi_{A\cap B}$, $\chi_{A'}=1-\chi_A$, $\chi_{A\cup B}=\chi_A+\chi_B-\chi_A \cdot \chi_B$임을 보여라.

연습문제 풀이 및 해답

1. f_n의 공통 정의역을 E라 하면 $E=E_1\cup E_2$. $E_1=\{x \mid \lim_{n\to\infty} f_n(x)=f(x)\}$, $E_2=\{x \mid \lim_{n\to\infty} f_n(x)\neq f(x)\}$이고 $mE_2=0$이다. 임의의 실수 α에 대하여 $G=\{x\in E \mid f(x)>\alpha\}$라 하면 $G=(G\cap E_1)\cup(G\cap E_2)$이다. 정리 11.33에 의하여 f는 $G\cap E_1$에서 가측이므로 $G\cap E_1$은 가측집합이고, $G\cap E_2 \subset E_1$이므로 $m^*(G\cap E_2)\leq m^*E_2=mE_2=0$이다. 즉, $m^*(G\cap E_2)=0$이므로 $G\cap E_2$는 가측집합이다. 따라서 G는 가측집합이고 f는 가측함수이다.

2. ii) $\phi(\mathbb{R})=\{a_1, a_2, \cdots, a_n\}$, $\psi(\mathbb{R})=\{b_1, b_2, \cdots, b_m\}$, $A_i=\{x \mid \phi(x)=a_i\}(i=1,2,\cdots,n)$, $B_j=\{x \mid \psi(x)=b_j\}(j=1,2,\cdots,m)$ 이라 하자. $(\phi+c)(\mathbb{R})=\{a_1+c, a_2+c, \cdots, a_n+c\}$이므로 $\phi+c$는 단순함수이고 $\phi+c$의 표준표현은 $\phi+c=\sum_{i=1}^{n}(a_i+c)\chi_{A_i}$이다. $(c\phi)(\mathbb{R})=\{ca_1, ca_2, \cdots, ca_n\}$이므로 $c\phi$는 단순함수이고 $c\phi$의 표준표현은 $c\phi=\sum_{i=1}^{n} ca_i\chi_{A_i}$이다.

$\phi+\psi=\sum_{i=1}^{n}\sum_{j=1}^{m}(a_i+b_j)\chi_{A_i\cap B_j}$이다.

3. $\chi_{A\cap B}=\chi_A \cdot \chi_B$, $\chi_{A'}=1-\chi_A$. 바로 계산할수 있으므로 $\chi_{A\cup B}=\chi_A+\chi_B-\chi_A \cdot \chi_B=\chi_A+\chi_B-\chi_{A\cap B}$을 계산할 때 $x\in A\cup B$일 때

$x \in A \setminus B$, $x \in B \setminus A$, $x \in A \cap B$ 세 경우로 나누어 계산하면 쉽게 할 수 있다.

11.4 Lebesgue 적분

단순가측함수의 Lebesgue 적분

Riemann 적분을 할 때 우리가 잘 알고있는 사각형의 넓이를 이용하기 위하여 계단함수를 이용하였다. Lebesgue 적분을 공부하기 위하여 계단함수의 확장인 단순함수를 이용하겠다.

함수 $\phi: \mathbb{R} \to \mathbb{R}$가 유한개의 값을 가질 때 **단순함수**(simple function)라 하고 $\phi(\mathbb{R}) = \{a_1, a_2, \cdots, a_n\}$ ($a_i \neq a_j$ $(i \neq j)$)일 때 $\phi = \sum_{i=1}^{n} a_i \chi_{E_i}$로 나타낸다. 여기서 각 $E_i = \{x | \phi(x) = a_i\}$ $(i=1, 2, \cdots, n)$이고, χ_{E_i}는 E_i의 **특성함수**(characteristic function)이다. 이 표현을 ϕ의 **표준표현**이라 부르고 ϕ가 가측일 필요충분조건은 각 $i = 1, 2, \cdots, n$에 대하여 E_i가 가측집합이다. ϕ의 표현이 유일한 것은 아니다.

정의 11.35

$\phi: \mathbb{R} \to \mathbb{R}$를 단순가측함수, $\phi = \sum_{i=1}^{n} a_i \chi_{E_i}$을 ϕ의 표준표현이라 하자. $i \neq j$에 대하여 $E_i \cap E_j = \varnothing$이고 $\bigcup_{i=1}^{n} E_i = \mathbb{R}$. $a_i \neq 0$이면 $mE_i < \infty$일 때 $\sum_{i=1}^{n} a_i \, mE_i$을 $\int \phi(x)\, dm$이라 쓰고 이것을 ϕ의 Lebesgue **적분**(Lebesgue integral)이라 부른다. 즉

$$\int \phi(x)\, dm = \sum_{i=1}^{n} a_i \, mE_i \ .$$

E가 가측집합일 때 $\int_E \phi(x)\, dm = \int (\chi_E \, \phi)(x)\, dm$으로 정의하고 E 위에서 ϕ의 Lebesgue **적분**이라 부른다. $E = [a, b]$ $(a < b)$이면

$\int_{[a,b]}\phi(x)\,dm$을 $\int_a^b \phi(x)\,dm$이라 쓴다.

주의 정의 11.35에서 $m\{x \mid \phi(x)=0\}=\infty$이다.
ϕ의 Lebesgue 적분을 $\int_a^b \phi(x)\,dx$도 쓰기도하나 이 책에서는 Riemann 적분과 구별하기위하여 $\int_a^b \phi(x)\,dm$만 쓰기로 한다.

정리 11.3

$\phi: \mathbb{R} \to \mathbb{R}$가 Lebesgue 적분이 정의되는 단순가측함수라 하면 ϕ의 표현에 관계없이 $\int \phi(x)\,dm$은 일정하다.

증명 $\phi = \sum_{i=1}^{n} a_i \chi_{E_i}$, $\phi = \sum_{k=1}^{m} b_k \chi_{F_k}$을 ϕ의 두 표현이라 하자. 즉 E_i, F_k는 가측집합이고, $E_i \cap E_j = \emptyset$ $(i \neq j)$, $F_k \cap F_h = \emptyset$ $(k \neq h)$, $\bigcup_{i=1}^{n} E_i = \mathbb{R} = \bigcup_{k=1}^{m} F_k$. 이때 $E_i \cap F_k \neq \emptyset$ 이면 $a_i = b_k$ 이고 $E_i = \bigcup_{k=1}^{m}(E_i \cap F_k)$, $F_k = \bigcup_{i=1}^{n}(E_i \cap F_k)$이다. $m(E_i \cap F_k) = \infty$인 $i, k \geq 1$가 있으면 $mE_i = mF_k = \infty$이므로 $a_i = 0 = b_k$이다. 따라서

$$
\begin{aligned}
\sum_{i=1}^{n} a_i\, mE_i &= \sum_{i=1}^{n} a_i\, m\left(\bigcup_{k=1}^{m}(E_i \cap F_k)\right) \\
&= \sum_{i=1}^{n}\sum_{k=1}^{m} a_i\, m(E_i \cap F_k) \\
&= \sum_{k=1}^{m}\sum_{i=1}^{n} b_k\, m(E_i \cap F_k) \\
&= \sum_{k=1}^{m} b_k\, m\left(\bigcup_{i=1}^{n}(E_i \cap F_k)\right) \\
&= \sum_{k=1}^{m} b_k\, mF_k\ .
\end{aligned}
$$

■

예제 4.1

함수 $\phi: \mathbb{R} \to \mathbb{R}$은 다음과 같이 정의되었다 하자.(제5장 예제 1.4와 비교하라.)

$$\phi(x) = \begin{cases} 1 : x \in \mathbb{Q} \cap [0, 1] \\ 0 : x \in (\mathbb{Q} \cap [0, 1])' \end{cases}$$

1) ϕ는 단순함수이다.

2) ϕ는 Lebesgue 가측함수이다.

3) $\int_0^1 \phi(x)\, dm$을 구하라.

4) ϕ는 $[0, 1]$ 위에서 Riemann 적분가능이 아니다.

풀이 1) $\mathbb{Q} \cap [0, 1] = E_1$, $(\mathbb{Q} \cap [0, 1])' = E_2$라 두면 $\phi = 1\chi_{E_1} + 0\chi_{E_2}$이므로 ϕ는 단순함수이다.

2) E_1, E_2가 가측집합이므로 ϕ는 가측함수이다.

3) $m\mathbb{Q} = 0$이므로 $mE_1 = 0$이다. 따라서

$\int_0^1 \phi(x)\, dm = 1 \cdot mE_1 + 0 \cdot mE_2 = 0$이다.

4) $\{0 = x_0 < x_1 < x_2 < \cdots < x_{n-1} < x_n = 1\}$을 $[0, 1]$의 임의의 분할이라 하자. 각 $i = 1, 2, \cdots, n$,에 대하여 $[x_{i-1}, x_i]$에 유리수와 무리수가 포함되어 있으므로,

$$M_i = \sup\{\phi(x) \mid x_{i-1} \le x \le x_i\} = 1$$
$$m_i = \inf\{\phi(x) \mid x_{i-1} \le x \le x_i\} = 0.$$

그러므로 $\overline{\int_0^1} \phi(x)\, dx = 1$, $\underline{\int_0^1} \phi(x)\, dx = 0$. 따라서 ϕ는 $[0, 1]$에서 Riemann 적분가능이 아니다.

정리 11.37

ϕ, $\psi: \mathbb{R} \to \mathbb{R}$를 Lebesgue 적분이 정의되는 단순가측함수, E

와 F를 가측집합이라 하자.

1) $\phi=\sum_{i=1}^{n}a_i\chi_{E_i}\left(E_i\cap E_j=\varnothing\ ,\ a_i\neq a_j(i\neq j)\ ,\ \mathbb{R}=\bigcup_{i=1}^{n}E_i\right)$이면

$\int_E\phi(x)\,dm=\sum_{i=1}^{n}a_i\ m(E\cap E_i)$.

2) $E\cap F=\varnothing$ 이면 $\int_{E\cup F}\phi(x)\,dm=\int_E\phi(x)\,dm+\int_F\phi(x)\,dm$.

3) 실수 c에 대하여 $\int(c\phi)(x)\,dm=c\int\phi(x)\,dm$.

4) $\int(\phi+\psi)(x)\,dm=\int\phi(x)\,dm+\int\psi(x)\,dm$.

5) $\phi\leq\psi$이면 $\int\phi(x)\,dm\leq\int\psi(x)\,dm$.

증명 1) $\int\phi(x)\,dm=\sum_{i=1}^{n}a_i mE_i$ 이고

$$\chi_E\phi=\chi_E\left(\sum_{i=1}^{n}a_i\chi_{E_i}\right)=\sum_{i=1}^{n}a_i\chi_E\chi_{E_i}=\sum_{i=1}^{n}a_i\chi_{E\cap E_i}$$

이다. 따라서 $\int_E\phi(x)\,dm=\int(\chi_E\phi)(x)\,dm=\sum_{i=1}^{n}a_i m(E\cap E_i)$.

2) $E\cap F=\varnothing$ 이므로 $(E\cap E_i)\cap(F\cap E_i)=\varnothing$. 1)에 의하여

$$\begin{aligned}\int_{E\cup F}\phi(x)\,dm&=\int(\chi_{E\cup F}\phi)(x)\,dm\\&=\sum_{i=1}^{n}a_i m((E\cup F)\cap E_i)\\&=\sum_{i=1}^{n}a_i m(E\cap E_i)+\sum_{i=1}^{n}a_i m(F\cap E_i)\\&=\int_E\phi(x)\,dm+\int_F\phi(x)\,dm\ .\end{aligned}$$

3) $c\phi=\sum_{i=1}^{n}ca_i\chi_{E_i}$이므로 $c\phi$는 단순가측함수이다. 따라서

$\int(c\phi)(x)\,dm=\sum_{i=1}^{n}ca_i mE_i=c\left(\sum_{i=1}^{n}a_i mE_i\right)=c\int\phi(x)\,dm$.

4) $\psi=\sum_{k=1}^{m}b_k\chi_{F_k}$라 두면

$$\begin{aligned}\phi+\psi &= \sum_{i=1}^{n} a_i \chi_{E_i} + \sum_{k=1}^{m} b_k \chi_{F_k} \\ &= \sum_{i=1}^{n} a_i \chi_{\bigcup_{k=1}^{m}(E_i\cap F_k)} + \sum_{k=1}^{m} b_k \chi_{\bigcup_{i=1}^{n}(F_k\cap E_i)} \\ &= \sum_{i=1}^{n} a_i \left(\sum_{k=1}^{m} \chi_{E_i\cap F_k}\right) + \sum_{k=1}^{m} b_k \left(\sum_{i=1}^{n} \chi_{F_k\cap E_i}\right) \\ &= \sum_{i=1}^{n} \sum_{k=1}^{m} (a_i + b_i)\chi_{E_i\cap F_k} .\end{aligned}$$

따라서 $\phi+\psi$는 단순함수이고

$$\begin{aligned}\int(\phi+\psi)(x)\, dm &= \sum_{i=1}^{n} \sum_{k=1}^{m} (a_i+b_k)\, m(E_i\cap F_k) \\ &= \sum_{i=1}^{n} \sum_{k=1}^{m} a_i m(E_i\cap F_k) + \sum_{i=1}^{n} \sum_{k=1}^{m} b_k m(E_i\cap F_k) \\ &= \sum_{i=1}^{n} a_i mE_i + \sum_{k=1}^{m} b_k mF_k \\ &= \int \phi(x)\, dm + \int \psi(x)\, dm .\end{aligned}$$

5) $\psi-\phi = \sum_{i=1}^{n} \sum_{k=1}^{m} (b_k - a_i)\chi_{E_i\cap F_k}$. $\psi-\phi \geq 0$이므로

$b_k - a_i \geq 0$이고 $\int(\psi-\phi)(x)\, dm \geq 0$. 3)과 4)에 의하여

$\int(\psi-\phi)(x)\, dm = \int \psi(x)\, dm - \int \phi(x)\, dm$이고

$\int \psi(x)\, dm - \int \phi(x)\, dm \geq 0$. 따라서 $\int \psi(x)\, dm \geq \int \phi(x)\, dm$.

■

유계측도집합 위에서 유계함수의 Lebesgue 적분

정리 11.38

E를 가측집합, $mE < \infty$, 함수 $f: E \to \mathbb{R}$를 유계라 하자. 다음의 1)과 2)는 동치이다.

1) f가 가측이다.

2) $\inf\left\{ \int_E \psi(x)\, dm \mid \psi\text{는 단순가측},\ f \leq \psi \right\}$

$$= \sup\left\{\int_E \phi(x)\, dm \mid \phi\text{는 단순가측},\ f \geq \phi\right\}$$

증명 1) ⇒ 2). $|f(x)| \leq M (M > 0)$, f를 가측함수라 하자. 각 자연수 $n = 1, 2, \cdots$과 $-n < k \leq n$인 자연수 k에 대하여

$$E_k = \left\{ x \,\middle|\, \frac{(k-1)M}{n} < f(x) \leq \frac{M}{n} \right\}$$

라 두면 $E_i \cap E_j = \emptyset\ (i \neq j)$, $E = \bigcup_{k=1}^{n} E_k$이다. 따라서

$\sum_{k=1}^{n} mE_k = mE$. ϕ_n과 ψ_n을 아래와 같이 정의한다.

$$\phi_n(x) = \frac{M}{n} \sum_{k=-n}^{n} (k-1)\chi_{E_k}(x)$$

$$\psi_n(x) = \frac{M}{n} \sum_{k=-n}^{n} k\, \chi_{E_k}(x).$$

E의 모든 점 x에 대하여 $\phi_n(x) \leq f(x) \leq \psi_n(x)$. 따라서

$\inf\left\{\int_E \psi(x)\, dm \mid \psi\text{는 단순가측},\ f \leq \psi\right\}$

$$\leq \int_E \psi_n(x)\, dm = \frac{M}{n} \sum_{k=-n}^{n} k\, mE_k\ ,$$

$M(mE) \geq = \sup\left\{\int_E \phi(x)\, dm \mid \phi\text{는 단순가측},\ f \geq \phi\right\}$

$$\geq \int_E \phi_n(x)\, dm = \frac{M}{n} \sum_{k=-n}^{n} (k-1)\, mE_k$$

이므로

$$0 \leq \inf \int_E \psi(x)\, dm - \sup \int_E \phi(x)\, dm$$

$$\leq \frac{M}{n} \sum_{k=-n}^{n} mE_k = \frac{M}{n} mE \cdots (*)$$

모든 자연수 n에 대하여 $(*)$가 성립하므로

$\inf_{f \leq \psi} \int_E \psi(x)\, dm - \sup_{\phi \leq f} \int_E \phi(x)\, dm = 0.$

즉 $\inf_{f \leq \psi} \int_E \psi(x)\, dm = \sup_{\phi \leq f} \int_E \phi(x)\, dm.$

2) ⇒ 1). $\inf_{f \leq \psi} \int_E \psi(x)\, dm = \sup_{\phi \leq f} \int_E \phi(x)\, dm$ 이라 가정하자. inf

와 sup의 정의에 의하여 각 자연수 $n=1,2,\cdots$에 대하여 $\phi_n(x) \le f(x) \le \psi_n(x)$이고 $\int_E \psi_n(x)\,dm - \int_E \phi_n(x)\,dm < \frac{1}{n}$인 단순가측함수 ϕ_n과 ψ_n이 있다. $\phi = \sup_n \phi_n$, $\psi = \inf_n \psi_n$으로 정의하면, 정리 11.33에 의하여 ϕ와 ψ는 가측이고 $\phi(x) \le f(x) \le \psi(x)$이다. $\Delta = \{x \mid \phi(x) < \psi(x)\}$라 두고, 각 자연수 $i=1,2,\cdots$에 대하여 $\Delta_i = \left\{x \mid \phi(x) < \psi(x) - \frac{1}{i}\right\}$라 두면 $\Delta = \bigcup_{i=1}^{\infty} \Delta_i$이다. 각 자연수 $n=1,2,\cdots$에 대하여 $\phi_n \le \phi \le \psi \le \psi_n$이므로 i를 고정된 자연수라 하면 $\Delta_i \subset \left\{x \mid \phi_n(x) < \psi_n(x) - \frac{1}{i}\right\}$이고 $m\,\Delta_i \le \frac{i}{n}$이다. n가 임의의 자연수이므로 $m\,\Delta_i = 0$이다. 따라서 $m\,\Delta = 0$이다. 그러므로 $\phi = \psi$ $a.e.$이므로 $\phi = f$ $a.e.$이고 정리 11.32에 의하여 f는 가측함수이다. ■

앞 정리 11.38으로부터 다음 정의를 유도할 수 있다.

정의 11.39

E를 가측집합, $mE < \infty$, 함수 $f: E \to \mathbb{R}$를 유계가측함수라 하자. $\inf\left\{\int_E \psi(x)\,dm \mid f \le \psi,\ \psi\text{는 단순가측함수}\right\}$를 E 위에서 f의 **Lebesgue 적분**이라 부르고 $\int_E f(x)\,dm$이라 쓰고

$\inf\left\{\int_E \psi(x)\,dm \mid f \le \psi,\ \psi\text{는 단순가측함수}\right\}$를 간단히 $\inf_{f \le \psi} \int_E \psi(x)\,dm$으로 표시한다. 즉 $\int_E f(x)\,dm = \inf_{f \le \psi} \int_E \psi(x)\,dm.$

여기서도 $E=[a,b]$이면 $\int_E f(x)\,dm$을 $\int_a^b f(x)\,dm$으로 표시한다.

다음 정리에서 Riemann 적분과 Lebesgue 적분의 관계를

밝히겠다.

정리 11.40

함수 $f: [a, b] \to \mathbb{R}$를 유계라 하자 $(a < b)$. f가 Riemann 적분가능이면 f는 가측함수이고 $\int_a^b f(x)\,dx = \int_a^b f(x)\,dm$이다.

증명 제5장에서 Riemann 적분을 정의할 때 계단함수(step function)을 사용하였다. 계단함수는 단순함수이기도 하다.

$P = \{a = x_0 < x_1 < x_2 < \cdots < x_n = b\}$가 $[a, b]$의 분할이면 상합

$U(f, P) = \sum_{i=1}^{n} M_i \triangle x_i$는 계단함수 $\psi(x) = \sum_{i=1}^{n} M_i \chi_{[x_{i-1}, x_i]}$의 Lebesgue

적분이고 $f \le \psi$이다. 그리고 하합 $L(f, P) = \sum_{i=1}^{n} m_i \triangle x_i$는 계단함수

$\phi(x) = \sum_{i=1}^{n} m_i \chi_{[x_{i-1}, x_i]}$의 Lebesgue 적분이고 $\phi \le f$이다. 따라서

$$\begin{aligned} \underline{\int_a^b} f(x)\,dx &\le \sup_{\phi \le f} \int_a^b \phi(x)\,dm \\ &\le \inf_{f \le \psi} \int_a^b \psi(x)\,dm \\ &\le \overline{\int_a^b} f(x)\,dx \quad . \end{aligned}$$

f가 Riemann 적분가능이므로 위의 부등식은 모두 등식이 되고 정리 11.38에 의하여 f는 가측함수이고 $\int_a^b f(x)\,dx = \int_a^b f(x)\,dm$.

■

예제 4.2

E를 가측집합, ϕ는 단순가측함수, 함수 $f: E \to \mathbb{R}$는 유계가측이라 하자.

$mE = 0$이면 i) $\int_E \phi(x)\,dm = 0$

ii) $\int_E f(x)\, dm = 0$

임을 보여라.

풀이 i) $\phi = \sum_{i=1}^{n} a_i \chi_{E_i}$라 하면

$\chi_E \phi = \chi_E \left(\sum_{i=1}^{n} a_i \chi_{E_i} \right) = \sum_{i=1}^{n} a_i \chi_E \chi_{E_i} = \sum_{i=1}^{n} a_i \chi_{E \cap E_i}$.

각 $i = 1, 2, \cdots, n$에 대하여 $m(E \cap E_i) = 0$이므로

$\int_E \phi(x)\, dm = \sum_{i=1}^{n} a_i m(E \cap E_i) = 0.$

ii) $|f(x)| \le M$이라하면 $M\chi_E$는 단순가측함수이다. $\int (M\chi_E)\, dm = 0$

이므로 $\int_E f(x)\, dm = \inf_{f \le \phi} \int_E \phi(x)\, dm = 0.$

정리 11.41

E를 가측집합, $mE < \infty$, $f, g : E \to \mathbb{R}$를 유계가측함수라 하자.

1) 실수 c에 대하여

$$\int_E (cf)(x)\, dm = c \int_E f(x)\, dm.$$

2) $\int_E (f+g)(x)\, dm = \int_E f(x)\, dm + \int_E g(x)\, dm.$

3) E_1, E_2가 E의 가측부분집합, $E_1 \cup E_2 = E$, $E_1 \cap E_2 = \varnothing$이면

$$\int_{E_1 \cup E_2} f(x)\, dm = \int_{E_1} f(x)\, dm + \int_{E_2} f(x)\, dm.$$

4) $f = g\ a.e$이면 $\int_E f(x)\, dm = \int_E g(x)\, dm.$

5) $f \le g\ a.e$이면 $\int_E f(x)\, dm \le \int_E g(x)\, dm.$

따라서 $\left| \int_E f(x)\, dm \right| \le \int_E |f(x)|\, dm.$

증명 1) ϕ가 단순가측함수이면 실수 c에 대하여 $c\phi$도 단순함수이고 $c \ne 0$이면 역도 성립한다. $c = 0$이면 정리가 성립하므로 $c \ne 0$이라

가정한다. $c>0$이면 정리 11.38에 의하여

$$\begin{aligned}\int_E (cf)(x)\,dm &= \inf_{f\le\psi}\int_E c\psi(x)\,dm \\ &= c\inf_{f\le\psi}\int_E \psi(x)\,dm = c\int_E f(x)\,dm\ .\end{aligned}$$

$c<0$이면 단순가측함수 ϕ에 대하여 $\phi\le f$일 필요충분조건은 $c\phi\ge cf$이므로 정리 11.38에 의하여

$$\begin{aligned}\int_E (cf)(x)\,dm &= \inf_{\phi\le f}\int_E c\phi(x)\,dm \\ &= c\sup_{\phi\le f}\int_E \phi(x)\,dm \\ &= c\inf_{f\le\psi}\int_E \psi(x)\,dm = c\int_E f(x)\,dm\ .\end{aligned}$$

2) ϕ, ψ가 단순가측함수라 하자. $f\le\phi$, $g\le\psi$이면 $f+g\le\phi+\psi$. 그러므로

$$\begin{aligned}\int_E (f+g)(x)\ dm &\le \int_E (\phi+\psi)(x)\ dm \\ &= \int_E \phi(x)\ dm + \int_E \psi(x)\ dm\ .\end{aligned}$$

따라서 $\int_E (f+g)(x)\ dm \le \int_E f(x)\ dm + \int_E g(x)\ dm$. 부등식의 역 방향은 정리 11.37를 이용하여 계산한다. ϕ, ψ가 단순가측함수라 하자. $\phi\le f$, $\psi\le g$이면 $\phi+\psi\le f+g$. 그러므로

$$\begin{aligned}\int_E (f+g)(x)\ dm &\ge \int_E (\phi+\psi)(x)\ dm \\ &= \int_E \phi(x)\ dm + \int_E \psi(x)\ dm\ .\end{aligned}$$

따라서

$$\begin{aligned}\int_E (f+g)(x)\,dm &\ge \sup_{\phi\le f}\int_E \phi(x)\,dm + \sup_{\psi\le g}\int_E \psi(x)\,dm \\ &= \int_E f(x)\,dm + \int_E g(x)\,dm\ .\end{aligned}$$

그러므로 $\int_E (f+g)(x)\ dm = \int_E f(x)\ dm + \int_E g(x)\ dm$.

3) $E_1\cap E_2=\varnothing$ 이므로 $\chi_{E_1\cup E_2}=\chi_{E_1}+\chi_{E_2}$이다. 따라서 2)에 의하여

$$\begin{aligned}\int_{E_1\cup E_2} f(x)\,dm &= \int_E (\chi_{E_1\cup E_2} f)(x)\,dm \\ &= \int_E (\chi_{E_1} f+\chi_{E_2} f)(x)\,dm \\ &= \int_E (\chi_{E_1} f)(x)\,dm+\int_E (\chi_{E_2} f)(x)\,dm \\ &= \int_{E_1} f(x)\,dm+\int_{E_2} f(x)\,dm\ .\end{aligned}$$

4) $f=g\ a.e$이므로 $f-g=0\ a.e$이다.

$E_1=\{x\mid f(x)\neq g(x)\}$, $E_2=E\setminus E_1$이라 두면 E_1, E_2는 가측집합이고 $E_1\cup E_2=E$, $mE_1=0$이다. 따라서 1), 2), 3)과 예제 4.2에 의하여

$$\begin{aligned}\int_E f(x)\,dm-\int_E g(x)\,dm &= \int_E (f-g)(x)\,dm \\ &= \int_{E_1\cup E_2} (f-g)(x)\,dm \\ &= \int_{E_1} (f-g)(x)\,dm+\int_{E_2} (f-g)(x)\,dm \\ &= 0+0=0\ .\end{aligned}$$

그러므로 $\int_E f(x)\,dm=\int_E g(x)\,dm.$

5) 4)에 의하여 모든 x에 대하여 $f(x)\le g(x)$라 가정할 수 있다. 따라서 $0\le g(x)-f(x)$이다. ϕ가 단순가측함수이고 $0\le\phi$이면 $0\le\int_E \phi(x)\,dm$이다. 따라서 1)과 2)에 의하여

$0\le\int_E (g-f)(x)\,dm=\int_E g(x)\,dm-\int_E f(x)\,dm$이다.

따라서 $\int_E f(x)\,dm\le\int_E g(x)\,dm.$ ■

다음 예제 4.3과 정리 11.42는 학부의 수준을 넘으므로 구성이나 증명없이 소개한다.

예제 4.3

비가산집합으로서 Lebesgue 측도가 0인 집합이 있다. 예로서

Cantor 집합이 있다.

정리 11.42

함수 $f:[a,b]\to\mathbb{R}$는 유계라 하고 $E=\{x\,|\,f$가 x에서 불연속$\}$라 하자. f가 $[a,b]$ 위에서 Riemann 적분가능할 필요충분조건은 $mE=0$이다.

정리 11.43 **(유계수렴정리, Bounded Convergence Theorem)**

E는 가측집합, $mE<\infty$, 자연수 $n=1,2,\cdots$에 대하여 함수 $f_n:E\to\mathbb{R}$는 가측함수이고 $x\in E$에 대하여 $|f_n(x)|\le M$인 실수 M이 있다고 가정하자. 각 $x\in E$에 대하여 $\lim f_n(x)=f(x)$이면

$$\lim\int_E f_n(x)\,dm=\int_E f(x)\,dm\quad.$$

증명 $M=0$ 혹은 $mE=0$이면 정리가 분명히 성립하므로 $mE\neq0$, $M>0$이라고 가정하자. ε을 주어진 양수라 하자. $\frac{\varepsilon}{2mE}$과 $\frac{\varepsilon}{4M}$에 대하여 정리 11.34을 적용하면 E의 가측부분집합 A와 자연수 N가 존재하여 $mA<\frac{\varepsilon}{4M}$이고 $x\in E\setminus A$와 $n\ge N$에 대하여 $|f_n(x)-f(x)|<\frac{\varepsilon}{2mE}$. 이 때 다음 식이 성립한다. $n\ge N$에 대하여

$$\begin{aligned}\left|\int_E f_n(x)\,dm-\int_E f(x)\,dm\right| &= \left|\int_E (f_n(x)-f(x))\,dm\right|\\ &\le \int_E |f_n(x)-f(x)|\,dm\\ &= \int_{E\setminus A}|f_n(x)-f(x)|\,dm\\ &\qquad+\int_A |f_n(x)-f(x)|\,dm\end{aligned}$$

$$\le \frac{\varepsilon(mE)}{2(mE)} + \frac{\varepsilon \cdot 2M}{4M}$$

$$\le \frac{\varepsilon}{2} + \frac{\varepsilon}{2} = \varepsilon \quad .$$

따라서 $\lim \int_E f_n(x)\, dm = \int_E f(x)\, dm$. ■

$f \ge 0$인 가측함수 f의 Lebesgue 적분

정의 11.44

E는 가측집합, $f: E \to \mathbb{R}^*$는 가측함수이고 $f \ge 0$이라 하자. $\int_E f(x)\, dm$을 다음과 같이 정의한다.

$$\int_E f(x)\, dm = \sup\left\{ \int_E h(x)\, dm \mid h: E \to \mathbb{R} \text{는 유계가측함수}, \right.$$
$$\left. h \le f,\ m\{x \in E \mid h(x) \ne 0\} < \infty \right\} .$$

위 식의 오른쪽 부분을 간단히 $\sup_{h \le f} \int_E h(x)\, dm$으로 표시한다.

$\int_E f(x)\, dm < \infty$일 때 f는 E 위에서 Lebesgue **적분가능** (Lebesgue integrable) 또는 **적분가능**이라고 부른다. F가 E의 부분집합이고 가측일 때 $\int_F f(x)\, dm$을 $\int_F (\chi_F f)(x)\, dm$으로 정의한다.

정리 11.45

E는 가측집합, $f, g: E \to \mathbb{R}^*$는 가측함수이고 $f \ge 0$, $g \ge 0$이라 하자.

1) $c \ge 0$에 대하여 $\int_E (cf)(x)\, dm = c \int_E f(x)\, dm$.

2) $\int_E (f+g)(x)\, dm = \int_E f(x)\, dm + \int_E g(x)\, dm.$

3) $f \le g$ $a.e$이면 $\int_E f(x)\, dm \le \int_E g(x)\, dm.$

증명 1)과 3)은 정리 11.41을 적당히 바꾸어 증명해 보라.

2) $h(x) \le f(x)$, $k(x) \le g(x)$이면 $h(x)+k(x) \le f(x)+g(x)$.

$\int_E (h(x)+k(x))\, dm = \int_E h(x)\, dm + \int_E k(x)\, dm \le \int_E (f+g)(x)\, dm$.

따라서

$$\sup_{h\le f,\, k\le g}\left(\int_E h(x)\, dm + \int_E k(x)\, dm\right)$$
$$= \sup_{h\le f}\int_E h(x)\, dm + \sup_{k\le g}\int_E k(x)\, dm$$
$$= \int_E f(x)\, dm + \int_E g(x)\, dm$$
$$\le \int_E (f+g)(x)\, dm \quad .$$

$l: E \to \mathbb{R}$는 유계가측함수, $m\{x\in E \mid l(x)\ne 0\} < \infty$, $l \le f+g$라 가정하자. $h(x)=\min\{f(x), l(x)\}$, $k(x)=l(x)-h(x)$로 정의하면, $h(x)\le f(x)$, $k(x)\le g(x)$이다. $h(x)$, $k(x)$는 유계가측함수이고, $l(x)=0$이면 $h(x)=0$, $k(x)=0$이다. 따라서

$\int_E l(x)\, dm = \int_E h(x)\, dm + \int_E k(x)\, dm \le \int_E f(x)\, dm + \int_E g(x)\, dm$.

그러므로 $\int_E (f+g)(x)\, dm \le \int_E f(x)\, dm + \int_E g(x)\, dm$. 따라서

$\int_E (f+g)(x)\, dm = \int_E f(x)\, dm + \int_E g(x)\, dm$. ■

정리 11.46 (Fatou 정리)

E는 가측집합, $f, f_n: E \to \mathbb{R}^*$는 가측함수, $f \ge 0$, $f_n \ge 0$이라 하자 $(n=1, 2, \cdots)$. $x\in E$, $\lim f_n(x) = f(x)$ $a.e.$이면,

$$\int_E f(x)\, dm \le \underline{\lim} \int_E f_n(x)\, dm \ .$$

증명 측도가 0인 집합위에서 Lebesgue 적분은 0이므로 모든 $x \in E$, $\lim f_n(x) = f(x)$라 가정하여도 일반성을 잃지 않는다. $h: E \to \mathbb{R}$는 유계가측함수, $m\{x \mid h(x) \neq 0\} < \infty$, $h \leq f$라 하자. 각 자연수 $n = 1, 2, \cdots$에 대하여 $h_n(x) = \min\{h(x), f_n(x)\}$라 하면 h_n은 유계이고 $m\{x \mid h_n(x) \neq 0\} < \infty$. $F = \{x \mid h(x) \neq 0\}$라 두면 $mF < \infty$. F와 함수열 $\{h_n\}$에 대하여 정리 11.43를 적용하면

$$\int_E h(x)\, dm = \int_F h(x)\, dm = \lim \int_F h_n(x)\, dm \leq \underline{\lim} \int_E f_n(x)\, dm$$

이다. 따라서

$$\sup_{h \leq f} \int_E h(x)\, dm = \int_E f(x)\, dm \leq \underline{\lim} \int_E f_n(x)\, dm .$$ ■

정리 11.47 **(단조수렴정리, Monotone Convergence Theorem)**

E는 가측집합, 자연수 $n = 1, 2, \cdots$에 대하여 $f, f_n: E \to \mathbb{R}^*$는 가측함수, $f \geq 0$, $f_n \geq 0$, $f_n \leq f_{n+1}$이라 하자.

$\lim f_n(x) = f(x)$ $a.e.$이면,

$$\lim \int_E f_n(x)\, dm = \int_E f(x)\, dm .$$

증명 정리 11.46에 의하여 $\int_E f(x)\, dm \leq \underline{\lim} \int_E f_n(x)\, dm$. 각 자연수 $n = 1, 2, \cdots$에 대하여 $f_n \leq f$이므로 $\int_E f_n(x)\, dm \leq \int_E f(x)\, dm$. 따라서 $\overline{\lim} \int_E f_n(x)\, dm \leq \int_E f(x)\, dm$. 그러므로

$$\lim \int_E f_n(x)\, dm = \int_E f(x)\, dm .$$ ■

따름정리 11.48

E는 가측집합, 각 자연수 $n=1,2,\cdots$에 대하여 $f_n: E \to \mathbb{R}^*$는 가측함수이고 $f_n \geq 0$이라 하자.

$f=\sum_{n=1}^{\infty} f_n$라 두면 $\int_E f(x)\,dm=\sum_{n=1}^{\infty}\int_E f_n(x)\,dm$.

즉 $\int_E\left(\sum_{n=1}^{\infty} f_n\right)(x)\,dm=\sum_{n=1}^{\infty}\int_E f_n(x)\,dm$.

정리 11.49

E는 가측집합, $f: E \to \mathbb{R}^*$는 가측함수이고 $f \geq 0$이라 하자. $\{E_n\}$이 서로소인 가측집합의 수열이고 $E=\bigcup_{n=1}^{\infty} E_n$이면

$$\int_E f(x)\,dm=\sum_{n=1}^{\infty}\int_{E_n} f(x)\,dm .$$

증명 각 자연수 $n=1,2,\cdots$에 대하여 $f_n=\chi_{E_n} f$라 두면

$\chi_E f=\sum_{n=1}^{\infty} f_n$이므로 따름정리 11.48에 의하여

$$\int_E f(x)\,dm=\sum_{n=1}^{\infty}\int_{E_n} f(x)\,dm . \qquad \blacksquare$$

정리 11.50

$f, g: E \to \mathbb{R}^*$는 가측함수, $f \geq 0$, $g \geq 0$, f가 E 위에서 적분가능이라 하자. $g(x) \leq f(x)$이면 g는 E위에서 적분가능하고

$$\int_E (f-g)(x)\,dm=\int_E f(x)\,dm-\int_E g(x)\,dm .$$

증명 정리 11.45에 의하여 $\int_E f(x)\,dm = \int_E (f-g)(x)\,dm + \int_E g(x)\,dm$.

$\int_E f(x)\,dm < \infty$ 이므로 $\int_E (f-g)(x)\,dm < \infty$, $\int_E g(x)\,dm < \infty$ 이고

$$\int_E (f-g)(x)\,dm = \int_E f(x)\,dm - \int_E g(x)\,dm .$$ ■

일반가측함수의 Lebesgue 적분

함수 f에 대하여, $f^+(x) = \max\{f(x), 0\}$, $f^-(x) = \min\{-f(x), 0\}$ 라 정의하자. 그러면 다음 성질이 성립함을 안다.

1) $f^+ \geq 0$, $f^- \geq 0$.
2) f가 가측함수이면 f^+, f^- 도 가측함수이다.
3) $f = f^+ - f^-$.
4) $|f| = f^+ + f^-$.

정의 11.51

E는 가측집합, $f: E \to \mathbb{R}^*$는 가측함수라 하자. 함수 f^+와 f^-가 E 위에서 Lebesgue 적분가능할 때 함수 f는 Lebesgue 적분가능 또는 적분가능하다라고 말하고 다음과 같이 정의한다.

$$\int_E f(x)\,dm = \int_E f^+(x)\,dm - \int_E f^-(x)\,dm .$$

정리 11.52

E는 가측집합, $f_1, f_2: E \to \mathbb{R}^*$는 $f_1 \geq 0$, $f_2 \geq 0$인 적분가능함수라 하자. $f_1 - f_2$가 E에서 정의될 때 $f = f_1 - f_2$라 두면

$$\int_E f(x)\,dm = \int_E f_1(x)\,dm - \int_E f_2(x)\,dm \text{이다.}$$

증명 $f = f_1 - f_2$이므로 $f^+ - f^- = f_1 - f_2$이다. 따라서 $f^+ + f_2 = f_1 + f^-$은 E에서 정의되고 f는 E 위에서 적분가능이고 정리 11.45에 의하여 $\int_E f^+(x)\,dm + \int_E f_2(x)\,dm = \int_E f_1(x)\,dm + \int_E f^-(x)\,dm$. 따라서

$$\int_E f(x)\,dm = \int_E f^+(x)\,dm - \int_E f^-(x)\,dm = \int_E f_1(x)\,dm - \int_E f_2(x)\,dm\ .$$

■

정리 11.53

E는 가측집합, $f, g : E \to \mathbb{R}^*$가 E 위에서 Lebesgue 적분가능하다고 하자.

1) 실수 c에 대하여 cf는 E 위에서 적분가능하고

$$\int_E (cf)(x)\,dm = c\int_E f(x)\,dm.$$

2) $f+g$는 E 위에서 적분가능하고

$$\int_E (f+g)(x)\,dm = \int_E f(x)\,dm + \int_E g(x)\,dm.$$

3) $f \le g\ a.e$이면 $\int_E f(x)\,dm \le \int_E g(x)\,dm.$

4) $E_1, E_2 \subset E$, $E_1 \cap E_2 = \varnothing$, E_1 , E_2가 가측집합이면

$$\int_{E_1 \cup E_2} f(x)\,dm = \int_{E_1} f(x)\,dm + \int_{E_2} f(x)\,dm.$$

증명 1) 정리 11.45 1)과 정의 11.51로부터 쉽게 증명할 수 있다.

2) f와 g가 적분가능하면 $f^+ + g^+$, $f^- + g^-$도 적분가능하다.

$f+g = f^+ - f^- + g^+ - g^- = (f^+ + g^+) - (f^- + g^-)$이므로 정리 11.52에 의하여

$$\begin{aligned}\int_E (f+g)(x)\,dm &= \int_E (f^+ + g^+)(x)\,dm - \int_E (f^- + g^-)(x)\,dm \\ &= \int_E f^+(x)\,dm + \int_E g^+(x)\,dm - \int_E f^-(x)\,dm + \int_E g^-(x)\,dm \\ &= \int_E f^+(x)\,dm - \int_E f^-(x)\,dm + \int_E g^+(x)\,dm - \int_E g^-(x)\,dm \\ &= \int_E f(x)\,dm + \int_E g(x)\,dm \quad .\end{aligned}$$

3) $0 \le g-f$ $a.e$이므로 1)과 2)에 의하여

$$0 \le \int_E (g-f)(x)\,dm = \int_E g(x)\,dm - \int_E f(x)\,dm.$$

따라서 $\int_E f(x)\,dm \le \int_E g(x)\,dm.$

4) $E_1 \cap E_2 = \varnothing$ 이므로 $\chi_{E_1 \cap E_2} f = \chi_{E_1} f + \chi_{E_2} f$ 이다. 따라서

$$\begin{aligned}\int_{E_1 \cup E_2} f(x)\,dm &= \int_{E_1 \cup E_2} \chi_{E_1} f(x)\,dm + \int_{E_1 \cup E_2} \chi_{E_2} f(x)\,dm \\ & \int_{E_1} f(x)\,dm + \int_{E_2} f(x)\,dm \quad .\end{aligned}$$

■

정리 11.54 **(Lebesgue 수렴정리, Lebesgue Convergence Theorem)**

E를 가측집합, 각 자연수 $n=1,2,\cdots$에 대하여 $g, f_n : E \to \mathbb{R}^*$ 을 가측함수라 하자. g가 E 위에서 적분가능, E에서 $|f_n| \le g\,(n=1,2,\cdots)$, $f(x) = \lim f_n(x)$ $a.e$이면 f는 E 위에서 적분가능이고

$$\int_E f(x)\,dm = \lim \int_E f_n(x)\,dm \ .$$

증명 자연수 $n=1,2,\cdots$에 대하여 $0 \le g-f_n$ $a.e$이고 $\lim f_n(x) = f(x)$ $a.e$이므로 Fatou 정리에 의하여

$$\int_E (g-f)(x)\,dm \le \underline{\lim} \int_E (g-f)(x)\,dm \ .$$

$|f_n| \le g$ $a.e$이므로 $|f| \le g$ $a.e$이고 f는 적분가능하고

$$\int_E g(x)\,dm - \int_E f(x)\,dm \le \int_E g(x)\,dm - \overline{\lim}\int_E f_n(x)\,dm\ .$$

따라서 $\int_E f(x)\,dm \ge \overline{\lim}\int_E f_n(x)\,dm$. $g+f_n$에 대하여 위 증명 방법을 적용하면 $\int_E f(x)\,dm \le \underline{\lim}\int_E f_n(x)\,dm$을 얻을 수 있다. 따라서 $\int_E f(x)\,dm = \lim\int_E f_n(x)\,dm$. ■

정리 11.55 (Beppo Levi 정리)

$\{f_n\}$는 가측집합 E 위에서 정의된 가측함수의 수열이라 하자. $f_n \ge 0\ (n=1,2,\cdots)$이면

$$\int_E\left(\sum_{n=1}^{\infty} f_n\right)(x)\,dm = \sum_{n=1}^{\infty}\int_E f_n(x)\,dm\ .$$

증명 각 자연수 $k=1,2,\cdots$에 대하여 $g_k=\sum_{k=1}^{n} f_k$라 두면, g_k는 가측함수이고 $g_k \ge 0$, $g_k \le g_{k+1}$, $\lim_{n\to\infty} g_k = \sum_{n=1}^{\infty} f_n$. 정리 11.47에 의하여

$$\begin{aligned}\int_E\left(\sum_{n=1}^{\infty} f_n\right)(x)\,dm &= \lim_{k\to\infty}\int_E g_k(x)\,dm\\ &= \lim_{k\to\infty}\int_E\left(\sum_{k=1}^{n} f_n\right)(x)\,dm\\ &= \lim_{k\to\infty}\left(\sum_{k=1}^{n}\int_E f_n(x)\,dm\right)\\ &= \sum_{n=1}^{\infty}\int_E f_n(x)\,dm\ .\end{aligned}$$ ■

정리 11.56

E는 가측집합, $\{E_n\}$는 서로소인 가측집합의 수열, $E=\bigcup_{n=1}^{\infty} E_n$이라 하자. 함수 $f: E \to \mathbb{R}^*$가 Lebesgue 적분가능이면

$$\int_E f(x)\,dm = \int_{\bigcup_{n=1}^{\infty}} f(x)\,dm = \sum_{n=1}^{\infty} \int_{E_n} f(x)\,dm \,.$$

증명 $\chi_E = \sum_{n=1}^{\infty} \chi_{E_n}$ 이므로 Beppo Levi 정리에 의하여

$$\begin{aligned}
\int_E f(x)\,dm &= \int_E (\chi_E f)(x)\,dm \\
&= \int_E (\chi_E f)^+(x)\,dm - \int_E (\chi_E f)^-(x)\,dm \\
&= \int_E (\chi_E f^+)(x)\,dm - \int_E (\chi_E f^-)(x)\,dm \\
&= \int_E \sum_{n=1}^{\infty} (\chi_{E_n} f^+)(x)\,dm - \int_E \sum_{n=1}^{\infty} (\chi_{E_n} f^-)(x)\,dm \\
&= \sum_{n=1}^{\infty} \int_E (\chi_{E_n} f^+)(x)\,dm - \sum_{n=1}^{\infty} \int_E (\chi_{E_n} f^-)(x)\,dm \\
&= \sum_{n=1}^{\infty} \left(\int_E (\chi_{E_n} f^+)(x)\,dm - \int_E (\chi_{E_n} f^-)(x)\,dm \right) \\
&= \sum_{n=1}^{\infty} \int_E (\chi_{E_n} f^+ - \chi_{E_n} f^-)(x)\,dm \Big) \\
&= \sum_{n=1}^{\infty} \int_E (\chi_{E_n} f)(x)\,dm \\
&= \sum_{n=1}^{\infty} \int_{E_n} f(x)\,dm \,. \qquad \blacksquare
\end{aligned}$$

연습문제 11.4

1. E 는 가측집합, ϕ를 단순가측함수라 하자. $\phi=0$이면 $\int_E \phi(x)\,dm=0$.

2. $f\geq 0$인 가측함수이라 하자.
$f=0$이면 $\int_E f(x)\,dm=0$.

3. $f: E\to \mathbb{R}^*$를 가측함수라 하자. $f=0$이면 $\int_E f(x)\,dm=0$.

4. E 는 가측집합, $f: E\to \mathbb{R}^*$는 음이 아닌 가측함수라 하자. 다음 1), 2)는 동치이다.
1) $f=0$ $a.e$이다.
2) $\int_E f(x)\,dm=0$.

5. $\lim_{n\to\infty}\int_0^1 \frac{n\sqrt{x}}{1+n^2x^2}\,dm=0$

연습문제 풀이 및 해답

1. $\phi=0\chi_E$이므로 $\int_E \phi(x)\,dm=0$ $mE=0$이다.

2. $h: E\to \mathbb{R}$이 유계가측함수이고, $h\leq f$, $m\{x\in E\mid h(x)\neq 0\}<\infty$라 하면, $f=0$이므로 $h=0$이다. 따라서 $\int_E f(x)\,dm=0$이다.

3. $f=0$ 이면 $f^+=0$, $f^-=0$이다. 2번에 의하여 $\int_E f^+=\int_E f^-=0$이므로 $\int_E f=\int_E f^+-\int_E f^-=0$.

4. 1) $\Rightarrow$ 2) $f=0$ $a.e$라 가정하자. $E_1=\{x\in E\mid f(x)\neq 0\}$이라 하면 $mE_1=0$이다. $\int_E f(x)\,dm=\int_{E_1} f(x)\,dm+\int_{E\setminus E_1} f(x)\,dm$이고 3번에 의하여 $\int_{E\setminus E_1} f(x)\,dm=0$,

$mE_1=0$이므로 $\int_{E_1} f(x)\,dm=0$. 따라서 $\int_E f(x)\,dm=0$ 이다.

2) ⇒ 1) 집합, f가 가측이고, E가 가측집합이므로 집합 $B=\{x\,|\,f(x)=0\}$은 가측집합이다. 따라서 $E_1=E\setminus B=\{x\,|\,f(x)>0\}$도 가측집합이다. $f=0$ $a.e$가 아니라고 가정하면 $mE_1>0$ 이다. 따라서 $m\{x\in E_1\,|\,f(x)>\alpha\}>0$인 $\alpha>0$가 존재한다. $G=\{x\in E_1\,|\,f(x)>\alpha\}$라 두면 모든 $x\in E$에 대하여 $f(x)\geq \alpha\chi_G(x)$ 이므로 $\int_E f(x)\,dm \geq \int_E \alpha\chi_G(x)\,dm=\alpha mG>0$. 이것은 $\int_E f(x)\,dm=0$이라는 가정에 모순이다.

5. $f_n(x)=\dfrac{n\sqrt{x}}{1+n^2x^2}$ 은 $(0,1]$에서 연속이므로 $(0,1]$에서 리만적분이 가능하다. 따라서 Lebesgue 적분가능하다. 모든 $x\in(0,1]$에 대하여 $\lim_{n\to\infty} f_n(x)=0$이고, 모든 자연수 n에 대하여 $(1-nx)^2\geq 0$이므로 $f_n(x)=\dfrac{n\sqrt{x}}{1+n^2x^2}\leq\dfrac{1}{2\sqrt{x}}$ 이며, $g(x)=\dfrac{1}{2\sqrt{x}}$ 는 $(0,1]$에서 연속이므로 적분가능하다. 그러므로 정리 11.54에 의하여 $\lim_{n\to\infty}\int_0^1 f_n(x)\,dx=\int_0^1 \lim_{n\to\infty} f_n(x)\,dx=0$.

찾아보기

(ㄱ)
가산집합 28
가중평균 166
가측집합 397
가환군 12
감소수열 51
같다 6
개덮개 93
거리 345
거리공간 345
거리함수 345
경계 250
경계점 250
고계도함수 117
곱셈 11
공변역 5
공비 188
교대급수 206
교대급수판정 207
교대조화급수 207
구분적으로 매끄러운 곡선 290
균등수렴 320
균등수렴한다 336
균등연속 99, 258
균등유계 326
극값 271
극대값 120
극대를 가진다 120
극소값 120, 271
극한 40, 76, 253
극한비교판정 205
극한점 367
근방 105, 248
근판정 204, 213
급수 185
급수의 수렴판정 200
기하급수 188
Gauss 발산정리 313
Green 정리 300

(ㄴ)
나머지 228
내부 250
내점 250
노음 145, 277

(ㄷ)
단사 6
단순연결영역 300
단순폐곡선 300
단순함수 419
단조감소수열 51
단조수렴정리 433
단조수열 51
단조증가수열 51
닫힌 영역 251
닫힌 원판 249
닫힌 집합 249, 367
대각화 32
대수 386
덧셈 10
덮개 392
도함수 107
독립변수 247
동치 28
Dirichlet 함수 88

(ㄹ)
리만 적분 151
리만 판정법 144, 178
리만 합 150, 277
리만 합의 극한 150
L'Hospital의 정리 128
Lagrange 나머지 공식 230
Lagrange의 나머지 231
Lebesgue 가측공간 402
Lebesgue 가측집합 397
Lebesgue 수렴정리 437
Lebesgue 적분 419, 425
Lebesgue 적분가능 435
Lebesgue 측도 402

Lesbeque 측도공간 402
Lindelöf 정리 404
리만-스틸체스 상적분 175
리만-스틸체스 적분 176
리만-스틸체스 하적분 175
리만적분가능하다 176

(ㅁ)
매끄러운 곡선 290, 305
멱급수 217
면적분 310
무리수 25
무한급수 185
무한대로 발산한다 48
무한집합 28
미분가능 106
미분계수 106
미분한다 108
미적분학의 기본정리 161
밑 56
Maclaurin 급수 227
Maclaurin 다항식 222
Minkowski 부등식 353

(ㅂ)
바로 뒤의 원소집합 19
반복극한 255
반복적분 279
반지름 105, 248
발산한다 40, 172, 187, 357
변곡점 132
변수 247
보통거리함수 348
부분덮개 93
부분수열 45
부분적분 165
부분집합 3
부분합 185
부분합의 수열 186
부정적분 161
분할 139, 277
분할점 139
불연속 87, 257
불연속점 257
비가산집합 28
비교정리(comparision theorem) 48
비교판정법 200
비에 의한 판정 212
비판정 201
Beppo Levi 정리 438
Bolzano-Weierstrass 정리 61
Borel 체 386

(ㅅ)
삼각부등식 345
삼변수함수 247
삼중적분 286
상 5
상계 17
상극한 384
상적분 142, 175
상한 17
상합 140, 174
선적분 291, 298, 305
세분할 140
수렴반경 219
수렴한다 40, 172, 186, 357, 373
수열 39
수직선 19
수학적 귀납법(mathematical induction) 21
순감소수열 51
순서공리 13
순서체 13
순증가수열 51
실수 10
실수값 함수열 319
실수계 10
실수열 39
실수체 12
Stokes 정리 314

(ㅇ)
아래끝 143
아래로 유계 17, 42, 93
아르키메데스 성질 23
안장점 272
양의 실수 13
양항급수 196
여집합 4
역상 5
역원 11
역함수 7
연속 87, 256, 373
연속함수공간 350

연쇄율 115
열린 공 364
열린 영역 251
열린 집합 249, 364
영 11
영역 251
완비성 공리 17, 19, 53
외부 250
외점 250
외측도 392
외향법선벡터 313
우극한치 82
우미분계수 109
원소 3
원시함수 161
위끝 143
위로 유계 17, 42, 93
유계 17, 42, 93, 258
유계수렴정리 430
유리수 23
유리수의 조밀성 23
유한 부분덮개 94
유한수열 39
유한집합 28
유향곡선 294
음의 실수 13
음의 무한대로 발산한다 48
이변수함수 247
이상적분 171
이중적분 278
이항연산 10
임계점 271
2계 편도함수 263
2계도함수 118
2번미분가능 118
Weierstrass M-test 338
a.e 415
e 56
n변수함수 247

(ㅈ)
자연수 20
적분가능 143, 176, 431
적분가능하다 176, 435
적분경로 291
적분경로에 무관하다 301
적분판정 197
전단사 6
전사 6
전체집합 4
절대값 14
절대수렴 209
점마다 연산 7
점마다 수렴 319
점마다 수렴한다 336
점마다 연산 7, 80
점별연산 80
정렬정리(well-ordering theorem) 21
정렬집합 21
정수 23
정의역 5
정적분 143, 176
제거가능 불연속점 257
제거된 근방 248
제외된 근방 105
조건수렴 209
조밀하다 23
조임정리(squeeze theorem) 47, 80
조화급수 190
종속변수 247
좌극한치 82
좌미분계수 109
중간값 정리 96
중심 105, 248
증가수열 51
진부분집합 3
집적점 75, 249
집합 3
집합대수 386
Jacobian 행렬식 283

(ㅊ)
최대-최소값의 정리 95
최대값 120, 271
최대를 가진다 120
최대원소 21
최소값 120, 271
최소원소 21
축소구간 정리 60
축약수열 66
치역 6, 247
치환적분 164, 165

(ㅋ)
카테시안 곱 5
Cantor 31
Cantor 대각화 과정 32
Cauchy 62
Cauchy 수열 63, 361

Cauchy 수렴 판정법 65
Cauchy 조건 63
Cauchy-Schwarz 부등식 352, 353
Cauchy의 나머지 공식 228
Cauchy의 평균값정리 127

(ㅌ)
특성함수 8, 419
Taylor 공식 231
Taylor 급수 226
Taylor 다항식 225

(ㅍ)
편도함수 260
편미분 261
편미분계수 260
평균값 159
평균값 정리 269
평균값정리 121, 159, 166, 181
평균치 정리 270
폐곡선 295
폐포 367
표준표현 419
피보나치 수 67
피적분함수 143
Fatou 정리 432
Fibonacci 수열 67
p-급수 199

(ㅎ)
하계 17
하극한 384
하적분 142, 175
하한 18
하합 140, 174
함수 5
함수값 247
합성함수 6
항 39, 185
항등원 11
항등함수 7
확장된 실수 383
확장된 실수계 383
Heine-Borel 정리 94

저자와의
합의하에
인지를
생략합니다

해석학

지은이　조영수 · 강주호 · 박동완
펴낸이　조경희
펴낸곳　경문사
펴낸날　2024년　2월 28일
등　록　1979년 11월　9일 제 313-1979-23호
주　소　04057, 서울특별시 마포구 와우산로 174
전　화　(02)332-2004　팩스 (02)336-5193
이메일　kyungmoon@kyungmoon.com

값 27,000원

ISBN 978-89-6105-003-6